핵심 이론과 CBT 대비를 위한

국가기술자격증 사이버교육연수원

전산응용건축제도기능사
필기 문제풀이

Craftsman Computer Aided Architectural Drawing

이 상 화 지음

기본 원리부터 정답에 이르기까지 명확하고 풍부한 해설을 통해 자신감은 물론
모든 문제에 탄력적으로 대응할 수 있는 능력을 키워줍니다.

☆합격 핵심전략☆
문제풀이는 최신 기출부터 역순으로!

속성준비 수험생을 위한 **압축핵심정리**

8년간 높은 합격률로 강의해 온 **저자 직접 집필**

새로운 유형에 따른 저자의 **질의 응답**

도서출판 엔플북스

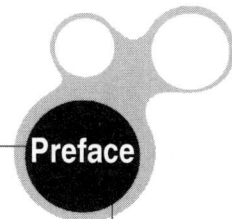

머리말

21세기에 들어서면서 경제성장 및 건축기술의 발달은 건축설계에 대한 인간의 다양한 욕구를 반영하도록 하고 있습니다. 아울러 종전의 수작업 설계에서 벗어나 컴퓨터를 응용한 CAD 프로그램으로의 설계가 모든 건축물을 완성해가는 현재에 있어서 1998년부터 실시된 전산응용 건축제도 기능사 자격증을 취득하는 그 의미는 두말할 나위없이 중요합니다.

본 교재는 전산응용 건축제도 시험 이론강의를 다년간 허오며 쌓은 노하우와 건축실무에서의 경험 및 정보 그리고 매년 새로워지는 표준자료들을 근간으로 하여 처음 건축분야에 발을 들이게 되는 수험생들도 이해하기 쉽고 시험준비에 큰 어려움이 없도록 하는 데에 중점을 두고 집필하였다는 점을 강조하고 싶습니다.

또한 자격증을 준비하는 수험생들의 특성상 짧은 시기어 핵심적인 내용을 습득할 수 있도록 요약하면서도 기본적이며 필수적인 내용들을 놓치지 않도록 정리하였습니다.

저자는 최선을 다해 본 교재를 집필하였으나 다소 부족하거나 미진한 면이 발견될 수 있는 점 미리 양해 말씀드리며 차후 부족한 부분은 많은 조언을 통해서 보완하도록 노력하겠습니다.

이 교재를 통해 학습서를 준비하는 많은 수험생들이 반드시 합격의 영광을 누리기를 진심으로 기원하며 끝으로 이 책이 출판될 수 있도록 애써주신 도서출판 엔플북스 관계자 여러분께 감사드립니다.

이상화

목차

제1장 건축구조

Chapter 01. 건축구조 총론
1. 일반사항 ·· 3
2. 기초 및 지정 ·· 4

Chapter 02. 목구조
1. 일반사항 ·· 7
2. 목재의 접합 ·· 7
3. 목조 벽체 ·· 14
4. 마루 ··· 17
5. 지붕 및 지붕틀 ·· 18

Chapter 03. 조적조
1. 벽돌구조 ·· 21
2. 블록구조 ·· 29
3. 돌구조 ··· 31

Chapter 04. 철근콘크리트구조
1. 성질 ··· 33
2. 거푸집 ··· 34
3. 철근의 간격과 피복두께 ··· 34

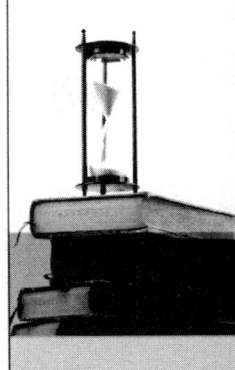

  4. 구조계획 ·· 36
  5. 각 부 구조 ·· 37

Chapter 05. 철골구조

  1. 강재 ··· 42
  2. 접합 ··· 42
  3. 각 부 구조 ·· 47

Chapter 06. 특수구조 및 구조시스템

  1. 특수 구조 ·· 51
  2. 구조시스템 ·· 53

제2장 건축재료

Chapter 01. 건축재료 개론

  1. 건축재료학 총론 ·· 57
  2. 건축재료의 분류와 성능 ······································ 57
  3. 재료의 일반적 성질 ··· 58

Chapter 02. 목재

  1. 개요 ··· 60
  2. 목재의 조직 ·· 60
  3. 제재 및 건조 ··· 62
  4. 목재의 성질 ·· 64
  5. 목재의 제품 ·· 66

Chapter 03. 석재

  1. 개요 ··· 70
  2. 석재의 가공 및 성질 ·· 72

Contents

Chapter 04. 점토재료
1. 개요 ··· 74
2. 점토제품 ·· 74

Chapter 05. 시멘트
1. 분류 ··· 77
2. 시멘트의 제조와 성분 ·· 79

Chapter 06. 콘크리트
1. 개요 ··· 81
2. 골재 및 용수 ·· 81
3. 배합 ··· 84
4. 강도와 성질 ·· 87
5. 특수 콘크리트 ·· 89

Chapter 07. 금속재료
1. 철강 ··· 95
2. 비철금속 ·· 99
3. 금속의 부식과 방식 ··· 102
4. 금속제품 ·· 102

Chapter 08. 유리
1. 유리의 성분과 원료 ··· 107
2. 유리의 제조법과 분류 ··· 107
3. 유리제품 ·· 109

Chapter 09. 미장재료
1. 일반사항 ·· 111
2. 미장재료의 종류 ·· 112

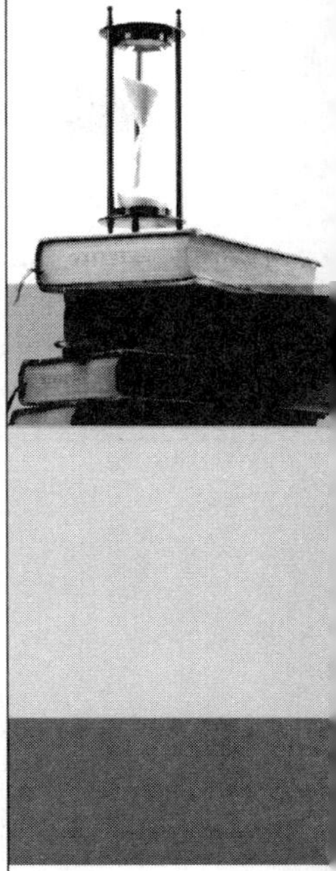

Chapter 10. 합성수지
1. 합성수지의 성질 및 종류 ······················116

Chapter 11. 도장재료
1. 도장재료의 분류 및 종류 ······················120

Chapter 12. 방수재료
1. 아스팔트 ······················125
2. 시트 방수재료 ······················126
3. 기타 방수재료 ······················127

Chapter 13. 기타 재료
1. 접착제 ······················130
2. 단열재료 ······················132
3. 실내건축재료 ······················134

제3장 건축계획

Chapter 01. 건축계획 일반
1. 계획 및 설계 ······················139
2. 건축법 ······················141

Chapter 02. 건축조형계획
1. 조형요소 및 구성 원리 ······················145
2. 디자인 원리 ······················147
3. 색채학 ······················150

Chapter 03. 건축환경
1. 자연환경 ······················153

2. 열환경 ···154
  3. 공기환경 ··162
  4. 빛 환경 ···164
  5. 소리환경 ··173

Chapter 04. 건축설비
  1. 급·배수설비 ···178
  2. 냉·난방설비 ···189
  3. 공기조화설비 ··190
  4. 기타설비 ··196

Chapter 05. 건축공간계획
  1. 주거생활 일반사항 ···201
  2. 단위공간계획 ··202
  3. 공동주택 ··208
  4. 단지계획 ··210

Chapter 06. 건축제도
  1. 제도 통칙 ···213
  2. 도면 작성 ···218

출제예상 모의고사
  출제예상 모의고사 ···223

출제예상 모의고사 해설 및 정답
  출제예상 모의고사 해설 및 정답 ··································263

CBT 복원문제

- 2022년 제1회 ···297
- 2022년 제2회 ···304
- 2022년 제3회 ···311
- 2022년 제4회 ···318
- 2023년 제1회 ···325
- 2023년 제2회 ···332
- 2023년 제3회 ···339
- 2023년 제4회 ···346
- 2024년 제1회 ···353
- 2024년 제2회 ···360
- 2024년 제3회 ···367
- 2024년 제4회 ···374

CBT 복원문제 해설 및 정답

CBT 복원문제 해설 및 정답 ···381

제1장 건축구조

Chapter 01. 건축구조 총론

Chapter 02. 목구조

Chapter 03. 조적식 구조

Chapter 04. 철근콘크리트구조

Chapter 05. 철골구조

Chapter 06. 구조시스템 및 특수구조

건축구조

Chapter 01 건축구조 총론

1. 일반사항

(1) 구조 형식에 따른 분류

① 조적식 구조 : 모르타르 등의 교착제를 써서 벽돌, 블록 등을 쌓는 구조 형식
② 가구식 구조 : 목재 및 철골 등 가늘고 긴 재료를 조립하여 뼈대를 구성하는 구조
③ 일체식 구조 : 전 구조체가 일체로 구성되는 구조

(2) 시공법에 따른 분류

① 습식 구조
    콘크리트, 모르타르 등 물을 사용하는 공정을 가진 구조. 긴밀한 구조체를 만들 수 있으나 공사기간이 길어지는 단점이 있다.(조적식 구조, 철근콘크리트 구조)
② 건식 구조
    현장에서 물을 사용하지 않는 구조로서 공사기간이 짧고 경량화된 구조체를 구성할 수 있으나 접합부의 강성화가 불안한 단점이 있다.
③ 조립식 구조
    기본 부재를 공장에서 제조하여 현장에서 조립하는 구조

(3) 특수구조

① 셸구조 : 얇은 막구조의 장점을 이용하여 하중을 지지하는 구조
② 현수구조 : 지중 바닥판의 슬래브를 케이블 등으로 매달아 놓은 구조
③ 기타 구조 : 막구조, 돔구조, 커튼월구조 등

2. 기초 및 지정

(1) 기초

① 기초판 형식별 분류
　㉠ 줄기초 : 조적식 구조에서 주로 사용. 연약한 지반에 유리하다.
　㉡ 독립기초 : 각 기둥마다 독립된 기초판을 가지는 형식
　㉢ 온통기초 : 지내력이 약한 경우 건물 바닥면 전체를 기초판으로 하는 형식
　㉣ 복합기초 : 2개 이상의 기둥을 한 개의 기초로 지지하는 형식
　㉤ 말뚝기초 : 깊은 곳의 튼튼한 지반까지 말뚝으로 지지할 수 있게 한 형식
　㉥ 특수기초 : 피어 기초, 개방잠함 기초, 공기잠함 기초 등

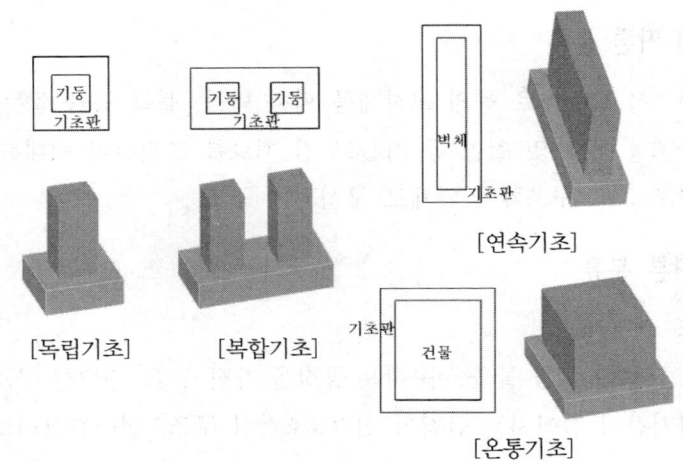

② 구조체 형식별 분류 : 주춧돌 기초, 장대돌 기초, 벽돌기초, 철근콘크리트 기초, 말뚝기초 등
③ 지반조사 및 시험
　㉠ 지반조사 : 사전조사 → 예비조사 → 본조사 → 추가조사 순으로 진행하며 지반조사에는 시험파보기, 짚어보기, 보링, 표준관입시험 등이 있다.
　㉡ 지내력시험 : 기초에 대한 내력을 측정하는 시험

ⓒ 지반에 따른 허용지내력도

지반	장기응력에 대한 허용응력도(t/m²)
화강암, 안산암 등의 경암반	400
편암, 판암 등의 수성암 계열 연암반	200
자갈	30
자갈 + 모래	20
모래	10
모래 + 진흙	15
진흙	10

※ 단기응력에 대한 허용응력도는 장기허용응력도의 2배

(2) 지정

기초파기를 한 바닥판을 다져 치밀하게 지반을 만드는 작업을 지정이라 한다.

① 모래지정 : 비교적 안정된 지반에 직접기초를 할 때 밑자리가 흐트러지는 것을 방지하기 위해 두께 10cm 정도로 설치한다.
② 자갈지정 : 자갈, 깬자갈 등을 다지는 지정으로 6~12cm의 두께로 설치한다.
③ 잡석지정 : 연약한 지반, 수분이 비교적 많은 진흙지반에 사용하는 지정이다.
④ 말뚝지정 : 지반의 지내력이 약할 때 말뚝을 통해 깊은 곳의 단단한 지반의 지내력을 얻기 위해 설치하는 형식의 지정이다.

(3) 말뚝

① 기성콘크리트 말뚝
원심력을 이용하여 만든 중공 원주형의 말뚝을 사용하며 말뚝머리의 중심간격을 지름의 2.5배 이상 혹은 75cm 이상으로 한다.

② 철재말뚝
깊은 지지층까지 도달시킬 수 있으며 해안 매립지 및 경질 지반이 깊을 때 사용한다. 중심간격은 지름의 2.5배 이상 혹은 90cm 이상으로 한다.

③ 나무말뚝

소나무, 미송, 낙엽송, 삼나무 등을 사용하고 갈라짐이나 썩음이 없고 습기에 견디는 곧고 긴 생나무를 사용한다. 부식을 방지하기 위해 상수면 아래로 위치하도록 박으며 말뚝 끝에는 쇠신을 씌운다. 중심간격은 지름의 2.5배 이상으로 보통 4배 이상 이격 시키며 60cm 이상으로 한다.

④ 제자리 콘크리트 말뚝

현장에서 직접 땅속에 구멍을 뚫거나 굵고 긴 철관을 지하의 굳은 지층까지 박고 내부에 철근을 조립하여 콘크리트를 부어 넣어 말뚝을 형성한다.

 목구조

1. 일반사항

(1) 장·단점

장 점	단 점
• 외관이 수려하고 건물 자중이 가볍다. • 가공성이 좋아서 공사기간이 짧다. • 열전도율이 낮아 보온 및 방서효과가 좋다.	• 재질이 불균등하고 변형 및 부패가 쉽게 발생한다. • 내화성 및 내구성이 낮다. • 접합부의 강성이 약하다.

(2) 목재의 강도

목재는 섬유방향의 강도가 섬유직각방향의 강도보다 크다.
- 인장강도 > 휨강도 > 압축강도 > 전단강도
- 섬유방향 > 섬유직각방향

2. 목재의 접합

(1) 개요

① 접합의 종류
  ㉠ 이음 : 2개 이상의 목재를 재축방향(수평)으로 하나로 연결하는 방법
  ㉡ 맞춤 : 두 목재를 직각 또는 경사지게 마주댈 때 맞추는 방법
  ㉢ 쪽매 : 목재판이나 널을 옆으로 붙여 끼워대는 방법
② 접합 시 유의사항
  ㉠ 목재는 될 수 있는 한 적게 깎아낼 것
  ㉡ 응력이 작은 곳에서 접합할 것
  ㉢ 공작은 되도록 간단하게 하고 모양에 치중하지 말 것

ⓔ 이음, 맞춤의 단면은 응력 방향에 직각으로 할 것
ⓜ 접합부는 정확하게 가공하여 빈틈이 없게 할 것
ⓗ 접합부는 가급적 철물로 보강하여 강성을 최대로 확보할 것

(2) 이음

① 맞댄이음
  ㉠ 두 부재를 맞대고 덧판을 대어 큰못 또는 볼트로 조임
  ㉡ 덧판은 목재, 철판을 쓰고 산지나 듀벨을 써서 보강함
  ㉢ 맞댄 자리는 평, -자, +자형의 턱솔맞댐을 함
  ㉣ 평보의 이음

② 겹친이음
  ㉠ 두 부재를 겹쳐서 산지, 큰못, 볼트 등으로 보강한 이음
  ㉡ 듀벨, 볼트 등을 쓰면 큰 간사이도 가능함
  ㉢ 간단한 구조, 비계통나무이음

③ 따낸이음
  두 부재를 서로 물려지도록 따내어 맞추어지게 한 것으로 큰못, 산지, 볼트 등으로 보강한 이음

주먹장
이음
	• 한 재의 끝을 주먹모양으로 만들어 다른 재에 이음한 것
	• 매우 튼튼하고 가장 널리 쓰임
	  – 주먹장이음
	  – 두겁주먹장이음
	  – 턱걸이주먹장이음
	• 토대, 멍에, 중도리 이음에 사용(힘을 많이 받는 부위에는 사용 불가)

메뚜기장
이음
	• 주먹장보다 더욱 튼튼함
	  – 메뚜기장이음
	  – 긴촉이음
	  – 자촉이음
	• 토대, 멍에, 중도리 이음에 사용(공작이 까다롭다.)

엇걸이 이음	• 이음부위에 비녀(산지) 등을 박아 더욱 튼튼하게 한 이음 • 평보, 기둥, 토대, 처마도리 등 주요 가로재의 내이음에 사용
빗걸이 이음	• 이음재의 밑에 보나 기둥, 도리 등의 받침이 있는 부재의 이음 • 빗걸이 턱을 2단으로 하며 산지, 볼트 등으로 보강한다.

④ 기타 이음

빗이음	서까래, 띠장, 장선의 이음
엇빗이음	부재의 반을 갈라서 서로 반대 경사로 빗이음한 것. 반자틀, 반자살대 등의 이음
반턱이음	두 부재를 반씩 턱을 내어 겹치고 못, 산지 등으로 이음한 것. 장선 등의 이음
턱솔이음	일(─)자형, 십(+)자형, ㄱ자형, T자형, ㄷ자형 등의 턱솔을 만들어 이음한 것 걸레받이, 난간두겁대 등의 이음
은장이음	동일한 나무 또는 참나무로 나비형 은장을 만들어 끼워 이음한 것 못이나 볼트를 사용한 이음보다 뒤틀림에 강하다.

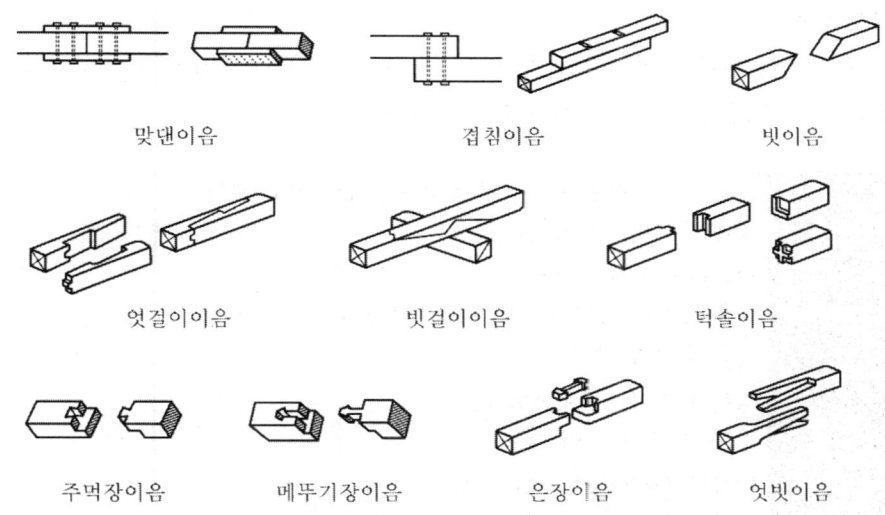

맞댄이음   겹침이음   빗이음

엇걸이이음   빗걸이이음   턱솔이음

주먹장이음   메뚜기장이음   은장이음   엇빗이음

⑤ 위치별 이음의 종류
  ㉠ 심이음 : 부재의 중심에서 이음한 것
  ㉡ 내이음 : 중심에서 벗어난 위치에서 이음한 것
  ㉢ 베개이음 : 가로 받침대를 대고 이음한 것
  ㉣ 보아지 이음 : 심이음에 보아지(받침대)를 댄 것

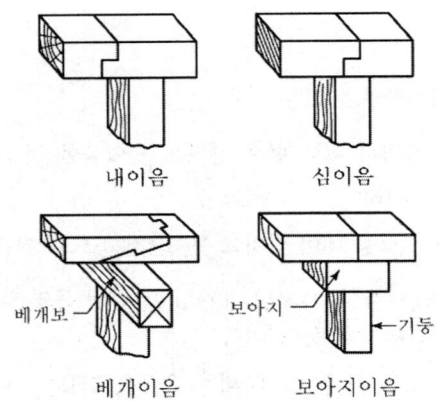

(3) 맞춤

① 장부맞춤

목재 마구리 부분에 장부를 만들고 이것을 다른 편의 구멍에 꽂은 맞춤으로, 어떤 맞춤에도 사용되고 가장 튼튼한 맞춤 방법이다.

짧은 장부	장부길이가 맞추어질 부재 춤의 1/3~1/2 정도 되는 것 왕대공과 평보의 맞춤
내다지장부	맞추어질 부재 춤보다 긴 장부를 쓴 것 나온 부분에 메뚜기, 쐐기 등을 박아 되빠짐 방지 기둥의 상하 맞춤
평장부	장부 단면이 一자형으로 된 것 장부 중 가장 많이 쓰임
턱장부	평장부 한편에 턱이 있는 것 턱장부에 턱솔이 딸린 것을 턱솔턱장부라 함 토대, 창호 등의 모서리 맞춤
쌍턱장부	평장부 양편에 턱을 낸 것 기둥의 윗부분에서 도리와 보 두 부재가 걸쳐질 때 사용
주먹장부	주먹모양으로 장부를 만들어 끼워 빠지지 않게 한 것 토대의 T형 부분, 토대와 멍에, 달대공의 맞춤에 쓰인다.
부채장부	단면이 사다리꼴 모양임 모서리 기둥과 토대와의 맞춤

제1장 건축 구조

지옥장부	벌림쐐기를 미리 꽂아 장부구멍에 넣고 위에서 때림 창호나 치장을 요하는 부분에 사용
턱솔장부	솔기에 짧은 촉을 낸 것
빗장부	경사진 장부를 말함 중도리와 박공널의 맞춤
가름장장부	마구리 중간을 따서 두 갈래로 한 것 양식 지붕틀의 왕대공과 마룻대의 맞춤

② 장부 이외 맞춤

통맞춤	큰 부재 구멍에 작은 부재를 통째로 끼워넣는 맞춤
가름장맞춤	큰 부재 중간을 따서 두 갈래로 작은 부재에 끼워넣는 맞춤
빗턱장부 맞춤	부재를 경사지게 따낸 자리에 짧은 장부를 내서 맞춘 것 왕대공과 ㅅ자보 맞춤
빗걸침턱 맞춤	접합면을 같은 경사로 깎아 맞댄 것. 상하 교차 부재에 씀 멍에와 토대의 맞춤
걸침턱 맞춤	상하 부재가 직각으로 교차될 때 접합면을 서로 따서 물리게 한 것 좌우 이동 방지효과 평보와 깔도리 맞춤
반턱맞춤	부재춤을 반씩 따서 직각으로 교차하여 맞춘 것 도리 등의 직각부분 맞춤
안장맞춤	빗잘라 중간을 따서 두 갈래로 된 것을 양 옆을 경사지게 딴 자리에 끼워서 맞춤 평보와 ㅅ자보 맞춤
갈퀴맞춤	널끝의 밑면에 경사진 단을 내어 구멍 속에 밀어넣고 위에 쐐기를 박음
연귀맞춤	접합재의 마구리를 감추기 위해 45°로 잘라 맞춘 것 나무 마구리 맞춤

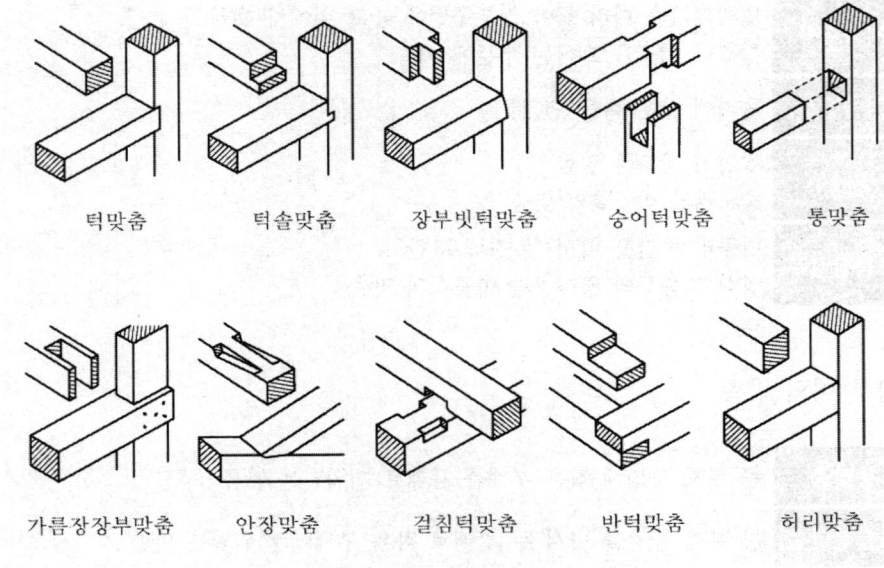

(4) 쪽매

① 정의 : 부재를 섬유방향과 평행으로 옆으로 대어 붙이는 것

② 종류

　㉠ 맞댄쪽매 : 경미한 구조에 이용

　㉡ 반턱쪽매 : 거푸집, 두께 15mm 미만 널에 사용

　㉢ 빗쪽매 : 반자틀, 지붕널에 사용

　㉣ 제혀쪽매 : 가장 많이 사용하며 마루널 깔기에 사용

　㉤ 오늬쪽매 : 흙막이 널말뚝에 사용

　㉥ 딴혀쪽매 : 마루널 깔기에 사용

　㉦ 틈막이대쪽매 : 징두리판벽, 천장에 사용

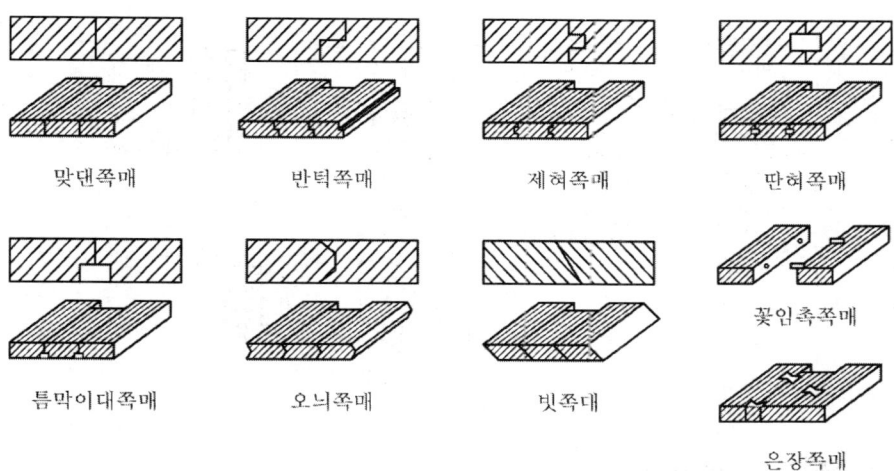

(5) 보강철물

① 못
  ㉠ 못은 재의 섬유방향에 대하여 엇갈리게 박는다.
  ㉡ 경미한 곳 외에는 1개소에 4개 이상 박는 것을 원칙으로 한다.
  ㉢ 못의 길이 : 박는 나무두께의 2.5~3배(마구리는 3~3.5배)
  ㉣ 부재 두께는 못 지름의 6배 이상
  ㉤ 못 배치 간격 : 가력방향 10d(가장자리 12d), 반대방향 5d 이상

② 볼트
  ㉠ 보통 볼트, 양나사 볼트, 갈고리 볼트, 주걱 볼트 등이 있다.
  ㉡ 인장력을 받을 때 사용한다.
  ㉢ 지름 9mm 이상, 구조용은 지름 12mm 이상을 사용한다.

③ 듀벨
  ㉠ 접합재 사이에 끼워 넣고 볼트로 죄어 부재 상호간의 미끄럼을 막는다.
  ㉡ 볼트와 병행 사용하며 듀벨은 전단력에 저항한다.
  ㉢ 배치는 동일 섬유방향에 엇갈리게 배치한다.

④ 감잡이쇠 : 왕대공과 평보 맞춤 시 보강철물

⑤ 띠쇠 : ㅅ자보와 왕대공의 맞춤, 기둥과 층도리의 맞춤 시 보강철물

⑥ 안장쇠 : 큰보와 작은보의 연결 시에 사용함

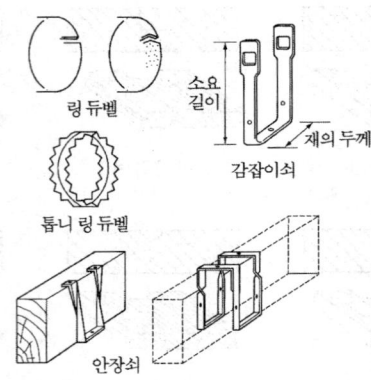

```
Point  보강철물 사용 장소

① 처마도리+깔도리=양나사볼트      ② 평보+왕대공=감잡이쇠
③ ㅅ자보+평보=볼트                ④ 보+처마도리=주걱볼트
⑤ 큰보+작은보=안장쇠              ⑥ 토대+기둥=감잡이쇠, 꺾쇠, 띠쇠
⑦ 기초+토대=앵커볼트              ⑧ 왕대공+ㅅ자보=띠쇠
⑨ 달대공+ㅅ자보=볼트, 엇꺾쇠      ⑩ 빗대공+ㅅ자보=양면꺾쇠
⑪ 모서리기둥+층도리=ㄱ자쇠
```

3. 목조 벽체

심벽식	평벽식
• 전통목조와 같이 뼈대 사이에 벽을 만들어 뼈대가 보이도록 만든 구조이다. • 단면이 작은 가새를 배치하게 되어 평벽에 비해 약하지만 목재 고유의 아름다움을 표현할 수 있다.	• 뼈대를 감싸고 마감재를 대어 뼈대를 감춘 구조이다. • 단면이 큰 가새를 배치하고 철물로 보강할 수 있어 내진성, 내풍성을 높일 수 있다. • 실내 기밀성, 방한, 방습 효과가 크다.

(1) 벽체 구성

① 토대

㉠ 기초 위에 가로놓아 상부에서 오는 하중을 기초에 전달하는 부재이다.

㉡ 기둥과 기둥을 고정하고 벽을 설치하는 뼈대가 된다.
㉢ 단면크기는 기둥과 같거나 약간 크게 한다.(단층 105mm각, 2층 120mm각 정도)
㉣ 이음부는 턱걸이주먹장·이음턱걸이메뚜기장이음·엇걸이산지이음 등을 사용하고, 연귀장부맞춤, 턱솔장부맞춤으로 모서리와 접합부를 맞춘다.
㉤ 토대의 모서리 및 기타 접합부에 귀잡이토대를 설치하여 횡력에 저항하게 한다.

② 기둥
  ㉠ 통재기둥
    ⓐ 1층과 2층을 한 개의 부재로 연결하는 기둥
    ⓑ 건물의 모서리에 배치하며, 길이가 긴 벽은 중간에도 배치한다.
    ⓒ 2층 이상 목조건물의 모서리기둥은 통재기둥으로 해야 한다.
  ㉡ 평기둥
    ⓐ 층도리를 사이에 두고 한 층씩 세워지는 기둥이다.
    ⓑ 배치 간격은 2m 전후로 한다.
  ㉢ 샛기둥
    ⓐ 평기둥 사이에 세워서 벽체 구성 및 가새의 옆휨을 막는 역할을 한다.
    ⓑ 배치간격은 45cm 내외로 하고, 상하 가로재에 짧은 장부맞춤으로 한다.
    ⓒ 가새와 접합 시에는 반드시 샛기둥 쪽을 따내 접합한다.

③ 층도리
  상, 하층 사이의 가로재로서 기둥을 연결하고 위층 바닥 하중을 기둥에 전달시킨다.

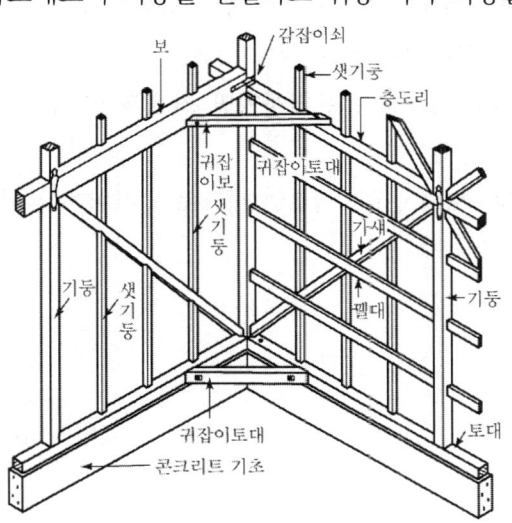

④ 도리
  ㉠ 깔도리 : 기둥 맨 위 처마부분에 수평으로 대어 지붕틀의 하중을 기둥에 전달한다.
  ㉡ 처마도리 : 지붕틀 평보 위에 깔도리와 같은 방향으로 걸친다.
  ㉢ 단면 크기는 기둥과 같게 하거나 춤을 다소 높게 하며, 이음은 엇걸이산지이음으로 한다.
⑤ 가새
  ㉠ 벽체의 수평력(횡력) 보강재
    ⓐ 가새의 크기

인장가새	기둥 단면적 1/5 이상의 목재나 지름 9mm 이상 철근을 사용한다.
압축가새	기둥 단면적 1/3 이상의 목재를 사용한다.

    ⓑ 가새의 설치 원칙
      • 기둥이나 보의 중간에 설치하지 말아야 한다.
      • 기둥이나 보의 대칭되게 설치한다.(좌우대칭구조)
      • 인장응력과 압축응력을 받을 수 있도록 X, V자형으로 배치한다.
      • 설치각도는 45°가 유리하다.
      • 상부보다 하부에 많이 배치한다.
⑥ 버팀대
  ㉠ 절점(기둥과 깔도리, 층도리, 보 등이 접합되어 있는 부분)부분의 수평력에 의한 변형을 막기 위해 설치하는 부재이다.
  ㉡ 수평력에 대해 가새보다는 약하지만 가새를 댈 수 없는 곳에 유리하다.
⑦ 귀잡이
  가로재(토대, 보, 도리 등)가 서로 수평으로 맞추어지는 귀부분을 보강하기 위해 대는 빗재를 말한다.

4. 마루

(1) 1층 마루

① 동바리 마루
  마루 밑부분에 동바리돌을 놓고 그 위에 동바리를 세운다. 동바리 위에 멍에를 걸고

그 위에 직각방향으로 장선을 걸치고 마루널을 깐다.

동바리	멍에와 같은 크기(10cm각 내외)로 하고 간격은 멍에와 동일하게 설치한다.
멍에	단면은 10cm각 내외로 하고, 간격은 0.9~1.8m 정도로 한다.
장선	크기 6cm각(멍에 간격 1m 이내일 때), 간격 45cm 내외(멍에 간격의 절반 정도)
마루널	두께 18~24mm의 널재를 제혀쪽매로 연결한다. (밑바탕널은 12 ~18mm 합판 사용)

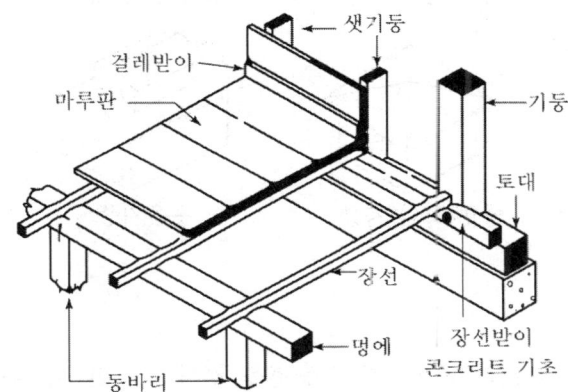

② 납작마루

동바리를 쓰지 않고 호박돌 위에 멍에, 장선을 대고 마루널을 깔거나, 콘크리트 바닥에 멍에, 장선을 깔고 마루널을 깐다.

(2) 2층 마루

홑마루 (장선마루)	간사이가 작을 때(2.4m 미만) 사용 보를 쓰지 않고 층도리 등에 장선을 걸치고 마루널을 깐다.
보마루	간사이 2.4~6.4m 미만에 사용 보를 걸어 장선을 받고 마루널을 깐 것(보 간격 약 1.8m)
짠마루	간사이 6.4m 이상 큰보 위에 작은보를 걸고 장선과 마루널을 깐 것

5. 지붕 및 지붕틀

(1) 지붕의 종류

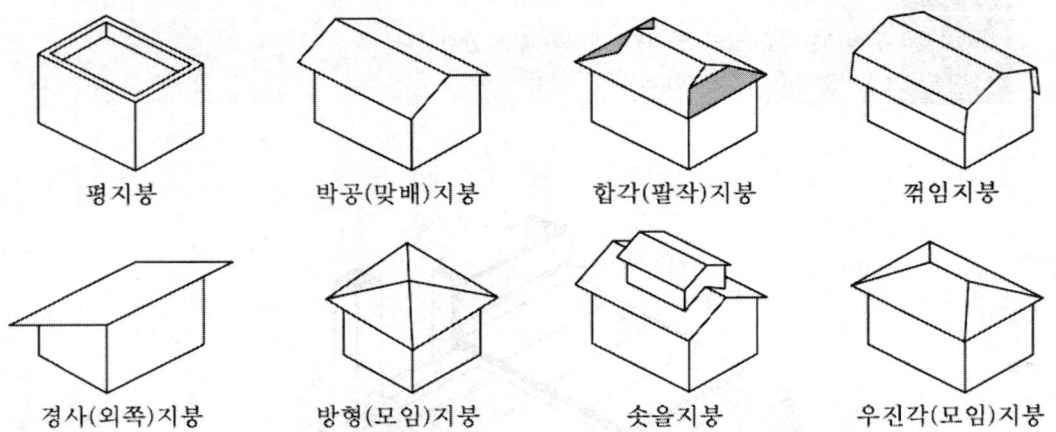

(2) 지붕물매

① 물매 : 빗물이 잘 흘러 내리도록 지붕면을 경사지게 한 것이다.
② 물매표시방법 : 수평거리(10cm)에 대한 직각삼각형의 수직높이로 표시한다.
③ 경사각이 45°인 것을 되물매, 그 이상인 것을 된물매라 한다.

(3) 절충식 지붕틀

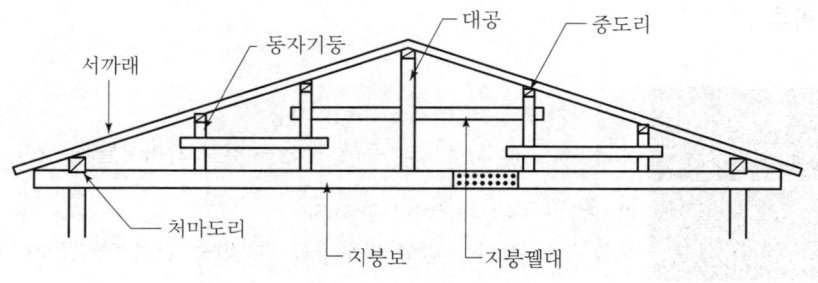

① 처마도리 위에 지붕보를 걸쳐대고 그 위에 동자기둥과 대공을 세우면서 중도리와 마루대를 걸쳐대어 서까래를 받게 한 지붕틀
② 공작이 간단하며 간사이가 작거나(6m 이내) 간벽이 많은 건물에 사용

③ 사용부재

지붕보	크기 : 끝마구리 지름 120mm 정도(간사이 3m일 때)
대공, 동자기둥	크기 : 100×100mm 정도 간격 : 0.9m 정도
서까래	크기 : 50mm 각재 간격 : 0.45m 정도
지붕널	두께 : 12mm~18mm 정도

양식 구조에서는 처마도리와 깔도리를 구분해서 사용하고, 절충식 구조에서는 처마도리가 깔도리를 겸하고 있다.

(4) 왕대공 지붕틀

① 양식 지붕틀 중 가장 많이 쓰이는 지붕틀로 여러 부재를 삼각형으로 짜서 역학적으로 외력에 튼튼한 구조이다.
② 간사이가 큰 구조물에 쓰인다(최대 20m 가능).
③ 평보 간격(지붕틀 간격)은 2~3m 정도이다.
④ 평보 이음은 왕대공 근처에서 맞댄 덧판이음을 하고 산지를 끼워 볼트를 조인다.

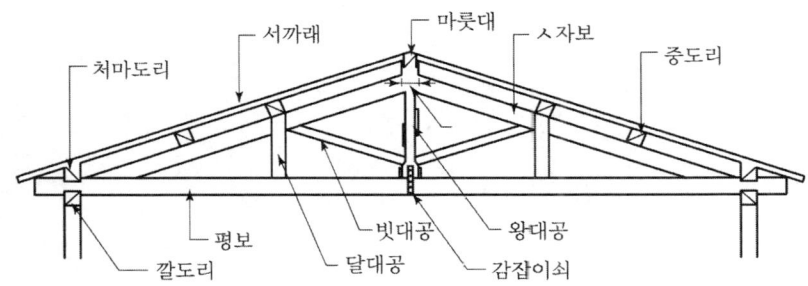

⑤ 부재의 응력부담

압 축 재	ㅅ자보, 빗대공 – 빗재
인 장 재	왕대공, 평보, 달대공 – 수직, 수평재

> **Point**
> ① ㅅ자보 : 휨모멘트와 압축력을 동시에 받음
> ② 평보 : 인장력과 휨모멘트를 동시에 받음

(5) 쌍대공 지붕틀

간사이가 10m 이상이거나 꺾임지붕으로 할 때 또는 보꾹방(다락방)으로 이용할 때 쓰인다.

> **Point** 우미량
> 중도리, 마룻대 등을 받치는 동자기둥, 대공을 세우기 위한 부재로 모임지붕이나 합각지붕에서만 사용

> **Point** 추녀
> 모임지붕에서 처마 부분에 45°로 마룻대에 연결시킨 부재

조적조

1. 벽돌구조

건물의 기초나 벽체 등을 벽돌과 모르타르로 쌓아 만든 것으로서 블록구조, 돌구조 등과 같이 조적구조의 기본이 된다.

장 점	단 점
• 내화, 내구, 방한, 방서적이다. • 시공이 비교적 간단하다. • 외관이 아름답고 장중하다. • 질감이 다양하고 주위환경과 잘 어울린다.	• 수평력(풍압, 지진력)에 약하므로 고층이나 대형건물에는 적합하지 않다. • 벽체가 두꺼워 면적이 줄어든다. • 습기가 차기 쉽다.

(1) 벽돌의 규격 및 품질

① 규격
  ㉠ 기존형(구형) : 210×100×60(단위 : mm)
  ㉡ 표준형(신형) : 190×90×57

② 품질
  ㉠ 1종 점토벽돌 : 압축강도 24.50N/mm² 이상, 흡수율 10% 이하
  ㉡ 2종 점토벽돌 : 압축강도 14.70N/mm² 이상, 흡수율 15% 이하

(2) 벽돌의 종류

① 보통벽돌
  ㉠ 시멘트 벽돌 : 시멘트+모래를 혼합하여 만든다.
  ㉡ 붉은 벽돌 : 점토+석회+모래를 혼합하여 구워 만든다.
    ⓐ 붉은 벽돌 : 완전 연소로 구운 것
    ⓑ 회색·검정벽돌 : 불완전 연소로 구운 것

② 특수벽돌
  ㉠ 이형벽돌 : 특별한 모양으로 만든 것으로 개구부 주위에 장식적으로 사용한다.
  ㉡ 경량벽돌

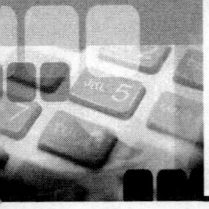

ⓐ 경량벽돌 : 경량이며, 열 차단성이 큼
ⓑ 중공벽돌 : 벽돌 내에 구멍이 있는 것으로 장식 벽체에 사용된다.
ⓒ 포도용 벽돌 : 바닥 포장용 벽돌로 흡수율이 작고 내마모성과 강도가 크다.
ⓓ 오지벽돌 : 벽돌면에 오지(유약)를 올린 치장벽돌이다.
ⓔ 내화벽돌 : 내화점토를 이용하여 소성한 것으로 굴뚝, 용광로 등에 사용한다.

(3) 모르타르

① 시멘트+모래+물을 혼합하여 만든 벽돌 상호 접착제이다.
② 물을 넣은 후 1시간부터 응결이 시작해서 10시간이면 응결이 끝나므로 1시간 이내에 사용해야 한다.
③ 배합비
  ㉠ 쌓기용 1 : 3~1 : 5(시멘트 : 모래)
  ㉡ 아치용 1 : 2
  ㉢ 치장용 1 : 1

(4) 벽돌의 마름질(Cutting)과 줄눈

① 마름질

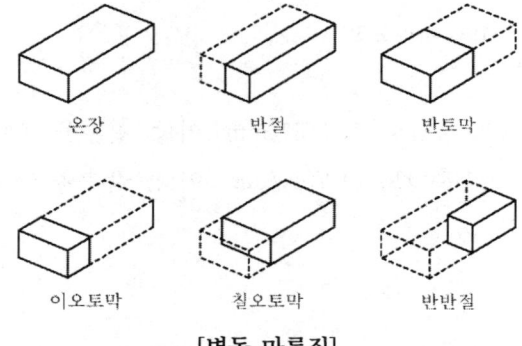

[벽돌 마름질]

② 줄눈
벽돌과 벽돌 사이의 모르타르 부분을 말한다.
  ㉠ 수직줄눈
    ⓐ 막힌줄눈 : 벽돌을 지그재그로 쌓아서 위아래가 막힌 줄눈으로, 하중을 골고루 분산시키므로 힘을 받는 벽(내력벽)에 사용한다.
    ⓑ 통줄눈 : 하중을 분산시킬 수 없어서 치장용으로만 사용한다.

ⓒ 치장줄눈 : 벽돌벽면을 제물치장할 때, 벽면에서 8~10mm 줄눈파기하고 1 : 1로 배합한 모르타르 줄눈을 채워 마무리한다.

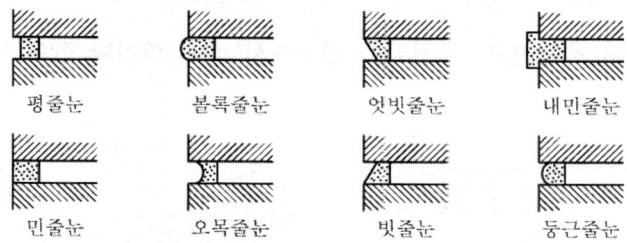

(5) 벽돌쌓기

① 원칙

   ㉠ 쌓기 전 충분한 물축임을 한다.
   ㉡ 하루쌓기 높이는 1.2~1.5m(17~20켜) 이내로 한다.
   ㉢ 막힌줄눈을 원칙으로 한다.
   ㉣ 벽면의 목재 등으로 수장할 때는 나무벽돌을 묻어 쌓는다.

② 벽돌쌓기법

   ㉠ 영식 쌓기

   ⓐ 길이쌓기와 마구리쌓기를 한 켜씩 번갈아 쌓는다.
   ⓑ 벽의 끝이나 모서리에 반절 또는 이오토막을 사용하여 통줄눈을 막는다.
   ⓒ 가장 튼튼한 방식이며 널리 사용된다.

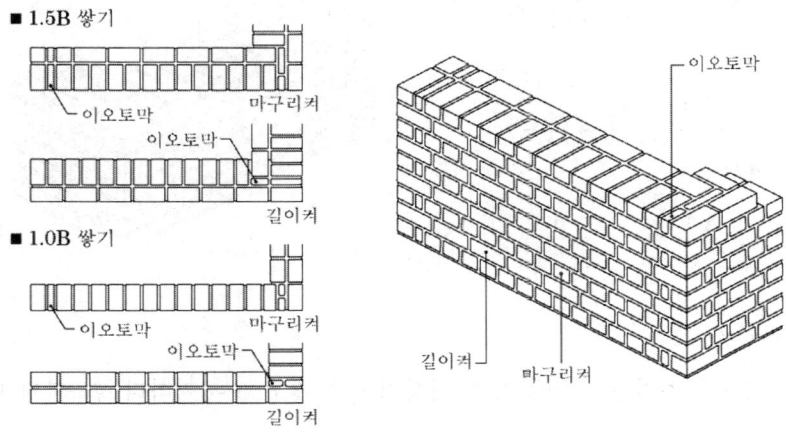

ⓛ 화란(네덜란드)식 쌓기
  ⓐ 영식 쌓기처럼 길이켜, 마구리켜를 번갈아 쌓는다.
  ⓑ 벽 끝이나 모서리에는 칠오토막을 사용한다.
  ⓒ 시공이 용이하고, 모서리가 견고해서 많이 쓰이나 잔여 이오토막이 생긴다.

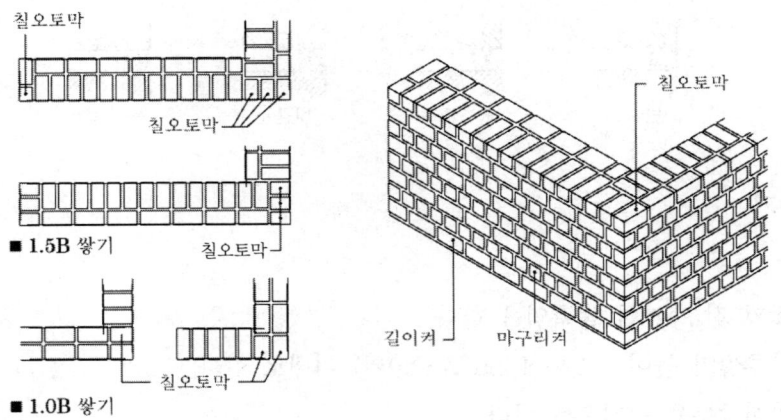

ⓒ 불식(프랑스식) 쌓기
  ⓐ 한 켜에서 길이와 마구리가 번갈아 나온다.
  ⓑ 내부에 통줄눈이 생겨 내력벽으로는 부적합하다.
  ⓒ 외관이 좋아서 장식 벽체로 사용한다.

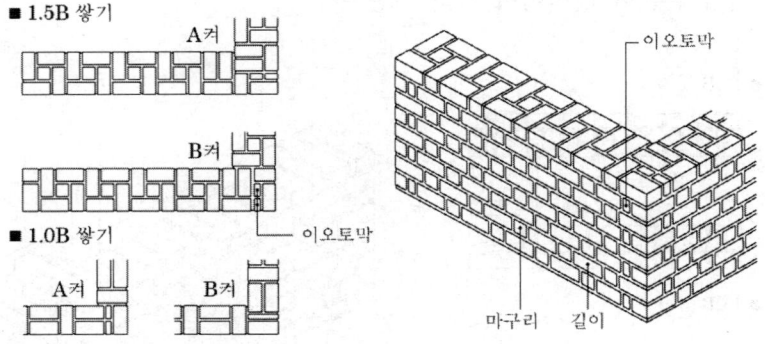

ⓛ 미식 쌓기
  ⓐ 앞면은 5켜를 길이쌓기로 치장벽돌을 쌓고 5~6켜마다 한 켜씩 마구리쌓기를 한다.

ⓑ 뒷면은 영식 쌓기로 하여 통줄눈을 막는다.

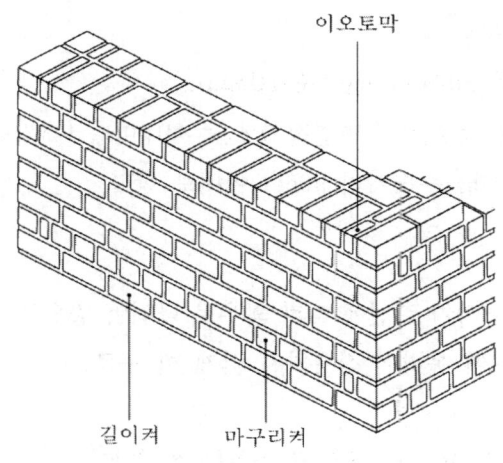

ㅁ 특수 쌓기

ⓐ 세워쌓기 : 벽돌을 마구리면이나 길이면이 세워지도록 쌓는 방식

ⓑ 영롱쌓기 : 벽면에 구멍이 나도록 쌓는 방식

ⓒ 엇모쌓기 : 45° 각도로 쌓아서 모서리가 면에 나오는 방식

ⓓ 들여쌓기 및 떼어쌓기 : 쌓기를 중단할 경우 중앙부는 떼어쌓기, 모서리는 들여쌓기로 마무리한다.

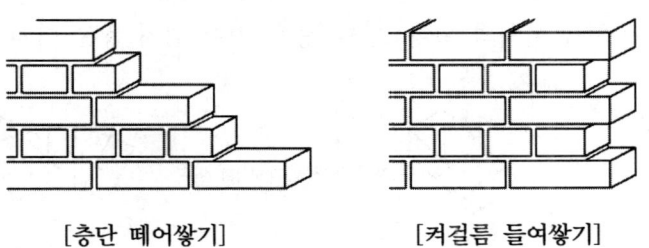

[층단 떼어쌓기] [켜걸름 들여쌓기]

③ 기타 쌓기

㉠ 내쌓기

ⓐ 벽돌을 벽면에서 부분적으로 내쌓는 방식

ⓑ 내미는 길이 - 한 켜 : 1/8B
            - 두 켜 : 1/4B

ⓒ 내미는 최대한도 : 2.0B

ⓒ 공간쌓기
  ⓐ 음, 열, 공기, 습기 등의 차단을 목적으로 벽을 이중으로 하고 중간에 공간을 두고 쌓는 방법
  ⓑ 공간은 보통 30~60mm(표준 50mm)
  ⓒ 연결철물(벽 상호간)은 벽면적 $0.4m^2$ 이내마다 1개씩 사용하고, 철물의 수직거리 45cm 이내, 수평거리 90cm 이내로 한다.

(6) 아치(Arch)

상부에 작용하는 하중이 아치 축선에 따라 좌우로 나뉘어 밑으로 직압력만 전달하게 한 것으로서, 개구부 등의 부재에 응력이 작용하지 않게 한 구조

① 원칙
  ㉠ 작은 개구부라도 반드시 상부에 아치를 설치한다.
  ㉡ 개구부 너비가 1.2m 이하일 경우는 평아치로 할 수 있다.
  ㉢ 개구부 너비가 1.8m 이상일 때는 아치 대신 철근콘크리트 인방보를 설치한다.
  ㉣ 아치 줄눈의 방향은 원호 중심에 모이게 한다.

② 아치쌓기 종류
  ㉠ 본 아치 : 아치벽돌을 사용하여 쌓는 것
  ㉡ 막만든 아치 : 보통벽돌을 아치벽돌처럼 다듬어 쌓는 것
  ㉢ 거친 아치 : 보통벽돌을 그대로 사용하여 줄눈을 쐐기모양으로 하여 쌓는 것
  ㉣ 층두리 아치 : 아치의 폭이 클 때 층을 지어 겹쳐 쌓은 아치

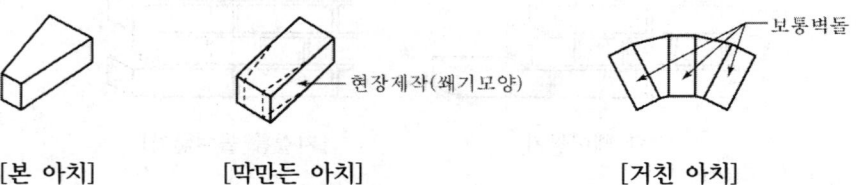

[본 아치]   [막만든 아치]   [거친 아치]

(7) 벽돌 벽체

① 벽체의 분류
  ㉠ 내력벽 : 상부하중을 받아 기초에 전달하는 주된 벽체
  ㉡ 장막벽 : 상부하중은 받지 않고 자체 하중만 지지하는 벽

② 내력벽의 길이 및 면적
　㉠ 벽길이 : 내력벽의 길이는 10m 이하로 한다(초과 시 붙임기둥, 부축벽으로 보강).
　㉡ 면적 : 내력벽 중심선으로 둘러싸인 부분의 바닥면적은 80m² 이하로 한다.
③ 내력벽 두께 및 높이
　㉠ 두께
　　ⓐ 두께 산정 시에는 마감재를 포함하지 않는다.
　　ⓑ 내력벽 두께는 바로 위층보다 크거나 같아야 한다.
　　ⓒ 구조 유형별 두께

유형	벽돌벽	블록벽	돌과 다른 조적재 병용
내력벽 두께(T)	$\dfrac{H}{20}$	$\dfrac{H}{16}$	$\dfrac{H}{15}$

※ H=벽높이

　　ⓓ 벽 길이, 높이, 층수에 따른 두께(mm)

구분	5m 이하		5~11m		11m 이상		바닥면적>60m²		
	5m 이하	8m 이상	8m 이하	8m 이상	8m 이하 ~8m 이상		1층	2층	3층
1층	150	190	190	290	290	390	190	290	390
2층	–	–	190	190	190	290	–	190	290
3층	–	–	190	190	190	190	–	–	190

　㉡ 높이
　　ⓐ 최상층 내력벽의 높이는 4m 이하로 한다.
　　ⓑ 토압을 받는 부분의 내력벽은 조적조로 할 수 없다. 단, 토압을 받는 높이가 2.5m 이하인 경우 벽돌벽으로 쌓을 수 있다.
④ 테두리보
　㉠ 각 층 내력벽 위에 둘러댄 철근콘크리트보를 말한다.
　㉡ 건물 전체 강성을 높이고 지붕이나 바닥판을 받쳐 하중을 균등하게 벽체에 전달하는 역할을 한다.
　　ⓐ 테두리보 춤 : 벽 두께의 1.5배 이상
　　ⓑ 목조테두리보 : 1층 건물로서 벽 두께가 벽 높이의 1/16 이상이거나 벽의 길이가 5m 이하인 경우에는 나무 테두리보를 설치할 수 있다.

⑤ 개구부 및 주위 구조
　㉠ 개구부의 너비 합계(대린벽으로 구획된 벽에서) : 그 벽길이의 1/2 이하
　㉡ 개구부와 바로 위 개구부와의 수직거리 : 60cm 이상
　㉢ 개구부 상호간 또는 벽 중심과 개구부와의 수평거리 : 그 벽두께의 2배 이상
　㉣ 문골 너비가 1.8m 이상 : 철근콘크리트 웃인방을 설치하고 인방은 양쪽 벽에 20cm 이상 물린다.
　㉤ 벽돌벽 홈파기
　　ⓐ 세로홈이 그 층높이의 3/4 이상일 때 홈깊이 : 벽두께의 1/3 이하
　　ⓑ 가로홈 : 길이 3m 이하, 깊이 벽두께의 1/3 이하
⑥ 벽돌벽의 균열
　㉠ 설계상의 결함
　　ⓐ 기초의 부동침하
　　ⓑ 건물의 평면, 입면의 불균형 및 벽의 불합리 배치
　　ⓒ 불균형 또는 큰 집중하중, 횡력 및 충격
　　ⓓ 벽돌벽의 길이, 높이, 두께와 벽돌 벽체의 강도
　　ⓔ 문골 크기의 불합리, 불균형 배치
　㉡ 시공상의 결함
　　ⓐ 벽돌 및 모르타르의 강도 부족과 신축성
　　ⓑ 벽돌벽의 부분적 시공 결함
　　ⓒ 이질재와의 접합
　　ⓓ 장막벽(curtain wall)의 상부
　　ⓔ 모르타르 바름의 들뜸
⑦ 백화현상
붉은 벽돌을 쌓은 뒤 얼마 되지 않아 벽면에 흰가루의 풍화물이 묻는 현상으로 외관상 좋지 않을 뿐 아니라 벽돌 품질에도 영향을 미친다.
　㉠ 원인 : 줄눈의 산화칼슘이 벽면에 접촉한 수분으로 인해 수산화칼슘이 되고, 공기 중 이산화탄소나 벽의 유황분과 결합하여 발생한다.
　㉡ 방지책
　　ⓐ 소성이 잘 된 벽돌을 사용한다.
　　ⓑ 줄눈 모르타르에 방수제를 혼합한다.

ⓒ 처마, 차양 등으로 빗물을 막는다.
ⓓ 제거 : 20% 염산수용액으로 씻어낸다.

2. 블록구조

장 점	단 점
• 내구, 내화, 내풍적이다. • 경량구조이고, 단열, 방음성이 좋다. • 시공이 간편하고 경제적이다.	• 지진, 횡력에 약하다. • 균열이 생기기 쉽다.

(1) 분류

① 조적식 블록조
  ㉠ 단순히 모르타르로 접착하여 쌓는 구조이다.
  ㉡ 소규모 건물(2층 이하)에 적합하다.
② 블록 장막벽
  ㉠ 건축물의 칸막이벽으로 사용한다(비내력벽).
③ 보강블록조
  ㉠ 블록의 빈 공간에 철근과 콘크리트로 보강한 구조이다.
  ㉡ 4~5층까지 가능하다.
④ 거푸집 블록조
  ㉠ 속이 빈 ㄴ, ㅁ, ㄷ, T자형 등의 블록을 거푸집으로 사용한다.

(2) 블록쌓기

① 블록의 규격
  ㉠ 치수

형상	치수 (mm)			허용오차(mm)
	길이	높이	두께	
기본형	390	190	100, 150, 190	길이, 두께 ±2 높이 ±3
표준형	290	190	100, 150, 190	

ⓛ 강도에 따른 분류

구분	기건비중	압축강도	흡수율	비고
A종 블록	1.7 미만	4MPa 이상	–	경량 골재 사용
B종 블록	1.9 미만	6MPa 이상	–	경량 골재 사용
C종 블록	–	8MPa 이상	10% 이하 (방수블록)	보통 골재 사용

Point 블록의 형상별 종류

- 인방블록 : 창문틀의 위에 쌓아서 철근과 콘크리트를 보강하여 다져넣는 U자형 블록
- 창대블록 : 창문틀의 아래에 설치하는 블록
- 창쌤블록 : 창문틀의 옆에 설치하는 블록
- 가로근용 블록 : 가로철근을 집어넣고 콘크리트를 다져넣을 수 있는 블록

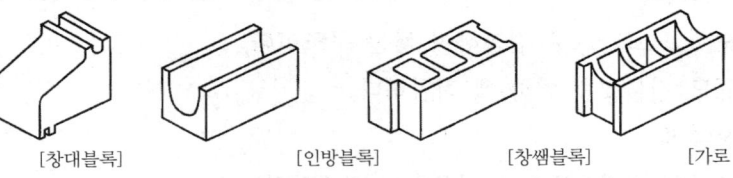

[창대블록]   [인방블록]   [창쌤블록]   [가로]

② 블록 쌓기

  ㉠ 하루 쌓는 높이는 1.2~1.5m(6~7켜) 이내로 한다.
  ㉡ 보통은 막힌줄눈 쌓기를 하되, 보강블록조는 통줄눈으로 쌓는다.
  ㉢ 조적용 모르타르 배합비는 1 : 3~1 : 5로 한다.
  ㉣ 블록의 살 두께가 두꺼운 쪽이 위로 가게 쌓고, 모르타르 접촉면만 물축임한다.
  ㉤ 줄눈의 너비는 10mm를 원칙으로 한다.

③ 블록조 벽체의 구조

  ㉠ 길이, 높이

  ⓐ 벽길이는 10m 이하, 높이는 4m 이하로 한다.
  ⓑ 벽길이가 10m 이상일 때는 부축벽, 붙임벽, 붙임기둥을 설치하며 부축벽, 붙임벽 등의 길이는 벽높이의 1/3로 한다.
  ⓒ 평면상의 내력벽 길이는 55cm 이상으로 하고 양측에 개구부가 있을 때에 두 개 구부 높이의 평균보다 30% 정도 길게 한다.
  ⓓ 부분벽 길이의 합계는 그 벽길이의 1/2 이상이어야 하며 총 벽길이의 2/3 이상

이어야 한다.
ⓒ 면적 : 80m² 이하(내력벽으로 둘러싸여 있는 면적)
ⓒ 두께 : 벽의 두께는 15cm 이상으로 하고 내력벽 두께는 주요 지점 간 수평거리의 1/50 이상으로 한다.

> **Point** 벽량(cm/m²)
> 내력벽 길이의 총합계를 그 층의 건물면적으로 나눈 값
> ① 벽량이 증가할수록 횡력에 저항하는 힘이 커진다.
> ② 보강블록조 내력벽량은 15cm/m² 이상으로 한다.

3. 돌구조

장 점	단 점
• 내구, 내화, 내마멸성이고 풍화가 적다. • 외관이 장중, 미려하고 재료가 풍부하다. • 방한, 방서적이다.	• 지진 등 횡력에 약하다. • 가공이 어렵고 고가이다. • 시공이 까다롭고 공사기간이 길다.

(1) 석재의 가공

① 석재의 표면마감
  ㉠ 혹두기(메다듬) : 망치로 돌의 면을 대강 다듬는 것이다.
  ㉡ 정다듬 : 혹두기면을 정으로 곱게 쪼아 평활하게 하는 것이다.
  ㉢ 도드락다듬 : 거친 정다듬면을 도드락 망치로 더욱 평탄하게 다듬는 것이다.
  ㉣ 잔다듬
    ⓐ 양날망치로 정다듬한 면을 평행방향으로 치밀하게 깎은 것이다.
    ⓑ 여러 번 하면 평활한 면이 된다.
  ㉤ 물갈기
    ⓐ 숫돌 등으로 물갈기하여 광내기한다.
    ⓑ 화강암, 대리석 등의 최종마감이다(손갈기, 기계갈기).

② 돌쌓기 방식
  ㉠ 다듬돌쌓기 : 각귀와 모서리 등을 다듬어 줄눈을 일정하게 쌓는 것으로, 구조적으

로 가장 튼튼하며 쌓기 쉽다.
   ⓐ 바른층쌓기 : 켜높이를 일직선으로 일치시키는 방식
   ⓑ 허튼층쌓기 : 줄눈을 부분적으로 일치시키는 방식
 ㉡ 거친돌쌓기 : 자연석을 그대로 쓰거나 적당한 크기로 쪼갠 돌을 정으로 다듬어 불규칙하게 쌓은 것. 자연미를 살릴 수 있지만, 벽이 두껍고 내진상 불리하다.
   ⓐ 거친돌 층지어쌓기 : 허튼층으로 쌓으면서 3켜 정도마다 줄눈을 일치시키는 방식
   ⓑ 거친돌 막쌓기 : 줄눈을 불규칙하게 쌓는 방식

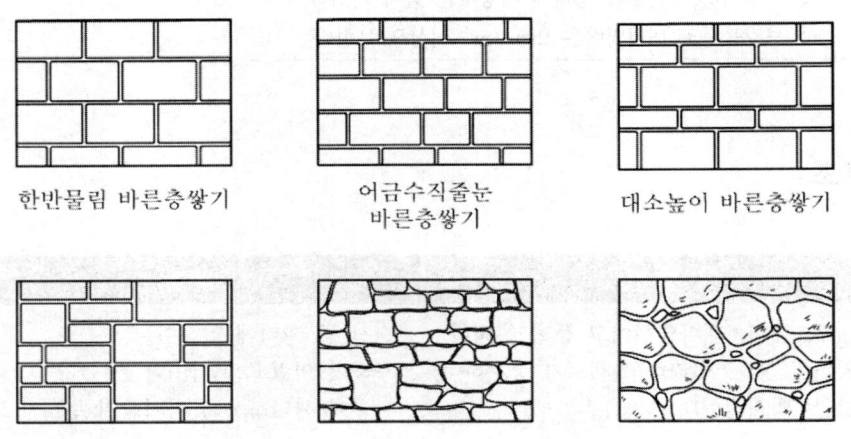

③ 접합
 ㉠ 꽂임촉 : 맞댐면 양쪽에 구멍을 파고 철재의 촉을 꽂은 다음 모르타르, 납 등을 채워 고정한다.
 ㉡ 꺾쇠, 은장 : 이음 장소에 꺾쇠나 은장을 묻어 넣을 수 있게 파고 모르타르나 납을 채워넣는다.

>  **돌구조 용어**
>
> ① 인방 : 창문이나 출입문 위에 걸쳐대서 상부의 하중을 받는 수평재이다.
> ② 창대돌 : 창 밑에 설치해서 창을 받치고 빗물을 흘러내리게 하는 장치돌이다.
> ③ 문지방돌 : 출입문의 밑에 대는 돌로서 화강암이나 경질 석재를 잔다듬 또는 물갈기하여 사용한다.
> ④ 쌤돌 : 창문, 출입문 등의 양쪽에 대는 돌로서 벽돌조에도 쓰인다.
> ⑤ 두겁돌 : 담, 난간 등의 꼭대기에 덮어씌우는 것으로 물흘림과 물끊기를 둔다.

철근콘크리트구조

1. 성질

(1) 철근콘크리트 구조의 원리

부착력	상호간의 부착력이 크며 콘크리트 속에서 철근의 좌굴이 방지되므로 철근은 압축력에도 유효하다.
온도변화	두 재료의 열팽창계수가 거의 동일하여 온도변화에 따른 응력 발생이 방지된다.
보호	콘크리트는 알칼리성이므로 철근의 부식을 방지하고 외부의 화열로부터 철근을 보호한다.

(2) 장·단점

장 점	단 점
• 내구, 내화, 내풍, 내진적이다. • 건물의 유지 및 관리가 용이하다. • 자유로운 설계가 가능하다. • 공사비, 건물 유지비가 저렴하다.	• 건물의 자중이 크다. • 시공의 정밀도가 요구된다. • 공기가 길고(습식), 균열발생이 쉽다. • 철거가 곤란하다.

(3) 중량 및 강도

① 철근 콘크리트의 중량 : $2.4 t/m^3$
② 무근 콘크리트의 중량 : $2.3 t/m^3$
③ 경량 콘크리트의 중량 : $1.7 t/m^3$
④ 강도(철근콘크리트 4주 압축강도) : $150 kg/cm^2$

2. 거푸집

거푸집은 콘크리트 부어넣기 작업과 응결, 경화하는 동안 일정한 형상과 치수로 유지시키는 형틀로서, 콘크리트에 직접 접촉하는 거푸집 널과 이것을 받쳐 변형을 방지하거나 제 위치를 유지하도록 하는 지지틀을 총칭한다.

(1) 거푸집 존치기간

거푸집은 충분한 강도가 생길 때까지 보양을 해야 하므로 아래와 같이 상당한 존치기간이 필요하다.

최저 기온	기초, 기둥, 벽, 보 옆	바닥판, 보 밑
5℃ 이상	5일	11일
18℃ 이상	4일	9일

> **Point 각종 철물**
> - 스페이서(spacer) : 철근 콘크리트의 기둥·보 등의 철근에 대한 콘크리트의 피복두께를 정확하게 유지하기 위한 받침
> - 컬럼 밴드(column band) : 띠철근기둥의 거푸집이 벌어지지 않게 테두리에 감는 철물
> - 세퍼레이터(separator) : 간격 유지를 위해 거푸집 사이에 넣어 오므려지지 않게 한다.
> - 폼타이(form tie) : 강재 거푸집의 조임 기구로 세퍼레이터의 역할도 겸한다.

3. 철근의 간격과 피복두께

(1) 철근 간격

① 철근 지름의 1.5배 이상
② 굵은 골재 최대치수의 1.25배 이상(굵은 골재가 자유로이 통과 가능함)
③ 2.5cm 이상

> **Point**
> 철근 순간격은 철근 표면 간의 최단거리, 이형철근은 마디, 리브 등의 최단거리 근접 치수이다.

(2) 철근 피복두께

철근을 감싸고 있는 콘크리트의 두께를 말하며, 콘크리트 표면에서 가장 가까운 철근의 측면까지를 말한다.

① 목적
  ㉠ 철근의 내화성, 내구성 유지 및 부착력 증대
  ㉡ 콘크리트 타설 시 유동성 유지
② 철근에 대한 콘크리트 피복두께 최솟값
  ㉠ 수중에서 타설하는 콘크리트 : 100mm
  ㉡ 흙에 접하여 콘크리트를 타설한 후 영구히 흙에 묻혀 있는 콘크리트 : 80mm
  ㉢ 흙에 접하여 옥외의 공기에 직접 노출되는 경우
    ⓐ D29 이상 철근 : 60mm   ⓑ D25 이하 철근 : 50mm
  ㉣ 옥외의 공기나 흙에 직접 접하지 않는 콘크리트
    ⓐ 슬래브, 벽체, 장선
      • D35 초과 철근 : 40mm   • D35 이하 철근 : 20mm
    ⓑ 보, 기둥 : 40mm

이 경우 콘크리트의 설계기준강도 f_{ck}가 40N/mm² 이상인 경우 규정된 값에서 10mm를 저감시킬 수 있다.

(3) 철근의 이음 및 정착

① 이음 및 정착길이(보통 콘크리트 기준)
  ㉠ 압축력, 작은 인장력을 받는 부분 : 25d 이상
  ㉡ 인장력을 받는 부분 : 40d 이상
② 철근의 이음
  ㉠ 인장력이 적은 곳에서 이음을 하고, 같은 자리에서 철근 수의 반 이상을 이어서는 안된다.
  ㉡ D29(ϕ28) 이상 철근은 겹침이음을 하지 않는다.
  ㉢ 두 철근의 지름이 다를 때는 작은 철근을 기준으로 한다.

ⓐ 보 철근 이음 시 상부근은 중앙, 하부근은 단부에서 한다.
③ 철근의 정착
   ㉠ 기둥 주근은 기초에 정착시킨다.
   ㉡ 보의 주근은 기둥 중심선을 지나 외측에 정착시킨다.
   ㉢ 작은보의 주근은 큰보에 정착시킨다.
   ㉣ 벽 철근은 기둥, 보, 바닥판에 정착시킨다.
   ㉤ 바닥 철근은 보(중심선을 지나 외측에 정착)나 벽체에 정착한다.

4. 구조계획

(1) 건물의 형태
① 평면형의 종류는 정사각형, 직사각형, L형, ㄷ형, H형, T형, Y형, O형 등
② 단순한 사각형이 내부공간 사용면이나 시공 또는 내진상으로도 유리함

(2) 각 부 계획

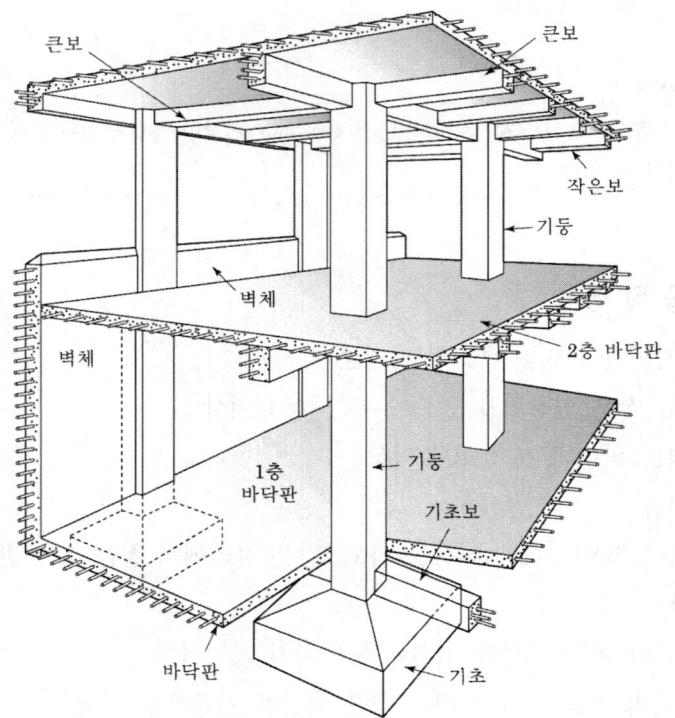

① 기둥의 배치
　㉠ 직선상의 균등한 간격으로 배치한다(바둑판과 같이 가로, 세로 등간격으로 배치하는 것이 가장 이상적임).
　㉡ 입체적으로도 상·하층의 기둥은 같은 위치에 놓여 있어야 한다.
② 보의 배치
　㉠ 큰보(girder)를 배치하고 기둥 간격이 크거나 적재하중이 많을 때 작은보(beam)를 큰보 사이에 걸쳐댄다.
　㉡ 작은보를 여러 개 넣을 때는 되도록 짝수로 넣어 큰보 중앙부의 부담을 줄이는 것이 좋다.
③ 내진벽의 배치
　㉠ 횡력의 저항을 뼈대에만 부담시키는 것이 아니라, 벽을 두어 저항하도록 하는 방식이다(안전하고 경제적임).
　㉡ 전체적으로 균등하게 배치하여 상·하층이 같은 위치에 오도록 한다.
　㉢ 평면상 교점이나 연장선상 교점이 2개소 이상 되도록 배치해야 한다.
　㉣ 내진벽은 수평성이 강한 지하층 구조부에 기초해야 한다.

5. 각 부 구조

(1) 보(beam)

① 보의 형태와 크기
　㉠ 보의 단면은 보통 장방형이지만 바닥판과 일체가 되어 양쪽 바닥판의 일정범위를 보의 일부로 취급하여 T형보 등으로 나눈다.
　㉡ 인장측에만 배근하는 단근보와 인장. 압축측 양측에 배근하는 복근보가 있다.
　　ⓐ 유효춤(D) : 간사이의 1/10~1/15 범위(표준 1/12)
　　ⓑ 너비(d) : 유효춤의 1/2~2/3 범위

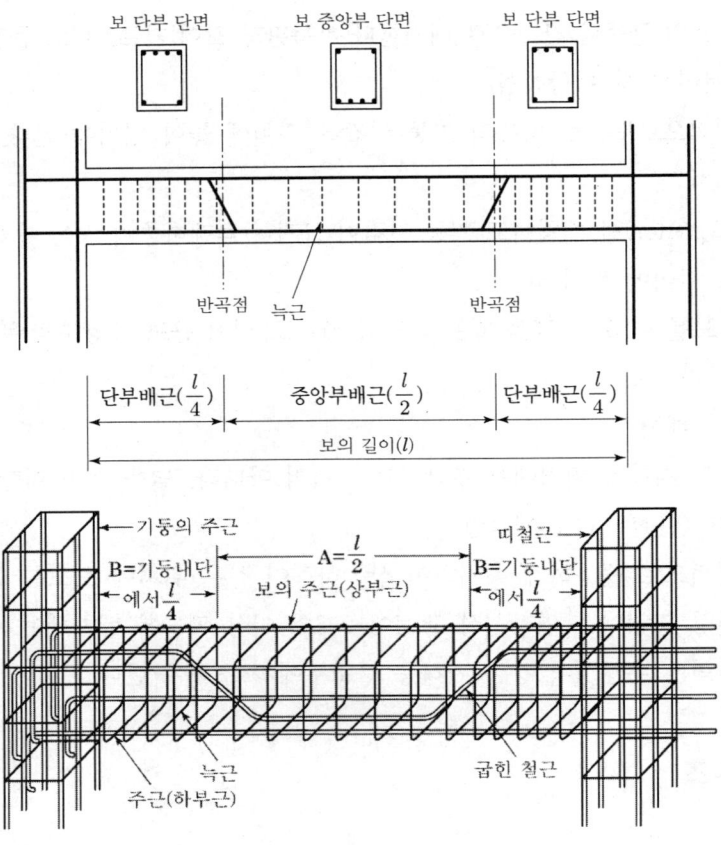

② 주근
  ㉠ 인장력이 작용하는 부위에는 반드시 철근을 배치한다. 즉 중앙에서는 아래쪽, 단부에서는 위쪽에 집중 배치한다.
  ㉡ 보 간사이의 1/4되는 곳(반곡점)에서 철근을 휘어 단부 상부 인장철근과 중앙부 하부 인장철근을 겸하여 사용한다. 이때 굽힌철근을 'bent up bar'라 한다.
  ㉢ 철근의 이음 위치는 중앙은 상부, 단부는 하부에 둔다(인장력이 작은 부위에서 이음함).
  ㉣ 주근은 D13(ϕ12) 이상이고, 2단 이하로 배근한다.
③ 늑근
  ㉠ 보의 전단력 보강근으로 주근의 직각방향으로 배근한다.
  ㉡ 전단력은 단부로 갈수록 커지므로 단부에서는 늑근 간격을 좁게 배근한다.
  ㉢ 늑근의 말단은 135° 이상의 갈고리를 만든다.

② 철근은 φ6 이상을 사용한다.
⑩ 간격 : 보 춤의 3/4 이하 또는 45cm 이하로 한다.

 헌치
> 보의 휨모멘트는 중앙부보다 단부가 더 크게 작용하므로 단부의 단면을 더 크게 만드는 것

(2) 기둥(column)

① 기둥의 형태
  ㉠ 형태는 보통 정사각형, 직사각형, 원형 등이 많고 벽의 일부를 기둥으로 취급하는 L형, T형 및 부정형 등이 있다.
  ㉡ 단면 크기

최소단면치수	20cm 이상 또는 기둥 간사이의 1/15 이상
최소단면적	600cm² 이상

② 주근
  ㉠ 기둥의 축방향 철근으로 기둥 바깥둘레에 중심축의 대칭으로 배근한다.
  ㉡ D13(φ12) 이상을 사용하고, 장방형 기둥에서는 4개 이상 배근한다.(원형, 다각형 기둥은 6개 이상)
  ㉢ 이음위치 : 기둥 순높이의 2/3 이하, 바닥 위 50cm 범위에서 이음한다.(단, 이음은 반수 이상 집중시키지 말 것)

③ 띠철근
  ㉠ 기둥의 전단력에 의해 발생하는 좌굴을 방지한다.
  ㉡ 주근 위치를 고정시키는 역할을 하며, 기둥 양단부에 많이 배근한다.
  ㉢ 철근은 6mm 이상(보통 φ9, D10)을 사용한다.
  ㉣ 배근 간격은 다음 중 가장 작은 값으로 한다.
    ⓐ 주근 지름의 16배 이하
    ⓑ 띠철근 지름의 48배 이하
    ⓒ 단면 최소치수 이하
    ⓓ 30cm 이하

④ 나선 철근 : 나선 철근은 직경 6mm 이상 철근을 쓰며, 순간격 25mm 이상, 75mm 이하

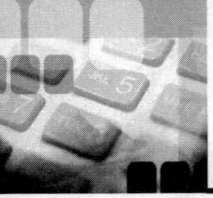

로 한다. 나선 철근의 정착길이로서 이음과 기둥 단부에서는 1.5회를 여분으로 감는다.

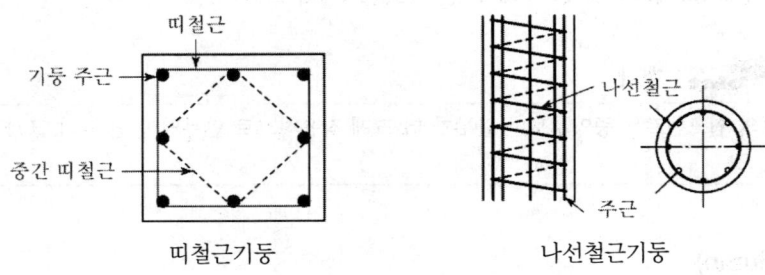

(3) 바닥판(slab)

적재하중을 지지하는 수평판이며 동시에 수평력을 보와 기둥에 분배하는 역할을 한다.
① 장방형 슬래브
　㉠ 1방향 슬래브
　　ⓐ 장변의 길이가 단변의 2배 이상인 슬래브
　　ⓑ 단변에는 주근을 배근하고 장변에는 온도철근을 배근한다.
　　ⓒ 슬래브의 두께는 최소 10cm 이상으로 한다.
　㉡ 2방향 슬래브
　　ⓐ 장변의 길이가 단변의 2배 이하인 슬래브
　　ⓑ 슬래브의 두께는 최소 8cm 이상으로 한다.(보통 12cm 이상)
　　ⓒ 단변방향으로 주근, 장변방향으로 배력근을 배근하며 D10 이상 철근을 사용한다.
　　ⓓ 주근과 배력근의 굽힘철근은 모두 단변길이의 1/4지점에서 굽힌다.

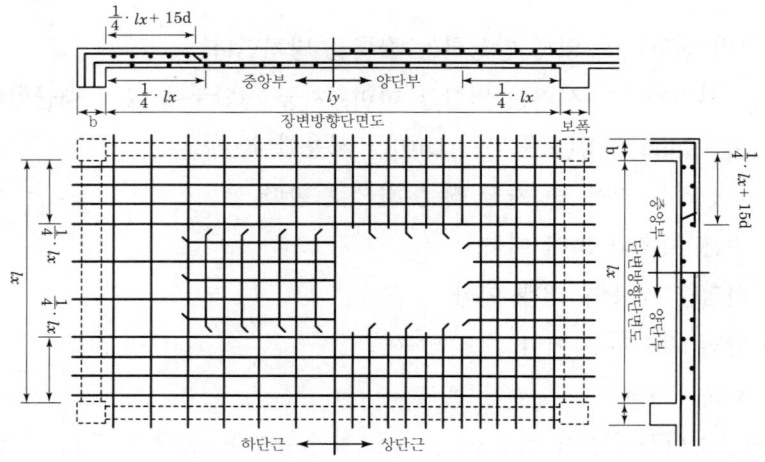

② 플랫 슬래브(flat slab : 무량판 슬래브)
  ㉠ 바닥에 보가 전혀 없이 바닥판만으로 구성하여, 하중을 직접 기둥에 전달하는 평판 슬래브 구조이다.
  ㉡ 슬래브 두께는 15cm 이상
  ㉢ 장점
    ⓐ 구조가 간단하다.
    ⓑ 공사비가 저렴하다.
    ⓒ 실내를 크게 이용 가능하다.
    ⓓ 층높이를 낮게 할 수 있다.
    ⓔ 채광, 통풍이 잘 된다.
  ㉣ 단점
    ⓐ 주두의 철근배근이 복잡하고 바닥판이 무거운 결점이 있다.
    ⓑ 고정하중이 커지고 뼈대의 강성에 난점이 있다.
③ 장선 슬래브
  ㉠ 등간격으로 분할된 장선과 슬래브가 일체로 된 구조로 그 양단은 보 또는 벽체로 지지된다.
  ㉡ 장선의 너비는 10cm 이상, 좁은 너비의 3.5배 이내, 배치간격은 90cm 이내
④ 워플 플랫 슬래브(waffle flat slab)
  우물 반자 형태로 된 두 방향 장선 슬래브 구조이고 작은 돔형의 거푸집이 사용된다.

(4) 벽체(wall)

① 벽두께는 15cm 이상으로 하며, 내력벽의 두께가 25cm 이상인 경우 복배근을 해야 한다.
② 철근은 D10(ϕ9) 이상 사용하고 배근간격은 45cm 이하로 한다.
③ 배근방법은 2방향 배근법(가로, 세로 철근 배치)과 4방향 배근법(대각선방향 배치)이 있는데 4방향 배근법이 매우 견고한 내진력을 가진다.
④ 개구부는 없는 것이 좋으나 있을 경우는 D13 이상의 철근으로 주위를 보강한다.

 부착력

> 철근콘크리트 구조체에 여러 응력이 작용하여도 철근과 콘크리트가 밀착되어 뽑혀 나오지 않도록 저항하는 힘

철골구조

1. 강재

건물의 뼈대를 형강, 강관 등의 철강재로 구성한 구조(강구조)

장점	단점
• 큰 간사이 구조가 가능하다. • 내구, 내진적이며 횡력에 강하다. • 시공이 용이하여 공기가 단축된다. • 철근콘크리트에 비해 중량이 가볍다. • 균질도가 높아 신뢰성이 있다.	• 부재에 좌굴이 생기기 쉽다. • 열에 약하며 고온에서는 강도가 저하되고 변형하기 쉽다. • 접합부에 주의를 요한다. • 다른 구조체보다 고가이다.

(1) 강판(steel plate)

① 박강판 : 두께 3mm 이하
② 후강판 : 두께 3mm 이상
③ 평강(flat bar) : 강판을 필요한 너비로 잘라 띠처럼 만든 것

(2) 형강(shape steel)

① 단일재나 조립재로 사용하는 데 적합한 형태로 만든 것을 형강이라 하며 모양과 크기에 따라 여러 종류가 있다.
② L형강, H형강, I형강, ㄷ형강 등이 주로 쓰이며 T형강, Z형강 등도 쓰인다.

(3) 봉강(steel bar)

원형, 사각, 6각 등이 있으며 원형강(철근)이 많이 쓰인다.

2. 접합

접합에는 리벳 접합, 볼트 접합, 용접 접합, 핀 접합 등이 있다.

(1) 리벳 접합

① 리벳 접합의 특징 및 종류

 ㉠ 특징

  ⓐ 2장 이상의 강재에 구멍을 뚫어 800~1000℃ 정도로 가열된 리벳을 박고 보통은 압축공기로 타격하는 형식의 리베터로 머리를 만든다.

  ⓑ 시공 시 최소 3인 이상의 숙련공(가열, 해머, 받침)이 필요하다.

  ⓒ 리벳 구멍으로 인한 부재의 단면이 결손된다.

  ⓓ 시공이 불가능한 곳도 있고 시공 시 큰 소음 등으로 현재는 거의 사용하지 않는다.

 ㉡ 리벳 종류

  ⓐ 리벳 지름 : 13, 16, 19, 22, 25, 28, 32mm 등의 리벳이 쓰이며, 보통은 16~22mm를 사용한다.

  ⓑ 형상별 종류

둥근머리리벳   접시머리리벳   납작머리리벳   냄비머리리벳   둥근접시머리리벳

② 리벳의 배치

 ㉠ 정렬배치와 엇모배치가 있고 정렬배치가 많이 쓰인다.

 ㉡ 응력방향으로 한 줄에는 최고 8개 이상 배열하지 않는다.

 ㉢ 동일 건물에 쓰이는 리벳의 종류는 2~3종류 이내가 적당하다.

 ㉣ 용어

  ⓐ 게이지 라인(gauge line) : 리벳 배치의 중심선

  ⓑ 게이지(gauge) : 각 게이지 라인 간의 거리

  ⓒ 피치(pitch) : 게이지 라인상의 리벳 중심 간격

   • 최소간격 : 리벳 지름의 2.5배 이상(2.5d 이상)

   • 표준간격 : 리벳 지름의 4배 이상(4d 이상)

  ⓓ 클리어런스(clearance) : 리벳 중심과 수직재면과의 거리(리벳치기 여유거리)

ⓔ 그립(grip) : 리벳으로 접합되는 재의 총 두께
- 리벳 지름의 5배 이하(5d 이하)
ⓕ 연단거리 : 리벳 구멍, 볼트 구멍 중심에서 부재 끝단까지의 거리

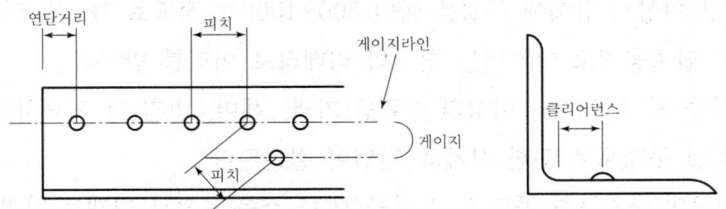

③ 리벳 구멍 지름

리벳지름(d)	리벳구멍지름(D)
16mm 이하	d+1mm
19~28mm	d+1.5mm
32mm 이상	d+2mm

(2) 볼트 접합

① 보통 볼트 접합
  ㉠ 리벳 접합과 같이 강재에 구멍을 뚫고 볼트로 접합하는 시공법이다.
  ㉡ 볼트 구멍을 일치시키기가 어렵고, 볼트 지름보다 구멍 지름이 지나치게 여유가 있으면 접합부가 미끄러지고, 점점 변형되어 구조물 변형의 원인이 된다.
  ㉢ 볼트 구멍의 지름은 볼트의 지름보다 0.5mm 한도 내에서 크게 뚫을 수 있다.
  ㉣ 진동, 충격, 반복응력을 받는 접합부에는 사용하지 못한다.
  ㉤ 처마높이 9m 이상, 스팬 13m를 초과하는 강구조 건물의 구조 내력상 주요부분에는 사용하지 못한다.

② 고력 볼트 접합
  ㉠ 고장력강으로 만들어진 고력 볼트(항복점 $7t/cm^2$, 인장 강도 $9t/cm^2$ 이상)를 사용하는 접합이다.
  ㉡ 강하게 조일 수 있어 접합부의 강성이 높아지며, 피로 강도가 높다.
  ㉢ 반복 하중에 대한 이음부의 강도가 크며, 리벳접합과 같은 소음이 없다.

ⓓ 접촉면의 상태나 볼트 재질, 긴결작업 등에 주의하여야 한다.
ⓔ 토크 렌치나 임팩트 렌치 등으로 접합할 강재를 강력하게 연결해야 한다.
ⓕ 종류

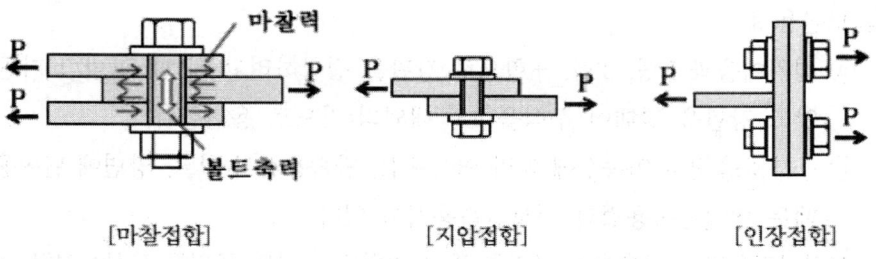

[마찰접합]   [지압접합]   [인장접합]

ⓐ 마찰접합 : 볼트를 강하게 조여서 부재 간에 발생하는 마찰력에 의해 응력을 전달하는 형식으로, 응력의 흐름이 원활하며 접합부의 강성이 높다. 부재의 접합면에서 응력이 전달되므로 국부적 응력집중현상이 생길 우려가 적다.
ⓑ 지압접합(전단접합) : 부재 간에 발생하는 마찰력과 고력볼트 축의 전단력 및 부재 지압력을 동시에 발생시켜 응력을 부담하는 방법이다. 볼트 자체의 높은 강도를 유효하게 이용하는 방법이다.
ⓒ 인장접합 : 고력볼트를 조일 때의 부재 간 압축력을 이용해서 응력을 전달시키나, 마찰이 관여하지 않는 점에서 마찰접합과 다르다. 접합부의 변형은 작고 강성이 커서 조립시공에 용이하다.

(3) 용접 접합

① 특징

장 점	단 점
• 부재단면 결손이 없고 경량이 된다. • 접합부의 연속성, 강성이 확보된다. • 소음 발생이 없는 이점이 있다.	• 시공불량에 의한 결함이 우려되고 시공검사가 불편하다. • 용접열에 의한 변위나 응력발생의 결점이 있다. • 용접부의 양부 판단이 곤란하다.

② 용접법
㉠ 맞댐용접
ⓐ 주로 접합재를 같은 평면에 나란히 놓은 상태에서 용접한다(T형으로 놓고 용접

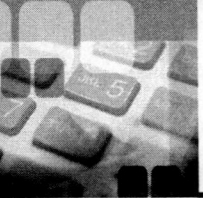

할 경우도 있음).

ⓑ 접합재 끝에는 적당한 홈(groove)을 내며, 홈 모양에는 V형, U형 등 여러 종류가 있다.

ⓒ 6mm 이하는 접합재 사이를 띄우고 바로 용접하는 I형이 쓰인다.

ⓛ 모살용접

ⓐ 겹친이음과 L형, T형, +형으로 강판을 접합하려고 할 때 앞벌림 가공을 하지 않고 강판을 맞대어 구석을 45° 내외의 각도로 용접한다.

ⓑ 구분 : 용접부 연속성에 따라 연속용접, 단속용접이 있고, 양면에 단속용접을 할 때는 병렬단속용접과 엇모단속용접이 있다.

ⓒ 모살구멍용접 : 접합재의 구멍을 뚫어 겹쳐대고 구멍 주위를 모살용접한 것이다.

ⓔ 플러그용접, 슬롯용접 : 접합재의 구멍을 뚫어 겹쳐대고 용착금속으로 구멍 속을 전부 채운 것 중에서 원형 구멍을 플러그용접이라 하고 타원형 구멍은 슬롯용접이라 한다.

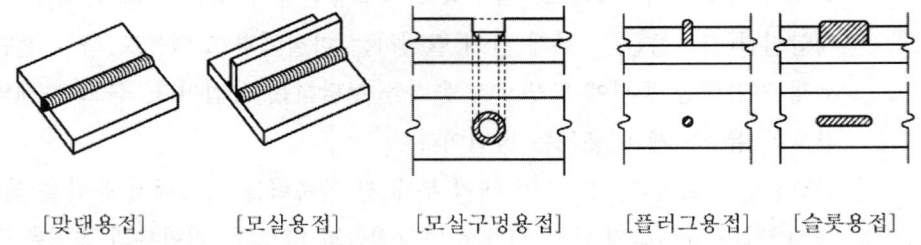

[맞댄용접]　　[모살용접]　　[모살구멍용접]　　[플러그용접]　　[슬롯용접]

ⓜ 부분용입용접 : 이음의 일부에 용착되지 않는 부분을 남기는 것으로 가조립하는 데 쓰인다.

③ 용접 결함

㉠ 슬래그(slag) 감싸들기 : 용접 시 슬래그가 용착금속 안에 출입되는 현상이다.

㉡ 오버랩(overlap) : 용착금속이 모재에 융합되지 않고 들떠 있는 상태를 말한다.

㉢ 언더컷(under cut) : 용접선 끝에 용착금속이 채워지지 않아 생긴 작은 홈이다.

㉣ 블로 홀(blow hole) : 용접부에 생긴 작은 기포이다.

㉤ 크랙(crack) : 용접 후 냉각 시 갈라지는 것을 말한다.

㉥ 피시 아이(fish eye) : 용접에서 용착 금속의 파단면에 나타나는 은백색을 띤 어안 모양의 결함 부분을 말한다.

제1장 건축 구조

> **각종 접합 병용 시 응력 부담**
> ⓐ 리벳+고력볼트 = 각각 허용응력 부담
> ⓑ 리벳+볼트 = 리벳만 응력 부담
> ⓒ 리벳+용접 = 용접만 응력 부담
> ⓓ 용접+고력볼트 = 용접만 응력 부담
> (용접 > 고력볼트 = 리벳 > 볼트)

3. 각 부 구조

(1) 보

① 형강보
  ㉠ 단일형강보는 주로 I형강, H형강을 쓴다(작은보로 사용).
  ㉡ 보의 춤 : 처짐을 고려하여 간사이의 1/30~1/15 정도
  ㉢ 보강법 : 단일 형강보로 내력이 부족할 때 플랜지(flange)에 커버 플레이트(cover plate)를 대서 보강하고, 하중이 더 크면 두 형강 사이에 끼움판(filler)이나 세퍼레이터(separator)로 연결한 복합형강보를 쓴다.

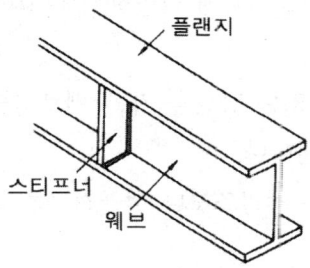

② 플레이트 보(판보)
  ㉠ L형강과 강판을 리벳접합이나 용접으로 I형 모양으로 조립한 보
  ㉡ 하중이 클 때 쓰는 보로서 크기를 자유로이 조정할 수 있는 이점이 있다.
  ㉢ 설계 제작이 용이하고 전단력이나 충격, 진동에도 강하여 큰 하중이나 간사이가 큰 구조물에 많이 쓰

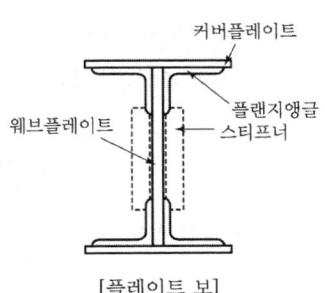

[플레이트 보]

인다.
ⓔ 보의 춤 : 간사이의 1/15~1/18 정도
ⓜ 구성
  ⓐ 플랜지(flange) : 플랜지의 크기는 휨모멘트에 따라 결정되며 휨모멘트의 변화에 따라 매수를 조정하여 4장 이하로 제한한다.
  ⓑ 커버 플레이트(cover plate)
    • 플랜지에 덧댄 플레이트로, 재료의 인장 및 휨을 보강한다.
    • 플랜지와 커버 플레이트 수는 4장 이하로 겹쳐대고, 플랜지 앵글 두께보다 얇은 것을 써야 한다.
    • 플랜지 전단면적의 70% 이하로 해야 한다.
  ⓒ 웨브(web) : 웨브는 전단력의 크기에 따라 결정되며 두께는 6mm 이상, 보통 9mm 이상으로 한다.
  ⓓ 스티프너(stiffener) : 웨브의 좌굴방지를 위한 보강재(L형강이나 평강을 사용)
    • 하중점 스티프너 : 보의 지지점, 헌치의 끝 또는 보 위에 기둥을 세우는 등 큰 하중이 걸리는 자리에 댄 것
    • 중간 스티프너 : 같은 간격으로 직각으로 배치한 것
    • 수평 스티프너 : 재축에 나란하게 배치한 것
③ 띠판보
  ㉠ 플랜지 사이에 평강 또는 강판을 자른 웨브재를 수직으로 끼우고 리벳을 치거나 맞대어 용접으로 조립한다.
  ㉡ 전단력에 취약해 순수 철골조보다 철골철근콘크리트조에 이용했었으나, 근래에는 거의 쓰지 않는다.
④ 래티스보
  ㉠ 플랜지 사이에 ㄱ자 형강을 쓰고 웨브재를 45°, 60° 등의 일정한 각도로 접합한 조립보이다.
  ㉡ 규모가 작거나 철근콘크리트로 피복할 때 사용한다.

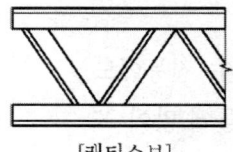
[래티스보]

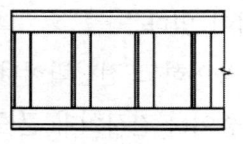
[띠판보]

⑤ 트러스보
  ㉠ 플랜지 사이의 웨브재인 수직재와 경사재를 거싯 플레이트(gusset plate)로 접합한 보이다.
  ㉡ 간사이가 15m를 넘거나 보 춤이 1m를 넘을 때 사용한다.

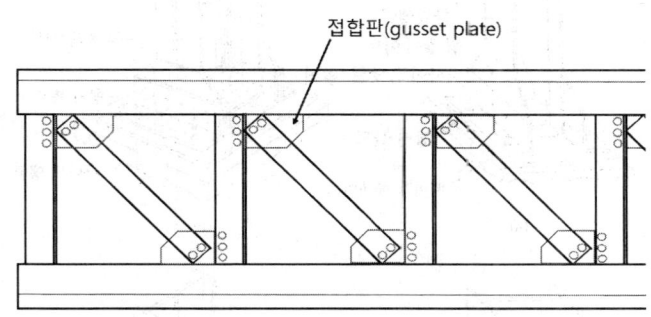

(2) 기둥

보나 지붕틀을 받아 그 하중을 기초에 전달시키는 역할을 하는 것으로 기둥의 간격은 5~6m가 적절하다.

① 기둥의 종류
  ㉠ 형강기둥 : H형강, I형강 등을 단독으로 사용한다.
  ㉡ 플레이트기둥 : 플랜지 부분에는 L형강, 웨브 부분에는 강판을 사용하여 I자로 만들어 사용한다.
  ㉢ 래티스기둥 : 웨브 부분에 형강이나 평강 등 래티스를 사용한다.
  ㉣ 사다리기둥 : 전단력에 약하므로 철골철근콘크리트 구조물에 주로 쓰인다.
  ㉤ 트러스기둥 : 큰 구조물에 주로 쓰인다.

(3) 주각

① 기둥이 받는 응력을 기초에 전달하는 부분이다.
② 철골(기둥부분)과 철근콘크리트 구조(기초부분)를 결합시킨다.
  ㉠ 구성부재
    ⓐ 베이스 플레이트 : 기둥의 응력을 분산시켜 기초에 전달한다. 두께 15~30mm
    ⓑ 앵커 볼트(철근콘크리트와 베이스 플레이트의 접합)는 지름 16~32mm를 사용한다.

ⓒ 리브 플레이트 : 베이스 플레이트의 변형을 막고 기둥과 베이스 플레이트의 접합을 튼튼하게 하기 위해 사용하는 부재이다.
ⓓ 윙 플레이트, 사이드 앵글, 클립 앵글 : 기둥과 베이스 플레이트를 결합시킨다.

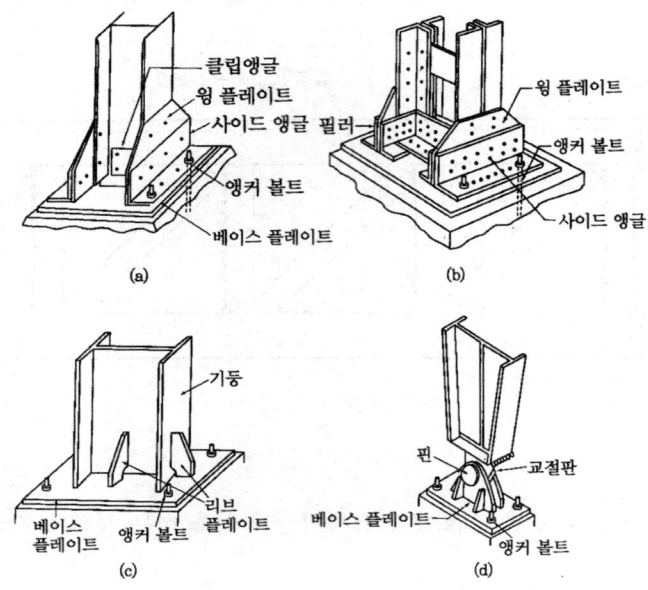

[철골주각부의 명칭]

허니콤 보

① H형강의 웨브를 잘라서 웨브에 6각형 구멍이 여러 개 생기도록 다시 웨브를 용접하여 만든 보
② 보 춤이 높아지므로 단면 2차 모멘트가 커져서 힘을 더 받을 수 있다.
③ 사무소 건축에서 사용할 경우 에어컨 덕트 등을 6각으로 새로 뚫린 구멍을 통하여 뽑을 수 있기 때문에 천장높이를 줄일 수 있는 장점이 있다.

특수구조 및 구조시스템

1. 특수구조

(1) 철골철근콘크리트 구조(Steel framed Reinforced Concrete structure)
① 철근콘크리트구조와 철골구조의 중간적 구조법이며 합성구조의 형식이다.
② 내화성은 좋으나 자중이 무겁고 높아질수록 기둥이 굵어지고 유효면적이 작아지는 철근콘크리트 구조의 특징과, 반대로 자중은 가볍지만 내화성이 부족하여 값비싼 내화피복을 필요로 하는 철골구조의 특징을 상호 보완하는 방식이다.
③ 뼈대가 되는 철골 주위를 철근으로 둘러싸고 여기에 콘크리트를 타설하여 일체식 구조가 된다.

장점	• 철근콘크리트구조보다는 단면이 작고 자중이 가벼워진다. • 내진성이 높은 고층 건축물을 축조할 수 있다. • 철골을 콘크리트가 보호하므로 내화성과 내식성이 좋아진다.
단점	• 콘크리트 경화 시간이 필요하므로 순수 철골조보다는 공기가 길어진다. • 시공이 복잡해지고 비용도 현저히 증가한다.

(2) 조립식 구조
공장에서 부재를 생산하여 현장에서 조립하는 구조체이다.
① 가구 조립식 구조 : 기둥과 보를 조립하여 뼈대를 만들고 벽과 바닥판 등을 붙여 완성한다.
② 패널 조립식 구조 : 벽과 기둥, 바닥과 보 등을 한 장의 패널로 형성하여 조립한다.
③ 상자 조립식 구조 : 벽, 슬래브가 일체로 된 유닛상자를 제조하여 조립과정을 최소화한 것이다.

장점	• 시공이 효율적이고 간편하여 공기가 단축된다. • 정밀도가 높고 경량화 · 표준화 · 대량생산이 가능해져서 비용이 절감된다.
단점	• 외관이 단순해지고 디자인의 창조성이 결여되기 쉽다. • 접합부의 일체화가 어려워진다.

(3) 막구조

① 구조체가 휨 강성을 갖지 않거나 무시할 수 있는 부재로 구성되고, 외부 하중에 대하여 막 재료의 면 내 인장압축 및 전단력으로만 평형하고 있는 구조를 말한다.
② 가볍고 투과성이 있는 재료를 사용할 수 있어 대공간 지붕구조로 적합하다.
③ 종류
   ㉠ 현수 막구조 : 미리 인장력을 가한 케이블에 피막을 씌운 구조형식
   ㉡ 공기 막구조 : 밀폐된 공간의 내부에 공기를 불어넣어 지붕 등을 형성한다.
   ㉢ 단막구조 : 막 내부의 기압을 조절하여 낙하산과 같은 원리로 형태를 유지하는 형식
   ㉣ 이중 막구조 : 풍선과 같이 막 안에 공기를 불어넣어 만든 형식

(4) 기타 특수구조

① 커튼 월(curtain wall) 구조 : 원래 의미는 비내력벽을 의미하지만 현재는 생산상의 의미를 포함하여 프리패브(prefavrication) 생산 방식으로 구성하고 마무리된 외벽을 지칭한다.
② 경량 철골 구조
   ㉠ 두께 2.3~4.5mm의 박강판을 냉간 성형한 경량형강으로 뼈대를 조립한 건축물이다.
   ㉡ 가벼우면서 뼈대가 강하기 때문에 운반이나 조립이 용이하고 재료 및 공사비가 절약된다.
   ㉢ 보통 형강에 비해 비틀림이 생기기 쉬우므로 적절한 보강을 해야 한다.
③ 강관 구조
   ㉠ 주요 구조부를 강관으로 구성한 것이다.
   ㉡ 보통 형강에 비해 압축, 전단, 비틀림 등에 대하여 역학적으로 유리하며, 뼈대의 입체구성을 하는 데 적합하다.
   ㉢ 리벳, 볼트에 의한 접합이 곤란하고 가공에 고도의 기술이 필요하며 형강에 비하여 고가이다.
④ 셸 구조
   ㉠ 두께가 얇은 곡면형태의 판으로 형성된 구조형식으로 시드니 오페라 하우스와 같은 큰 건물의 지붕구조 등으로 쓰이는 구조체이다.
   ㉡ 얇고 가벼운 부재로 큰 힘을 받을 수 있어 넓은 공간을 덮는 지붕 부재로 널리 사용한다.

ⓒ 상부에 작용하는 압축력이나 하부에 작용하는 인장력을 서로 보완한다.
ⓓ 주로 철근콘크리트를 많이 사용하나 금속재를 이용하기도 한다.

2. 구조시스템

(1) 라멘 구조

① 기둥과 보가 그 접합부에서 강접합으로 연결되어 있는 구조시스템을 말한다.
② 모든 하중에 큰 저항력을 가지며 부재가 서로 강하게 연결되어 있어 힘이 분산된다.
③ 하중은 기둥 및 보에 집중되므로 벽체는 비교적 설계 및 변경이 자유롭다.
④ 철근콘크리트 구조나 용접된 철골구조 등이 해당된다.

(2) 벽식 구조

① 보나 기둥이 없이, 슬래브와 내력벽을 일체로 연결하여 구조체로 구성한 형식이다.
② 단면이 두꺼운 구조체가 없어 실내유효면적이 넓고 전체적으로 강성이 높다.
③ 벽체가 하중을 지지하므로 구조 변경이 어렵고 건물 실내공간이 획일화되기 쉽다.

(3) 스페이스 프레임

① 트러스나 라멘 등의 평면골조를 병립시켜 서로 연결하는 방법을 채택하지 않고, 처음부터 구조 부재의 3차원적 배열을 계획한 구조이다.
② 실내 체육시설이나 집회공간과 같이 내부 공간이 넓은 건축물에서는 건물의 목적과 기능상 기둥의 수나 위치에 많은 제약을 받으므로, 시설의 주변부에 기둥이나 벽을 조립하고 이를 바탕으로 하여 경간이 넓은 지붕을 받치기 위한 입체구조가 많이 활용되고 있다.
③ 넓은 경간에 선재를 걸쳐놓으면 그 부재에 큰 휨모멘트가 작용하여 단면 설계를 하기 어렵기 때문에 곡면구조 등의 입체구조를 채택하는 경우가 많다.
④ 넓은 실내공간을 구성할 수 있고 공간의 표현이 자유로운 편이다.
⑤ 동일 부재를 반복, 조립하므로 작업이 용이하고 공기를 단축시킬 수 있다.

memo

제2장 건축재료

Chapter 01. 건축재료 개론

Chapter 02. 목재

Chapter 03. 석재

Chapter 04. 점토재료

Chapter 05. 시멘트

Chapter 06. 콘크리트

Chapter 07. 금속재료

Chapter 08. 유리

Chapter 09. 미장재료

Chapter 10. 합성수지

Chapter 11. 도장재료

Chapter 12. 방수재료

Chapter 13. 기타 재료

건축재료

건축재료 개론

1. 건축재료학 총론

(1) 개요

건축재료의 물리적, 화학적, 생물학적 성질 등을 정확하게 분석하여 건축시공의 사용목적과 조건에 맞춰 안전하면서 합리적인 사용이 가능하도록 연구하는 것이 건축재료학의 목적이다.

(2) 건축재료의 의미

① 기둥, 보, 벽 등의 구조체, 지붕 및 내·외벽 등의 건축물 각 부분에 쓰이는 것으로 철재, 목재, 시멘트, 골재, 유리, 합성수지 등을 말한다.
② 공사 과정에서 사용되는 가설 공사용의 자재, 위생기구, 배관 등의 건축설비와 각종 장치에 이용되는 기자재를 포함하는 넓은 의미를 갖고 있다.

2. 건축재료의 분류와 성능

(1) 사용 목적별 분류

사용 목적	요구되는 성질
구조재료	균일 재질, 높은 강도, 가공성, 내화성 및 내구성, 재료획득의 용이
내장재료	미려한 외관, 작은 열전도율, 방수 및 방음성, 내화성 및 내구성
차단재료	단열, 방음, 방습 등의 특수목적에 맞는 성질

(2) 제조방법별 분류

① 천연재료 : 석재, 목재, 흙 등

② 인공재료 : 금속, 시멘트, 합성수지 등

(3) 화학 조성에 의한 분류

① 무기재료 : 석재, 흙, 콘크리트, 금속 등

② 유기재료 : 목재, 합성수지, 아스팔트 등

3. 재료의 일반적 성질

(1) 역학적 성질

① 탄성과 소성

　㉠ 탄성 : 어떤 물체에 외력이 가해지면 변형이 생긴다. 이때 외력을 제거하면 원형으로 돌아가는 성질

　　[예] 용수철, 고무줄 등

　㉡ 소성 : 탄성의 반대개념. 형태에 가해진 외력을 제거하여도 변형된 상태를 유지하려는 성질

　　[예] 점토, 석고, 가열된 금속재료 등

② 연성과 전성

　㉠ 연성 : 재료가 인장력을 받아 파괴되기 전까지 늘어나는 성질

　㉡ 전성 : 재료가 응력에 의해 넓게 펴지는 성질

③ 외력 및 강도

　㉠ 인장력 : 물체를 늘어나게 하거나 잡아당기는 힘

　㉡ 압축력 : 물체에 압력을 가하여 그 부피를 줄어들게 하는 힘

　㉢ 전단력 : 물체의 특정 면에 작용하여 그 양쪽을 역방향으로 어긋나도록 작용하는 힘

　㉣ 휨력 : 물체가 휘어지게 하는 힘

　㉤ 강도 : 물체에 외력이 작용할 경우, 그 물체가 파괴되기까지의 변형저항

　㉥ 응력 : 물체에 외력을 가했을 때, 그 크기에 대응하여 재료 내에 생기는 저항력

물체가 파괴될 때의 응력 = 물체의 강도

④ 인성과 취성
　㉠ 취성 : 작은 변형에도 쉽게 파괴되는 성질(유리, 주철)
　㉡ 인성 : 변형이 일어나도 파괴되지 않는 성질(질긴 성질)
　㉢ 강성 : 물체에 압력이 가해져도 형태나 부피가 변형되지 않는 성질(단단한 성질)

(2) 물리적 성질

① 밀도와 비중
　㉠ 물질의 단위부피당 질량을 밀도라 한다.(단위 : kg/m^3, g/cm^3)
　㉡ 어떤 물질의 질량과 표준물질(1기압에서 4℃ 물)의 질량의 비율을 비중이라 한다.
② 비열 : 질량 1g의 물체의 온도를 1℃ 증가시키는 데 필요한 열량
③ 열전도율 : 연료의 양쪽 표면의 온도 차이가 날 때 일정시간 동안 전해지는 열량. 단위는 W/m·K

Chapter 02 목재

1. 개요

(1) 목재의 분류
① 침엽수 : 소나무, 삼나무, 전나무, 나왕, 미송, 낙엽송(주로 구조재료로 사용됨)
② 활엽수 : 참나무, 느티나무, 밤나무, 오동나무 등(가구 및 수장재료로 널리 사용됨)

(2) 목재의 특징
① 장점
  ㉠ 비중이 비교적 작으면서도 강도가 크다(비강도).
  ㉡ 가공성이 좋고 공급이 풍부하며 수종이 다양하다.
  ㉢ 목재면에 아름다운 무늬가 있어 의장효과가 우수하다.
  ㉣ 열전도율이 낮아 단열효과가 좋으며 재질이 부드럽고 탄성이 있다.
② 단점
  ㉠ 낮은 온도에서 타기 쉬워 화재에 위험하다.
  ㉡ 부패균에 의한 부식과 충해 및 풍화로 인해 재료의 성질이 나빠진다.
  ㉢ 건조수축으로 인한 변형이 크다.
  ㉣ 재질 및 섬유방향에 따라서 강도 차이가 생긴다.

2. 목재의 조직

(1) 목재의 조직
① 섬유세포
  ㉠ 침엽수의 섬유세포
    ⓐ 가도관이라 하며 수목 용적의 90% 이상을 차지한다.
    ⓑ 침엽수는 도관이 따로 없으며 섬유세포가 수분과 양분의 통로가 된다.

⓵ 활엽수의 섬유세포

　　ⓐ 목섬유라 하며 수목의 강하고 견고한 성질을 주는 조직이다.
② 도관 : 활엽수에만 존재하는 양분과 수분의 통로로서 섬유세포와 평행한다.
③ 수선

　㉠ 연륜을 횡단하여 수심에서 방사형으로 배열된 세포의 줄을 뜻한다.
　㉡ 침엽수와 활엽수가 다르게 나타나며, 참나무와 떡갈나무의 수선이 가장 큰 편이다.
　㉢ 펄프 등의 제조에 있어서는 품질저하의 원인이 된다.
④ 수지공 : 침엽수에 많이 나타나며 수지의 이동이나 저장을 하는 곳

(2) 나이테

① 춘재와 추재가 한 쌍으로 겹쳐져 나타내는 무늬를 나이테 혹은 연륜이라 한다.
② 춘재 : 봄과 여름에 생성된 넓은 목질부로 비교적 부드럽고 가벼우며 연한 색을 띤다.
③ 추재 : 늦가을에서 겨울에 생성된 좁은 목질부로 치밀하고 단단하며 어두운 색을 띤다.
④ 춘재의 비율이 작을수록, 즉 추재의 간격이 좁을수록 목재의 강도가 크다.

(3) 심재와 변재

① 심재(Heart wood)

　㉠ 목질부 중 수심 주위를 둘러싼 부분으로 세포가 거의 죽고 기계적 지지기능만 남은 부분이다.
　㉡ 세포벽에 리그닌이나 폴리페놀 등이 침착하여 짙은 색을 띠는 것이 일반적이다.
　㉢ 재질이 단단하고 강도가 크며 함수율 및 신축변형이 작아서 목재로서 이용가치가 높은 부분이다.
② 변재(Sap wood)

　㉠ 목질부 중에서 심재 외측과 수피 내측 사이의 색이 옅은 부분을 말한다.
　㉡ 심재에 비해 비중이 낮고 강도가 약하며 흡수성이 커서 건조 시 수축변형이 큰 편이다.
　㉢ 가공성이 풍부하여 곡선형과 같은 이형 제품을 제조하는 것에 주로 쓰인다.

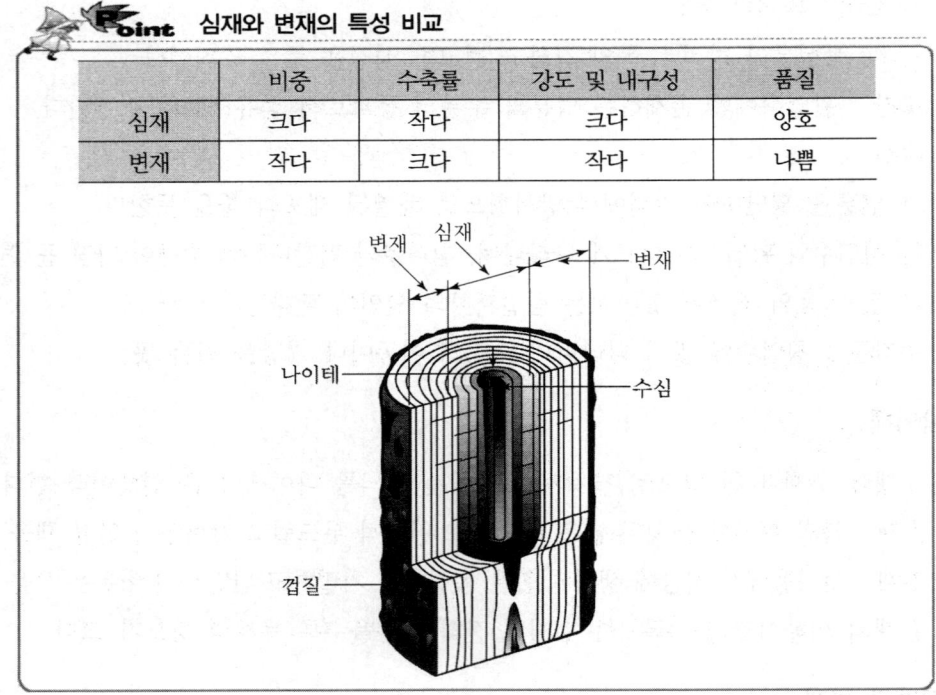

	비중	수축률	강도 및 내구성	품질
심재	크다	작다	크다	양호
변재	작다	크다	작다	나쁨

심재와 변재의 특성 비교

3. 제재 및 건조

(1) 벌목

벌목시기는 늦가을부터 겨울이 적당하다. 이 시기에는 함수율이 낮아 건조가 빠르며 또한 인건비도 적을 뿐 아니라 운반도 편하다.

(2) 제재계획

① 취재율을 최대한 높일 수 있도록 계획해야 한다.
② 침엽수는 70% 이상, 활엽수는 50% 이상이 되도록 한다.
③ 완성된 제품의 결을 고려하여 계획한다.

(3) 건조

① 건조의 목적
  ㉠ 목재는 섬유포화점 이하에서 강도가 높아지므로 건조해서 사용하는 것이 좋다.

ⓒ 내구성이 증진되고 수축에 의한 균열과 변형을 방지하기 위함도 주요 목적이다.
ⓒ 구조재는 15~20%, 수장재 및 가구재는 10~15%의 함수율까지 건조시킨다.
② 건조방법
  ㉠ 자연건조법 : 특정장치를 이용하지 않고 자연적으로 건조하는 방법

대기건조법	직사광선과 비를 피하고 통풍이 잘 되는 곳에서 건조시키는 방법이다. 2~3개월에 한 번씩 뒤집어 쌓아줌으로써 균일하게 건조가 되도록 한다. 나무 마구리에는 페인트를 칠해서 부분적인 급속 건조를 막는다. 목재 간의 간격을 유지하고 땅에서 30cm 이상 떨어지도록 굄목을 받친다.
수침법	건조하기 전에 목재를 물 속에 담그고 목재 내 수액을 빼낸 후 건조한다 (삼투압의 원리를 이용). 부패 및 뒤틀림이 방지되며 건조시간을 단축시킬 수 있다.

  ㉡ 인공건조법 : 기계장치에 의해 단시간에 건조시키는 방법이다.
    ⓐ 장점 : 건조시간이 짧고 함수율 등을 조절할 수 있다.
    ⓑ 단점 : 비용이 많이 든다.

증기법	건조실을 증기로 가열하여 건조하는 방법. 가장 많이 쓰인다.
열기법	건조실 내 공기를 가열하거나 가열공기를 넣어 건조하는 방법
훈연법	목재 등을 태운 연기를 건조실에 도입하여 건조하는 방법
진공법	원통형 탱크에 넣고 밀폐 후 고온, 저압 상태를 유지하여 수분을 제거하는 방법

4. 목재의 성질

(1) 함수율

목재에 포함되어 있는 수분을 완전히 건조시킨 목재의 중량에 대한 비율(일반적으로 살아 있는 생나무의 함수율은 심재 40~100%, 변재 80~200% 정도)

- 함수율(%) = $\dfrac{W_1 - W_2}{W_2} \times 100\%$ W_1 : 건조하기 전 목재중량
  W_2 : 절대건조 시 목재중량

① 섬유포화점 : 목재 내 유리수가 증발하고 세포의 수분이 포화상태일 때를 말한다. 이때 목재의 함수율은 약 30%이다.

② 기건재 : 대기 중 습도와 균형상태인 목재의 함수율로 보통 15% 정도이다.
③ 전건재 : 완전히 건조되어 함수율이 0%가 된 상태를 말한다.

(2) 목재의 강도

① 함수율은 벌목 직후 100% 정도에서 점차 섬유포화점 상태로 감소한다. 섬유포화점까지는 강도의 변화가 거의 없으나 그 이하에서는 점점 증가하여 전건재가 되면 섬유포화점 강도의 3배로 증가한다.
② 목재의 각종 강도와의 비율 관계(섬유의 평행방향의 압축강도를 1로 한 비교)

	섬유의 평행방향	섬유의 직각방향
압축강도	1	0.1~0.2
인장강도	2	0.07~0.2
휨 강도	1.5	0.1~0.2
전단강도	침엽수 0.16 / 활엽수 0.2	

(3) 목재의 비중과 공극률

① 목재의 강도는 비중에 정비례한다.
② 공극을 포함하지 않는 목재의 실제 부분 비중을 진비중이라 하며, 수종 및 수령에 관계없이 약 1.54 정도이다.
③ 목재는 절대건조 상태의 비중이 수종, 수령 등의 조건에 의해 다르게 나타난다. 따라서 다음의 공식에 의하여 목재 내부의 공극률을 산출할 수 있다.

$$공극률(\%) = (1 - \frac{r}{1.54}) \times 100\%$$

r : 전건재의 비중
1.54 : 목재의 진비중

(4) 목재의 내구성

① 목재의 흠
  ㉠ 껍질박이(입피) : 목재가 성장 도중 외상에 의하여 수피가 목재 내부로 말려들어간 것이다.
  ㉡ 옹이
    ⓐ 본줄기가 줄기 조직에 말려들어 나이테가 밀집되고 수지가 뭉쳐지는 부분

ⓑ 성장 중의 가지가 말려들어간 것을 생옹이라 하며, 강도에 미치는 영향은 적다.
ⓒ 말라 죽은 가지가 말려들어가서 생긴 것을 죽은 옹이라 하며 강도 저하와 외관 손상을 유발한다.
ⓒ 갈라짐 : 불균등한 건조나 수축에 의해 생기며 주로 노목에서 나타난다.
ⓔ 썩음(부패) : 주로 균에 의해 부패되며 강도의 저하 및 착화점 저하의 원인이 된다.
　ⓐ 온도 : 25~35℃에서 가장 왕성하며 4℃ 이하나 70℃ 내외에서는 사멸한다.
　ⓑ 습도 : 80%에서 왕성하며 20% 이하에서는 사멸한다.
　ⓒ 공기 : 산소를 차단하면 부패균은 사멸된다.
② 풍화 및 충해
　㉠ 풍화 : 오랜 기간 햇볕과 비바람 등 기상변화에 노출된 목재의 수지성분이 증발하여 광택이 떨어지고 변색 및 변질되는 현상. 이를 방지하기 위해서 페인트와 바니시 등을 발라준다.
　㉡ 충해 : 흰개미와 굼벵이 등에 의한 피해가 가장 많으며 춘재를 갉아먹는다.

(5) 목재의 방부처리

① 방부제의 종류
　㉠ 유성 및 유용성 방부제
　　ⓐ 크레오소트 : 흑갈색의 용액으로 저렴하다. 침투성이 좋지만 냄새가 강하여 외부용으로만 쓰인다.
　　ⓑ 콜타르 : 방부성은 좋지만 침투성이 나쁘다. 흑색을 띤다.
　　ⓒ 페인트 : 피막을 형성하여 표면을 보호하며 착색효과도 있다.
　　ⓓ PCP(pentachlorophenol) : 방부력이 강한 무색의 유용성 방부제로서 착색이 가능하나 독성이 있어서 사용에 주의를 요한다.
　㉡ 수용성 방부제
　　ⓐ 황산구리 1% 용액 : 철근부식의 우려가 있으며 인체에 유해, 방부력은 좋다.
　　ⓑ 염화아연 4% 용액 : 흡수성이 있으며 목질부를 약화시켜 페인트칠은 못한다.
　　ⓒ 염화제2수은 1% 용액 : 방부효과가 우수하나 철재 부식현상, 인체에 유해
　　ⓓ 플루오르화나트륨 2% 용액 : 황색 분말. 철재, 인체에 무해하며 페인트 도장이 가능하나 고가이며 내구성이 비교적 좋지 않다.
② 방부제의 처리법
　㉠ 도포법 : 목재를 건조 후 균열부나 이음부에 바름. 침투깊이 5~6mm

    ⓒ 침지법 : 목재를 방부액에 담금. 침투깊이 15mm
    ⓒ 상압 주입법 : 80~120℃의 크레오소트 오일액에 3~6시간 담금
    ⓔ 가압 주입법 : 원통에 7~31kg/cm² 가압
    ⓜ 생리적 주입법 : 벌목 전에 뿌리에 약액 주입하는 방식

5. 목재의 제품

(1) 합판

① 개요
    ㉠ 3장 이상의 얇은 단판(veneer)을 섬유방향이 직교하도록 겹쳐서 접착제로 붙여 만든 제품이다.
    ㉡ 접합하는 판의 숫자는 홀수(3, 5, 7)로 겹쳐 양면의 결방향을 같게 한다.
    ㉢ 두께는 보통합판 기준 3mm~24mm까지 3mm 간격으로 제조된다.

② 특징
    ㉠ 건조에 의한 수축, 변형이 적고 방향성이 없다.
    ㉡ 일반 판재에 비해 균질하며 강도가 높은 제품을 만들 수 있다.
    ㉢ 균열 발생이 적고, 곡면 가공도 가능하다.
    ㉣ 표면의 가공을 통해 흡음효과도 낼 수 있다.

③ 단판 제법
    ㉠ 로터리 베니어(rotary veneer)
        ⓐ 원목을 길게 절단한 후 회전시키며 넓은 대패로 나이테에 따라 두루마리 펴듯이 연속적으로 벗겨낸다.
        ⓑ 넓은 베니어판을 제조할 수 있고 원목의 낭비가 적어서 가장 많이 쓰인다.
        ⓒ 단판이 널결이어서 표면의 질은 떨어진다.
    ㉡ 소드 베니어(sawed veneer)
        ⓐ 판재나 각재의 원목을 톱으로 얇게 켜낸 단판이다.
        ⓑ 아름다운 나뭇결을 얻을 수 있어 고급 수장재 등으로 쓰인다.
    ㉢ 슬라이스드 베니어(sliced veneer)
        ⓐ 원목을 미리 적당한 각재로 만든 후 칼날, 대패 등으로 얇게 켜내는 단판이다.
        ⓑ 곧은결 또는 널결을 나타낼 수 있다.

ⓔ 반로터리 베니어(half rotary veneer)
  ⓐ 미리 껍질을 벗긴 원목을 반원으로 켜서, 긴 날에 원호를 그리며 상하로 움직여 단판을 벗겨낸다.
  ⓑ 고급 무늬목을 얻을 때 사용한다.
④ 합판 제품의 종류
  ㉠ 보통합판(ordinary plywood)
    ⓐ 원목 재질 그대로 단판을 붙이고 표면처리를 따로 하지 않는 합판을 말한다.
    ⓑ 제조법에 따라 일반·무취·방충·난연 합판으로 구분된다.
  ㉡ 내수합판(water proof plywood)
    ⓐ 내수성이 있는 합성수지 접착제로 접착시킨 합판이다.
    ⓑ 내수 정도에 따라 1급, 2급으로 분류되며 거푸집 및 외장재 등으로 쓰인다.
  ㉢ 무늬목치장합판(sliced veneer fancy plywood) : 보통합판 표면에 티크, 괴목 등 결이 좋은 무늬목을 얇게 붙인 제품이다.
  ㉣ 화장합판(decorated plywood)
    ⓐ 보통합판 표면에 프린트된 종이 등을 붙이고 그 위에 합성수지를 입힌 제품이다.
    ⓑ 멜라민, 폴리에스테르, 염화비닐 등이 쓰인다.
  ㉤ 프린트 합판(printing plywood) : 보통합판 표면을 천연목 나뭇결이나 여러 모양으로 인쇄 가공 또는 인쇄한 종이를 붙인 합판

(2) 집성목재

얇은 판재(두께 1.5~3cm) 또는 소형 각재를 모아서 접착제로 붙여 가공한 것이다.

① 합판과의 구분
  ㉠ 합판과 달리 각 재료의 섬유방향은 직교가 아닌 평행으로 접착한다.
  ㉡ 판재가 아니라 기둥, 보, 계단과 같이 단면과 길이가 큰 재료로 사용한다.
② 특징
  ㉠ 목재의 강도를 인공적으로 조절할 수 있으며 응력에 따라 필요한 단면을 만들 수 있다.
  ㉡ 크고 긴 재료를 만들 수 있으며 아치와 같은 굽은 형태로도 제작이 가능하다.
  ㉢ 외관이 좋고 비틀림, 변형이 없어서 구조재와 장식재 등 다양한 용도로 쓸 수 있다.

(3) 파티클 보드 및 O.S.B

① 파티클 보드(particle board, chip board)
　㉠ 목재의 작은 조각을 모아 건조시킨 후 합성수지 접착제 등을 첨가하여 열압 제판한 것이다.
　㉡ 표면에 무늬목·시트·도료 등을 사용하여 치장판으로 쓰기도 한다.
　㉢ 특징
　　ⓐ 온·습도에 의한 변형이 거의 없으나 부패방지를 위해 방습처리를 한다.
　　ⓑ 음 및 열의 차단성이 우수하여 방음 및 단열재로 쓰인다.
　　ⓒ 방향성이 없으며 못이나 나사 등의 지보력도 일반 목재와 같다.
　　ⓓ 합판에 비해 휨강도는 떨어지나 면내 강성은 우수하다.

② O.S.B(oriented stand board)
　㉠ 파티클 보드의 유형 중 하나로 가전제품 포장 등에 쓰인 것이 명칭의 유래가 되었다.
　㉡ 약 35×75mm의 장방형으로 자른 얇은 나뭇조각을 서로 직교하게 겹쳐 배열하고 방수성 수지로 압착가공한 제품이다.
　㉢ 파티클 보드의 조각은 타 제품 공정의 부산물인 반면, O.S.B의 조각은 원목에서 자른 것이므로 강도와 경도가 더 높다.
　㉣ 칸막이벽, 가구, 내장재 등으로 쓰이며 목조주택 외장재로 쓰기도 한다.

(4) 바닥판재(flooring)

① 플로어링 보드 : 표면을 상대패로 마감하고 제혀쪽매로 접합. 두께는 3푼, 너비는 2치, 길이 2자 정도
② 파키트리 보드 : 경목재판으로 제조. 두께 9~15mm, 너비 60mm, 길이는 너비의 3배 정도
③ 파키트리 패널 : 두께 9~15mm, 너비 60mm에 길이는 너비의 정수배로 양측면을 제혀쪽매로 가공한 우수한 마루판재
④ 파키트리 블록 : 파키트리 보드를 3~5장씩 조합하여 18×18cm, 30×30cm각으로 만들어 방습 처리 후 철물과 모르타르를 사용하여 콘크리트 마루 등에 사용

(5) 벽, 천장재 및 섬유판

① 코펜하겐 리브
  ㉠ 두께 50mm, 너비 100mm 정도의 긴 판에 표면을 곡선 리브로 가공한 것
  ㉡ 강당, 극장 등의 음향 조절용으로 쓰이며 일반 수장재로도 사용한다.
② 코르크판 : 코르크 나무표피를 원료로 하여 분말로 된 것을 판형으로 열압한 것으로 탄성 및 보온, 흡음성이 있어 보온재 및 흡음재로 사용한다.
③ 연질 섬유판 : 건물의 내장 및 흡음재, 단열재 등으로 사용(비중 0.4 미만)
④ 중밀도 섬유판, MDF(Medium Density Fiberboard)
  ㉠ 톱밥을 압축가공해서 목재가 가진 리그닌 단백질을 이용하여 목재섬유를 고착시켜 만든 것이다.(비중 0.4~0.8)
  ㉡ 천연목재보다 강도가 크고 변형이 적다.
  ㉢ 습기에 약하고 무게가 많이 나가는 것이 단점이나 마감이 깔끔하여 많이 쓰인다.
  ㉣ 밀도가 균일하기 때문에 측면의 가공성이 매우 좋고 표면에 무늬인쇄가 가능하여 인테리어용으로 많이 사용된다.
⑤ 경질 섬유판 : 목재 펄프만을 압축해서 제조. 비중은 0.8 이상이며 강도나 경도가 다른 섬유판에 비해 높고 구부림이나 구멍 뚫기 등의 2차 가공도 용이하다. 수장판으로 사용

Chapter 03 석재

1. 개요

석재는 고대부터 구조재 및 장식재로서 큰 역할을 하였다. 그러나 최근 철골, 철근콘크리트 구조와 같은 발달된 기술로 인해 구조재료로서의 용도는 현저히 떨어졌지만 여전히 장식재 등으로 널리 쓰이고 있다.

(1) 석재의 장·단점

장 점	• 압축강도가 크다. • 불연성, 내구성, 내마모성, 내수성 등이 우수하다. • 장중하고 미려한 외관을 가지고 있다.
단 점	• 중량이 크고 가공이 어렵다. • 내화도가 낮고 인장강도가 작다. • 장대재를 얻기 어렵다.

(2) 석재의 분류

① 화성암 : 지구 내부에서 유래하는 고온의 규산염 용융체(마그마)가 고결하여 형성된 암석

㉠ 화강암
  ⓐ 석영, 장석, 운모, 각섬석 등의 광물질이 포함되어 백색, 흑색, 홍색, 청색 등 다양한 무늬와 색을 띠는 수려한 외관의 석재
  ⓑ 압축강도가 높아서 구조재로도 쓰이며 내장재나 콘크리트의 골재로도 쓰인다.
  ⓒ 내화도가 낮고 세밀한 가공이 어려운 것이 단점이다.

㉡ 안산암
  ⓐ 가공성이 좋고 내화성도 높은 무광택의 석재로 판석이나 비석 등으로 쓰인다.
  ⓑ 휘석, 안산암, 각섬, 안산암, 석영안산암으로 나뉜다.

㉢ 감람석
  ⓐ 크롬, 철광석으로 형성된 흑록색의 화성암. 석질이 치밀하다.
  ⓑ 변질로 인해 사문암, 활석, 각섬석 등의 2차 광물이 된다.

ⓔ 화산암
- ⓐ 화산 지표면에 유출된 마그마가 급냉각되어 응고된 다공질의 석재
- ⓑ 비중이 0.7~0.8 정도로 가볍고 경량골재나 내화재 등으로 쓰인다.

② 수성암 : 암석의 조각, 물속의 광물질, 동식물의 유해 등이 침전되어 형성되는 석재
- ㉠ 사암
  - ⓐ 모래입자가 교착제와 같이 압력을 받다가 경화된 것
  - ⓑ 경질사암은 외벽재, 경구조재로, 연질사암은 내장재로 쓰인다.
- ㉡ 점판암
  - ⓐ 점토분이 지열, 지압으로 변질, 응고되어 형성된 석재
  - ⓑ 석질이 치밀하고 판재로 만들 수 있어 지붕, 외벽, 숫돌, 비석으로 사용된다.
- ㉢ 응회암
  - ⓐ 마그마가 쌓여 응고된 것
  - ⓑ 다공질이고 내화도가 높은 석재. 경량골재, 내화재
- ㉣ 석회석 : 시멘트, 석회의 주원료

③ 변성암 : 화성암이나 수성암이 강한 압력과 높은 열에 의하여 변질된 암석
- ㉠ 대리석
  - ⓐ 석회암이 변화되어 결정화된 암석
  - ⓑ 견고하나 열과 산에는 약하다.
  - ⓒ 색채와 반점이 수려하며 갈면 고운 광택이 난다.
  - ⓓ 실내장식재, 조각재로 사용
- ㉡ 트래버틴
  - ⓐ 대리석의 일종, 다공질이고 황갈색
  - ⓑ 석질이 불균일하며 특수 장식재로 사용
- ㉢ 사문암
  - ⓐ 감람석 또는 섬록암이 변질된 것으로, 암녹색 바탕에 흑백색의 아름다운 무늬가 있다.
  - ⓑ 경질이나 풍화성이 있어 외벽보다는 실내장식용으로 사용된다.

2. 석재의 가공 및 성질

(1) 가공(손다듬기)

공정	개요	공구·재료
흑두기	돌 표면의 거친 돌출부를 대강 다듬는 작업	쇠메, 망치
정다듬	표면을 정으로 쪼아 평평하게 다듬는 작업	정
도드락다듬	정다듬한 표면을 더 매끈하게 다듬는 작업 바닥면의 미끄럼 방지 및 내외벽 마감용으로 쓰인다.	도드락망치
잔다듬	표면을 평행방향으로 세밀하게 깎아 다듬는 작업	양날망치
물갈기	물을 뿌리고 수공구 또는 기계를 이용하여 표면광택을 내는 작업	숫돌, 모래, 금강사

> **Point 손다듬기 순서**
> 흑두기 → 정다듬 → 도드락다듬 → 잔다듬 → 물갈기

(2) 성질

① 물리적 성질
  ㉠ 석재의 비중은 기건 상태를 표준으로 한다.
  ㉡ 압축강도는 비중이 클수록 좋다.
  ㉢ 인장강도는 압축강도의 5~10%에 불과하다.

석재	평균압축강도(kg/cm^2)	비중	흡수율(%)
화강암	1450~2000	2.62~2.7	0.3~0.5
안산암	1050~1150	2.53~2.58	1.8~3.2
응회암	90~370	2~2.4	13.5~18.2
사암	360	2.5	13.2
대리석	1000~1800	2.7~2.72	0.1~0.12
슬레이트	1890	2.74	0.24

② 내화성
  ㉠ 석재의 고온파괴 및 강도저하 현상의 원인

ⓐ 석재구성 조암광물의 열팽창계수의 차이
ⓑ 조암광물 중 용융점이 낮은 부분이 녹아서 전체가 붕괴
ⓒ 열전도율이 작아서 열에 대한 응력 발생
ⓛ 안산암, 응회암 및 사암은 1000℃ 이하에서는 압축강도의 저하가 작으며 오히려 어느 정도까지는 상승하기도 한다.
ⓒ 화강암은 석영분이 570℃ 정도가 되면 팽창으로 인해 붕괴되므로 600℃ 정도에서 강도가 급격히 저하된다.
ⓔ 석회암, 대리석 등은 600℃ 이상이 되면 완전히 생석회로 변화된다.

(3) 석재 제품

① 암면
  ㉠ 안산암, 사문암을 고열로 녹여 작은 구멍으로 분출 : 솜모양
  ㉡ 흡음, 단열, 보온성이 우수하여 단열재, 음향 흡음재로 쓰임
② 질석
  ㉠ 운모계 광석을 800~1000℃로 가열 팽창시켜 다공질 경석으로 만든 것
  ㉡ 비중이 0.2~0.4로 경량이며, 단열, 흡음, 보온, 내화성이 우수하다.
  ㉢ 단열재·내화재·흡음재 및 경량골재로 사용된다.
③ 펄라이트
  ㉠ 진주암, 흑요석을 분쇄 후 가열 팽창시켜 제조한다.
  ㉡ 비중은 0.2 정도이며 공극률이 90%. 단열재 및 흡음재의 원재료
④ 인조석 및 테라초
  ㉠ 화강암·대리석 등의 쇄석을 종석으로 하여 백석포틀랜드 시멘트에 광물질 안료를 넣고 물로 혼합·반죽하여 경화 후 물갈기·잔다듬·씻어내기 등으로 마무리한 일종의 모조석이다.
  ㉡ 화강암을 종석으로 한 것은 인조석으로 총칭하며, 바닥 및 내외벽의 마감재·치장재로 사용된다.
  ㉢ 대리석을 종석으로 한 것을 테라초(인조대리석)이라 하며, 첨가재료에 따라 시멘트계·수지계·유리계로 나뉜다.
  ㉣ 테라초는 천연대리석보다 내오염성이 우수하고 산·유기용제에 강하며 유지 및 보수가 용이하여 실내장식재·바닥마감재·싱크대·세면대 등으로 널리 사용되고 있다.

Chapter 04 점토재료

1. 개요

천연암석이 오랜 시간 동안 풍화 및 분쇄로 인하여 발생한 세립자로서 물에 녹으면 가소성이 생기고 건조하면 굳어지며 가열소성하면 강도가 증가하는 재료이다.

(1) 점토의 일반적 성질

① 주성분 : 규산, 산화알루미늄
② 비중 : 2.5~2.6(불순물이 많으면 비중이 작아진다)
③ 강도 : 인장강도 3~10kg/cm^2, 압축강도는 인장강도의 5배 정도
④ 색상 : 산화철의 함유량에 따라 적색, 석회의 함유량에 따라 황색을 띤다.

(2) 점토의 생성

① 잔류점토(1차 점토) : 원석의 자리에 쌓여 있는 점토
② 침적점토(2차 점토) : 바람, 물 등에 의해 옮겨져 침적된 점토

(3) 포수율과 건조 수축

① 포수율 : 점토입자가 물을 함유하는 능력. 작은 것은 7~10%, 큰 것은 40~50%
② 가소성 : 함수율 40~45%에서 가소성은 최대이며 30% 이하 시 제품의 강도, 경도 증가

2. 점토제품

(1) 분류

	토기	도기	석기	자기
소성온도	790~1000℃	1100~1230℃	1160~1350℃	1230~1460℃
흡수율	20%	10%	3~10%	0~1%
제품	기와, 벽돌, 토관	타일, 위생도기	경질기와, 도관, 바닥용 타일	자기질 타일

(2) 제품

① 벽돌

㉠ 보통벽돌

ⓐ 표준벽돌의 치수 : 190×90×57mm(재래식 기본형 : 210×100×60)

ⓑ 품질
- 1종 점토벽돌 : 압축강도 $24.50N/mm^2$ 이상, 흡수율 10% 이하
- 2종 점토벽돌 : 압축강도 $14.70N/mm^2$ 이상, 흡수율 15% 이하

㉡ 특수벽돌

명칭	개요
이형벽돌	아치, 쌤돌 등의 특정형태로 제작한 벽돌. 보통벽돌을 마름질한 것도 포함한다.
중공벽돌	벽돌에 구멍을 뚫은 것으로 단열·방음벽 또는 경량칸막이벽 등에 쓰인다.
다공질벽돌	톱밥이나 겨를 혼합하여 소성한 것으로 연소 후 공극이 생겨 가벼워진다. 비중이 낮고 무게가 가벼워 가공이 용이해지며 보온과 흡음성이 있어 방음 및 단열용으로 사용된다.
포도벽돌	도로나 바닥용으로 제조한 두꺼운 벽돌. 연화토나 도토를 사용하며 경질이고 흡수성이 작으며 내마모성과 내구성이 크다. 제조 시 색소를 넣기도 한다.
내화벽돌	내화점토로 만든 황백색 제품으로 SK26 이상의 내화도를 가진 것이다. 벽난로, 사우나, 굴뚝 등에 쓰인다.(규격 : 230×114×65mm)
과소품벽돌	아주 높은 온도로 소성하여 견고하고 두드리면 청음이 나는 벽돌. 흡수율은 낮으나 형상이 다소 불규칙하여 그 조용으로는 부적당하다. 주로 장식용이나 기초 조적재 등으로 쓰인다.
오지벽돌	오짓물(salt glaze)을 칠해 구운 치장벽돌로 표면이 매끄럽고 깨끗하다.

② 기와

㉠ 지붕재료로 쓰이며 유약의 종류에 따라 기와의 색이 달라진다.

㉡ 한식 기와, 일식 기와, 양식 기와 등으로 나누어진다. 한식형(한식 기와), 오금형(일식 기와), S형(양식 기와)

③ 타일

㉠ 성형법

ⓐ 건식 공법(press) : 제조 능률이 좋고 치수도 정확한 제품, 단순형태에 좋다.

ⓑ 습식 공법(압출) : 복잡한 형태의 제품에 좋은 방법
　ⓒ 종류

정방형 타일	일반 벽, 바닥용 백색 및 유색 타일. 도기질 타일은 사용 시 잔금이 생기므로 바닥용 타일의 경우 강도를 고려해야 한다.
스크래치 타일	규격 60×210mm의 크기. 벽돌의 길이방향과 같음 표면이 긁힌 모양으로 외장용으로 사용하며 습식제법으로 제조된다. 토기질 혹은 조도기질로서 먼지가 끼는 것이 결점
모자이크 타일	소형 타일로 바닥용으로 많이 쓰인다. 다양한 색을 사용해서 아름다운 무늬를 만들어낸다.
클링커 타일	고온에서 충분히 소성한 석기질 타일 표면에 요철무늬를 만들 수 있으며 바닥, 옥상 등에 사용한다.

④ 테라코타
　㉠ 속을 비게 하여 소성한 제품으로서 버팀벽, 기둥주두, 돌림띠 등에 사용한다.
　㉡ 점토 제품 중 미적인 제품이고 색도 석재보다 다채롭다.
　㉢ 화강암보다 내화도가 높고 대리석보다 풍화에 강해서 외장으로 많이 쓰인다.
　㉣ 석재에 비해 가볍고 압축강도는 화강암의 절반 정도이다.
⑤ 위생도기
　㉠ 세면기, 욕조, 좌변기 등의 위생 설비에 쓰이는 도기
　㉡ 소성 시 변형이 없어야 하며 내화학성, 내수성이 좋은 제품이다.

# Chapter 05 시멘트

1. 분류

(1) 포틀랜드 시멘트

보통 포틀랜드 시멘트 (KS 1종)	• 일반적으로 가장 많이 쓰이는 표준 시멘트 • 재령 4주 압축강도를 기준강도로 한다.
중용열 포틀랜드 시멘트 (KS 2종)	• C_3S와 C_3A를 적게 하여 수화열을 낮추고 안정성을 높인 시멘트 • 화학저항성 및 내구성이 좋으며 방사선 차단 효과가 있다. • 댐 축조, 콘크리트 포장, 매스콘크리트, 원자로 차폐용으로 쓰인다.
조강 포틀랜드 시멘트 (KS 3종)	• 분말도가 커서 수화열이 많이 발생하여 경화가 빠르다. • 조기강도가 높다.(1주 경화 = 보통시멘트 4주 압축강도) • 공기를 단축시킬 수 있어 긴급공사, 수중공사, 동기공사 등에 쓰인다.
저열 포틀랜드 시멘트 (KS 4종)	• 중용열 시멘트보다 C_2S의 함량을 높이고, C_3A와 C_3S를 줄여 수화열을 더 낮춘 시멘트이다. • 대규모 매스콘크리트 등 2종 시멘트와 유사한 용도로 쓰인다.
내황산염 포틀랜드 시멘트 (KS 5종)	• 내황산염 저항성이 큰 C_4AF를 증가시킨 시멘트 • 온천공사, 해양구조물, 폐수처리장, 하수공사 구조물에 쓰인다.
백색 포틀랜드 시멘트	• 산화철을 가능한 한 포함하지 않게 하여 흰색을 띠도록 만든 시멘트 • 내마모성이 우수하고 박리·침식에 강하여 수중에서도 경화한다. • 안료에 의한 착색이 가능해 도장, 치장, 인조대리석 등에 쓰인다.

(2) 혼합 시멘트

고로슬래그 시멘트	• 고로슬래그와 소량의 석고를 혼합한 시멘트로 초기강도는 낮고 장기강도가 크다. • 팽창과 균열이 없고 화학저항성이 높아 해수 및 폐수에 접하는 곳에 쓰인다. • 수화열은 적으나 건조수축이 다소 큰 편이므로 시공에 유의해야 한다. ※ 고로슬래그 : 선철 제조 시 고로 부산물을 급랭 후 잘게 부순 것
플라이애시 시멘트	• 미분탄을 연소하는 보일러 연도 가스에서 채취한 석탄재를 넣은 시멘트 • 워커빌리티가 향상되고 수밀성이 좋으며 수화열 및 건조수축도 낮다. • 화학저항성이 크며, 초기강도는 낮고 장기강도가 높다. • 일반 건축 및 토목공사에 널리 쓰이고 매스콘크리트에 유용하다.

포졸란 시멘트 (실리카 시멘트)	• 포졸란(화산재, 규산백토 등의 실리카질 혼화재)를 첨가한 시멘트 • 혼화재료 자체 수경성은 없지만 물과 수산화칼슘의 화학반응으로 경화한다. • 보통 포틀랜드 시멘트보다 초기강도는 조금 낮고 장기강도는 약간 크다. • 시멘트 성질이 개선되어 수밀성과 내구성이 좋고 화학저항성도 크다. • 구조용 재료 또는 미장모르타르로 널리 쓰이며 화학공장, 해수 공사에도 쓰인다.

> **Point 혼화재료의 구분**
> - 혼화재(混和材) : 사용량이 시멘트 중량의 5% 정도 혼합되며 재료 용적을 배합비 계산에 포함시킨다. 플라이애시, 고로슬래그, 포졸란 등이 해당된다.
> - 혼화제(混和劑) : 사용량이 시멘트 중량 1% 미만인 약품 성질의 혼합재료. AE제, 감수제, 유동화제, 방청제 등이 해당된다.

(3) 특수시멘트

알루미나 시멘트	• 보크사이트와 석회석 등 알루미나 성분이 많은 재료를 원료로 한 시멘트 • 재령 1일 만에 보통 포틀랜드 시멘트 4주 강도를 얻을 수 있다. • 화학 저항성이 크고 내화성이 높아서 해안공사나 내화물용으로 쓰인다. • 발열량이 커서 한랭지 공사에도 쓰이며 비교적 고가인 제품이다.
팽창 시멘트	• 칼슘 클링커에 광재 및 포틀랜드 클링커의 혼합물을 넣어 만든 시멘트 • 굳을 때 조금 팽창하여 시멘트의 균열을 방지하는 효과가 있다. • 저수탱크, 지하벽 방수용, 이음 없는 포장판 등에 쓰인다.
폴리머(레진) 시멘트	• 폴리머를 결합재로 사용한 콘크리트로 압축강도가 높고, 방수성과 수밀성이 좋다. • 산과 알칼리, 염류에 강하고 내충격성, 전기절연성, 내마모성이 우수하다. • 경화속도 제어가 가능하고 조기강도 발현이 커서 동절기 공사에도 적합하다. • 바닥 포장에 적합하고 외관이 좋으며 보도블록, 상하수도관으로 많이 사용된다. • 경화제나 경화촉진제를 첨가해야 하며 PC 강봉·유리섬유 등을 보강재로 쓴다.

2. 시멘트의 제조와 성분

(1) 제조

① 공정 : 원료배합 → 소성 → 분해
② 원료배합 : 건식법, 습식법, 반습식법
③ 소성 : 1400~1500℃에서 소성하여 작은 클링커로 만든다.
④ 분쇄 : 클링커에 3% 이하의 석고를 첨가해서 미세하게 분쇄한다.

(2) 성분

① 실리카(21~22.5%), 석회(63~66%), 알루미나(4.5~6%)의 3가지 주요성분 외에 산화철, 마그네시아, 아황산 등을 포함하고 있다.
② 시멘트 화합물의 분류

화합물	수화 속도	수화열	화학 저항	건조 수축	특징
규산 3석회 (C_3S)	빠름	높다	보통	중간	28일 이전의 조기강도에 기여하는 성분으로 조강 포틀랜드 시멘트에 많이 포함된다. 수화열이 크며 경화속도가 빠르다.
규산 2석회 (C_2S)	느림	낮다	크다	작다	28일 이후의 장기강도에 기여하는 성분으로 중용열 포틀랜드 시멘트에 많이 포함된다.
알루민산 3석회 (C_3A)	매우 빠름	매우 높다	작다	크다	1일에서 1주 이내 수화에 영향을 주며 높은 수화열이 발생하고 응결이 빠르므로 석고로 조절한다. 시멘트 내에서 황산염과 반응하여 체적변화를 일으키므로 사용에 주의해야 한다.
알루민산철 4석회 (C_4AF)	조금 빠름	중간	보통	작다	산화철을 포함하여 콘크리트의 색에 영향을 주며 황산염에 대한 저항력이 뛰어나다.

 화학식의 약호

C=CaO, S=SiO_2, A=Al_2O_3, F=Fe_2O_3 ex) C_3S=3CaO·SiO_2

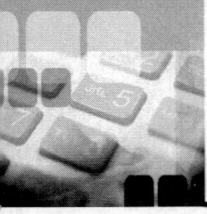

(3) 주요 성질

① 수화작용 : 시멘트 구성 화합물이 물과 반응하여 새로운 화합물로 변화하는 작용
  ㉠ 응결 : 점성이 증대되면서 유동성이 상실되는 과정. 가수 후 1~10시간 동안 응결이 진행된다.(온도 20℃, 습도 80%가 최적)
  ㉡ 경화 : 응결이 끝난 후 강도가 증대되는 과정
  ㉢ 수화열 : 수화작용 시 발생하는 열로서 응결, 경화를 촉진시키거나 균열의 원인이 되기도 하며 분말도가 클수록 높다.

② 비중 및 단위용적중량
  ㉠ 비중 : 포틀랜드 시멘트 비중은 KS 기준 3.05 이상이며 콘크리트의 배합 및 중량계산에 적용된다.
  ㉡ 단위용적중량 : 비중이나 분말도에 따라 다르지만 대체로 1300~2000kg/m^3이며 1500kg/m^3을 표준으로 한다.

③ 분말도
  ㉠ 분말도가 높다는 것은 분말의 굵기가 가늘다는 것이다.
  ㉡ 분말도가 높으면 응결이 빠르고 조기강도가 높아진다. 또한 시공연도가 좋고 시공 후의 투수성도 낮아진다. 그러나 콘크리트 응결 시 초기균열 발생이 생기며 저장 시 풍화작용도 일어나기 쉽다.

④ 응결 및 경화 요인
  ㉠ 석고량이 많아지면 응결이 늦어지고 풍화된 시멘트 역시 응결속도는 느려진다.
  ㉡ 물시멘트비가 크면 응결이 지연되며 온도가 높을수록, 알칼리가 많을수록 빨라진다.

⑤ 저장 : 시멘트는 풍화되기 쉬우므로 저장에 주의를 요한다.
  ㉠ 보관소는 방습이 되어야 하며 종류별로 구분하여 저장한다.
  ㉡ 시멘트 포대는 지면에서 30cm 이상 띄어 보관하며 개구부를 줄여 통풍을 억제한다.
  ㉢ 13포대 이하로 쌓고 장기 보관 시에는 7포대 이하로 쌓는다.
  ㉣ 3개월 이상 저장된 시멘트는 시험을 거쳐 사용하며 조금이라도 굳으면 사용을 금한다.
  ㉤ 사용할 때는 반드시 먼저 반입된 시멘트부터 사용한다.

06 콘크리트

1. 개요

(1) 구성 요소

① 콘크리트 : 시멘트+물+모래(잔골재)+자갈(굵은 골재)
② 시멘트 페이스트 : 시멘트+물
③ 시멘트모르타르 : 시멘트 페이스트+모래

(2) 장·단점

장 점	단 점
• 압축강도가 크다. • 강재와의 접착력이 좋고 방청성이 크다. • 내화, 내수, 내구적이다. • 자유로운 형태로 제작할 수 있다.	• 자중이 크고 인장강도가 작다. • 경화 시 수축에 의한 균열발생이 우려된다. • 보수 및 제거가 곤란하다.

2. 골재 및 용수

(1) 골재

① 분류
　㉠ 잔골재 : 5mm체(No.4)를 85% 이상 통과하는 것(모래)
　㉡ 굵은 골재 : 5mm체(No.4)에 85% 이상 잔류하는 것(자갈)
　㉢ 천연골재 : 강, 바다, 산에서 채취한 모래 및 자갈
　㉣ 인공골재 : 깬자갈 및 슬래그 깬자갈 등
② 강도 및 품질
　㉠ 골재의 강도는 시멘트풀이 경화된 때의 최대강도보다 높아야 한다.
　㉡ 콘크리트 압축강도 이상의 강도를 가진 화강암과 안산암 등을 쓰는 것이 좋다.
　㉢ 골재의 형태는 표면이 거칠고 구형에 가까운 것이 좋고 진흙이나 불순물이 포함되지 않도록 한다.

② 적당한 비율로 모래와 자갈이 혼합되어야 한다.
⑩ 쇄석을 사용하면 접착력은 좋으나 공극률이 높고 연도가 저하된다.
⑪ 운모(돌비늘)가 함유되면 강도 저하 및 풍화가 생기기 쉽다.

③ 함수상태

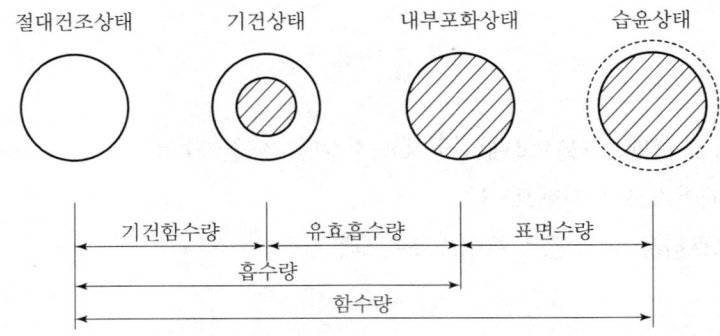

㉠ 절건상태는 105±5℃의 온도에서 중량변화가 없을 때까지 골재를 건조시킨 것이다.
㉡ 기건상태는 실내에 방치한 골재의 표면과 내부공극 일부가 건조한 상태를 뜻한다.
㉢ 골재 표면에는 물이 없으나 내부공극은 물로 완전히 채워진 상태를 내부포수상태 또는 표면건조상태라 한다.
㉣ 내부공극도 모두 물로 채워지고 표면도 흥건히 젖어 있는 상태를 습윤상태라 한다.
㉤ 각종 비율의 계산

흡수율	유효 흡수율	표면수율
$\dfrac{흡수량}{절건상태중량} \times 100(\%)$	$\dfrac{유효흡수량}{절건상태중량} \times 100(\%)$	$\dfrac{표면수량}{표건상태중량} \times 100(\%)$

Point

자갈 시료의 표면수를 포함한 중량이 2100g이고 표면건조내부포화상태의 중량이 2090g이며 절대건조상태의 중량이 2070g이라면 흡수율과 표면수율은 약 몇 %인가?
① 흡수율 0.48%, 표면수율 0.48%   ② 흡수율 0.48%, 표면수율 1.45%
③ 흡수율 0.97%, 표면수율 0.48%   ④ 흡수율 0.97%, 표면수율 1.45%

[풀이] 답 : ③

$$흡수율 = \frac{표건상태중량 - 절건상태중량}{절건상태중량} \times 100\%$$

$$= \frac{2090g - 2070g}{2070g} \times 100\% = 약\ 0.97\%$$

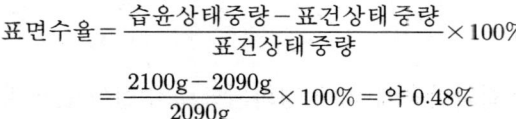

④ 비중
  ㉠ 공극을 포함하지 않는 골재 원석만의 비중을 진비중이라 한다.
  ㉡ 절대건조 비중=절건상태 골재중량÷표건상태 골재용적
  ㉢ 표면건조 비중=표건상태 골재중량÷표건상태 골재용적
  ㉣ 표건상태의 잔골재 비중은 2.50~2.65, 굵은 골재는 2.55~2.70 정도 범위에 있다.
⑤ 실적률과 공극률
  ㉠ 실적률 : 전체 부피 중 골재 입자가 차지하는 실제 용적의 백분율
  ㉡ 공극률 : 전체 부피 중 공극 부분이 차지하는 백분율
  ㉢ 실적률+공극률=100%
  ㉣ 잔골재와 굵은 골재의 공극률은 각각 30~40% 정도이며 적당히 혼합하면 20% 정도로 공극률이 감소하고 단위용적당 무게가 커진다.
⑥ 입도 및 조립률
  ㉠ 입도 : 모래와 자갈의 혼합비율로서 콘크리트의 유동성, 강도, 경제성과 관계가 있다.
  ㉡ 조립률(FM : Fineness modulus)
    ⓐ 골재의 입도를 정수로 표시한 것이다.
    ⓑ 표준망 체에 걸리는 양의 누계 중량 백분율을 합하여 1/100로 한 것이다.(가는 모래 2 이하, 보통 모래 2~3, 굵은 모래 3~5, 자갈 6~8)

모래의 체가름시험 결과표에서 조립률(FM)과 모래의 관정이 맞는 것은?

체크기(mm)	5	2.5	1.2	0.6	0.3	0.15
누가잔류율(%)	5	15	30	55	80	95
통과율(%)	95	85	70	45	20	5

① 2.80, 굵은 모래   ② 2.80, 보통 모래
③ 3.20, 굵은 모래   ④ 3.20, 보통 모래

[풀이] 누가잔류율을 모두 더한 후 100으로 나눈다.
       (5+15+30+55+80+95)÷100=2.8   ∴ 답 : ② 2.80, 보통모래

(2) 용수

콘크리트는 시멘트와 물의 화학반응에 의해 경화되므로 수질이 콘크리트 강도, 내구력에 미치는 영향이 크다.
① 약알칼리성은 해가 없으나 산은 약산이어도 지장을 준다.
② 염분은 철근 방청상 모래 절건재 중량의 0.01% 이하의 함유량이 요구된다.
③ 당분이 시멘트중량의 0.1~0.2% 함유 시 응결이 늦고 그 이상 시 강도가 저하된다.

3. 배합

(1) 배합설계와 배합비

① 일반 사항
　㉠ 배합설계는 소요강도, 내구성, 수밀성, 워커빌리티 등을 경제적으로 얻을 수 있도록 시멘트, 잔골재, 굵은 골재 및 혼화재료의 비율을 정하고 배합강도, 슬럼프, 단위수량, 물시멘트비, 굵은 골재의 최대치수를 결정하는 것이다.
　㉡ 배합설계 요구사항
　　ⓐ 소요강도 및 내구성이 확보되어야 한다.
　　ⓑ 재료분리를 일으키지 않으면서 시공에 적정한 유동성과 워커빌리티를 얻어야 한다.
　　ⓒ 경제성이 있는 동시에 수밀성, 방수성, 내마모성을 확보해야 한다.
　㉢ 배합의 종류
　　ⓐ 계획배합 : 시방서 또는 책임자 지시에 의해 실시되는 배합. 시방배합이라고도 한다.
　　ⓑ 현장배합 : 실제 현장의 골재 표면수, 흡수량 및 입도를 고려하여 계획배합을 현장상태에 맞게 보정하는 배합을 뜻한다.
　　ⓒ 중량배합 : 콘크리트 $1m^3$ 배합에 소요되는 각 재료량을 중량(kg)으로 표시한 배합이다.
　　ⓓ 용적배합 : 콘크리트 $1m^3$ 배합에 소요되는 각 재료량을 용적(m^3)으로 표시한 배합이며 다음과 같이 구분된다.
　　　• 절대용적배합 : 콘크리트 $1m^3$ 배합에 소요되는 각 재료량을 절대용적(l)으로

표시한 배합
- 표준계량용적배합 : 콘크리트 1m³ 배합에 소요되는 각 재료량을 표준계량용적으로 표시한 배합이며, 이 경우 시멘트 1500kg을 1m³로 계산한다.
- 현장계량용적배합 : 콘크리트 1m³ 배합에 소요되는 각 재료 중 시멘트는 포대, 골재는 현장계량용적(m³)으로 표시한 배합이다. 시멘트 : 모래 : 자갈은 1 : 2 : 4 또는 1 : 3 : 6으로 한다.

② 물시멘트비

   ㉠ 에이브람스(D. A. Abrams) 이론(1919)

      ⓐ 청정 골재를 사용한 플라스틱(plastic)한 콘크리트를 사용할 경우, 콘크리트의 강도는 물시멘트비에 의하여 지배된다고 하는 이론이다.

      ⓑ 물시멘트비(W/C)가 커지면 콘크리트 압축강도는 낮아진다.

   ㉡ 리세(I. Lyse) 이론(1932)

      ⓐ 콘크리트의 강도는 시멘트물비와 직선적 관계에 있다는 이론이다.

      ⓑ 시멘트물비(C/W)가 커지면 콘크리트 압축강도는 높아진다.

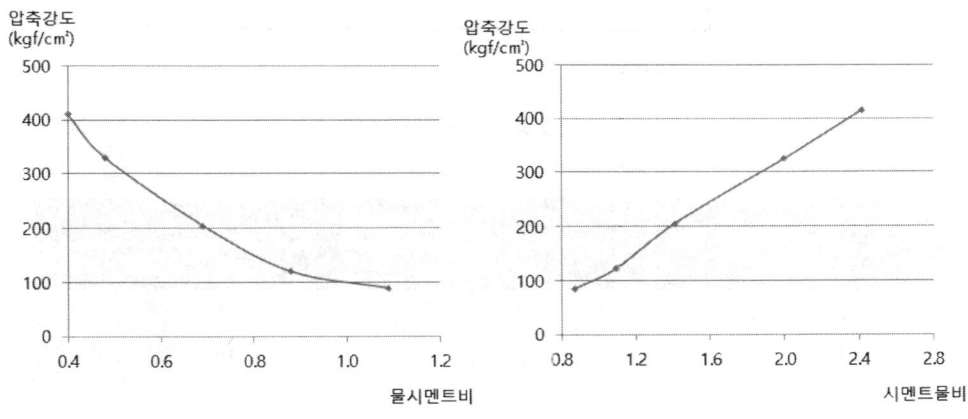

(2) 워커빌리티와 재료분리

① 워커빌리티(Workability)

   ㉠ 개요

      ⓐ 반죽의 질기에 따른 작업의 난이 정도 및 재료 분리저항 정도를 나타내는 굳지 않은 콘크리트의 성질을 말한다. 시공연도라고도 한다.

ⓑ 너무 크거나 너무 작아도 문제가 되는 복잡한 지표이므로 용도나 타설하는 건축물 부위에 따라 적합한 워커빌리티를 얻어내는 것이 바람직하다.
　　　ⓒ 가장 많이 쓰이는 측정방법은 슬럼프 시험이며 플로우 시험, 리몰딩 시험, 낙하시험, 구 관입시험 등도 워커빌리티 측정에 쓰인다.
　　ⓛ 슬럼프 시험
　　　ⓐ 슬럼프 콘에 콘크리트를 3회로 나누어 다진 다음, 콘을 들어올려서 가라앉은 콘크리트 더미의 최상단 높이와 슬럼프 콘의 높이 차를 측정한다.
　　　ⓑ 굳지 않은 콘크리트의 시공연도(Workability)와 반죽 질기(Consistency)를 확인할 수 있다.

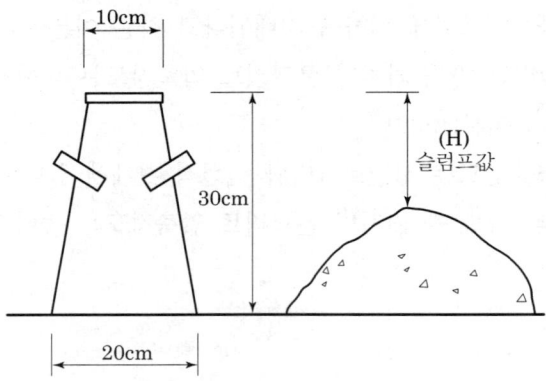

[슬럼프 테스트]

사용 장소	슬럼프(cm)	
	진동다지기	진동다지기가 아닐 시
기초 및 바닥판	5 ~ 10	15 ~ 19
보, 기둥, 벽	10 ~ 15	19 ~ 22

② 재료 분리 : 콘크리트 비비기, 운반, 다지기 중 각각의 재료가 골고루 섞이지 않고 재료별로 집중되는 현상을 뜻한다.
　㉠ 재료 분리의 원인
　　ⓐ 자갈 최대치수가 지나치게 큰 경우
　　ⓑ 입자가 거친 잔골재를 사용한 경우
　　ⓒ 단위수량 또는 단위골재량이 너무 많은 경우

ⓓ 단위배합이 적절치 못한 경우
ⓒ 블리딩
　ⓐ 콘크리트 타설 후 무거운 골재가 침하하고 가벼운 물과 미세 물질들이 상승되어 콘크리트 표면에 떠오르는 현상을 뜻한다.
　ⓑ 약간의 블리딩은 마감을 용이하게 하고 소성수축 저감과 다짐효과에 의한 강도 증진 등의 이점도 있지만, 지나칠 경우 콘크리트 상부를 다공질로 만들어 품질을 저하시키고 내부에 수로를 형성하여 수밀성과 내구성을 저하시킨다.
ⓒ 레이턴스
　ⓐ 블리딩 현상으로 인해 콘크리트 표면에 침적된 미립물에 의한 얇은 피막층을 뜻한다.
　ⓑ 철근과의 부착력 저하, 콘크리트 이음 타설 부분의 밀착성과 수밀성을 저하시키는 원인이 된다.

[블리딩에 의한 레이턴스]

4. 강도와 성질

(1) 강도 및 영향 요소

① 콘크리트의 기본 강도 : 압축강도를 기준으로 인장강도 1/10~1/13, 휨강도 1/5~1/8, 전단강도 1/4~1/6 정도이다.
② 강도의 영향 요소
　㉠ 수량 : 물시멘트비가 커질수록 강도는 작아진다.

ⓒ 기본 재료의 품질 : 시멘트, 골재, 물과 같은 각 재료가 양질일수록 강도가 커진다.
ⓒ 공기량 : 물시멘트비가 일정한 콘크리트에서 공기량이 1% 증가하면 강도는 4~6% 감소한다.
② 시공법
ⓐ 기계비빔이 손비빔보다 10~20% 정도 강도가 크다.
ⓑ 비빔시간은 약 10분까지 비빌수록 증가하며 1분 이하로 비빌 경우 강도는 낮아진다.
ⓒ 진동다짐기 사용은 된반죽의 콘크리트에서 강도 증진을 기대할 수 있으며 묽은 반죽의 콘크리트에서는 효과가 작거나 오히려 나빠질 수 있다.
③ 보양 및 재령
㉠ 보양 : 콘크리트 타설 후 보호하는 것
ⓐ 온도가 높을수록 수화반응이 빠르고 강도가 빨리 나타난다.
ⓑ 수화작용에 필요한 수분을 충분히 주면 강도는 증진된다.
ⓒ 일정기간 동안 저온(5℃ 이하)으로 되지 않도록 덮어주고 물을 자주 뿌려준다.
㉡ 재령 : 온도 20℃, 습도 80% 이상으로 보양된 콘크리트는 4주 이상 경과하면 충분한 압축강도를 가지게 되며 재령에 따라 오랜 기간 동안 강도는 증가된다.

(2) 콘크리트의 성질

① 탄성(elasticity)
㉠ 응력이 작을 때는 변형률과 비례한다.
㉡ 응력이 커지면 변형이 더욱 커져서 결국은 응력의 증가보다 급격히 증가하고 파괴에 이르게 된다.
② 체적 변화(cubical change)
㉠ 건조수축
ⓐ 단위수량이 많을수록, 동일 물시멘트비에서는 단위시멘트량이 많을수록 증가한다.
ⓑ 온도는 높을수록, 습도는 낮을수록 증가한다.
ⓒ 골재가 경질이고 탄성계수가 클수록 건조수축은 감소한다.
ⓓ 콘크리트 부재치수가 클수록 건조가 진행되지 않으므로 건조수축은 감소한다.
ⓔ 골재 중 포함된 미립분, 점토, 실트가 많을수록 건조수축은 증가한다.
ⓕ 공기량이 많으면 공극으로 인해 건조수축은 증가한다.
ⓖ 습윤양생기간은 건조수축과 직접적 연관이 적다.

ⓒ 온도 변화
  ⓐ 온도 변화에 의한 콘크리트의 체적 변화는 골재의 종류에 영향을 받는다.
  ⓑ 골재가 석영일 때 체적변화가 가장 크고 사암, 화강암, 현무암, 석회석 순으로 작아진다.
③ 내화성(refractoriness)
  ㉠ 콘크리트는 구조재료 중 내화성이 우수한 편이지만 고온에서는 내구성이 나빠진다.
  ㉡ 260℃ 이상이면 강도가 저하되고 300~350℃ 이상이면 저하현상이 현저해지며 500℃ 이상이면 구조체로 사용할 수 없게 된다.
④ 수밀성
  ㉠ 기본적으로 물에 접한 콘크리트는 물을 흡수하며 압력수는 투수시킨다.
  ㉡ 콘크리트의 수밀성은 골재 최대 치수가 작을수록, 물시멘트비가 작을수록(55% 이하), 다짐이 충분할수록 커진다.
⑤ 중성화(neutralization)
  ㉠ 공기 중의 탄산가스에 의해 콘크리트의 수산화칼슘은 탄산칼슘으로 변화하여 알칼리성을 잃어가며 다음과 같은 화학반응을 일으킨다. 이러한 현상을 중성화라 한다.
    $Ca(OH)_2 + CO_2 \rightarrow CaCO_3 + H_2O \uparrow$
  ㉡ 중성화가 진행되어도 콘크리트의 강도나 기타 성질은 큰 변화가 없으나 물 또는 공기가 침투하여 철근은 녹이 슬고 팽창하여 콘크리트가 파괴된다.
  ㉢ 중성화 속도는 물시멘트가 적을수록 느리고 혼합시멘트를 사용할수록 빨라진다.
  ㉣ 온도변화와 건습차가 심한 곳에서는 흡수된 수분의 동결융해가 반복되어 콘크리트를 풍화시켜 중성화를 진행시키기도 한다.
  ㉤ 해수에 노출된 콘크리트는 해수에 포함된 황산염의 화학작용에 의해 콘크리트가 침식되고 철근을 부식시킨다. 이에 대비하려면 가능한 한 피복두께를 증가시키고 내식성이 큰 재료로 콘크리트 표면에 보호피막을 만들어야 한다.

5. 특수 콘크리트

(1) 경량 콘크리트 및 중량 콘크리트

① 경량 콘크리트

㉠ 개요 및 용도
　ⓐ 설계기준강도 240kgf/cm² 이하, 기건 비중 1.4~2.0t/m³의 범위인 것으로 중량 경감을 목적으로 만든 콘크리트를 뜻한다.
　ⓑ 열 차단, 방음 및 흡음을 목적으로 한 곳에서 주로 사용된다.
㉡ 제조
　ⓐ 다공질의 경량골재를 사용하거나 발포제를 넣어 기포를 형성시켜 만든다.
　ⓑ 골재 사이 공극 형성을 위해 잔골재 사용을 제한해서 만들기도 한다.
㉢ A.L.C(autoclaved light weight concrete)
　ⓐ 실리카분이 풍부한 모래와 생석회를 주원료로 하여 발포·팽창시켜 제조한 성형품이다.
　ⓑ 주로 단열 및 방음재로 쓰이며 소규모 주택의 재료로도 많이 활용된다.
　ⓒ 다공질이므로 습기에 취약하고 강도가 낮은 편이다.
② 중량 콘크리트
㉠ 무거운 골재를 사용하여 비중을 크게 하고 치밀하게 만든 콘크리트를 말한다.
㉡ 기건 비중 2.6t/m³ 이상인 것으로 중정석·자철광·적철광·인철 등이 골재로 사용된다.
㉢ 방사선 차폐를 주목적으로 만들어져서 차폐콘크리트라고도 한다.

(2) 한중·서중 콘크리트

① 한중 콘크리트
㉠ 콘크리트 타설 후 4주까지의 일평균기온이 4℃ 이하인 곳에서 사용되는 콘크리트이다.
㉡ 물시멘트비는 60% 이하로 하고 단위수량은 가능한 한 적게 한다.
㉢ AE제 등을 사용하여 감수에 의한 워커빌리티의 저하를 방지한다.
② 서중 콘크리트
㉠ 일평균기온이 25℃ 이상인 곳에서 사용하는 콘크리트이다.
㉡ 높은 기온으로 인해 수분의 증발 및 슬럼프 저하에 대한 조치가 필요하다.
㉢ 골재와 물은 가능한 한 낮은 온도의 상태로 사용하고 가급적 단위수량 및 시멘트량을 적게 한다.

(3) AE 콘크리트

① 개요
  ㉠ AE(air entrained)제를 사용하여 공기를 연행한 다공질 콘크리트이다.
  ㉡ AE제에 의한 공기는 연행공기(air entrained)라 하며 AE제를 쓰지 않아도 콘크리트 내부에 생기는 공기를 갇힌 공기(entrapped air)라 한다.
  ㉢ 보통 콘크리트 속에는 갇힌 공기가 1~2% 정도 내포되므로 AE 콘크리트의 공기량은 연행공기와 갇힌 공기량의 합계를 뜻한다.
  ㉣ AE제 사용량은 AE 공기량이 콘크리트 용적의 3~6% 내외가 되도록 한다.

② 특징
  ㉠ 연행공기가 볼 베어링 역할을 하여 시공연도가 좋아지고 블리딩이 감소한다.
  ㉡ 단위수량을 감소시킬 수 있고 시공한 표면이 평활하게 된다.
  ㉢ 동결, 융해, 건습 등에 의한 용적변화가 작아 내구성이 증진된다.
  ㉣ 압축강도와 부착강도가 저하되고 마감 모르타르나 타일 부착력이 저하된다.

(4) 프리스트레스트 콘크리트

① 개요 및 특징
  ㉠ 철근 대신 고강도 PC 강재를 사용하여 인장강도를 증가시키고 특수 시공에 의해 프리스트레스를 콘크리트에 가하는 것이다.
  ㉡ 콘크리트의 인장응력 발생부위에 미리 압축력을 주어 콘크리트의 휨 저항을 증대시킨다.
  ㉢ 내구성이 커지며 균열이 방지되고 보 춤이 같은 경우 휨이 1/3 정도로 긴 스팬에 유리하여 넓은 공간의 건축물이나 고층건축물에 사용된다.
  ㉣ 제작이 까다롭고 콘크리트를 양질 제품으로 사용해야 하며 비용이 많이 든다.
  ㉤ 부재의 두께가 얇아지므로 진동에는 다소 취약해진다.

② 공법별 분류
  ㉠ 프리텐션 공법
    ⓐ 먼저 PC 강재를 인장시켜 설치한 후 콘크리트를 타설하여 경화가 된 후에 인장력을 제거하여 콘크리트에 압축 프리스트레스를 받게 한다.
    ⓑ 소규모 건축부품(벽판, 디딤판), T slab 등을 만들 때 사용한다.

ⓒ 포스트텐션 공법
ⓐ 콘크리트 타설 전에 관을 집어넣고 경화 후에 관 속으로 PC 강재를 집어넣어 한쪽 끝을 정착하고 다른 쪽을 유압, 잭 등을 써서 긴장시켜 압축력이 주어지면 나사 등으로 정착시키거나 모르타르를 주입하는 방법으로 시공한다.
ⓑ 큰보, 교량, 터널 등 주로 대규모 구조물에 사용한다.

(5) 레디믹스트 콘크리트

① 개요
㉠ 콘크리트 제조 공장에서 주문자의 요구 품질 및 수량에 맞게 배합하여 특수 운반 자동차로 현장까지 배달 공급하는 것으로, 현장에서는 레미콘이라 줄여 부른다.
㉡ 현장이 협소한 경우에 유용하며, 품질이 균일하고 우수한 콘크리트를 사용할 수 있다.
㉢ 운반 중의 재료분리, 시간경과에 따른 강도저하를 방지해야 한다.
㉣ 현장에 도착하여 바로 타설할 수 있도록 현장 준비 및 이동 간 긴밀한 연락이 필요하다.

② 운반 방식
㉠ 센트럴 믹스 : 10분 내외의 단거리 운송 방식. 현장이 가까우므로 교반을 거의 완료한 후 바로 타설할 수 있도록 준비한다.
㉡ 슈링크 믹스 : 20~30분 거리의 운송 방식. 트럭 믹서에 재료를 넣고 출발한 후, 도착 시간에 맞춰 이동 중 교반을 하는 방식이다.
㉢ 트랜싯 믹스 : 1시간 이상 거리의 장거리 운송 방식. 시멘트는 가수 후 1시간이 지나면 응결이 시작되므로 미리 물을 섞지 않고 별도의 물탱크를 장착하고 출발한 후 적정한 시간에 급수하여 교반을 하는 방식이다.

> **Point**
> ※ 레미콘 규격은 굵은 골재 최대치수, 콘크리트 강도, 슬럼프값을 지정 주문한다.
>   ex) 규격 25-21-15는 자갈 최대치수 25mm, 콘크리트 강도 21MPa, 슬럼프 15cm를 의미한다.
> ※ 레미콘 트럭 1대의 콘크리트 용량은 $6m^3$이다.

(6) 매스 콘크리트

① 개요 및 조건
  ㉠ 댐이나 교각과 같이 단면 치수가 매우 두꺼워서 수화열에 따른 온도 변화에 의해 콘크리트의 과도한 팽창과 수축이 발생하지 않도록 시공상 고려가 필요한 콘크리트를 말한다.
  ㉡ 평판 구조의 경우 부재 단면의 최소 치수가 80cm 이상, 하단 구속 벽체는 50cm 이상, 콘크리트 내부 온도와 외기온도와의 차이가 25℃ 이상인 콘크리트로 정의하고 있다.
  ㉢ 프리스트레스트 콘크리트 구조물과 같이 부배합의 콘크리트가 쓰이는 경우에는 더 얇은 부재라도 구속조건을 검토하여 매스콘크리트로 적용하기도 한다.

② 균열 방지대책
  ㉠ 저열시멘트를 사용한다.
  ㉡ 굵은 골재의 최대 치수를 가능 범위 안에서 되도록 크게 한다.
  ㉢ 잔골재율은 가능 범위 안에서 되도록 작게 하고 단위수량도 최소로 한다.
  ㉣ 물시멘트비, 슬럼프값은 가능 범위 안에서 되도록 작게 한다.
  ㉤ 쿨링 공법
    ⓐ 파이프 쿨링 : 파이프를 미리 묻어두고 냉각수를 통하게 하여 콘크리트를 냉각한다.
    ⓑ 프리 쿨링 : 콘크리트나 자갈 등의 재료 일부 또는 전부를 미리 냉각한다.

(7) 기타 특수 콘크리트

① 프리플레이스트 콘크리트(구 프리팩트 콘크리트)
  ㉠ 적당한 입도의 자갈을 미리 거푸집에 넣고 공극에 모르타르를 압입 시공한다.
  ㉡ 콘크리트의 밀실성이 좋아서 내수성, 내구성이 좋고 동해나 융해에 강하다.
  ㉢ 압입 모르타르는 유동성이 크고 재료 분리가 적으며 시멘트와 모래 외에 플라이애시, 감수제, 팽창제 등의 혼화재료를 섞은 것을 사용한다.
  ㉣ 모르타르를 강한 압력으로 주입하므로 거푸집을 견고하게 만들어야 한다.

② 프리캐스트 콘크리트
  ㉠ 공장에서 제작한 철근콘크리트 부재를 현장 이송하여 벽, 바닥, 지붕 등으로 조립하는 방식이다.

    ⓒ 기성 제품화하여 비용이 절감되고 공기 단축이 가능해진다.
    ⓒ 주로 교량의 상판이나 아파트의 외벽 등에 사용된다.
③ 폴리머 콘크리트
    ㉠ 합성수지 계통인 폴리머를 결합한 콘크리트로 시멘트와 함께 쓰는 것은 폴리머 시멘트 콘크리트라 하고, 시멘트를 쓰지 않고 폴리머에 중탄산칼슘이나 플라이애시 등을 혼합한 것은 폴리머 콘크리트 또는 레진 콘크리트라고도 한다.
    ⓒ 수밀성, 내화학성, 내염성이 우수하여 기존의 시멘트 콘크리트에 비하여 내구성이 좋다.
    ⓒ 해양구조물, 각종 수로, 공장배수시설 등에 적합하다.

금속재료

금속재료는 19세기부터 제강법이 개량되어 다량으로 양질의 철강을 생산하였으며 현재에 이르러 구조 및 장식재로서 중요하게 사용되고 있다.

장 점	단 점
• 열과 전기의 양도체이다. • 경도와 내마멸성이 크다. • 열처리에 의한 소성변형이 가능하다. • 금속 광택이 아름답다. • 재료의 균일성이 좋다.	• 부식의 우려가 있다. • 내화도가 약하다. • 색채가 단조롭다. • 비용이 비교적 높은 편이다.

1. 철강

제련된 철강은 철(Fe)을 주체로 하며 탄소(C)와 규소(Si), 망간(Mn), 황(S), 인(P) 등을 함유하고 있다. 특히 탄소의 함유량에 따라 철강의 성질이 달라진다.

구분	탄소량	특징
연철(순철)	0.04% 이하	연질이며 가단성이 크다.
(탄소)강	0.04~1.7% 이하	가단성, 주조성, 담금질 효과가 좋다.
주철	1.7% 이상	주조성이 좋고 경질이며 취성이 크다.

(1) 제철 및 제강

① 제철 : 철광석(Fe_2O_3), 자철광(Fe_3O_4), 갈철광($2Fe_2O_3$) 등을 코르크, 석회석 등과 용광로에 넣어 1500℃ 이상의 고온기체를 불어넣으면 코크스가 연소되면서 생긴 일산화탄소가 용광로 위로 배출되면서 철광석의 산소와 결합하여 철을 환원한다. 이때 용융상태의 선철을 얻어낸다.
　㉠ 선철(주철) : 용융상태의 철

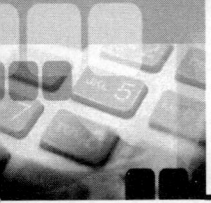

ⓒ 용선 : 용융상태의 쇳물
ⓒ 슬래그 : 노 속의 석회석이 규산알루미나 등과 결합하여 위로 뜨는 물질. 콘크리트 골재, 고로슬래그 시멘트의 원료로 사용한다.
② 제강 : 선철의 탄소량을 조절하는 제련과정이다.
　㉠ 전로법
　　ⓐ 노 속에 내린 관을 통해 산소를 넣어 용선 속에 포함된 철 이외 불순물을 산화 연소시켜 제거하는 방법. 인과 황의 함유량이 많다. 건설비, 제강비가 적고 제강 시간이 짧으며 수시 제강이 쉽다.
　　ⓑ 강의 품질이 평로법의 것보다 떨어진다.
　㉡ 평로법 : 원료나 제품의 조정이 자유로운 편이며 품질이 우수한 제강법
　㉢ 기타 : 전기로법, 도가니법

(2) 가공 및 성형

① 가공 온도에 따른 구분
　㉠ 열간가공 : 900~1200℃에서 가공. 구조용재 가공에 사용한다.
　㉡ 냉간가공 : 700℃ 이하에서 가공. 조직이 치밀해지지만 변형이 생기고 소성변형은 어렵다.
② 성형방법
　㉠ 단조 : 강괴를 1200℃로 가열 후, 해머나 프레스 등으로 두드려 조직을 치밀하게 하는 방법
　㉡ 압연 : 가열된 강을 롤러 사이로 통과시켜 강판, 형강 등을 제조하는 방법
　㉢ 인발(견인) : 다이스라고 하는 틀의 작은 구멍을 통하여 강을 인출하는 것으로 철선 등을 제조하는 방법
③ 열처리

구 분	열처리방법	특 성
풀림(소둔) [Annealing]	800~1000℃에서 가열 성형 후 노 속에서 서냉	강의 연화 내부 응력 제거
불림(소준) [Normarlizing]	800~1000℃에서 가열 성형 후 대기 중에서 냉각	결정립의 미세화 조직 균일화

구 분	열처리방법	특 성
담금질(소입) [Hardening]	가열한 강을 물 또는 기름 등에 담가 급속 냉각	경도 증대 내마모성 증가
뜨임(소려) [tempering]	담금질한 강을 다시 가열(200~600℃) 후 서냉 (대기, 노 속)	강성, 인성, 연성 증가

(3) 강(탄소강)의 성질

① 물리적 성질
　㉠ 상온에서 탄소의 양이 증가하면 비중, 열전도율, 열팽창계수는 감소하고 비열과 전기저항은 증가한다.
　㉡ 강의 열팽창계수는 콘크리트와 거의 같아서 철근콘크리트 구조로 만들 수 있다.

② 역학적 성질
　㉠ 응력변형도 곡선

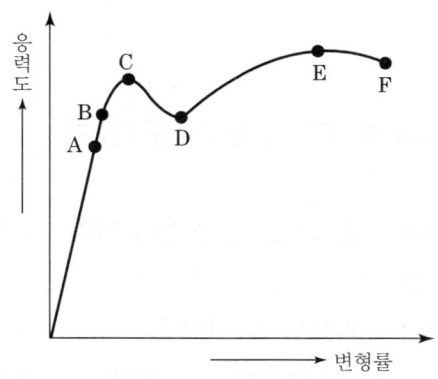

A. 비례한도 : 응력이 작을 때는 응력에 비례해서 변형이 커진다. 이 비례관계가 성립되는 한도를 말한다.
B. 탄성한도 : 외력이 제거되면 변형이 0으로 돌아가는 관계가 성립되는 한도
C, D 상위, 하위 항복점 : 외력이 더욱 작용되어 상위 항복점에 도달하면 응력이 조금 증가해도 변형이 급격히 증가하며 하위 항복점에 도달한다.
E. 최대 인장강도 : 응력과 변형이 비례하지 않는 상태이다.
F. 파괴강도 : 응력이 증가하지 않아도 스스로 변형이 커져서 파괴되는 상태이다.

　㉡ 탄소량과 강도의 관계
　　ⓐ 인장강도는 탄소량 0.85% 정도에서 최대이며 그 이상이 되면 감소한다.
　　ⓑ 압축 및 전단강도는 0.85% 이상에서 오히려 증가한다.
　㉢ 온도와 강도의 관계
　　ⓐ 상온에서 100℃까지는 거의 변화가 없으며 100℃부터 증가하여 250℃에서 최대가 되며 그 이상부터는 감소한다.
　　ⓑ 500℃에서는 0℃일 때의 강도의 1/2로, 900℃일 때는 1/10로 감소한다.

(4) 주철과 합금강

① 주철 및 주강

㉠ 탄소함유량이 1.7~6.67% 범위의 철을 뜻하며, 실용화되는 것은 2.5~4.5% 범위이다.

㉡ 압연이나 단조 등의 가공은 어려우며 주조성형으로 제품을 만든다.

㉢ 신장률은 강보다 작고 내식성은 일반 강보다 큰 편이다.

㉣ 종류

ⓐ 보통주철 : 창의 격자, 장식철물, 계단, 교량 손잡이, 방열기, 하수관뚜껑 제작

ⓑ 가단주철 : 백선을 700~1000℃로 오랜 시간 풀림하여 연성과 전성을 증가시킨 것으로 탄소함유량은 2.4~2.6%. 듀벨, 창호철물 등에 쓰인다.

㉤ 주강

ⓐ 탄소함유량이 1% 이하인 용융강을 주조용으로 쓰는 것이다.

ⓑ 기본적 성질은 탄소강에 가깝지만 인성이 조금 낮다.

ⓒ 주철로서는 강도가 불충분한 주조용재에 쓰이며 주로 철골조의 주각, 기둥과 보의 접합부 등에 쓰인다.

② 특수강

탄소강에 특수한 성질을 주기 위해 다른 금속을 첨가한 합금강을 뜻한다.

㉠ 구조용 합금강

ⓐ 탄소강보다 강인성을 증가시키기 위해 니켈, 크롬, 망간 등을 각각 5% 이하로 한 가지 이상 첨가하여 뜨임처리한 것이다.

ⓑ 인장강도, 항복점이 높고 인성이 크며 충격에도 잘 견딘다.

ⓒ 지금까지는 건축보다 기계용으로 많이 쓰였으나 향후 건축물의 안전성에 대한 요구가 증대되고 부재 단면의 축소 및 초고층 건축물의 증가로 인해 건축 구조재로서의 수요도 증가할 전망이다.

ⓓ 프리스트레스트 콘크리트에 사용되는 강선은 구조용 특수강에 해당된다.

㉡ 스테인리스강

ⓐ 크롬과 니켈을 첨가하여 내식성과 내열성을 높이고 기계적 성질을 개선한 것이다.

ⓑ 건축 내·외장재, 창호재, 설비재, 위생기구, 주방용품으로 널리 쓰인다.

ⓒ 부식성이 높은 환경에 유용하게 쓰이며 광택이 좋고 납땜도 가능하다.

ⓓ 크롬과 니켈의 함유량에 따라 다양한 종류로 구분되어 쓰인다.

ⓒ 내후성 강
  ⓐ 내식성을 일반 강보다 몇 배 증가시키면서 재질이나 가공성은 일반 강과 동등하거나 더 나은 수준으로 개선시킨 합금이다.
  ⓑ 망간, 구리, 규소, 크롬, 니켈 등이 첨가되어 표면에 발생한 녹이 안정된 산화막으로 고착되면 수분이나 가스에 의한 부식을 막아준다.(부식 정도는 일반 강의 3~10% 수준)
  ⓒ 구조용 재료, 강재 널말뚝, 박강판 등으로 널리 쓰인다.

> **Point** TMCP강(Thermo-Mechanical Control Process steel)
> - 가열-압연-냉각에 이르는 공정 전체를 특수 기술로 제어하여 제조되는 고강도, 고인성의 강재
> - 용접성을 개선하여 용접성이 매우 우수하다.
> - 강재 단면이 증가해도 항복강도가 저하되지 않는다.

2. 비철금속

(1) 구리

원광석을 용광로, 전로에서 녹인 후 전기분해에 의하여 정련

① 특성
  ㉠ 열, 전기 전도율이 크고 연성과 전성이 매우 좋다.
  ㉡ 건조공기에서 산화하지 않으나 습기가 있으면 녹청색으로 부식된다.
② 용도 : 전기재료, 철사, 못, 홈통 등
③ 구리합금
  ㉠ 황동(놋쇠) : 구리+아연(10~45%)
    ⓐ 외관이 아름답고 주조 및 가공이 쉽다.
    ⓑ 내구성이 좋아서 창호철물로 사용
  ㉡ 청동 : 구리+주석(4~12%)
    ⓐ 청록색의 광택이 난다. 황동보다 내식성이 크고 주조하기 쉽다.
    ⓑ 장식, 공예재료로 쓰임
  ㉢ 포금 : 구리+주석(10%), 아연, 납

　　　　　ⓐ 강도와 경도가 크다.
　　　　　ⓑ 기계 톱니바퀴, 건축용 철물 등으로 쓰임
　　　㉣ 인청동 : 청동+인
　　　　　ⓐ 탄성과 내마멸성이 크다.
　　　　　ⓑ 금속재 창호의 가동부분
　　　㉤ 알루미늄 청동 : 구리+알루미늄(5~12%)
　　　　　ⓐ 변색되지 않으며 장식철물로 사용

(2) 알루미늄

보크사이트의 알루미나(Al_2O_3)를 전기 분해하여 제조하는 대표적 경금속으로 철강 다음으로 많이 쓰인다.

① 특징
　㉠ 비중이 2.7 정도로 철과 구리에 비해 매우 가벼우면서도 강도가 높은 편이다.
　㉡ 가공성이 높고 전기와 열의 전도가 잘 되며 저온에 강하다.
　㉢ 공기 중에서 안정된 산화피막을 형성하여 내식성이 좋다.
　㉣ 위생적이고 빛과 열을 잘 반사하며 광택이 아름답다.
　㉤ 산과 알칼리 및 해수에 침식이 되므로 콘크리트 및 해수에 접하거나 흙에 매립되는 부분은 사용을 금하거나 특별히 주의를 기울여야 한다.

② 용도 및 합금
　㉠ 용도 : 마감재, 창호철물 및 창호재료, 각종 설비 및 가구, 전열 및 반사재료로 쓰인다.
　㉡ 알루미늄 합금
　　　ⓐ 내식성, 내열성, 강도를 높이기 위해 구리·마그네슘·규소·아연 등을 첨가하여 제조한다.
　　　ⓑ 장식재, 멀리온, 커튼 월 등으로 널리 쓰인다.
　㉢ 두랄루민
　　　ⓐ 알루미늄에 구리, 마그네슘, 망간 등을 첨가한 합금으로 20세기 초부터 사용되었다.
　　　ⓑ 가벼우면서 강도가 크고 내식성이 높아서 고층 건물 내·외장재, 항공기 재료 등으로 사용된다.

(3) 기타 금속

① 아연
- ㉠ 건조 공기에서는 거의 산화되지 않으며 습기나 탄산가스가 존재하면 표면에 염기성 탄산염의 막이 생성되어 내부 산화를 막는다.
- ㉡ 철과 구리에 대해 전기적 양성이 강하며 이들 금속의 부식 방지 용도로 쓰인다.
- ㉢ 강도가 크고 연성 및 내식성이 좋아서 부식을 방지하는 도금재료 및 합금재료로 사용된다.
- ㉣ 인장강도나 연신율이 낮기 때문에 열간 가공하여 결정을 미세화하여 가공성을 높일 수 있다.
- ㉤ 함석판(아연 도금 강판), 지붕재료, 못, 피복재 등으로 사용된다.

 양은

> 구리에 니켈(16~20%), 아연(15~35%)을 첨가한 합금으로 화이트 브론즈라고도 한다. 기계적 성질이 우수하고 내식성, 내마모성, 내열성이 높은 합금으로 스프링 재료, 온도 및 전기 저항체, 식기, 장식품으로 널리 쓰이고 있다.

② 납
- ㉠ 비중이 매우 크며(11.5), 전연성이 커서 주조, 단조 등의 가공성이 우수하다.
- ㉡ 열전도율이 작으나 온도에 의한 신축은 큰 편이다.
- ㉢ 산성에는 강하지만 알칼리에는 침식되므로 콘크리트와의 접촉은 주의해야 한다.
- ㉣ 지붕재, 홈통, 급배수, 가스관 등으로 쓰이며 주석과 섞어 땜납 재료로도 쓰인다.
- ㉤ 방사선을 잘 흡수하여 X선 사용 장소의 천장, 바닥, 방호용으로도 사용한다.

③ 주석
- ㉠ 비중이 7.3 정도로 큰 금속으로 내식성이 크고 인체에 무해하다.
- ㉡ 식품용 금속재, 청동, 철재 방식 도금재로 사용한다.

④ 니켈
- ㉠ 주로 합금용으로 사용되며 청백색을 띤다.
- ㉡ 전성과 연성이 크고 내식성이 좋다.

3. 금속의 부식과 방식

(1) 부식작용

대기 중의 매연, 유독성 기체, 빗물 등에 포함된 산, 염류에 부식되며 가정용수, 하수, 오물, 각종 가스, 토질, 전류의 영향을 받는다.

(2) 방식법

① 다른 종류의 금속을 잇대어 쓰지 않고 균질한 재료를 쓴다.
② 표면은 물기나 습기가 없게 한다.
③ 도료나 내식성이 큰 금속으로 피막을 만들어 보호한다.
　방청도료 도장, 아스팔트나 콜타르 도포. 내식, 내구성이 큰 금속으로 도금하고 자기질의 법랑을 올려서 모르타르나 콘크리트로 피복

 파커라이징
> 인산철과 산화망간의 혼합액 속에 강을 담가 표면에 알칼리성 인산철의 피막을 만들고 유성도료로 마감을 하는 법

4. 금속제품

(1) 강판 및 강관

① 두께에 따른 강판의 구분
　㉠ 박강판 : 두께 3mm 이하
　㉡ 중강판 : 두께 3mm 초과, 6mm 이하
　㉢ 후강판 : 두께 6mm 이상
② 제조공정별 강판의 분류
　㉠ 열간압연강판 : 강을 재결정온도(1200℃ 내외) 이상으로 압연하여 내부조직을 치밀하게 하고 결함을 개량한 강판
　㉡ 냉간압연강판 : 가열하지 않고 상온에서 압연한 제품으로 열간압연강판보다 훨씬 얇고 표면이 곱다.

ⓒ 아연도강판 : 산화방지를 위해 아연도금한 강판으로 함석판이라고도 한다.
ⓔ 내후성강판 : 일반강판에 구리·크롬 등을 첨가한 저합금 강판. 외장재, 섀시 등으로 사용된다.
ⓜ 기타 : 착색아연도강판, 프린트강판, 무늬강판, 스테인리스강판 등

③ 강관
  ㉠ 탄소강관 : 이음매 없이 강대(steel strip)나 강관을 용접하여 제조한 강관. 비계·말뚝·지주 및 기타 구조물에 사용된다.
  ㉡ 각형강관 : 각형으로 제조되어 건축·토목·가구 등에 사용된다.
  ㉢ 배관용 강관 : 급수·급탕·배수 및 기름·가스·공기 등의 배관에 사용된다.

(2) 선재

① 철선
  ㉠ 연강을 상온으로 인발하여 가늘게 한 것. 철사라고도 한다.
  ㉡ 2가닥의 철선을 꼬아서 그 사이에 가시를 넣어 만든 것을 가시철선이라 하며 철조망 제조에 쓰인다.
② 와이어 라스 : 철선을 그물 모양으로 만든 것으로 모르타르 등의 바탕에 사용한다.
③ 와이어 메시
  ㉠ 연강철선을 격자형으로 짜서 용접한 것으로 용접철망이라고도 한다.
  ㉡ 벽체·바닥 등의 보강재로 사용하며 철근 대용으로도 쓰인다.

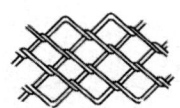
[와이어 라스]

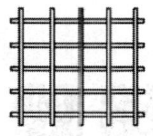
[와이어 메시]

④ 와이어로프
  ㉠ 몇 개의 철사를 꼬아서 1줄의 스트랜드(새끼줄)를 만들고, 다시 6가닥의 스트랜드를 1줄의 마(麻)로프를 중심으로 꼬아서 만든 로프이다.
  ㉡ 로프의 꼬임에는 보통 꼬임과 랭 꼬임이 있으며, 또 스트랜드의 꼬임 방향에 따라서 S꼬임 로프와 Z꼬임 로프로 나뉜다.
  ㉢ 케이블카, 크레인, 오르내리창, 삭도(로프웨이) 등에 많이 쓰인다.

⑤ PC 강선
   ㉠ PS 콘크리트에 프리스트레스를 주기 위해 사용하는 고강도의 강선
   ㉡ 피아노선재를 패턴팅(patenting)한 후 상온에서 인발·제조한다.

(3) 성형·가공제품

① 메탈라스
   ㉠ 0.4~0.8mm의 연강판에 그물눈을 내고 늘여 철망 모양으로 만든 것
   ㉡ 천장, 벽 등의 모르타르 바름 바탕용 철물로 사용된다.
   ㉢ 두께 6~13mm의 연강판을 늘여 만든 것은 익스팬디드 메탈이라 하며, 콘크리트 보강용으로 쓰인다.

② 플레이트(plate)
   ㉠ 데크 플레이트 : 얇은 강판을 골 모양으로 성향한 것으로 콘크리트 슬래브의 거푸집 패널 또는 바닥 및 지붕판으로 사용된다.
   ㉡ 키스톤 플레이트 : 작은 간격의 골이 주름잡은 형태로 된 강판. 데크 플레이트보다 춤이 작고 지붕, 외벽 등에 쓰인다.

③ 기타
   ㉠ 펀칭 메탈 : 금속판에 여러 가지 무늬의 구멍을 펀칭한 것. 배수구 및 환기구 커버로 쓰인다.
   ㉡ 코너비드 : 기둥, 벽의 모서리면 미장작업 용이 및 모서리 보호를 위해 설치하는 철물

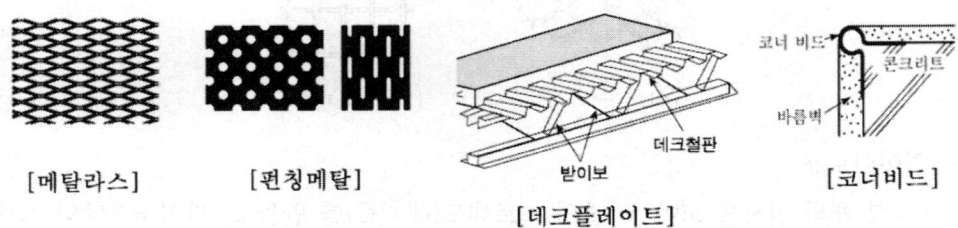

[메탈라스]   [펀칭메탈]   받이보 데크철판
              [데크플레이트]   [코너비드]

(4) 긴결철물

① 인서트
   ㉠ 반자틀 등의 구조물을 달아 매기 위해, 콘크리트 타설 전 미리 묻어 넣는 고정철물이다.

ⓒ 차후 달대 등을 걸칠 수 있는 갈고리, 나사, 볼트 등의 형식으로 되어 있다.
② 익스팬션 볼트 : 콘크리트 표면의 띠장, 문틀 등에 다른 부재를 고정하기 위해 묻어두는 특수 볼트로, 벽체 등에 박으면 끝이 벌어져서 구멍 내부에 고정이 된다.
③ 기타
㉠ 스크루 앵커 : 삽입된 연질금속 플러그에 나사못을 끼운 것
㉡ 드라이브 핀 : 타카 등을 사용하여 콘크리트나 강재 등에 박는 특수 못
㉢ 줄눈대 : 인조석 등의 바름에 신축균열방지 및 의장을 위해 구획하는 줄눈
㉣ 조이너 : 천장, 벽 등에 보드류를 붙이고 그 이음새를 감추고 누르는 데 쓰인다.
㉤ 논슬립 : 계단 디딤판의 미끄럼 방지 및 밟는 위치를 표시하기 위한 제품

(5) 창호철물

① 정첩·돌쩌귀·지도리
㉠ 정첩 : 문짝을 문틀에 달아 여닫는 축이 되는 철물
㉡ 자유정첩 : 정첩에 스프링을 장치하여 양쪽으로 열리도록 한 철물
㉢ 돌쩌귀 : 정첩 대신 촉으로 돌게 한 철물로, 암톨쩌귀는 문설주에 박고 수톨쩌귀는 문짝에 박는다.
㉣ 지도리 : 장부를 구멍에 끼워 돌게 한 철물로 회전문에 사용한다.
② 힌지
㉠ 플로어 힌지 : 힌지와 스프링 유압밸브 장치가 된 상자를 바닥에 넣고 돌쩌귀처럼 상부에 무거운 여닫이문을 달아 사용하는 철물
㉡ 피벗 힌지 : 창이나 문의 상하에 지도리를 달아 개폐하게 만든 돌쩌귀 정첩의 일종
㉢ 래버토리 힌지 : 접히며 열리는 일종의 스프링 힌지로 공중전화, 공중화장실 등의 문에 사용한다.
③ 도어 클로저·도어 스톱
㉠ 도어 클로저 : 도어 체크라고도 한다. 문짝 상부와 벽에 장치를 설치하여 자동으로 문을 닫히게 한다.
㉡ 도어 스톱 : 보통 도어 체크와 한 세트가 되어 사용하거나 단독으로 사용되어 문을 개방한 상태로 유지하기 위해 바닥에 고정시키는 고무 등의 소재가 끝에 달린 지지철물을 말한다.
④ 기타
㉠ 나이트 래치 : 밖에서는 열쇠로 열고 안에서는 손잡이를 틀어 여는 철물

ⓒ 크레센트 : 오르내리창을 걸어 잠그는 철물
ⓒ 레일 : 미서기·미닫이 문에 달린 바퀴가 굴러가도록 길을 만드는 철물

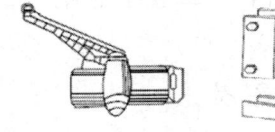 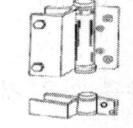  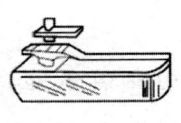 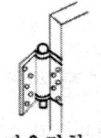 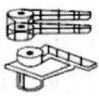

도어체크   레버토리 힌지   크레센트   플로어 힌지   자유정첩   피벗힌지

(6) 구조용 긴결 철물

① 리벳 : 철골구조 리벳접합에 쓰이는 긴결재(둥근머리 리벳이 가장 많이 쓰임)
② 볼트
    ㉠ 재질에 의한 분류
        ⓐ 흑 볼트 : 가조임, 인장력 받는 곳, 경미구조물에 이용
        ⓑ 중 볼트 : 내력용, 리벳 대용
        ⓒ 상 볼트 : 핀 등의 중요부분, 장식효과
    ㉡ 형상에 의한 분류 : 양나사 볼트, 외나사 볼트, 주걱 볼트
③ 듀벨 : 목재 이음 시 부재 사이에 끼워서 전단력에 대한 저항으로 사용
④ 기타 : 못, 꺾쇠, 띠쇠, ㄱ자쇠, T자쇠, 감잡이쇠, 안장쇠

# Chapter 08 유리

내구성이 좋아서 반영구적이며 불연 재료이고 광선의 투과율이 좋아서 건축채광 재료로 쓰이는 좋은 재료이지만 충격에 약하고 파편이 날카로워서 위험하며 단열, 차음 효과가 적다.

1. 유리의 성분과 원료

(1) 주성분

① 산성 성분 : 이산화규소(SiO_2), 붕산(H_3BO_3), 인산(P_2O_5)
② 염기성 성분 : 탄산나트륨, 산화칼륨, 석회, 중토, 산화납, 산화제이철 등
③ 기타 성분 : 착색제, 탈색제

(2) 원료

① 주원료
  ㉠ 산성 원료 : 이산화규소, 붕산, 붕사, 인산나트륨
  ㉡ 염기성 원료 : 황산나트륨, 탄산나트륨, 탄산칼륨, 석회석, 백운석 등
② 부원료
  ㉠ 용제(유리조각) : 융해점을 낮추기 위함
  ㉡ 산화제 : 질산나트륨, 질산칼륨
  ㉢ 환원제 : 산화칼슘, 산화마그네슘,
  ㉣ 소색제 : 이산화망간, 니켈, 코발트, 질산나트륨
  ㉤ 착색제 : 망간, 코발트, 니켈, 구리, 금

2. 유리의 제조법과 분류

(1) 제조법

주원료, 부원료, 폐품유리를 용융로에서 1400~1500℃로 녹인다.

(2) 성형

① 판인법 : 좁은 틈으로 흘러내리게 하여 얇은 막이 되게 하고 냉각탑에서 식히는 방법으로 6mm 이하 얇은 유리 제조 시 사용

② 롤러법 : 6mm 이상의 두꺼운 판유리, 요철이 있는 무늬유리 제조

(3) 성분에 의한 분류

종류	특성	용도
소다 석회유리	• 용융점이 낮고 풍화의 우려가 있다. • 비교적 팽창률이 크고 강도가 크다. • 산에는 강하나 알칼리에는 약하다.	일반 건축 창유리 음료수병 제품
칼리 석회유리	• 용융점이 높고 내약품성이 크다. • 투명도가 크다.	고급장식품, 식기 공예품, 이화학용 기기
칼리 납 유리	• 용융점이 가장 낮고 가공이 쉽다. • 산, 열에 약하다. • 광선의 굴절률과 분산율이 크다.	고급기기, 광학용 렌즈 인조보석, 진공관
붕규산 유리	• 용융점이 가장 높고 전기절연성이 크다. • 내산성이 크고 팽창성이 작다.	내열기구 및 식기, 글라스울 원료
석영 유리	• 내열성, 내식성이 크고 자외선 투과성이 크다.	전등, 살균 제품
물 유리	• 소다석회유리에서 석회를 제거하여 물에 녹게 한 것	방화 및 내산도료

(4) 유리의 성질

① 비중 : 비중의 범위는 2.2~6.3이고 보통 판유리는 2.5 정도이며 납, 아연, 산화알루미늄 등 금속산화물이 포함되어 있으면 비중은 증가한다.

② 경도 : 모스 경도 기준으로 5.5~6.5

③ 강도 : 유리의 강도는 휨강도를 말하며 500~750kg/cm^2

④ 연화점 : 보통유리는 740℃ 내외, 칼리유리는 1000℃ 내외

3. 유리제품

(1) 판유리

판인법으로 제조된다. 박판유리, 후판유리, 가공판 유리
① 서리유리 : 유리면에 플루오르화수소, 플루오르화암모늄 혼합액을 칠하여 부식시켜서 빛을 확산시키고 투과성을 나쁘게 하여 프라이버시용으로 쓰인다.
② 무늬유리 : 무늬가 새겨진 롤러 사이를 통과시켜 판유리를 제조
③ 표면 연마유리 : 판유리를 규사 등으로 연마 후 산화제이철로 닦아낸다. 고급 창유리, 거울용 유리

(2) 특수 판유리

① 강화유리
　㉠ 유리를 500~600℃에서 가열 후 특수 장치를 이용, 균등하게 급랭시킨 유리
　㉡ 강도는 보통 유리보다 3~5배 크고 충격강도는 7배나 된다.
　㉢ 파손 시 가루처럼 산란하여 파편에 의한 위험이 적다.
　㉣ 자동차 유리 등에 사용되며 열처리 후에는 가공 및 절단이 불가능하다.
② 망입유리
　㉠ 용융유리 사이에 금속그물을 넣어 롤러로 압연하여 만든 판유리
　㉡ 도난 및 화재방지로 사용. 놋쇠, 아연, 구리선 등의 금속선을 사용한다.
③ 복층유리
　㉠ 2~3장의 판유리를 간격을 두고 겹친 후 사이를 진공으로 하거나 특수한 공기를 넣어서 제조한 것으로 페어글라스라고도 한다.
　㉡ 방음 및 단열, 결로방지용 유리로 쓰인다.
④ 스테인드글라스(착색유리)
　㉠ 색유리를 쓰거나 착색을 하여 무늬나 그림을 나타내는 판유리
　㉡ 교회 창유리 등
⑤ 마판유리
　㉠ 후판유리의 한 면 또는 양면을 가공하여 평활하게 만든 판유리
　㉡ 투과성이 좋다.

⑥ 기타 유리
  ㉠ 자외선 투과유리 : 자외선 차단 성분인 산화제이철 함유량을 줄인 유리로 병원 일광실 등에 쓰인다.
  ㉡ 자외선 흡수유리 : 산화제이철을 10% 이상 함유시키고 크롬, 망간 등의 금속 산화물을 포함시킨 유리로 상점의 진열창 및 용접공의 보안경 등에 쓰인다.
  ㉢ 열선 흡수유리 : 철, 니켈, 크롬 등을 첨가하여 제조하는 단열용 유리 제품이다.
  ㉣ X선 차단유리 : 산화납을 6% 내외 포함한 유리제품이다.

(3) 유리의 2차 제품

① 유리블록
  ㉠ 속빈 상자모양의 유리 2장을 맞대어 붙이고 저압 공기를 넣은 것이다.
  ㉡ 불투명하여 실내가 보이지 않으면서 채광을 하며 환기는 불가능하다.
  ㉢ 칸막이벽, 방음 및 단열, 장식용 벽체 등으로 사용된다.
② 프리즘 타일 : 입사광선의 방향을 바꾸거나 확산 혹은 집중시키는 기능(지하실, 옥상 채광용 유리)
③ 폼 글라스
  ㉠ 다포질의 흑갈색 유리판
  ㉡ 광선 투과가 안 되며 방음, 보온성이 좋은 경량 유리
④ 유리 섬유
  ㉠ 용융된 유리를 작은 구멍을 통과시켜 섬유로 제조
  ㉡ 환기장치 먼지 흡수용, 화학공장 산 여과용

미장재료

1. 일반사항

(1) 특징 및 분류

① 미장재료의 정의와 특징
  ㉠ 건축물의 내·외벽, 바닥, 천장 등에 장식, 보온, 보호 등을 목적으로 일정 두께로 흙손, 스프레이 등을 이용하여 바르는 점성재료를 말한다.
  ㉡ 넓은 표면을 이음매 없이 마무리할 수 있으나 숙련공의 기능이 요구되며 습식 공사로 공기가 길어진다.

② 미장재료의 구성
  ㉠ 결합재 : 물질 자체가 물리적 또는 화학적으로 고화하여 미장바름의 주체가 되는 재료. 시멘트, 석회, 석고, 돌로마이트석회, 점토 등이 있다.
  ㉡ 골재 : 결합재가 가진 수축·균열과 같은 결점이나 점성 및 보수성 부족을 보완하고 경화시간 조절 및 치장을 목적으로 쓰이는 재료이다. 모래, 종석, 돌가루 등이 있다.
  ㉢ 보강재 : 바름재료의 성질을 개선하기 위해 사용하는 재료. 여물, 풀, 수염 등이 있다.
  ㉣ 혼화재료 : 작업성 증대, 착색, 방수, 내화, 단열, 차음, 방재, 음향 등의 효과를 얻기 위해서 사용하거나 응결시간을 단축 혹은 연장시키기 위해 사용하는 재료를 뜻한다.

③ 응결 방식에 따른 미장재료의 분류

경화방식		분 류
수경성	시멘트계	시멘트 모르타르, 인조석 바름, 테라초 현장바름
	석고계 플라스터	혼합석고 플라스터, 크림용 석고 플라스터 보드용 석고 플라스터, 킨스 시멘트
기경성	석회계열	회반죽, 회사벽, 돌로마이트 플라스터
	진흙, 새벽흙, 섬유벽	
기타		합성수지 플라스터, 아스팔트 모르타르, 마그네시아 시멘트

2. 미장재료의 종류

(1) 회반죽 및 회사벽

① 회반죽
  ㉠ 원료
    ⓐ 소석회, 해초풀, 여물, 모래 등을 혼합하여 바르는 미장재료이다.
    ⓑ 균열 방지를 위해 사용되는 여물은 짚여물, 삼여물, 종이여물, 털여물 등이 쓰인다.
    ⓒ 풀은 점성을 높이기 위해 사용한다.
  ㉡ 특성 및 용도
    ⓐ 경도가 낮고 내수성이 약해서 실내 위주로 사용되며 경화시간이 오래 걸린다.
    ⓑ 외관이 부드럽고 시공정도에 따라 균열 및 박락의 우려가 적으며 저렴한 편이다.
    ⓒ 주로 목조 바탕, 벽돌 바탕 등에 쓰인다.

② 회사벽
  ㉠ 석회죽에 모래를 넣어 반죽한 것으로 시멘트 또는 여물을 섞기도 한다.
  ㉡ 석회죽과 모래, 황토, 회백토를 섞어 쓴 것을 회삼물이라고도 한다.
  ㉢ 재래식 흙벽의 정벌바름에 쓰이며 회삼물은 내부 벽돌벽면, 회반죽바름의 고름질 등에 쓰인다.

(2) 돌로마이트 플라스터

① 원료
  ㉠ 돌로마이트 석회에 모래 및 여물을 혼합하여 만들며 경우에 따라 시멘트도 섞는다.
  ㉡ 건조, 경화 시 수축률이 매우 커서 균열 방지를 위해 여물이나 무수축성 석고 플라스터를 섞는다.
  ㉢ 점성이 높아서 풀을 사용하지 않는다.

② 특성
  ㉠ 강도 및 마감의 표면경도가 회반죽에 비해 크다.
  ㉡ 풀을 쓰지 않아 변색, 냄새, 곰팡이 등이 없다.
  ㉢ 수증기나 물에 약해서 주로 실내 바름벽에서 사용한다.

(3) 석고 플라스터

① 제법 : 생석고를 100℃ 이상 가열하여 소석고를 만들거나 230℃ 이상 가열하여 무수석고를 만들어 주원료로 하고 골재, 보강재, 혼화재를 혼합하여 반죽한 수경성 미장재료이다.

② 성질
  ㉠ 다른 미장재료에 비해 응고가 빠르고 점성 및 내수성이 크다.
  ㉡ 경도가 높고 수축 및 균열이 적다.

③ 종류
  ㉠ 혼합석고 플라스터
    ⓐ 소석고, 소석회, 완경제를 혼합한 혼합석고에 대리석 등을 공장에서 미리 혼합하여 제조된 것이다.
    ⓑ 현장에서 물만 섞어 바로 사용할 수 있어서 기배합 석고 플라스터라고도 한다.
    ⓒ 석고의 팽창성과 석회의 수축성을 상호 보완한 것이다.
    ⓓ 석고 플라스터 중 가장 많이 사용하는 제품이다.
  ㉡ 경석고 플라스터
    ⓐ 소석고를 300℃ 이상으로 가열하여 얻은 무수의 경석고를 주원료로 한다.
    ⓑ 물로 경화되지 않아서 명반, 붕사, 규사 등을 혼합하여 경화시킨다.
    ⓒ 은은한 붉은빛을 띠는 흰색의 마감 광택을 가지며, 경화속도는 느리지만 경도가 매우 높다.
    ⓓ 표면이 산성을 띠므로 작업 시 스테인리스 스틸 흙손을 사용하고 방청처리가 된 금속재료만 접촉시킨다.
    ⓔ 벽 및 바닥 바름에도 쓰이며 킨스 시멘트라고도 부른다.
  ㉢ 순석고 플라스터
    ⓐ 소석고와 석회죽을 혼합하여 만들며 석회죽이 응결 지연 및 작업성 증진 역할을 한다.
    ⓑ 현장에서의 석회죽 제작이 어려워서 많이 사용되지 않는다.
    ⓒ 크림용 석고 플라스터라고도 부른다.
  ㉣ 보드용 석고 플라스터
    ⓐ 소석고의 함유량을 많게 하여 부착강도를 크게 한 제품이다.
    ⓑ 주로 석고보드 붙임용이나 콘크리트 바탕의 초벌 바름 재료로 많이 사용된다.

(4) 셀프 레벨링제

① 개요 : 자체 유동성이 있어서 평탄하게 되는 성질을 이용하여 바닥마름질 공사 등에 사용하는 재료이다.

② 종류
- ㉠ 석고계 셀프 레벨링재 : 석고에 모래, 경화 지연제, 유동화제 등을 혼합한 것으로, 물이 닿지 않는 실내에서만 사용한다.
- ㉡ 시멘트계 셀프 레벨링재 : 포틀랜드 시멘트에 모래, 분산제, 유동화제 등을 혼합한 것으로, 필요에 따라 팽창성 혼화재료를 사용한다.

③ 시공 시 주의사항
- ㉠ 경화 시 표면에 물결무늬가 생기지 않도록 창문 등을 밀폐하여 통풍과 기류를 차단한다.
- ㉡ 시공 중이나 시공 완료 후 기온이 5℃ 이하가 되지 않도록 한다.

(5) 시멘트 모르타르

① 보통 모르타르
- ㉠ 보통 시멘트 모르타르
  - ⓐ 시멘트에 모래를 골재로 하여 혼합한 가장 일반적인 모르타르이다.
  - ⓑ 실내·외 마감 외에 조적조 교착제로 사용된다.
  - ⓒ 배합비는 시멘트 : 모래 = 1 : 3이 가장 일반적이며 용도에 따라 조금씩 달라진다.
- ㉡ 백시멘트 모르타르
  - ⓐ 백색 포틀랜드 시멘트에 색소, 돌가루, 모래를 섞어 만든다.
  - ⓑ 주로 치장용으로 쓰이며 타일 및 대리석 붙임의 치장줄눈으로도 사용한다.
  - ⓒ 배합비는 시멘트 : 모래 = 1 : 2가 가장 일반적이다.

② 특수 모르타르

바라이트 모르타르	• 바라이트 분말을 섞어 만든다. 방사선 차단용
질석 모르타르	• 시멘트에 질석을 혼합한 모르타르. 단열 및 보온용
합성수지 모르타르	• 시멘트와 모래에 각종 합성수지를 혼합하여 만든다. 특수 치장용
액체방수 모르타르	• 시멘트에 방수제(염화칼슘, 물유리)를 혼합하여 만든다. • 지정 비율에 따라 배합하여 간단한 방수공사에 사용한다.

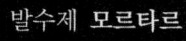 발수제 모르타르	• 시멘트에 발수제(지방산 비누, 아스팔트계)를 혼합하여 만든다. 간이 방수용

(6) 기타 미장재료

① 합성 고분자 바름
  ㉠ 합성고분자계 재료에 촉진제, 경화제, 골재 등을 배합한 미장재료이다.
  ㉡ 에폭시, 폴리우레탄, 폴리에스테르 3종류가 가장 많이 쓰인다.
  ㉢ 방진·방수성, 탄력성, 내수성, 내약품성 등이 필요한 장소의 바닥재로 사용된다.
② 리신바름 : 돌로마이트에 화강암 부스러기, 색모래, 안료 등을 섞어 바른 후 굳기 전에 거친 솔, 얼레빗 등으로 표면을 긁어 거칠게 마무리한 인조석 바름의 일종이다.
③ 러프코트 : 시멘트, 모래, 자갈, 안료 등을 섞고 이긴 것을 바탕바름이 마르기 전에 뿌려 붙이거나 바르는 것으로 인조석 바름의 일종으로 거친바름이라고도 한다.

Chapter 10 합성수지

1. 합성수지의 성질 및 종류

(1) 일반사항

합성수지는 석유, 석탄, 섬유소, 녹말, 고무 등의 원료를 인공적으로 합성시켜 만든 고분자 물질을 말하며 일반적으로 플라스틱이라고도 한다.

(2) 장·단점

① 장점
  ㉠ 비중이 작고 경량이면서 강도가 큰 편이다.
  ㉡ 내화학성 및 전기절연성이 우수한 재료가 많다.
  ㉢ 흡수 및 투수성이 적다.
  ㉣ 착색이 가능하고 광택이 좋은 재료이다.
  ㉤ 가공성이 크고 접착성이 좋다.

② 단점
  ㉠ 경도가 낮아서 잘 긁히며, 햇빛에 의해 변색이 쉽다.
  ㉡ 내열성이 작아서 비교적 저온에서 연화, 연질되며 연소 시 유독가스가 발생한다.
  ㉢ 온도 및 습도에 의한 변형이 크고 내후성이 부족하여 풍화의 우려가 있다.

(3) 열경화성 수지

가열 후 굳어져서 다시 가열해도 연화되거나 녹지 않는다.

① 페놀수지
  ㉠ 전기절연성과 내후성이 양호하고 매우 견고하다.
  ㉡ 수지 자체는 취약하여 성형품 등에는 충진제를 첨가한다.
  ㉢ 전기통신기재, 합판 접착제로 사용. 베이클라이트라고도 칭한다.

② 요소수지
  ㉠ 무색의 수지여서 착색이 자유롭다.
  ㉡ 약산 및 약알칼리에 견디며 벤젠, 알코올 등의 유류에는 거의 침해받지 않는다.

ⓒ 완구, 식기 등의 일용잡화로 사용된다.
③ 멜라민수지
　㉠ 요소수지와 성질이 유사하면서 더 향상된 수지
　㉡ 내열성과 기계적, 전기적 성질 등이 우수하다.
　㉢ 벽판, 천장판, 조리대, 냉장고 등 고가품에 사용된다.
④ 폴리에스테르수지
　㉠ 포화 폴리에스테르
　　ⓐ 내후성, 밀착성, 가요성이 우수하며 변성하는 유지, 수지에 따라 성질이 다르다.
　　ⓑ 래커, 바니시, 페인트 등의 원료로 사용된다.
　㉡ 불포화 폴리에스테르
　　ⓐ 유리섬유로 보강한 섬유강화플라스틱(FRP)의 원료가 된다.
　　ⓑ 기계적 강도가 우수하고 아케이드 천장, 루버, 칸막이 등에 사용된다.

포화 폴리에스테르는 제조법에 따라 열가소성이 될 수도 있다.

⑤ 실리콘수지
　㉠ 내열성과 내한성이 모두 우수하며 발수성과 방수력이 우수하다.
　㉡ 안정하고 탄성이 좋으며 내화학성이 크다.
　㉢ 접착제, 개스킷, 패킹, 윤활유 및 접착제 등으로 사용된다.
⑥ 에폭시수지
　㉠ 접착성이 매우 우수하여 금속, 유리, 고무의 접착제로 사용한다.
　㉡ 경화 시 용적의 감소가 극히 적으며 산과 알칼리에 강하다.
　㉢ 내약품성과 내용재성이 뛰어나다.

(4) 열가소성 수지

가열에 연화되어 변형되지만 냉각시키면 다시 굳어진다.
① 염화비닐수지
　㉠ 내산, 내알칼리성 및 내후성이 크다.
　㉡ 내수성이 적고 영하 10℃의 저온에서 우연성이 저하된다.
　㉢ 경질성이지만 가소제의 혼합으로 유연한 고무형태 제품을 제조한다.

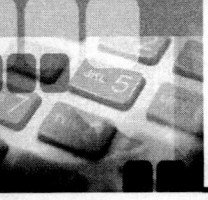

　　ⓔ 필름, 시트, 지붕재, 벽재, 블라인드, 도료, 접착제 등의 건축재료로 사용한다.
② 폴리에틸렌수지
　　㉠ 유백색의 불투명한 수지이며 저온에서 유연성이 크다.
　　㉡ 내충격성은 일반 플라스틱의 5배
　　㉢ 내화학성, 전기절연성, 내수성이 우수한 수지이다.
　　㉣ 방수 및 방습시트, 전선피복, 일용잡화, 도료 및 접착제로 사용한다.
③ 폴리프로필렌수지
　　㉠ 비중이 0.9로 가장 가벼우며 기계적인 강도가 뛰어나다.
　　㉡ 내화학성과 내약품성, 전기절연성 및 가공성이 우수하다.
　　㉢ 섬유제품, 의료기구 등으로 사용한다.
④ ABS 수지
　　㉠ 충격성, 경도, 치수안정성이 우수한 수지
　　㉡ 파이프 및 판재, 전기부품 등으로 사용한다.
⑤ 아크릴수지
　　㉠ 유기유리라고도 하며 광선 및 자외선의 투과성이 좋다.
　　㉡ 내후성 및 내약품성이 크지만 마모가 쉽고 고가이다.
　　㉢ 스크린, 칸막이판, 창유리, 문짝, 조명기구 등으로 사용한다.

(5) 합성수지 제품

① 판상 제품
　　㉠ 폴리에스테르 강화판 : 유리섬유를 폴리에스테르 수지에 혼합하여 가압 성형한 판으로 내구성이 좋고 알칼리 이외의 화학약품에 저항성이 있어 수장재 및 설비재로 사용한다.
　　㉡ 멜라민 치장판 : 페놀수지를 침투시킨 원지에 색지나 무늬판을 붙이고 멜라민을 침투시킨 종이를 씌워 가압 성형한 판이다. 경도가 크고 내후성 및 절연성이 좋다. 내열 및 내수성이 다소 부족해 외장재로는 부적당하며 주로 내장재 및 가구재로 쓰인다. 광택이 좋고 색이 다양하다.
　　㉢ 아크릴 평판 : 아크릴을 열압 성형한 판으로 무색투명판과 착색 반투명판이 있다. 투과율은 90% 내외이며 유리보다 가볍고 잘 깨지지 않아서 유리 대용 채광판 등으로 사용된다.
　　㉣ 페놀수지 치장판 : 합판 표면에 페놀수지를 침투시킨 종이를 한 층 붙이고 가열·

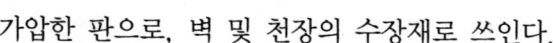

　　　가압한 판으로, 벽 및 천장의 수장재로 쓰인다.
② 바닥용 제품
　㉠ 염화비닐타일
　　ⓐ 값이 저렴하며 착색이 자유롭고 색이 선명하다.
　　ⓑ 약간의 탄력성이 있고 내마모성, 내약품성이 양호하다.
　㉡ 비닐타일
　　ⓐ 아스팔트, 합성수지, 광물분말, 안료 등을 혼합·가열하여 시트형으로 만들어 30cm각으로 절단한 제품이다.
　　ⓑ 촉감과 탄력이 좋고 내화학성이 있으며 마멸성이 작아서 자국이 나도 곧 회복된다.
　　ⓒ 모노륨, 골드륨 등의 제품이 있으며 목조마루, 콘크리트 바닥, 온돌 장판으로 사용한다.
　㉢ 아스팔트 타일
　　ⓐ 아스팔트와 쿠마론인덴수지를 주체로 하며 목분과 기타 충전제를 안료와 함께 혼합하여 착색·열압한 것이다.
　　ⓑ 촉감과 탄력이 좋고 내화학성이 우수하지만 내열성 및 내유성은 다소 낮다.
　㉣ 리놀륨
　　ⓐ 리녹신에 수지, 고무, 코르크분말, 안료 등을 섞어 압축 성형한 제품이다.
　　ⓑ 촉감이 좋고 부드러우며 내열성 및 탄력성이 있어 바닥재로 사용한다.

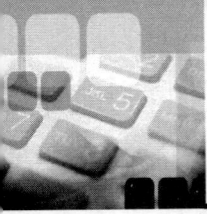

 Chapter 11 도장재료

1. 도장재료의 분류 및 종류

도장재료는 유동상태로 재료의 표면에 얇게 부착되어 시간이 흐름에 따라 표면에 부착한 채로 고화하여 소기의 성능(표면보호, 외관 및 형상의 변화)을 갖는 막으로 형성되는 재료를 말한다.

(1) 도장재료의 사용 목적

① 건물의 표면을 보호하여 내구성을 증대시킨다.
② 아름다운 색채 및 광택을 주며 광선의 반사를 조절한다.
③ 색채를 조절하여 작업 능률을 높이고 피로를 감소시킨다.

(2) 도료의 분류 및 원료

① 분류

구 분		정 의	종 류
성분별 분류	페인트	바니시류에 안료를 첨가한 것 (불투명 피막 형성 도료)	유성페인트, 수성페인트
	바니시	안료가 첨가되지 않은 것	유성바니시, 에나멜페인트, 휘발성 바니시
	합성수지 도료	안료와 합성수지 시너를 주원료로 한 것	용제형, 에멀션형, 무용제형
	칠		생칠 및 정칠
건조과정 분류	자연건조	도장만으로 상온에서 경화	바니시, 래커, 에멀션도료, 비닐수지
	가열건조	도장 후 가열하여 경화	아미노알키드수지, 에폭시수지, 페놀수지
용도별 분류			목재, 금속, 콘크리트용 방청용, 내산용, 전기절연용 등
도장방법별 분류			솔칠용, 뿜칠용, 정전도장용, 에어리스 도장용 등

② 원료
　㉠ 유지(기름) : 도료를 칠하여 대기에 방치하면 산소와 결합하여 탄성이 있는 도막의 일부가 된다.
　　ⓐ 건성유 : 대기 중에서 건조하는 기름. 아마인유, 대마유, 동유 등이 있다.
　　ⓑ 반건성유 : 대기 중에서 완전히 건조되지 않는 기름. 어유, 대두유, 지방유 등이 있다.
　　ⓒ 보일드유 : 탄력 있고 단단한 도막을 만들지만 건조가 오래 걸리는 건성유에 건조제를 혼합한 것이다.
　　ⓓ 스탠드유 : 아마인유에 공기를 차단시켜 장시간 가열한 것이다.
　㉡ 수지 : 나무의 진인 천연수지 혹은 합성수지로 바니시, 에나멜의 주원료가 되며 녹이면 투명한 점성 액체로 되고 건조에 의해 굳은 막을 형성한다.
　　ⓐ 천연수지 : 셸락(shellac), 로진(rosin), 앰버(amber)
　　ⓑ 합성수지 : 알키드 수지, 페놀 수지, 폴리우레탄 수지, 에폭시 수지, 아크릴 수지 등
　㉢ 안료 : 도료에 색채를 주고 도막의 기계적 성질을 보강하는 역할을 한다.
　　ⓐ 무기 안료 : 아연화, 연백(이상 흰색), 카본 블랙, 흑연(이상 검정), 아연황, 황토, 황연(이상 노랑), 연단, 산화철(이상 빨강·갈색), 코발트청, 감청(이상 파랑), 크롬녹(녹색)
　　ⓑ 유기 안료 : 징크 옐로(노랑), 백막, 호분(이상 흰색), 활석, 규석(이상 황갈색) 등
　㉣ 용제 : 용액을 만들때 녹이는 역할을 하는 것으로 도료의 유동성과 증발속도를 조절하기 위해 사용한다. 알코올, 케톤, 에스테르, 탄산수소 등이 있다.
　㉤ 희석재 : 도료의 점도를 낮춰 솔질이 잘 되게 하고 칠 바탕에 침투하여 교착이 잘 되게 하며, 휘발성을 높여 피막만 남게 하는 재료를 말한다. 테레빈유, 벤젠, 휘발유 등이 쓰인다.
　㉥ 건조제 : 도료의 건조를 촉진하며 금속산화물(코발트, 납 등)과 붕산염, 초산염이 쓰인다.

(3) 페인트

① 유성 페인트
　㉠ 보일드유(건성유+건조제)에 안료를 혼합시킨 도료로서 건성유를 가열처리하여 점도, 건조성, 색채 등을 개량한 것이다.

　　　ⓒ 저렴하고 두꺼운 도막을 형성할 수 있으나 건조가 늦고 도막의 성질(내후성, 변색성, 내약품성 등)이 나빠 새로운 합성수지 도료로 대치되는 경향이 있다.

　　　ⓔ 목재, 석고판류, 철재 등에 널리 사용된다.(알칼리성 바탕에는 부적합)

　② 수성 페인트

　　　㉠ 안료를 물에 용해하고 수용성 교착제와 혼합한 분말상태의 도료를 총칭한 것

　　　ⓒ 취급이 간단하며 작업성이 좋고 내알칼리성이 좋으며 무광택이다.

　　　ⓔ 시멘트모르타르 및 회반죽 등에 적합하다.

　③ 합성수지 페인트

　　　㉠ 합성수지에 안료와 휘발성 용제를 혼합하여 만든다.

　　　ⓒ 유성 페인트나 바니시에 비해 건조가 빠르고 도막이 단단하며 내수성 및 방화성이 뛰어나고 내산성 및 내알칼리성이 좋다.

　④ 에나멜 페인트

　　　㉠ 유성 바니시에 안료를 혼합한 유색 불투명 도료로서 유성 페인트와 유성 바니시의 중간 제품이다.

　　　ⓒ 건조가 늦고 광택이 있으며 내수성, 내열성, 내유성, 내약품성이 우수하고 내후성이 좋고 경도성이 크다.

(4) 바니시

　① 유성 바니시

　　　㉠ 유용성 수지를 건성유에 가열, 용해하여 휘발성 용제를 희석한 것이다.

　　　ⓒ 무색 또는 담색의 투명도료로서 목재부 등에 사용되어 아름다운 무늬결을 나타낸다.

　② 휘발성 바니시

　　　㉠ 래커(Lacquer)

　　　　ⓐ 질화면+용제(아세톤, 부탄올)+수지+휘발성 용제+안료

　　　　ⓑ 도막이 견고하고 광택이 좋으며 내구성이 큰 고급도료이다.

　　　　ⓒ 도막이 얇으며 부착력이 다소 약하다.

ⓓ 종류

클리어 래커 (안료를 첨가하지 않음)	• 주로 목재면의 투명도장에 쓰임 • 오일바니시에 비해 도막은 얇으나 견고하고 광택이 좋다. • 내수성, 내후성은 약간 떨어지고 내부용으로 쓰임
에나멜 래커 (클리어래커+안료)	• 유성 에나멜 페인트에 비해 도막은 얇으나 견고하다. • 기계적 성질도 우수하며 닦으면 윤이 나고 불투명 도료이다.
하이솔리드 래커	• 니트로셀룰로오스 수지와 가소제의 함유량을 보통 래커보다 많게 한 래커. 도막이 두터워 능률을 높이고 경제적이다. • 탄력이 있는 도막을 만들어 내후성도 좋지만 경화와 건조는 다소 늦다.

ⓛ 래크(Lack)
  ⓐ 휘발성 용제에 천연수지류를 녹인 것
  ⓑ 건조가 빠르고 피막은 유성 바니시보다 약하다.
  ⓒ 내장재나 가구재에 사용한다.

(5) 천연도료

① 옻
  ㉠ 생옻 : 옻나무 껍질에 상처를 내거나 가지를 잘라서 흘러나오는 분비액
  ㉡ 정제옻 : 생옻을 삼베 등으로 걸러 나무껍질 등의 불순물을 제거하고 상온에서 잘 저어서 균질하게 만든 후 낮은 온도(40~50℃)에서 수분을 증발시킨 것
  ㉢ 옻은 온도와 습도가 적당히 있는 곳에서 잘 굳는다.(25~30℃, 80% 습도)
  ㉣ 경화된 옻은 화학적으로 안정하므로 내산, 내구, 기밀, 수밀성이 크다.
  ㉤ 내열성은 보통 페인트나 바니시에 비해서 우수하지만 공정이 복잡하다.
  ㉥ 작업환경에도 제약이 있으며 공기가 많이 소요된다.

② 감즙
  ㉠ 익지 않은 감에서 채취한 액체로서 주성분은 타닌이 5% 정도 포함되어 있다.
  ㉡ 건조피막이 물, 알코올에 녹지 않으며 목재, 종이, 실 등에 발라서 내수 및 방수성을 높일 수 있다.

 **도장 공법의 분류**

㉠ 솔칠(브러쉬) : 붓이나 솔을 사용하는 가장 보편적인 공법. 건조가 **빠른 래커** 등에는 부적합하다.
㉡ 롤러칠 : 천장이나 벽면처럼 손이 닿기 어렵거나 평활하고 넓은 면을 칠할 때 적용한다. 작업시간이 빠르다.
㉢ 문지름칠 : 솜이나 헝겊으로 광택이나 무늬를 내기 위해 사용한다.
㉣ 스프레이 칠
　ⓐ 에어 스프레이 : 도료를 압축공기로 분출시켜 안개형태로 된 도료와 공기의 혼합물을 분사하는 공법
　ⓑ 에어리스 스프레이 : 컴프레서의 공기를 수십 배로 높여 도장재료에 직접 압력을 가한 후 좁은 노즐 구멍을 통하여 토출시킴으로서 도료입자를 미립자로 만들어 분사시키는 시공법. 재료의 흩날림이 적고 두꺼운 도막을 얻을 수 있으며 넓은 면적은 물론, 모서리나 구석진 부분의 도장도 가능한 높은 작업능률을 가진다.

Chapter 12 방수재료

1. 아스팔트

(1) 개요 및 분류

① 개요
　㉠ 석유의 구성 성분 중 경질인 부분이 인위적 또는 자연적으로 증발하고 남은 흑색의 결합력을 가진 고형물질을 아스팔트라 한다.
　㉡ 천연 아스팔트와 석유 아스팔트로 나뉘며 건축에서는 석유 아스팔트가 주로 사용된다.

② 분류

천연 아스팔트	로크 아스팔트 (rock asphalt)	다공질 암석의 틈새에서 형성된 아스팔트로 방수, 내수, 포장 공사 등에 쓰인다.
	레이크 아스팔트 (lake asphalt)	지표면에 호수처럼 괴어 형성된 아스팔트로 중남미 지역에서 주로 생산된다.
	아스팔트 타이트 (asphaltite)	석유가 지층이나 암석의 틈에 침입한 후 지열 및 공기 등의 작용으로 탄력성이 크게 형성된 것으로 바닥재, 절연재, 방수재료의 원료로 쓰인다.
석유 아스팔트	스트레이트 아스팔트 (straight asphalt)	원유를 건류한 것 또는 증류한 잔유를 정제한 반액체 상태의 아스팔트로 신장·점착·방수성은 풍부하나 연화점이 낮고 내후성 및 온도에 의한 변화가 큰 편이다.
	블로운 아스팔트 (blown asphalt)	원유의 잔류성분을 굳힌 고체 성분으로 온도에 의한 변화가 작고 연화점이 높아서 방수공사에 널리 사용된다. 아스팔트 컴파운드 및 프라이머의 원료로도 사용한다.

(2) 아스팔트 제품

① 아스팔트 컴파운드 · 아스팔트 프라이머
　㉠ 아스팔트 컴파운드 : 블로운 아스팔트에 광물질 미분, 동식물성 섬유를 혼입하여 내열성, 내한성, 점착성, 내후성 등을 개량한 것으로 방수재료 및 내산재료, 전기절

연재 등으로 사용된다.
ⓒ 아스팔트 프라이머
ⓐ 블로운 아스팔트를 솔벤트 나프타, 휘발유 등의 용제에 녹인 것으로 아스팔트 방수의 바탕처리재로 이용된다.
ⓑ 방수 바탕에 도포하면 표면에 침투하여 강력한 아스팔트 피막을 형성하고 접착성을 향상시킨다.
② 아스팔트 펠트
㉠ 무명, 삼, 펠트 등의 섬유로 직포를 만들고 스트레이트 아스팔트를 침투시켜 압착 제조한 롤 제품이다.
ⓒ 넓은 면적을 쉽게 덮을 수 있어서 아스팔트 방수의 중간층 재료로 쓰이며 기와지붕 밑에 깔거나 루핑과 병용한다.
③ 알루미늄 루핑
㉠ 아스팔트 펠트의 양면에 아스팔트 컴파운드를 피복한 다음 그 위에 활석, 운모 등의 미분말을 부착시킨 것이다.
ⓒ 흡수 및 투수성이 작고 유연하며 내후성, 내산성, 내열성이 좋다.
ⓒ 평지붕 방수층, 평판 및 금속판 등의 지붕깔기 바탕 등에 사용된다.
④ 알루미늄 싱글
㉠ 품질 개량된 아스팔트 루핑을 4각형, 6각형으로 절단하여 만든 지붕재이다.
ⓒ 아스팔트 사이에 강인한 글라스 매트나 다공성 원지를 심재로 넣고, 표면은 채색된 돌입자로 코팅한다.
ⓒ 다양한 색상의 소재 사용으로 미려한 외관을 창출하고 방수성과 내수성이 우수하며 변색이 잘 되지 않는다.
ⓔ 경량이고 접착 시공이 편한 반면, 가연성이므로 화재에 다소 취약하다.

2. 시트 방수재료

(1) 개요

합성 고무계·합성수지·아스팔트를 원료로 한 얇은 시트를 접착제 또는 토치로 모체에 방수층을 형성시키는 것을 시트 방수라 한다. 방수층이 튼튼하고 시공이 용이하며 신축성이 있어 안전한 방수층을 형성하므로 평지붕, 목욕탕, 지하실, 지하철 공사 등에서 많이 쓰인다. 방수층이 얇아 흠이 생기기 쉬우며 누수사고 시 원인 파악은 다소 어렵다.

(2) 종류

① 개량 아스팔트 시트
  ㉠ 1겹의 방수층으로 시공할 수 있도록 개량한 아스팔트 시트 재료를 말한다.
  ㉡ 용융 아스팔트가 아니므로 냄새, 화상 등의 우려가 없다.
  ㉢ 기존의 아스팔트에 고분자 폴리머를 첨가하여 내후성, 감온성, 바탕 균열 방지성 능이 대폭 개량되었다.

② 합성고분자계 시트
  ㉠ 가황고무계 시트 : 감온성이 작고 내피로성이 강한 시트 방수재. 에틸렌프로필렌 고무나 부틸고무 등의 합성고무를 주원료로 하고 유황성분을 첨가시킨 시트 재료이다.
  ㉡ 비가황고무계 시트 : 에틸렌프로필렌 고무나 부틸고무 등의 합성고무를 주원료로 하고 유황성분을 첨가시키지 않은 시트 재료로 상호간의 접착성이 우수한 것이 특징이다.
  ㉢ 합성수지계 시트 : 시트 상호의 용제 접착 및 열융착성이 우수하고 노출상태에서도 보행이 가능한 방수재료이다. 염화비닐계, 폴리에틸렌계, 클로로프렌 고무계 등이 있다.

3. 기타 방수재료

(1) 도막 방수재

① 우레탄계 도막재
  ㉠ 바탕의 건조상태가 완벽한 경우에 시공이 가능하다.
  ㉡ 2성분형과 1성분형이 있다.

1성분형(주제+경화제 혼합, 수분에 의한 경화)
2성분형(주제와 경화제를 분리, 두 가지 성분의 혼합에 의한 경화)

② 아크릴고무계 도막재
  ㉠ 아크릴레이트를 주원료로 한 아크릴고무 에멀션에 충전제, 안정제 및 착색제 등을 배합한 1성분형의 제품
  ㉡ 도막 형성을 위해서는 혼합되어 있는 수분의 증발이 필요하다.
  ㉢ 도막 형성 건조시간은 약 1~2일 소요된다.
③ 고무아스팔트계 도막재
  ㉠ 일반적으로 음이온계로 고무아스팔트 입자는 음전기를 띠고 있고 뿜칠기에 의한 압송성이 우수하다.
  ㉡ 응고제는 3~5% 농도의 염화칼슘 수용액이 쓰인다.
④ 무기, 유기 혼합형 도막재
  ㉠ 합성수지 등의 폴리머에 수경성 시멘트를 혼합하며 만든 방수재
  ㉡ 방수 바탕재의 습윤상태에 영향을 크게 받지 않고 바탕의 균열 발생 시 어느 정도 대응이 가능한 방수재이다.

(2) 기타 방수재료

① 시멘트액체 방수재
  ㉠ 시멘트모르타르를 혼합하여 만든 방수모르타르의 입자 사이에 유기질막을 형성하여 방수효과를 나타난다.
  ㉡ 시멘트액체 방수재의 종류에는 방수용액 도포, 방수시멘트 풀칠, 방수모르타르 바름이 있다.
② 무기질 침투성 방수재
  물과 혼합하여 만든 무기질계 액상의 방수재를 구체 바탕에 바르면 조직을 치밀하게 하며 수밀성이 향상되는 효과를 갖는다.
③ 에폭시 방수재료
  내약품성, 내마모성이 좋아서 화학공장의 방수층을 겸한 마무리재로 쓰인다. 다른 방수공법의 보조재로 쓰이기도 하며 바탕 콘크리트의 균열 보수, 접착성이 있어 시트방수의 접착제로 사용된다.

 **방수공법에 의한 분류**

① 멤브레인(mambrane) 방수 : 아스팔트 루핑, 시트 등의 각종 루핑류를 방수 바탕에 접착시켜 막모양의 방수층을 형성시키는 공법
② 시멘트 액체 방수 : 방수성이 높은 모르타르로 방수층을 만드는 공법
③ 침투성 방수 : 경화된 표면에 발수성이 있는 유·무기질계의 침투성 방수제를 침투시켜서 방수층을 형성하는 공법
④ 금속판 방수 : 동판, 납판 또는 스테인리스 등으로 방수층을 형성하는 공법
⑤ 실링(sealing) 방수 : 국부적인 방수재로서 건축물 각 부분의 접합부, 특히 스틸새시 주위, 균열부 보수 등에 사용된다.

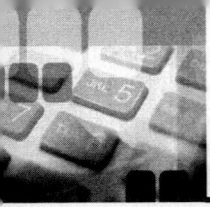

Chapter 13 기타 재료

1. 접착제

(1) 접착제의 분류

① 단백질계 접착제

㉠ 카세인
ⓐ 지방질을 빼낸 우유를 자연 산화시키거나 황산, 염산 등을 가하여 카세인을 분리한 다음, 물로 씻어 55℃ 정도의 온도로 건조한 것으로, 흰색을 띠며 지방이 함유된 것은 크림색으로 나타난다.
ⓑ 알코올, 물, 에테르에는 녹지 않고 알칼리에 잘 녹는다.
ⓒ 제조할 때 산, 젖산을 쓰면 양질이 되고, 황산은 응결 시간을 단축시킨다.
ⓓ 목재 및 리놀륨 접착제, 수성 페인트 원료 등으로 이용된다.

㉡ 아교
ⓐ 수피를 삶아서 그 용액을 말린 반투명, 황갈색의 딱딱한 물질
ⓑ 합성수지 접착제의 제품이 나오기 전에는 합판, 가구 등의 접착제로 쓰였다.

㉢ 알부민 접착제
혈액 알부민과 난백 알부민으로 나뉘며 아교에 비해 접착력과 내수성이 우수하다.

㉣ 콩교
ⓐ 식물성 알루민으로서 탈지 콩깻물을 분말화한 것이다.
ⓑ 기름성분이 적고 채유 시 가해진 열로 인해서 단백질이 분해, 변질되지 않는 것이 좋다.

㉤ 기타 : 밀 접착제, 녹말질계 접착제

② 고무계 접착제

㉠ 아라비아 고무
ⓐ 아카시아 줄기, 껍질에서 침출되는 액체를 건조한 것으로 엷은 황색의 덩어리 형태이거나 분말 모양으로 물에 녹아서 투명한 액체로 된다.
ⓑ 용액의 점도는 시일이 경과할수록 증대되며 알코올, 에테르 등에는 불용성이고,

습기에 대단히 약하다.
　ⓒ 천연고무
　　ⓐ 생고무를 벤젠, 석유 에테르, 벤졸 등과 같은 지방산 탄화수소에 녹인 것이다.
　　ⓑ 보통 10% 이하의 농도로 하여 가죽, 고무 등을 접착하는 데 쓰인다.

(2) 합성수지 접착제

① 요소수지 접착제
　㉠ 요소에 포르말린을 혼합하여 가열한 후 진공, 증류하여 얻어지는 유백색의 수지이다.
　㉡ 합성수지 접착제 중 가장 저렴하며 접착력이 우수하다.
　㉢ 상온에서 경화되어 합판, 집성목재, 파티클 보드, 가구 등에 사용된다.

② 페놀수지 접착제
　㉠ 페놀과 포르말린과의 반응에 의하여 얻어지는 다갈색의 액상, 분상, 필름상의 수지로 가장 오래 되었다.
　㉡ 내수성이 우수하여 1급 내수 합판 접착제로 사용한다.
　㉢ 접착력 및 내열성도 우수하여 목재, 금속, 플라스틱 제품의 접착 및 이종재(異種材) 간의 접착제로도 이용된다.

③ 멜라민수지 접착제
　㉠ 멜라민과 포르말린과의 반응에 의해 얻어지는 투명한 흰색의 액상 접착제로 고가이다.
　㉡ 요소수지와 공중합한 것은 완전 내수 합판의 제조에 쓰인다.
　㉢ 내수성이 크고 열에 대하여 안정성이 있으나 금속, 고무, 유리 접착에는 부적당하다.

④ 에폭시수지 접착제
　㉠ 합성수지 접착제 중 가장 우수하여 금속의 접착제에 적당하며 항공기재의 접착에도 쓰인다.

⑤ 푸란수지 접착제
　㉠ 접착층이 두꺼워도 다른 접착제와 달리 강도가 떨어지지 않는다.
　㉡ 내산성, 내알칼리성이 강하고 180℃까지의 고온에 견디므로 화학 공장의 벽돌타일 붙이기에 쓰이는 유일한 접착제이다.
　㉢ 멜라민이나 요소수지 접착제를 사용한 적층품의 접착에 쓰인다.

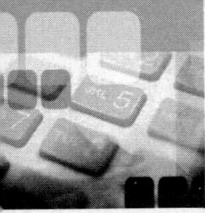

⑥ 규소수지 접착제
  ㉠ 내열성이 뛰어나서 200℃ 정도에서 장시간 노출되어도 접착력이 저하되지 않는다.
  ㉡ 피혁 이외의 접착에 적당하다.
⑦ 비닐수지 접착제
  ㉠ 용제형 : 초산비닐을 아세톤산이나 메탄올 등에 용해시킨 것으로 용도는 넓으나 0℃ 이하 또는 60℃ 이상의 범위에서는 접착강도가 저하된다. 내수성이 적은 편이다.
  ㉡ 에멀션형 : 용제를 포함하지 않아서 화재나 독성의 위험이 없다. 저렴하고 작업성이 좋아서 목재를 비롯, 광범위한 접착제로 사용한다. 내열성과 내수성은 낮아서 옥외의 사용에는 부적당하다.

(3) 아스팔트 접착제

아스팔트를 주체로 하여 용제, 광물질 분말을 첨가하여 풀 모양으로 한 접착제이다. 아스팔트 타일, 시트, 루핑, 싱글 등의 접착용으로 이용된다. 접착성이 좋고 습기가 투과되지 않으며 내화학성이 크고 고가이다.

2. 단열재료

(1) 일반사항

① 개요
  ㉠ 열의 이동을 억제하기 위해서 사용되는 재료를 총칭한다.
  ㉡ 단열재료의 대부분은 흡음도 가능하므로 흡음재로서 겸용하고 있다.
② 단열재의 조건
  ㉠ 열전도율과 흡수율이 낮아야 한다.
  ㉡ 내화성이 크고 기계적인 강도를 가져야 한다.
  ㉢ 화재 시 유독가스가 생기지 않아야 하며 재질이 균일하고 가격이 저렴해야 한다.

(2) 무기질 단열재료

① 유리섬유
  ㉠ 규사를 원료로 한 유리를 압축공기로 뿜어내어 섬유 상태로 만든 것이다.
  ㉡ 탄성이 적고 인장강도가 크며 경량으로 전기 절연성, 내화성, 흡음성, 내수성, 내식

성 등이 우수하다.
② 암면
석회, 규산을 주성분으로 하는 현무암, 안산암, 돌로마이트 등을 용융하여 원심력, 압축공기 또는 고압증기를 뿜어내어 섬유 상태로 만들며 보온성, 내화성, 흡음성, 단열성이 우수하다.
③ 석면
㉠ 사문석 등의 결정성 광물을 분말로 처리하여 솜처럼 제작한다.
㉡ 내화성·보온성·절연성이 우수하지만 습기에 취약하다.
㉢ 과거에 많이 쓰였으나, 현재는 발암물질로 지정되어 사용이 금지되었다.
④ 펄라이트판
㉠ 화산석으로 된 진주석을 900~1200℃에서 소성한 후 분쇄하여 제조한다.
㉡ 비중이 0.04~0.2이며 공극률은 90% 정도이다.
㉢ 가볍고 단열성이 크고 화학적으로 안정되어 있으며 내화성도 크다.
㉣ 흡수성이 커서 외부용으로 부적당하다.
⑤ 폼글라스
유리분말에 소량의 탄산칼슘 등의 발포질 물질을 혼합하여 850℃에서 가열 후에 발생하는 미세기포를 판형으로 제조하며 단열재, 보온재, 방음재로 쓰인다.
⑥ 기타 재료 : 질석, 광재면

(3) 유기질 단열재료

① 셀룰로오스 섬유판
천연 목질섬유를 원료로 하고 내구성, 발수성, 방수성 등을 부여하기 위해 약품으로 처리하여 제조한 것
② 스티로폼
폴리스티렌 수지에 발포제를 넣어 다공질의 기포를 형성하여 제조한 것
③ 폴리우레탄폼
현장 발포시공이 가능한 제품. 내화학성이 크다.
④ 코르크판
코르크 나무의 껍질을 주원료로 하고 톱밥, 마사 등을 혼합하여 가열, 가압, 성형, 접착하여 만든다.

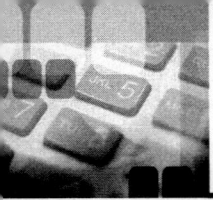

3. 실내건축재료

(1) 바닥재료

① 목재
- ㉠ 오랜 시간 동안 가장 많이 쓰인 재료. 비교적 부드럽고 친근한 느낌의 재료이다.
- ㉡ 목재바닥은 원목의 판재를 까는 방법과 집성재 위 무늬목을 붙인 마감재를 까는 방법이 있다.
- ㉢ 플로어링은 길이방향으로 붙여 직선효과를 주면서 공간을 넓게 보이게 한다.
- ㉣ 래커나 니스, 왁스 등을 칠해서 수명을 늘리고 관리하기 쉽게 할 수 있다.

② 석재, 벽돌 및 타일
- ㉠ 석재는 대리석, 화강암 등이 주로 쓰이며 고가이나 매끈하고 화려한 느낌을 준다.
- ㉡ 벽돌은 흡수성이 커서 현관, 테라스 등에 부분적으로 쓰인다.
- ㉢ 타일은 유지관리가 간편하고 청결한 느낌을 준다.

③ 합성수지재료
- ㉠ 보행 시 부드러운 느낌을 주고 소음도 적으며 시공이 간편하다.
- ㉡ 색채와 무늬가 다양하고 유지관리가 간편하다.
- ㉢ 종류와 모양이 다양하고 유지관리가 간편하나 내마모성은 다소 약하다.

④ 섬유재료
- ㉠ 천연섬유 혹은 합성섬유로 카펫을 제조하여 바닥재료로 사용한다.
- ㉡ 카펫은 전체깔기와 부분깔기 방식이 있다.

(2) 벽 마감재

① 벽지
- ㉠ 섬유벽지
  - ⓐ 벽지의 색채, 무늬, 촉감, 흡음성 등이 좋아서 고급 내장재로 사용한다.
  - ⓑ 비단과 같은 느낌을 주면서도 경제적인 인견벽지가 있다.
- ㉡ 종이벽지 : 비교적 저렴하고 많이 쓰인다. 종이에 무늬와 색채를 프린트한 벽지
- ㉢ 발포벽지
  - ⓐ 종이벽지 위에 플라스틱 기포를 뿜어서 만든 것

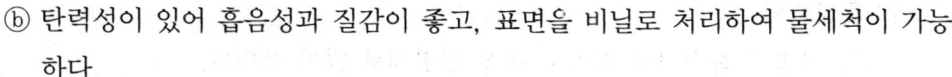

ⓑ 탄력성이 있어 흡음성과 질감이 좋고, 표면을 비닐로 처리하여 물세척이 가능하다.

ⓒ 기포의 크기에 따라 저발포, 중발포, 고발포로 나뉘며 기포가 클수록 좋고 고가이다.

ㄹ. 비닐벽지

방수성이 있어 부엌이나 욕실에 타일 대용으로 쓰이며 더러움이 쉽게 타는 어린이 방에 사용하면 청소가 쉽다.

ㅁ. 갈포벽지

ⓐ 종이벽지 위에 칡 섬유의 줄기를 붙여 만든 것

ⓑ 자연스러운 느낌을 주고 질감이 거칠며 흡음성이 좋아서 아늑한 느낌을 준다.

ⓒ 표면이 거칠어 먼지가 쉽게 앉으므로 관리에 불편하다.

② 콘크리트

㉠ 최근 노출콘크리트의 순수한 마감재 느낌을 살리는 디자인이 늘고 있다.

㉡ 거푸집 자국을 그대로 노출하는 건축 외장 형식을 제치장 혹은 노출콘크리트라 한다.

③ 도료

㉠ 페인트 등의 도장재료를 사용하여 벽의 마감을 한다.

㉡ 벽체의 미관, 방화, 방식, 보호 등을 목적으로 다양하게 이용된다.

(3) 천장 마감재

① 특징

㉠ 강도는 크게 요구되지 않으나 청결한 관리가 쉽고 흡음, 단열성이 좋은 재료를 사용해야 한다.

㉡ 내열성, 내습성이 좋아야 하며 반사율이 높아야 한다.

② 텍스

㉠ 부드러운 섬유질 재료를 압축하여 만든 것

㉡ 경량이고 공극이 많아서 방화성, 내수성, 내구성은 적으나 흡음성이 좋다.

㉢ 연질 섬유판은 흡음성을 크게 하기 위하여 구멍을 뚫는다.

③ 석고보드

㉠ 석고를 압축하여 만든 것으로 기공이 많아서 흡음성 재료로 쓰인다.

㉡ 표면이 거칠어서 먼지가 앉기 쉽다.

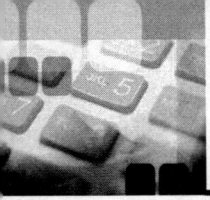

④ 플라스틱
  ㉠ 가볍고 흡수성이 없어서 욕실 천장재로 많이 쓰인다.
  ㉡ 반투명 아크릴판은 창호지와 같은 부드러운 빛을 투과시켜서 광천장 조명의 확산 재료로 쓰인다.

(4) 창호 마감재

① 목재
  ㉠ 원목은 고급스러운 분위기를 내지만 고가이다.
  ㉡ 원목보다 저렴한 합판을 많이 사용하며 도료를 칠해서 방수성을 보충해준다.
② 철재
  주로 현관문, 외부의 대문, 방화문 등에 많이 쓰인다.
③ 종이
  ㉠ 채광효과가 있고 문을 닫은 상태에서도 통기성이 있다.
  ㉡ 전통 창호의 나무 문살에 붙이는 창호지가 많이 쓰인다.
  ㉢ 방한, 방음성이 낮으므로 현대식 건축에서는 유리문이나 나무 덧문과 함께 이중문을 많이 사용한다.

제3장 건축계획

Chapter 01. 건축계획 총론
Chapter 02. 건축조형
Chapter 03. 건축환경
Chapter 04. 건축설비
Chapter 05. 건축공간계획
Chapter 06. 건축제도

건축계획

 **건축계획 일반**

1. 계획 및 설계

(1) 설계 프로세스

① 건축의 과정 : 기획 → 설계 → 시공
② 기획 : 건설의 목적과 방향을 정하여 설계와 시공 과정에 대한 계획을 수립
③ 계획 및 설계 : 설계자가 기획단계에서 결정된 것을 분석, 종합하여 구체적인 기본 형태를 정하고 시공에 필요한 도면을 완성하는 단계
④ 시공 : 설계된 도면에 의해 정확하게 건축물을 완성하는 단계

(2) 계획 및 설계

① 계획 : 대지조건, 요구조건, 분석 → 형태 및 규모 구상, 대안 제시
② 설계 : 형태 및 규모 구상, 대안 제시 → 세부결정, 도면 작성

기획	계획 및 설계			시공
	← 건축계획 →			
건설 의도 및 목적 건축주 요구사항	대지분석 요구사항 분석 조건분석	형태 및 규모결정 대안 제시	세부결정 도면작성	시공 및 감리
		← 건축설계 →		

③ 조건설정 및 자료수집
  ㉠ 계획 조건의 설정 : 건축물의 용도, 건축주 및 이용자의 요구사항, 규모 및 예산,

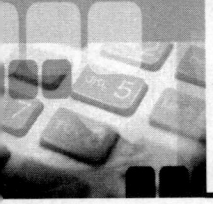

대지 조건, 공사 시기 및 기간 등
ⓒ 자료 수집 : 기존 자료 조사, 생활 행위 관찰, 설문 조사 등의 방법으로 자료를 수집한다.

(3) 세부계획
① 평면계획 : 건축물의 기능, 내부에서 일어나는 활동, 실의 규모 및 상호관계를 합리적으로 평면상에 배치하는 것이다. 평면계획은 입면, 단면 및 구조, 설비계획 건축물에 대한 모든 계획을 수립하는 기본이 된다.
② 입면계획 : 건축물의 표면은 마감재료에 의해 결정되며 외부의 인상이 되므로 명암, 색채, 질감 등의 전반적인 요소를 아름다우면서도 주변 환경과 조화롭게 디자인하는 것이 중요하다.
③ 구조계획 : 안전하고 내구적이며, 경제적인 구조체를 설계하는 단계로 구조적 형태와 역학적 관계 및 사용재료의 특성을 종합해서 건축설계에 반영하는 단계이다.
④ 설비계획 : 건물을 효율적으로 이용하고 편리함과 쾌적함을 향상시키기 위해 기계, 전기 통신, 급배수 등의 모든 물리, 환경적 요소를 기술적으로 처리하는 것이다. 현대 건축에서는 다양하고 복잡한 공간의 기능에 부합할 수 있는 설비의 중요성이 증대되고 있으며 건축 공사비 중에 설비비가 차지하는 비중도 점차 증가하고 있다.

(4) 공간계획
① 물리적 공간과 심리적 공간
  ㉠ 물리적 공간 : 인체 치수에 어울릴 수 있게 실내에 필요한 가구를 배치하고 기능을 수행하는 데 적절한 인간의 움직임을 수용할 수 있는 크기의 공간을 구성한다.
  ㉡ 심리적 공간 : 실을 사용하면서 심리적으로 편안함과 쾌적함을 느낄 수 있는 공간의 크기를 만족시키는 것도 중요하다.
② 외부공간과 내부공간
  ㉠ 외부공간 : 내부공간이 아닌 인간에 의해 의도적이고 인공적으로 만들어진 외부의 환경을 말하는 것으로 외부공간은 하나의 외부공간으로 그치는 것이 아닌 건축물이 많이 모여서 둘러싸여지는 공간을 말한다. 아파트 동 사이의 단지 내 정원, 놀이터 혹은 건물 내의 중정과 같은 공간을 말한다.
  ㉡ 내부공간 : 건축물의 벽을 경계로 해서 안쪽으로 둘러싸인 공간으로 건축 고유의 공간이며 기능, 구조 및 미적 측면에서 아주 중요하다.

2. 건축법

(1) 용어 및 개념

① 대지 : 지적법에 의하여 각 필지로 구획된 토지
② 건축물
    ㉠ 토지에 정착하는 공작물 중 지붕 및 기둥 혹은 벽이 있는 것(지붕은 필수)
    ㉡ 대문, 담장과 같이 위에 부수되는 시설물
    ㉢ 지하 혹은 고가의 공작물에 설치하는 사무소, 공연장, 점포, 차고 등
③ 도로와 건축선
    ㉠ 정의 : 보행 및 자동차 통행이 동시에 가능한 너비 4m 이상의 도로
    ㉡ 지형적 조건에 의해서 차량통행이 곤란하다고 인정하여 시장·군수·구청장이 그 위치를 지정·공고하는 구간에서는 너비를 3m로 적용한다.
    ㉢ 건축선 : 도로와 접한 부분에 있어서 건축물을 건축할 수 있는 선. 도로와의 경계선으로 한다.
    ㉣ 도로 폭이 4m 미만일 경우 건축선은 해당도로의 중심선으로부터 2m씩 떨어진 곳이 된다.

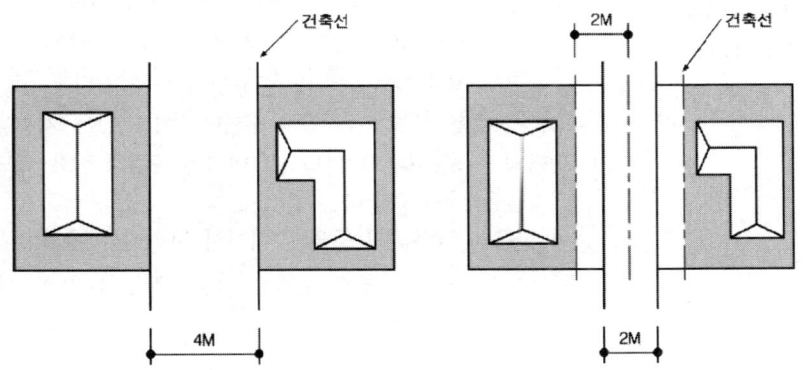

④ 지하층의 정의 : 바닥이 지표면 아래에 있는 층으로서 해당 층의 바닥에서 지표면까지의 높이가 해당 층의 1/2 이상인 층
⑤ 건축법상의 거실
    ㉠ 건축물 안에서 거주, 집무, 작업, 집회, 오락, 그 밖에 이와 유사한 목적을 위하여

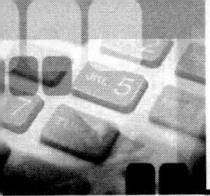

사용되는 방을 말한다.
ⓒ 복도, 통로, 화장실 등은 거실에 포함되지 않는다.

⑥ 주요 구조부
㉠ 건축법에서 정의하는 주요 구조부란 내력벽, 기둥, 바닥, 보, 지붕틀 및 주 계단을 말한다.
ⓒ 사이 기둥, 최하층 바닥, 작은보, 차양, 옥외 계단, 그 밖에 이와 유사한 것으로 건축물의 구조상 중요하지 아니한 부분은 제외한다.

⑦ 건축행위

행위 전		행위 후
기존 건축물이 없는 대지	신축	새롭게 건축물을 축조
		부속 건축물이 있는 경우의 주용도 건축물을 축조
기존 건축물이 있는 대지	증축	기존 건축물에 건축물의 규모를 증가(면적, 층수, 높이 등)
	재축	기존 건축물이 천재지변이나 그 밖의 재해로 멸실된 경우 그 대지에 다음 요건을 모두 갖추어 다시 축조하는 것을 말한다. ㉠ 연면적 합계는 종전 규모 이하로 할 것 ⓒ 동(棟)수, 층수 및 높이는 다음 중 하나에 해당할 것 　ⓐ 동수, 층수 및 높이가 모두 종전 규모 이하일 것 　ⓑ 동수, 층수 또는 높이의 어느 하나가 종전 규모를 초과하는 경우에는 해당 동수, 층수 및 높이가 건축법령에 모두 적합할 것
	개축	기존 건축물 전부 또는 일부(내력벽·기둥·보·지붕틀 중 셋 이상 포함되는 경우)를 철거하고 그 대지에 종전과 같은 규모의 범위에서 건축물을 다시 축조하는 것 ※ 한옥의 경우 지붕틀의 범위에서 서까래는 제외
	이전	건축물의 주요구조부를 해체하지 않고 동일 대지 내 위치를 변경하는 것

⑧ 대수선 : 신축, 증축, 개축, 재축, 이전 등의 행위에 해당되지 않으면서 주요 구조부의 수선 또는 변경 또는 건축물 외형을 변경하는 등 다음 항목 중 하나에 해당되는 것을 말한다.
㉠ 내력벽을 증설 또는 해체하거나 그 벽면적을 $30m^2$ 이상 수선 또는 변경하는 것
ⓒ 기둥을 증설 또는 해체하거나 3개 이상 수선 또는 변경하는 것

ⓒ 보를 증설 또는 해체하거나 3개 이상 수선 또는 변경하는 것
② 지붕틀(한옥의 경우 서까래 제외)을 증설 또는 해체하거나 3개 이상 수선 또는 변경하는 것
⑩ 방화벽 또는 방화구획을 위한 바닥 또는 벽을 증설 또는 해체하거나 수선 또는 변경하는 것
ⓗ 주 계단·피난계단 또는 특별피난계단을 증설 또는 해체하거나 수선 또는 변경하는 것
ⓢ 미관지구에서 건축물의 외부형태(담장을 포함한다)를 변경하는 것
ⓞ 다가구주택의 가구 간 경계벽 또는 다세대주택의 세대 간 경계벽을 증설 또는 해체하거나 수선 또는 변경하는 것
ⓩ 건축물의 외벽에 사용하는 마감재료를 증설 또는 해체하거나 벽면적 30m² 이상 수선 또는 변경하는 것

(2) 규모의 산정

① 대지면적 : 대지의 수평 투영면적으로 하며 건축선으로 둘러싸인 부분
② 건축면적 : 대지 점유면적의 지표로서, 건축물의 외벽 중심선에 둘러싸인 부분의 수평 투영면적 또는 아래에 해당하는 선으로 둘러싸인 부분을 말한다.
  ㉠ 외벽이 없을 시 외곽의 기둥 중심선으로 산정
  ㉡ 처마, 차양 등 중심선으로부터 1m 이상 돌출된 부분의 경우 그 끝부분에서 1m 후퇴한 선으로 한다(단, 한옥은 2m, 창고는 3m).
③ 바닥면적 산정
  ㉠ 벽, 기둥 등의 구획의 중심선으로 둘러싸인 부분의 수평 투영면적
  ㉡ 벽, 기둥의 구획이 없는 건축물은 지붕 끝부분으로부터 수평거리 1m 후퇴
  ㉢ 제외 사항 : 공용의 필로티 등, 승강기, 계단탑, 장식탑, 1.5m 이하 다락, 굴뚝 등
④ 연면적
  ㉠ 건축물 각 층의 바닥면적을 모두 합한 면적을 뜻한다.
  ㉡ 지하층의 면적과 건축물의 부속용도로서 지상층의 주차용 면적은 제외한다.

⑤ 건폐율과 용적률

용어	개념	계산방법
건폐율	대지면적에 대한 건축면적의 비율로서, 건축 밀도를 나타내는 지표이다.	$\dfrac{건축면적}{대지면적} \times 100(\%)$
용적률	대지면적에 대한 연면적의 비율로서, 대지 활용도의 지표가 된다.	$\dfrac{연면적}{대지면적} \times 100(\%)$

⑥ 높이 및 층고
  ㉠ 건축물의 높이 : 지표면으로부터 당해 건축물의 상단까지의 높이
  ㉡ 처마높이 : 지표면으로부터 건축물의 지붕틀 또는 깔도리 상단(목구조-왕대공) 또는 기둥 상단(RC조, 철골조, 목구조-절충식) 또는 테두리보 아래(조적조)까지의 높이
  ㉢ 층고 : 각 층의 슬래브 윗면부터 위층 슬래브의 윗면까지를 뜻하며, 한 층에서 높이가 다른 부분이 있을 시에는 높이에 따른 면적에 따라 가중 평균한 높이로 정한다.

⑦ 층수 산정
  ㉠ 건축물이 부분에 따라 층수가 다를 경우에는 가장 많은 층수로 한다.
  ㉡ 층의 구분이 명확하지 않을 경우 4m마다 하나의 층으로 분할한다.
  ㉢ 승강기탑, 계단탑, 옥탑 건축물 등이 건축 면적의 1/8을 초과할 경우 옥상 부분도 층수에 가산한다.

건축조형계획

1. 조형요소 및 구성 원리

(1) 조형요소

① 점 : 위치를 지정, 가장 작은 면으로 인식
   ㉠ 공간에 한 점을 두면 집중효과가 생기며 가까이 있으면 도형으로 인지된다.
   ㉡ 나란히 있는 점의 간격에 따라 집합 및 분리의 효과를 얻을 수 있다.
② 선 : 점의 확장, 점의 이동궤적 등에 의해 나타나는 요소로서 길이와 방향이 존재한다.
   ㉠ 직선
      ⓐ 수평선 : 안정, 균형, 평화 등의 이미지. 학교나 주택의 설계에 적용된다.
      ⓑ 수직선 : 엄격, 위엄, 절대, 신앙. 종교건물이나 관공서 건물 등에 적용된다.
      ⓒ 사선 : 운동성, 약동감, 불안정, 반항
   ㉡ 곡선 : 우아하고 여성적 이미지를 가지며 유연성을 갖고 감정적이다.
③ 면 : 선의 확장. 너비와 길이를 가지며 선의 이동, 절단에 의해 면이 생김
④ 형태의 지각심리 : 인간은 자신이 본 것을 조직화하려는 기본 성향을 가지고 있다.
   ㉠ 접근성 : 가까이 있는 시각요소들이 그룹이나 패턴으로 보이는 현상. 형태와 크기가 같은 점의 배열이지만 간격에 따라 왼쪽은 수평선, 오른쪽은 수직선처럼 지각된다.

   ㉡ 유사성 : 형태, 색, 질감 등의 유사한 시각적 요소들이 연관되어 보이는 경향. 접근성과 상관없이 흰색 원과 회색 삼각형이 자연스럽게 구분된다.

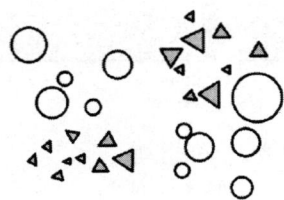

ⓒ 폐쇄성 : 불완전한 시각요소들이 폐쇄된 형태로 묶여 지각되는 것이다. 사각형으로 완성되지 않은 직선들은 완성된 사각형처럼, 원형으로 배열된 점들은 완성된 원처럼 지각된다.

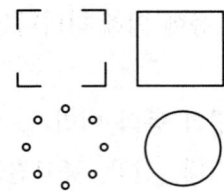

ⓔ 연속성 : 유사한 배열이 하나의 묶음으로 인식되는 현상(공동 운명의 법칙)

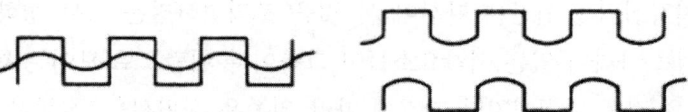

오른쪽 그림을 왼쪽 그림과 같이 결합하면 원래의 형을 지각하기가 어렵고 수평선과 수직선으로 된 연속적인 선과 관통해 지나가는 연속적인 곡선으로 지각한다.

ⓜ 단순성 : 눈에 익숙한 간단한 형태로만 도형을 보게 되는 현상. 맨 왼쪽 그림의 8개의 점은 복잡한 별의 형태보다는 가장 오른쪽의 팔각형 또는 원과 같이 단순하게 인지된다.

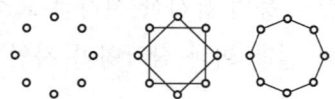

⑤ 착시

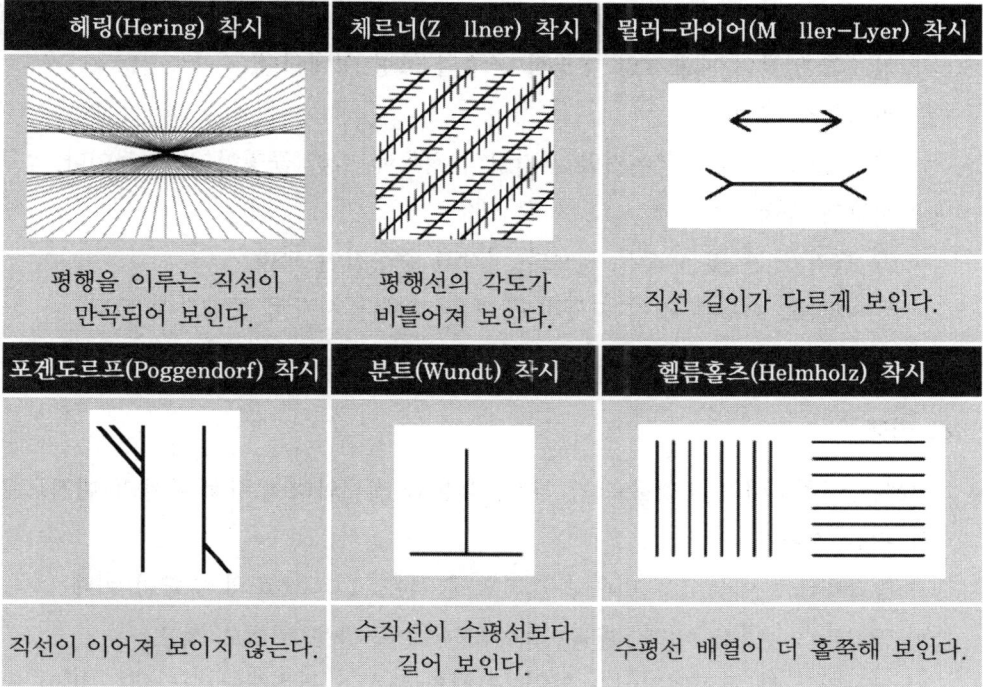

2. 디자인 원리

(1) 척도

① 물체의 크기와 인체의 관계, 물체 상호간의 관계를 말한다.
② 공간에 배치되는 가구와 같은 요소들의 체적과 인간의 척도 및 동작범위를 고려한 공간 관계 형성, 그리고 무엇보다도 이런 요소들의 실제적인 크기 등을 고려해야 한다.

(2) 통일

통일성은 디자인에 미적 질서를 주는 기본 원리로 모든 디자인 원리의 구심점이 된다. 정적 통일, 동적 통일, 양식 통일 등이 있다.

(3) 균형

시각적 무게의 평형상태를 의미하며 전체적인 통일을 위한 방법이다.

① 대칭적 균형

가장 정형적인 구성요소이며 질서를 쉽게 얻지만 엄격하고 다소 딱딱한 느낌을 준다. 인간의 얼굴이 대표적인 대칭적 균형의 조형 형태이다.

② 비대칭적 균형

형태상으로는 불균형이지만 시각상의 정돈에 따라 균형이 잡힌 것이다.

③ 시각적 균형

㉠ 크기가 큰 것은 작은 것보다 시각적 중량감이 크다.

㉡ 차갑고 어두운 것이 따뜻하고 밝은 것보다 시각적 중량감이 크다.

㉢ 기하학적 형태는 불규칙한 형태보다 가볍게 느껴진다.

(4) 비례

비례는 건축물이나 조형물의 각 부분, 부분과 전체와의 수량적 관계가 미적으로 분할되기 위한 것이다.

① 황금비례 : 아름다운 비례로 디자인에 적용. 1 : 1.618의 수량적 비례

② 금강비 : $\sqrt{2}$ 의 비례. 황금비와 더불어 아름다운 비례로 적용

③ 모듈러 : 르 코르뷔지에가 창안. 인체의 특성과 관련하여 나타내는 비례

(5) 조화

2개 이상의 요소 또는 부분적인 상호관계에서 서로 조화롭게 통일성을 가지며 전체적으로 미적, 감각적 효과를 나타내는 것을 말한다.

(6) 대비(대조)

성질, 질량 등이 전혀 다른 둘 이상의 것이 동일한 공간에서 배열되어 서로 돋보이게 되는 성질

(7) 리듬

각 요소와 부분 사이의 특정한 느낌이 규칙적인 연속으로 나타날 때 느껴지는 감각

① 반복 : 어떤 규칙에 따라 디자인 요소가 반복되는 것

② 점이 : 각 부분에 단계적으로 변화를 줌으로써 나타나는 효과

③ 대조 : 갑작스러운 변화를 주는 자극적인 리듬의 형태

④ 변이 : 원형 아치, 늘어진 커튼이나 둥근 의자 등에서 볼 수 있는 리듬

⑤ 방사 : 중심축에서 밖으로 선이 퍼져나가는 리듬의 일종

(8) 강조

① 시각적인 힘의 장단이 아니라 강약에 단계를 주어 디자인 일부에 주어지는 초점이나 의도적인 변화이다.
② 강조는 공간에서 색채나 형태를 강조함으로써 전체의 성격을 명백하게 규정한다.
③ 시각적 초점은 강조의 원리가 적용되는 부분으로 즉위가 대칭균형으로 놓였을 때 효과이다.

(9) 모듈

① 일종의 치수 특정단위로서 건축 및 실내 공간의 디자인에 있어 종류와 규모에 따라 계획자가 정하는 상대적·구체적인 기준의 단위이다.
② 미터, 인치 등의 단위는 모듈과 대치되는 개념으로, 절대적·추상적인 단위이다.
③ 기본모듈은 1M(10cm)의 배수가 되도록 하고 건물의 높이는 2M(20cm)의 배수가 되도록 한다. 또한 건물의 평면상의 길이는 3M(30cm)의 배수가 되도록 한다.

M은 미터가 아니라 Module의 약자이다.

④ 모듈러 플래닝
   ㉠ 모듈을 기본 척도로 하여 그리드 플래닝(grid planning)을 적용하는 공간계획을 뜻한다.
   ㉡ 모듈을 설정하여 계획을 전개시키면 설계 작업이 단순화되어 용이하고 건축구성재의 대량 생산이 가능해져 재료의 생산 비용이 저렴해진다.
   ㉢ 가구류나 내부벽체도 가구의 변경, 이동 설치가 쉽고 융통성 있는 평면 계획이 가능해진다.
⑤ 모듈러 코디네이션(modular coordination : M.C)
   ㉠ 건축의 재료부품에서 설계 및 시공에 이르기까지 건축 생산 전반에 걸쳐 치수상의 유기적 연계성을 만들어내는 것을 말한다.
   ㉡ 설계와 시공을 연결해주는 치수시스템으로 건축 외에 실내나 가구분야에까지 확장, 적용될 수 있다.

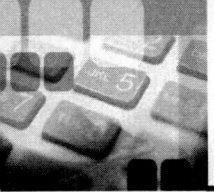

ⓒ 장점 : 호환성, 비용절감, 공기단축, 표준화
ⓓ 단점 : 획일적인 디자인, 개성 상실

3. 색채학

(1) 먼셀 표색계

먼셀의 표색계는 영, 헬름홀츠의 3원색설을 기본으로 하는 체계의 표색계로서 우리나라는 한국 산업규격으로 먼셀 표색계를 채택하고 있다.

① 기본색 : 빨강(R), 노랑(Y), 녹색(G), 파랑(B), 보라(P)의 5색을 기본으로 20색상환을 사용한다.

② 색의 3속성
　ⓐ 색상
　　ⓐ 빨강, 파랑, 노랑과 같이 구별되는 색의 느낌을 명칭으로 구분한 것이다.
　　ⓑ 색상들을 단계적으로 둥글게 나열한 것을 색상환이라 한다.
　　ⓒ 색상환에서 거리가 가까울수록 유사색이며, 반대일수록 보색에 가까워진다.
　ⓑ 명도
　　ⓐ 같은 계통의 색상에서도 구별되는 밝고 어두운 정도의 차이를 말한다.
　　ⓑ 0부터 10까지 11단계로 구분한다.
　ⓒ 채도
　　ⓐ 색의 선명하고 탁한 정도를 뜻하며, 다른 색이 섞이지 않을수록 채도가 높다.
　　ⓑ 아무 색도 섞지 않은 순색을 청색(靑色, clear color)이라 하며 색입체의 바깥쪽 끝에 존재한다.
　　ⓒ 흰색, 회색, 흑색과 같이 색상을 띠지 않은 것을 무채색이라 하며 이를 채도 0으로 하여 순색에서 가장 채도가 높은 빨강의 채도를 14로 한다.
　　ⓓ 채도는 입체의 중심이 가장 낮은 무채색이 되며, 중심축에서 멀어질수록 고채도가 된다.

③ 먼셀 색입체
　ⓐ 명도는 색입체 중심의 수직축을 따라 배열되어 위는 고명도, 아래는 저명도가 된다.
　ⓑ 색상은 입체의 회전으로 구별되며 같은 동심원상의 색은 동일 채도가 된다.
　ⓒ 색입체를 수평으로 자르면 등명도면이 나타나고, 수직으로 자르면 무채색축을 중

심으로 하여 보색 관계인 두 색의 등색상면이 나타난다.
④ 색의 표시 : 먼셀 표색계에서는 색의 표시를 H(색상) V(명도)/C(채도) 형식으로 나타낸다. 기본 10색상은 다음과 같이 표시한다.

색명	빨강 (R)	주황 (YR)	노랑 (Y)	연두 (GY)	녹색 (G)
H V/C	5R 4/14	5YR 6/12	5Y 8/14	5GY 7/10	5G 5/10
색명	청록 (BG)	파랑 (B)	남색 (PB)	보라 (P)	자주 (RP)
H V/C	5BG 5/10	5B 5/10	5PB 4/12	5P 4/10	5RP 4/12

(2) 오스트발트 표색계

헤링의 4원색설을 근간으로 하여 만들어졌으며 디자인분야에서 널리 쓰이나 색맹과 같은 원리를 설명하기에 곤란한 요소가 있는 표색계이다.

(3) 색채조절

① 색채조절 : 색채의 기능을 과학적으로 이용하는 기술
② 색채조절의 영향 : 건전한 심신 유지, 작업능률 증진, 위험 방지 등
③ 건물의 배색 : 건물의 부분, 재료, 용도에 따라 배색계획을 체계적으로 수립
④ 실내 색채계획 : 각 실의 위치, 밝기, 조명 등의 영향을 고려한다.

(4) 색채대비

① 명도 대비
  ㉠ 명도가 다른 두 색이 근접하여 서로 영향을 주는 대비현상
  ㉡ 흰색 바탕 속의 회색은 밝게 보이며 검은색 바탕 속의 회색은 어둡게 보인다.
② 색상 대비
  ㉠ 색상이 서로 다르게 보이는 두 색을 서로 대비시켰을 때 차이가 더욱 크게 느껴지는 것이다.
  ㉡ 노랑 배경의 주황은 빨간색에 가까워 보이고, 빨강 배경의 주황은 노란색에 가까워 보인다.

③ 채도 대비
  ㉠ 두 색의 채도차가 클수록 채도가 더 높아 보이는 대비현상
  ㉡ 회색 배경 위의 중간 채도 녹색은 고채도인 같은 녹색 배경 위에 있을 때보다 더 강렬해 보인다.
④ 보색 대비
  ㉠ 보색 관계인 두 색을 주위에 놓으면, 서로의 영향으로 원래의 색상이 더욱 뚜렷해지는 대비현상
  ㉡ 보색 대비는 색채의 보색 잔상이 상대방 색과 일치하기 때문에 나타나는 대비효과이다.
⑤ 연변 대비
  ㉠ 나란히 배치된 색의 경계에서 일어나는 대비현상을 말한다.
  ㉡ 명도가 단계적으로 변하는 배치의 경계는 대비효과에 의해 입체적으로 보인다.
⑥ 면적 대비
  ㉠ 색이 가진 면적의 크고 작음에 따라 서로 다르게 보이는 현상
  ㉡ 같은 색이라 해도 면적이 커지면 명도 및 채도가 더욱 증대되어 보인다.
⑦ 계시대비 : 어떤 색을 본 후에 다른 색으로 눈을 옮겨 본 경우, 먼저 본 색의 잔상의 영향으로 색이 보이는 상태가 달라지는 현상

Chapter 03 건축환경

1. 자연환경

(1) 기후 및 지리적 요소

① 기후적 요소 : 기온, 습도, 비, 바람, 기압, 일조 등 일정 지역의 자연
② 지리적 환경 : 평야나 고지, 경사지, 해안지대 등 지리적 특징, 기후인자
③ 기온 : 대기의 온도, 계절에 의한 태양에너지의 변화와 직결된다.
   연교차(위도 영향)와 일교차(지리조건 영향). 건축 양식에 영향을 준다.
④ 습도 : 공기 중의 수증기 양을 수치로 나타내는 것
⑤ 비와 눈 : 상승하는 온난공기가 기압이 낮아지는 높은 고도에서 가지고 있는 다량의 수증기를 노점에 달하여 응결로 인해 지상으로 떨어뜨리는 현상

(2) 일조 및 일영

① 일조 : 태양이 직접 비치는 직사광을 말한다.
   ㉠ 일조시수 : 일조가 발생하는 시간의 총 합계. 즉, 태양의 직사광이 구름 등에 가려지지 않고 지표를 비추는 시간의 합계를 말한다.
   ㉡ 주간시수 : 하루 동안 낮의 길이로 가조시수라고도 한다. 즉, 해가 뜬 시간부터 진 시간까지를 말한다.
   ㉢ 일조율 : 해가 뜨고 질 때까지 직사광이 직접 비춘 시간의 비율을 나타낸다. 즉, 일조율=(일조시수/주간시수)×100으로 나타내며 우리나라의 일조율은 약 47~61% 정도이다.
② 일영
   ㉠ 햇빛에 의해 발생하는 그림자로서 일반적으로 건물에 의한 그림자를 말한다.
   ㉡ 태양의 이동에 따라 발생하는 그림자의 끝을 연결한 것을 일영곡선이라고 한다.
   ㉢ 하루 중 일조가 전혀 비치지 않는 장소를 종일 음영이라고 한다.
   ㉣ 태양의 남중 고도가 가장 높은 하지에도 종일 음영인 부분을 영구 음영이라고 한다.
③ 일조계획
   ㉠ 여름에는 남중고도가 높고 겨울에는 남중고도가 낮으므로, 건물 배치를 남향으로

할 경우 여름의 직사광 유입량은 적고 겨울의 직사광 유입량은 많아진다.
ⓒ 일조량을 감안하여 창의 방향, 형태, 크기, 수량 등을 정한다.
ⓒ 여름의 일조를 차단하기 위해서 커튼, 블라인드, 루버 등의 차양을 이용한다.
④ 인동간격 : 많은 수의 건축물을 건축할 때에는 상호 일영에 의해 일조를 방해받지 않도록 남북으로 적당한 간격을 두고 배치해야 한다. 동지 기준 하루 4시간 이상의 일조가 되도록 남북방향의 인동간격을 유지하는 것이 좋다.

2. 열환경

(1) 열환경 및 쾌적요소

① 인체의 열손실 비율 : 복사 45%, 대류 30%, 증발 25%
② 열손실 요소 : 피부확산, 땀 분비, 호흡, 대류 등에 의한 열손실
③ 인체의 열평형 : 몸 전체온도가 31~34℃일 때 쾌적함을 느끼며 생산열량과 피부의 방열량이 평형을 이루도록 유지된다.
④ 열 쾌적 변수(물리적 4요소)
  ㉠ 기온(DBT)
    ⓐ 인체의 쾌적에 가장 큰 영향을 미친다.
    ⓑ 건구온도의 쾌적 범위는 16~28℃이며 우리나라의 권장 실내온도는 겨울철 18℃, 여름철 26℃ 정도이다.
  ㉡ 습도(상대습도 RH)
    ⓐ 저온에서는 낮은 습도에서 더 춥게, 고온에서는 높은 습도에서 더 덥게 느낀다.
    ⓑ 쾌적온도 범위 내에서 쾌적습도의 범위는 40~70%이다.
  ㉢ 기류
    ⓐ 공기의 흐름을 뜻하며 건축계획의 열환경에서는 주로 실내 기류를 다룬다.
    ⓑ 기온이 높은 상태(여름)에서는 1m/s 정도가 쾌적하며 1.5m/s까지가 허용범위이다.
    ⓒ 기온이 낮은 상태(겨울)에서는 0.2m/s 이하가 적당하다.
    ⓓ 공기조화를 하는 실내의 기류는 0.5m/s 이하를 권장하고 있다.

ⓔ 복사열
　　　　ⓐ 기온 다음으로 온열감각에 큰 영향을 준다.
　　　　ⓑ 차가운 유리창 부근에 있으면 체온을 빼앗겨서 찬바람이 들어오는 것으로 착각을 일으킨다.
　　　　ⓒ 복사열이 기온보다 2℃ 정도 높을 때 가장 쾌적하다.
　　⑤ 주관적 쾌적 변수 : 착의상태, 인체활동, 연령, 성별, 건강상태 등

(2) 쾌적환경지표

① 유효온도(ET, Effective Temperture)
　㉠ 기온, 습도, 풍속(기류)의 3요소가 체감에 미치는 종합효과를 나타낸 쾌적 지표이다.
　㉡ 실험대상자가 아래와 같은 두 방을 왕복하게 하여 A실의 상태와 같은 온열감을 주는 B실의 기온을 유효온도로 표시하는 것이다.
　㉢ A실의 조건은 습도 100%, 풍속 0m/sec, 기온은 임의 조정할 수 있도록 하고 B실은 기온, 습도, 기류를 모두 조정할 수 있게 만든다.
　㉣ 복사열이 고려되지 않았으며 습도의 영향이 저온에서는 크고 고온에서는 작아서 한계가 있다.

② 수정유효온도(CET, corrected effective temperature)
　㉠ 글로브 온도를 건구 온도 대신에 사용한 쾌적지표이다.
　㉡ 유효온도의 지표인 기온, 습도, 기류 3가지에 복사열의 영향까지 함께 고려하였다.
　㉢ 글로브 온도계

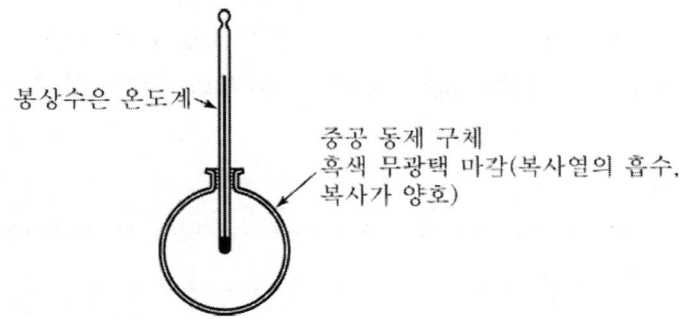

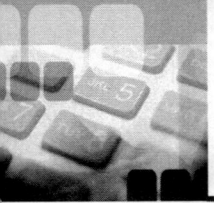

> **Point** 글로브 온도계
> ① 기온과 복사의 종합효과를 측정하는 것을 목적으로 만든 온도계로 1930년 버논(H. M. Vernon)에 의해 고안되었다.
> ② 외부 표면을 흑색 무광택으로 처리한 직경 15cm의 속이 빈 밀폐 구리공 중심에 온도계의 구부(球部)가 위치한다.
> ③ 풍속이 작을 때는 기온과 복사의 종합효과를 잘 나타내므로 이용해도 되나, 풍속이 큰 곳에서는 활용도가 낮아서 풍속 1m/sec 이하에서 적용한다.

③ 신유효온도(ET′) : 유효온도의 습도에 대한 과대평가를 보완하여 상대습도 100% 대신 50%선과 건구온도의 교차로 표시한 쾌적지표이다.

④ 표준유효온도(SET) : 상대습도 50%, 풍속 0.125m/s, 활동량 1Met, 착의량 0.6clo의 동일한 표준 환경에서 환경변수들을 조합한 쾌적지표로서 활동량, 착의량 및 환경 조건에 따라 달라지는 온열감, 불쾌감 및 생리적 영향을 비교할 때 유용하다.

⑤ 불쾌지수
  ㉠ 기상상태로 인해 인간이 느끼는 불쾌감을 기온과 습도를 이용하여 나타낸 쾌적지표이다.
  ㉡ 온습도지수(THI)라고도 하며 유효온도를 간략화한 것이다.
  ㉢ 불쾌지수 계산식
    • 무풍인 경우 $dI = 0.72(t+t') + 40.6$
    • 풍속이 v인 경우 $dI = 0.72(t+t') - 7.2\sqrt{v} + 21.6G + 40.6$
    $\begin{cases} t : 건구온도(℃) \\ v : 풍속(m/s) \end{cases}$ $\quad t' : 습구온도(℃)$
    $\qquad\qquad\qquad\qquad\qquad G : 일사량(kcal/cm^2 \cdot min)$
  ㉣ dI=70에서 10%, 75에서 50%, 80에서 대부분의 사람이 불쾌감을 느낀다.

> **Point**
> 풍속이 포함된 계산식도 있지만 기본적으로 불쾌지수는 기온과 습도 두 가지만을 고려한 것으로 본다.

⑥ 기타
  ㉠ 작용온도 : 기온, 주벽의 복사열, 기류의 영향을 조합시킨 쾌적지표. 습도의 영향은 고려되지 않는다.

㉡ 등가온도 : 기온, 평균복사온도, 풍속을 조합한 지표로 표면온도 적용범위가 좁다.
㉢ 등온감각온도 : 건구온도=평균복사온도, 기류 0m/s, 상대습도 100%일 때를 기준으로 정의한다.

(3) 전열(Heat Transmission)
열의 전달 또는 열의 이동현상을 말한다.
① 열전도
  ㉠ 건축에서는 열이 벽체의 고온측에서 저온측으로 열이 이동하는 현상을 말한다.
  ㉡ 열전도율의 단위 : λ(W/m·K)
  ㉢ 공극이 많은 재료일수록 열전도율은 작고, 열전도율은 비중량에 비례한다.
  ㉣ 전도열량(Q_c) 계산

계산	비고
$Q_c = \dfrac{\lambda}{d} \cdot A \cdot \Delta t \text{(W)}$	λ : 열전도율[W/m·K] d : 재료의 두께[m] A : 재료의 표면적[m²] Δt : 온도차

Point

두께 20cm의 철근 콘크리트 벽체의 내측표면온도가 15℃, 외측표면온도가 5℃일 때, 이 벽체를 통과하는 단위 면적당 열량은?(단, 벽체의 열전도율은 1.3W/m·K이다.)
① 6.5W ② 13W ③ 65W ④ 130W

〈풀이〉 $Q = \dfrac{\lambda}{d} \cdot A \cdot \Delta t$ 에서
  λ : 열전도율(W/m·K)   d : 두께(m)
  A : 표면적(m²)   Δt : 두 지점 간의 온도차
따라서 단위면적당 열량 $Q = \dfrac{\lambda}{d} \cdot A \cdot \Delta t = \dfrac{1.3}{0.2} \times 1 \times (15-5) = 65W$ 이다.

※ 열전도 열량 계산은 벽두께만 반비례(분모)하며 나머지 변수는 비례(분자)임을 기억하면 쉽다.

② 열전달
  ㉠ 고체인 건축물 벽체와 이에 접하는 공기층과의 전열현상을 말한다.
  ㉡ 벽체와 공기층 사이의 전열과정은 대류뿐만 아니라 복사와 전도를 동반한 복잡한 전열현상이며, 이들 전열과정을 일괄하여 열전달이라 한다.

ⓒ 벽 표면적 $1m^2$, 벽과 공기의 온도차 1℃일 때 단위시간 동안에 흐르는 열량이다.

ⓔ 전달열량(Q_v) 계산

계산	비고
$Q_v = a \cdot A \cdot \Delta t (W)$	a : 열전달률[W/m² · K] A : 벽체와 공기접촉면적[m²] Δt : 온도차

Point
실내 공기와 벽체 내측 표면의 열전달 열량은 열관류 열량과 같은 것으로 본다.

③ 열관류

㉠ 벽체로 격리된 공간의 한쪽에서 다른 한쪽으로의 전열현상

㉡ 건축에서는 난방에 의해 높아진 실내의 열이 벽체를 통해 외부로 빠져나가는 것을 뜻한다.(여름에는 반대)

ⓒ 벽의 양측 유체온도가 다를 때, 열은 고온측에서 저온측으로 흘러 전달 → 전도 → 전달의 과정을 거쳐 두 유체 간의 전열이 진행되고, 이 전 과정에 의한 전열을 종합하여 열관류라 한다.

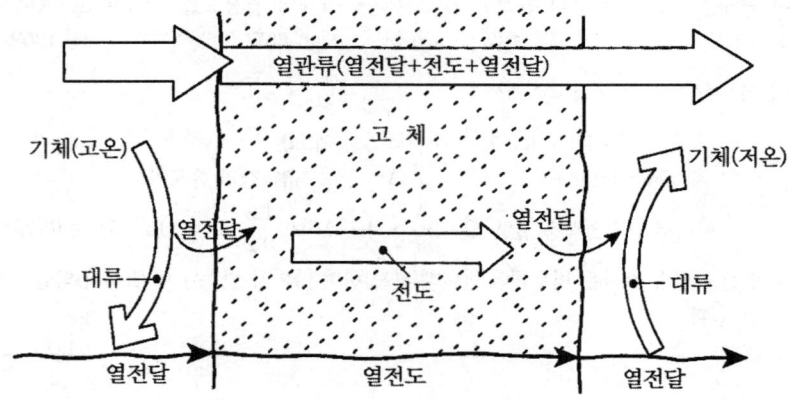

제3장 건축 계획

ⓔ 열관류율

계산	비고
$k = \dfrac{1}{\dfrac{1}{a_0} + \sum \dfrac{d}{\lambda} + \dfrac{1}{a_1}} (\text{W/m}^2 \cdot \text{K})$	a_0, a_1 : 실내외 열전도율[W/m² · K] d : 재료의 두께[m] λ : 벽체 열전도율[W/m · K]

ⓜ 열관류량

계산	비고
$Q = k \cdot A \cdot \Delta t (\text{W})$	k : 열관류율[W/m² · K]　　A : 벽면적[m²] Δt : 온도차

> **Point**
> • 열관류저항 : 1/k　　• 열전도저항 : d/λ　　• 열전달저항 : 1/a

> **Point**
> 다음과 같이 구성된 구조체에서의 1m²당 관류열량은? (단, 실내온도 25℃, 외기온도 10℃, 내표면 전달률 8W/m² · K, 외표면 열전달률 20W/m² · K)
>
> | 재료 | 열전도율(W/m² · K) | 두께(mm) |
> |---|---|---|
> | 석고 | 0.1 | 10 |
> | 모르타르 | 1.1 | 15 |
> | 콘크리트 | 1.3 | 150 |
>
> ① 15.66W　　② 21.36W　　③ 25.36W　　④ 37.13W
>
> 〈풀이〉 열관류율(k)을 먼저 구하고 열관류량을 계산한다.
>
> ① 열관류율(k) = $\dfrac{1}{\dfrac{1}{a_1} + \dfrac{d}{\lambda} + \dfrac{1}{a_2}}$ W/m² · K
>
> $= \dfrac{1}{\dfrac{1}{8} + \left(\dfrac{0.01}{0.1} + \dfrac{0.15}{1.3} + \dfrac{0.015}{1.1}\right) + \dfrac{1}{20}} = 2.475 \text{W/m}^2 \cdot \text{K}$
>
> 　　a : 열전달률(W/m² · K), λ : 열전도율(W/m² · K), d : 두께(m)
>
> ② 열관류량 Q = k · A · ($t_1 - t_2$) = 2.475 × 1 × (25 − 10) = 37.125W
> 　　k : 열관류율(W/m² · K), A : 표면적(m²)
> 　　Δt : 두 지점 간의 온도차($t_1 - t_2$)

④ 온도구배 : 외벽의 내·외부에 온도차가 있을 때 각 점의 온도를 선으로 이으면 기울기가 있는 직선으로 나타나는데 이것을 온도구배라고 한다. 온도구배는 동일한 두께일 경우 온도차가 클수록 커진다. 온도구배가 크다는 것은 고온측의 열이 저온측으로 잘 전달되지 않는다는 뜻이므로 단열이 잘 되어 있다는 의미가 된다.

(4) 단열
건축물 외피와 주위환경과의 열류를 차단하는 것을 말한다.
① 단열형태의 분류
  ㉠ 저항형 단열(기포형) : 기포 단열재는 단열재 내부에서 공기를 정지시켜 대류가 생기지 않으므로 단열효과가 좋다.
  ㉡ 반사형 단열 : 복사의 형태로 열 이동이 이루어지는 공기층에 유효한 방식으로, 중공벽 내의 저온측면에 흡수율이 낮은 광택성 금속박판을 설치하여 열류를 차단한다.
  ㉢ 용량형 단열 : 건축물 외피의 축열용량을 이용한 단열방식으로, 건축물 외표면에 작용하는 복사열에 의한 온도변화와 건축물 내표면에 작용하는 온도변화의 시간지연(Time Lag)을 이용한 단열이다. 벽의 열용량은 단위 면적당 질량(kg/m^2)과 재료의 비열($kcal/kg℃$)의 곱으로 표시한다.
② 단열계획
  ㉠ 최적단열두께 산정
  ㉡ 경제성 검토
  ㉢ 난방방식에 따른 단열 계획
  ㉣ 시간지연(Time Lag) 이용
③ 외단열과 내단열
  ㉠ 내단열
    ⓐ 단시간 간헐난방(강당, 집회장) - 실온변동이 크고 시간지연(Time Lag)이 짧다.
    ⓑ 시공이 간단하여 소규모 건축물의 단열에 사용된다.
    ⓒ 내부결로 발생의 우려가 크고 열교현상에 의한 국부적 열손실이 발생한다.
    ⓓ 고온측에 방습층을 설치한다.
  ㉡ 외단열
    ⓐ 장시간 연속난방 - 실온변동이 작고 시간지연(Time Lag)이 길다.
    ⓑ 내부결로 위험이 적은 편이다.
    ⓒ 일체화된 시공으로 열교현상은 잘 발생하지 않는다.

ⓓ 시공은 까다롭지만 열에너지 효율상 유리하다.

(5) 습기 및 결로

① 습기 : 공기 또는 재료가 기체(수증기) 및 액체(물)의 형으로 함유하는 수분을 습기라고 한다.

건조공기	수증기를 전혀 함유하고 있지 않으며, 질소나 산소 등과 같이 상온 가까이에서는 액화, 증발을 하지 않는 분자만으로 구성된 공기
습공기	수증기를 갖는 보통의 공기
포화공기	공기 속의 수분이 수증기의 형태로만 존재할 수 없는 상태의 공기. 상대습도 100%

② 습공기의 특성
   ㉠ 절대습도(AH, Absolute Humidity) : 단위중량(1kg)의 건조 공기 중에 포함되어 있는 수증기의 양(kg)을 말한다. 절대습도는 급격한 기상변화가 없는 한, 하루 중 거의 일정하다.
   ㉡ 상대습도(RH, Relative Humidity) : 습공기의 수증기압과 같은 온도의 포화 수증기압과의 비를 뜻한다. 공기를 가열하면 상대습도는 낮아지고 냉각하면 상대습도는 높아진다. 즉, 상대습도는 기온의 변화에 반비례한다.
   ㉢ 노점온도 : 습공기가 포화상태일 때의 온도를 말한다. 즉, 냉각된 공기 속의 수분이 수증기의 형태로만 존재할 수 없어 이슬로 맺히는 온도를 의미한다. 노점온도 이하로 냉각되면 공기 속의 일부 수증기는 응축하여 이슬로 맺히거나 안개, 구름이 된다.
   ㉣ 습구온도 : 증발에 의한 냉각을 고려한 온도를 말한다. 습구온도는 항상 건구온도보다 낮으며, 상대습도 100%일 때만 건구온도와 같아진다.

③ 습도변화
   ㉠ 쾌적감에는 절대습도가 아니라 상대습도가 큰 영향을 미친다.
   ㉡ 하루 동안의 상대습도는 기온의 변화와 반대의 형태로 나타난다.
   ㉢ 공기 중 수증기량, 즉 절대습도는 급격한 기상변화가 없으면 하루 동안 거의 일정하다.

④ 결로 : 습공기의 냉각으로 벽체나 유리창 등에 이슬이 맺히는 현상을 말한다.
   ㉠ 원인 : 실내·실외의 온도차, 실내 습기 과다 발생, 환기 부족, 시공 불량, 시공 직

후 건조 상태 미흡
- ⓒ 방지 : 환기, 난방에 의한 건물 내부의 표면온도 증가, 단열조치 등
- ⓒ 결로의 종류
    - ⓐ 표면 결로 : 건물의 표면온도가 접촉하고 있는 공기의 노점온도가 낮을 때 표면에 발생하며 단열효과를 높여 벽 표면온도를 높이거나 실내 수증기 발생을 억제하여 방지한다.
    - ⓑ 내부 결로 : 실내 습도가 높은 상태에서 벽체가 투수성을 가질 경우 벽체 내부에서 발생하는 결로를 말한다. 이를 방지하기 위해서는 벽체 내부 온도를 높게 하거나 가급적 단열재를 벽체 외부에 설치한다. 또한 방습층을 벽의 내부에 설치하는 것도 결로 방지에 유용하다.

3. 공기환경

(1) 실내공기환경

① 공기오염 : O_2의 감소, CO_2의 증가
② 실내오염 물질의 배출원
   - ㉠ 연소 : 취사 및 급탕에 의한 가스와 석유 등의 불완전연소로 인한 유해가스 발생
   - ㉡ 흡연 : 담배연기는 부유분진, 타르, 니코틴 등을 배출한다.
   - ㉢ 건축재료 : 석면, 라돈, 포름알데히드 등

(2) 환기

① 자연환기
   - ㉠ 풍력환기 : 자연풍이 건물에 부딪치는 기류에 의한 환기를 말한다. 바람의 압력차가 커지면 환기량은 증가하며 창문이 닫혀 있는 경우에도 극간풍에 의한 환기가 일어나기도 한다.
   - ㉡ 중력환기 : 실내와 실외의 온도 차이에 의해 공기밀도가 달라서 발생하는 환기이다. 실내에서는 천장부분의 차가운 공기의 밀도가 작고 바닥부분의 따뜻한 공기의 밀도가 커서 대류가 일어난다.

제3장 건축 계획

> **Point**
> - 굴뚝효과(stack effect) : 실 외벽에 개구부가 있으면 실내 공기는 위쪽으로 나가고 실외 공기는 아래로 유입되는 현상으로 연돌효과라고도 한다.
> - 중성대 : 실내외 압력차가 0이 되는 부분(공기의 유출입이 없는 면)

　　ⓒ 개구부를 통한 환기
　　　ⓐ 환기량은 개구부의 면적과 풍속에 비례하고 압력, 온도, 밀도, 풍압계수의 차이에 비례한다.
　　　ⓑ 개구부 환기는 병렬 합성보다 직렬 합성의 경우 더 효과가 좋다.
　　　ⓒ 공기 유입구가 유출구보다 낮을 경우 가장 효율적이다.
　② 인공환기

방식	급기	배기	환기량	비고
제1종 환기	기계	기계	임의, 일정	병원, 공연장
제2종 환기	기계	자연	임의, 일정	반도체 공장, 무균실, 수술실
제3종 환기	자연	기계	임의, 일정	주방, 화장실 등 열·냄새가 있는 곳
제4종 환기	자연환기		한정, 부정	필요 환기량이 적은 경우

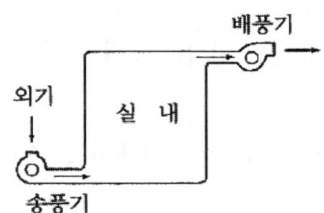
[1종 환기 : 실내압력 조정]

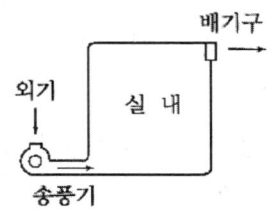
[2종 환기 : 실내압력 정압(+)]

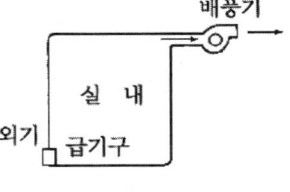
[3종 환기 : 실내압력 부압(-)]

② 위치에 따른 분류

상향 환기	하향 환기
• 배기구가 천장이나 벽의 상부에 위치한다. • 흡기구를 벽 하부에 설치하여 기류가 상승하게 된다. • 난방에는 유리하지만 냉방에는 다소 불리한 편이다. • 기류 상승 시, 바닥의 먼지, 세균이 실내에 확산된다. • 주로 음식점 등에 적합한 방식이다.	• 흡기구는 벽 상부나 천장에 설치한다. • 배기구는 벽 하부에 두어 기류가 하강하게 된다. • 냉방용으로 많이 사용한다. • 공기의 방향에 따라 분산식과 수평식이 있다. • 학교, 병원, 공장 등 혼잡한 곳에 적합하다.

③ 국부환기

열, 수증기나 오염물질이 국부적으로 발생할 경우 실 전체에 확산되기 전에 배기하는 효율적 환기 방법이다.

4. 빛 환경

(1) 일조와 빛 환경

① 태양광선의 분류
  ㉠ 가시광선 : 380~780nm 범위의 파장으로 눈에 보이는 광선
  ㉡ 적외선 : 가시광선보다 파장이 긴 전자기파(780~2500nm 이상). 열적 효과를 가지며 기후에 영향을 준다.
  ㉢ 자외선 : 가시광선보다 파장이 짧은 전자기파(200~380nm). 생육작용과 살균작용

② 태양 남중고도의 계산(북반구 기준)
  태양고도 $R=90°-\phi+\Theta$
  (ϕ=위도, Θ=태양적위 {춘추분=0°, 하지=23.5°, 동지=-23.5°})

(2) 빛의 성질과 단위

① 빛의 성질
  ㉠ 투과 : 빛은 같은 매질 속에서 3×10^8m/s의 속도로 직진하며 반투명체는 빛의 직진을 교란·확산시킨다.
  ㉡ 반사

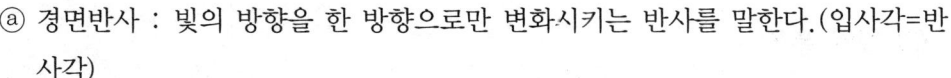

ⓐ 경면반사 : 빛의 방향을 한 방향으로만 변화시키는 반사를 말한다.(입사각=반사각)
ⓑ 확산반사 : 빛의 반사광선이 여러 방향으로 확산되는 반사를 말한다.(무광택면 반사)

ⓒ 굴절
ⓐ 빛이 하나의 투명매체에서 다른 매체로 들어갈 때 빛의 방향이 바뀌는 것이다.
ⓑ 입사각과 굴절각은 매질의 종류에 따라 빛의 속도에 차이가 생겨 굴절된다.(스넬의 법칙)

② 빛의 단위
㉠ 광속 : 광원에서 발산되는 빛의 양. 기호는 F, 단위는 lm(lumen)을 쓴다.
㉡ 광도
ⓐ 단위면적당 표면에서 반사 혹은 방출되는 빛의 양. 기호는 I, 단위는 cd(candela)
ⓑ 1cd는 점광원을 중심으로 $1m^2$의 면적을 관통해 나오는 광속이 1lumen일 때 그 방향의 광도이다.
㉢ 조도
ⓐ 어떤 물체나 표면에 도달하는 빛의 단위면적당 밀도를 말한다. 기호는 E, 단위는 lx(lux)
ⓑ 빛이 수직으로 입사할 경우, 조도=광도÷거리^2(m)로 계산된다.
ⓒ 입사하는 빛의 각도가 $\theta°$로 기울어진 경우, 조도=광도÷거리^2(m)×$\cos\theta$로 계산된다.
㉣ 휘도
ⓐ 빛을 발산하는 면의 밝기에 대한 척도. 기호는 L, 단위는 cd/m^2(nit, asb, fL 등도 쓰인다.)
ⓑ 자체가 발광하고 있는 광원뿐만 아니라 조명되어 빛나는 2차적인 광원에 대해서도 밝기를 나타낸다.
㉤ 광속발산도
ⓐ 면의 단위면적에서 발산하는 광속. 기호는 M, 단위는 lm/m^2
ⓑ 광속발산도와 휘도 모두 빛을 발산하는 면에 관한 측광량이지만 광속발산도는 면적당 면에서 나오는 모든 광속을 차지하고 있으며 휘도는 어느 특정 방향에 대하여 정의하는 것이다.

(3) 빛의 분포

① 휘도 분포
  ㉠ 실내의 인공 광원이나 창문의 휘도가 너무 크면 눈부심(현휘현상, glare)을 느끼거나 또는 사물을 보기 어렵다. 또한 휘도의 높은 부분에 신경이 쓰여 작업성이 저하하거나 피로의 원인이 된다.
  ㉡ 작업면과 배경의 휘도비는 학교 및 일반 사무공간의 경우 3 : 1 정도, 주택의 경우 10 : 1 정도가 적당하다.
  ㉢ 주광조명하에서는 창의 휘도가 다른 부분에 비해 현저히 높아지므로 블라인드, 커튼, 루버 등으로 창의 휘도를 낮게 하는 것이 적합하다.

② 조도 분포
  ㉠ 실내에서 천장이나 벽, 바닥 등의 실내 마감면이나, 가구, 집기 등의 표면은 대부분 반사하므로, 조도의 분포는 물론 휘도의 분포에 주의하여야 한다.
  ㉡ 실내의 최대, 최저 조도비는 주광조명일 경우 10 : 1 이하, 인공조명일 경우 3 : 1 이하가 바람직하다. 병용조명의 경우는 6 : 1 정도가 적당하다.

③ 균제도
  ㉠ 휘도나 조도, 주광률 등의 분포를 나타내는 지표
  ㉡ 균제도 U는 휘도나 조도, 주광률 등의 최대치에 대한 최소치의 비이다.

$$U = \frac{(휘도, 조도, 주광률의) 최소치}{(휘도, 조도, 주광률의) 최대치}$$

(4) 글레어와 눈의 피로

① 글레어(glare)
  ㉠ 시야 내에 휘도가 높은 광원, 반사물체 등이 있어 이들로부터 빛이 눈에 들어와 대상을 보기 어렵게 하거나 눈부심으로 불쾌감을 느끼거나 하는 상태를 말한다.
  ㉡ 글레어에 대한 시각 반응은 망막 위의 광속의 분배에 의해 일어나며, 시야 내의 비균등 휘도는 망막의 흥분을 일으키고 행동을 저지하게 된다.
  ㉢ 글레어는 시선에서 30° 이내의 시야 내에서 생기기 쉬우며, 이 범위를 글레어 존(glare zone)이라고 부른다.

② 글레어(현휘, 눈부심)의 발생 원인
  ㉠ 주위가 어둡고 눈이 순응되어 있는 휘도가 낮은 경우

ⓛ 광원의 휘도가 높은 경우
ⓒ 광원이 시선에 가까운 경우
ⓔ 광원의 겉보기 면적이 큰 경우와 광원의 수가 많은 경우
③ 글레어(현휘, 눈부심)를 방지하기 위한 방법
　㉠ 광원에 대한 방지
　　ⓐ 광원의 휘도를 감소시키고 광원 수를 늘린다.
　　ⓑ 시선에서 광원을 멀게 하고 휘광원 주위를 밝게 하여 휘도비를 감소시킨다.
　　ⓒ 광원에 가리개, 갓, 차양 등을 설치한다.
　㉡ 자연채광에 대한 방지
　　ⓐ 창문을 높게 설치하고 창문의 상부에 차양을 설치한다.
　　ⓑ 블라인드나 커튼 등을 설치한다.
　㉢ 반사휘광에 대한 방지
　　ⓐ 발광체의 휘도를 감소시키고 간접조명 수준을 높인다.
　　ⓑ 반사광이 눈에 직접 비치지 않게 하고 무광택 도료 등의 마감을 한다.
④ 글레어의 종류
　㉠ 불능 글레어(disability glare) : 잘 보이지 않게 되는 눈부심
　㉡ 불쾌 글레어(discomfort glare) : 신경이 쓰이거나 불쾌감을 느끼게 하는 눈부심
　㉢ 반사 글레어(reflection glare) : 인쇄물 등의 표면에서 반사한 빛이 눈에 들어와 인쇄물이 잘 보이지 않거나 광막 반사(대비의 저하에 따라 보는 것을 방해)로 인해 쇼윈도 내부가 잘 보이지 않는 현상 등을 말한다.
⑤ 눈의 피로 발생 원인
　㉠ 조도가 부적합하거나, 작업면과 배경 사이의 휘도대비가 너무 클 때
　㉡ 불쾌감을 주는 글레어가 발생할 때(예 : 형광등의 깜박거림)
　㉢ 작업 중 머리 위에 잘못 설치된 광원으로 인한 반사가 생길 때
　㉣ 조명의 연색성이 적당하지 않아서 색을 보는 것에 불편함을 줄 때
　㉤ 개인의 심리적인 인자 : 환경의 특징, 조명 또는 마감 및 가구의 색채, 창의 유무 등

(5) 자연채광

① 주광
직사일광과 천공광을 합친 것, 즉 낮 동안의 빛을 뜻한다.
　㉠ 직사일광 : 태양이 직접 노출되어 비추는 빛. 변동이 심해 광원으로서 직접 이용하

기가 까다롭다.
ⓒ 천공광 : 대기와 구름에 산란, 반사되어 비추는 빛
② 주광률
㉠ 실내 조도를 자연채광에 의해 얻을 경우 야외조도는 매순간 변화하므로 실내의 조도도 변화한다. 채광 설계에서 이와 같은 변화의 기준을 정하기는 어려우므로 주광률을 적용한다.
㉡ 주광률 $DF = \dfrac{실내\ 작업면\ 조도(E)}{실외\ 수평면\ 조도(E_S)} \times 100\%$
㉢ 주광 계획 시 주의사항
ⓐ 실내 작업면은 가급적 직사광선을 직접 받지 않게 한다.
ⓑ 주광은 확산 및 분산시키고 다른 조명 요소들과 조합하여 계획한다.
ⓒ 천창, 고창 등 가급적 높은 곳에서 주광을 도입하고 측창의 경우는 양측 채광을 한다.
ⓓ 작업 위치는 창과 평행하게 하고 가능한 한 창을 근접시킨다.
㉣ 창의 위치
ⓐ 측창 : 실내 측면의 수직 창에서 빛이 들어오는 형태이다. 이 형식은 공간의 조도 분포가 불균일하고 조도가 작지만 반사로 인한 눈부심이 적으며 입체감이 좋다.
ⓑ 천창 : 건물의 지붕이나 천장면에 채광 목적으로 수평면이나 약간 경사진 면에 위치한 창으로, 조도가 균일하고 같은 면적의 측창보다 3배 정도 밝다. 개폐, 환기, 청소가 곤란하며 개방감도 낮다.
ⓒ 정측창 : 창턱 높이가 눈높이보다 높아야 하고 창의 상부가 천장선과 같거나 그 아래에 위치한 창으로 미술관, 박물관, 공장 등 시선을 분산시키지 않고 채광을 해야 할 공간에 적용된다.

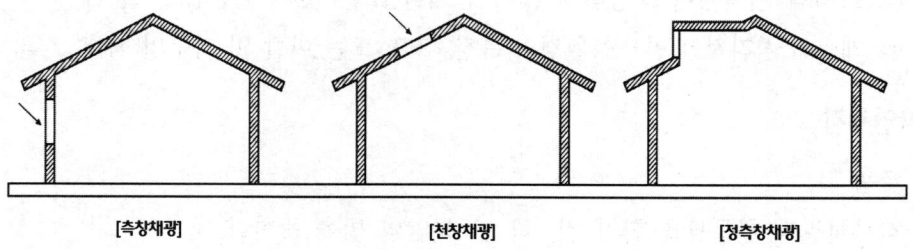

[측창채광]　　　　[천창채광]　　　　[정측창채광]

(6) 인공조명

① 배광방식별 분류

조명	직접	반직접	전반확산	반간접	간접
배광방식	위 0~10% 아래 100~90%	10~40% 90~60%	40~50% 40~50%	60~90% 40~10%	90~100% 10~0%

㉠ 직접 조명
  ⓐ 하향광속이 90~100%인 조명으로 광원이 노출되어 있다.
  ⓑ 조명률이 좋고 먼지에 의한 감광이 적다.
  ⓒ 벽, 천장 등의 반사율의 영향이 적다.
  ⓓ 글로브를 사용하지 않으면 조명이 초라한 느낌을 줄 수 있다.
  ⓔ 눈부심이 크고 조도의 불균일함이 크다.

㉡ 간접 조명
  ⓐ 상향광속이 90~100%인 조명으로, 광원을 숨기는 형태의 조명이다.
  ⓑ 음영이 적고 조도가 균일하여 부드러운 느낌을 준다.
  ⓒ 조명 효율이 낮고 경제성이 떨어진다.
  ⓓ 먼지에 의한 감광이 크고 다소 음산한 느낌이 든다.

㉢ 전반확산조명
  ⓐ 직접 조명과 간접 조명의 혼합형태
  ⓑ 옥외의 장식조명이나 브래킷 조명 등으로 사용된다.

② 설치 형태에 따른 분류
  ㉠ 매입형(down light, 다운라이트) : 조명기구는 천장에 매입되고 빛이 수직으로 하향, 직사된다.
  ㉡ 직부형(ceiling light, 실링라이트) : 천장등이라고도 한다. 배광이 효과적이며 광원이 직접 노출되므로 매입형보다 눈부심이 닿지만 조명효율은 좋다.
  ㉢ 벽부형(bracket, 브래킷) : 벽체에 부착하는 조명의 통칭으로 장식성이 좋다.
  ㉣ 펜던트 : 와이어, 파이프 등으로 천장에 매단 조명을 의미한다.
  ㉤ 이동형 조명 : 테이블 스탠드, 플로어 스탠드

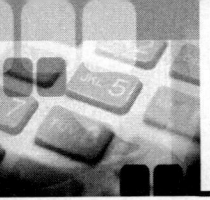

③ 광원의 종류
　㉠ 백열전구
　　ⓐ 고열의 필라멘트의 온도 방사에 의한 발광으로 조명하는 광원으로 형광등과 함께 가장 널리 사용되어 왔다.
　　ⓑ 광원의 가격이 저렴하고 크기가 작아 빛의 컨트롤이 용이하며 연색성이 자연채광에 가깝다.
　　ⓒ 효율이 낮고 발광온도가 높아 다소 위험하며 광원의 수명도 짧다.
　　ⓓ 점멸빈도가 높고 사용시간이 적은 곳, 강조 조명이 필요한 곳에 적합하다.
　㉡ 형광등
　　ⓐ 수은과 아르곤의 혼합가스를 봉입한 방전관으로 유리관 내에 자외선을 발생하고 이것이 유리관 내벽에 도포된 형광물질을 유도방출하여 발광하는 방전등이다.
　　ⓑ 백열전구보다 10배 정도 수명이 길고 눈부심도 적으며 발광온도도 낮은 편이다. 또한 같은 전력으로 백열등보다 3~4배의 조도를 얻어 에너지 절약효과가 있다.
　　ⓒ 형광체의 색을 다양하게 할 수 있고 빛의 확산이 좋지만 자외선이 방출된다.
　　ⓓ 점등에 시간이 걸리며, 빛의 어른거림이 발생하고 자외선 전구 내부에 흑화가 발생한다.
　㉢ 나트륨등
　　ⓐ 수명이 매우 긴 광원으로 도로 가로등 및 체육관, 광장조명 등에 사용되고 있다.
　　ⓑ 연색성이 매우 나쁘고 다소 불쾌감을 준다.
　㉣ 메탈할라이드등
　　ⓐ 효율이 높고 연색성도 좋은 광원으로 나트륨등과 혼용하여 연색성 개선에 활용된다.
　　ⓑ 수명이 비교적 길지만 가격이 다소 높고 램프 점등방향에 제약을 받는다.
　　ⓒ 천장이 높은 내부조명에 쓰이며 고연색등은 미술관, 상점, 경기장에 사용한다.
　㉤ 수은등
　　ⓐ 수명이 나트륨등과 비슷하며 하나의 등으로 큰 광속을 얻을 수 있다.
　　ⓑ 효율이 높고 수명이 길며 가격도 저렴한 편이며 자외선이 발생하여 살균, 의료, 사진용으로도 쓰인다.
　　ⓒ 빌딩, 공장 등의 외벽, 도로 조명으로 많이 쓰인다.

ⓗ LED(발광다이오드, Light Emitting Diode)
　　ⓐ 반도체를 이용한 조명으로 발열이 적어 내구성이 길고 낮은 전력으로 효율 높은 조명을 쓸 수 있다.
　　ⓑ 눈의 피로도가 낮으며 형광등처럼 자외선이 나오지 않아 피부에도 안전하다.
④ 건축화 조명

천장, 벽, 기둥 등 건축 부분을 이용하여 조명하는 방식이다. 건축화 조명은 눈부심이 적고 명랑한 느낌을 주며 현대적인 감각을 느끼게 하나 설치비용도 직접 조명에 비해 많이 들고 유지비용 역시 높기 때문에 경제적 효율성은 떨어진다.

㉠ 코브 조명 : 일반적으로 천장 주위를 둘러 설치된 홈 안에 광원이 가려져 있다. 높이에 대한 느낌을 표현할 수 있는 장점이 있다. 부드럽고 균등하며 눈부심이 없는 빛을 제공하여 보조조명으로 중요하게 쓰인다.

㉡ 코니스 조명 : 천장 또는 천장 가까이에 장착되고 옆면을 가려 빛은 아래를 향해서만 떨어진다. 재질감 있는 벽면의 드라마틱한 특성을 강조해 주거나 재미있는 조명효과를 준다.

㉢ 밸런스 조명 : 코브와 코니스를 혼합한 형태로 천장 방향과 바닥 방향 양쪽으로 빛을 비춘다.

㉣ 광천장 조명 : 천장에 조명기구를 설치하고 그 밑에 창호지나 반투명 아크릴과 같은 확산성 재료를 이용해서 마감 처리하여 마치 넓은 천장 표면 자체가 조명인 것처럼 연출한다.

㉤ 광창 조명 : 광천장과 같은 방식으로 광원을 넓은 면적의 벽면에 매입, 시선에 안락한 배경으로 작용한다. 지하철 광고판 등에서 사용한다.

㉥ 코퍼 조명 : 천장에 사각형 또는 원형의 구멍을 뚫어 단차를 두어 천장 내부에 조명을 설치하는 방식

㉦ 캐노피 조명 : 사용자의 얼굴에 적당한 조도를 주기 위해 벽면이나 천장면의 일부를 돌출시켜 조명을 설치하며 강한 조명을 아래로 비춘다. 카운터 상부, 욕실의 세면대, 드레싱 룸에 설치된다.

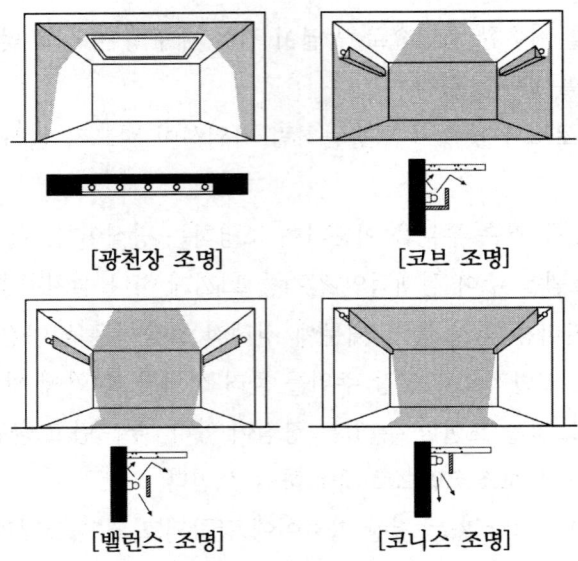

[광천장 조명]　　[코브 조명]

[밸런스 조명]　　[코니스 조명]

(7) 조명설계

① 조명계획의 순서

　소요조도 결정 → 광원 선택 → 조명방식 선정 → 조명기구 선정 → 광속 계산(조명기구 수 산정) → 광원 배치

② 조명기구 배치

　㉠ 광원 간의 간격(S)

　　S≤1.5H(작업면과 광원까지의 거리)

　㉡ 벽면과 광원 간격

　　ⓐ S≤H/2 : 벽 가까이서 작업을 하지 않는 경우

　　ⓑ S≤H/3 : 벽 가까이서 작업을 하는 경우

③ 조명의 높이

　㉠ 직접 조명 : 광원과 작업면의 거리는 천장과의 거리의 2/3 정도가 적당하다.

　㉡ 간접 조명 : 광원과 천장의 거리는 천장과 작업면 바닥까지의 거리의 1/5 정도가 적당하다.

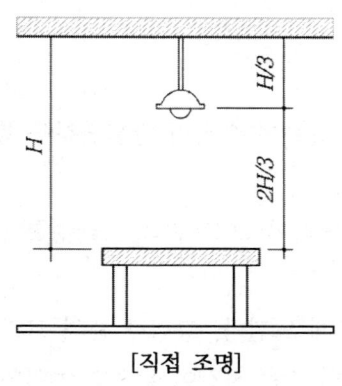 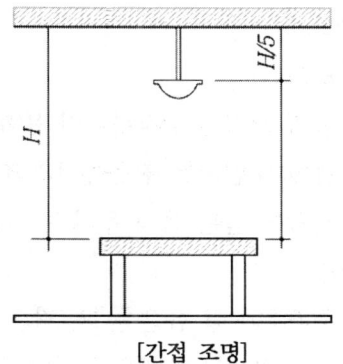

[직접 조명]　　　　　　　　[간접 조명]

④ 거실용도별 적정 조도 기준

　㉠ 설계, 제도, 수술, 계산, 정밀검사 : 700lx

　㉡ 일반사무, 제조, 판매, 회의 : 300lx

　㉢ 독서, 식사, 조리, 세척, 집회 : 150lx

5. 소리환경

(1) 음의 성질

① 음파(sound wave)

　㉠ 음파는 관성과 탄성을 가진 매질을 전파하는 압력의 변동으로서 매질입자가 전파 방향과 같은 방향으로 운동하는 종파이다.

　㉡ 주파수(진동수) : 음은 전파될 때 파동현상을 나타내는데 이때 1초간의 왕복운동수를 말한다.

　　ⓐ 단위 : Hz(c/s)

　　ⓑ 가청주파수 : 20~20000Hz. 청력손실은 4000Hz 전후에서 나타난다.

　　ⓒ 초음파 : 초저주파수음(20Hz 미만), 초고주파수음(20000Hz 이상)

　　ⓓ 표준음 : 63, 125, 250, 500, 1000, 2000, 4000, 8000Hz의 순음

② 음속

　㉠ 음파가 전달되는 속도는 기온 15℃의 공기에서 약 340m/s이며 기온 1℃의 증가에 따라 0.6m/s씩 증가한다.

　　음속 $c = 331.5 + 0.6t$ ($t = $기온)

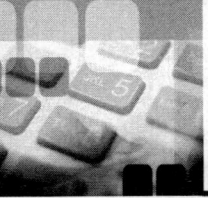

ⓒ 음속은 주파수의 영향을 받지 않고 통과하는 물질의 성질에 영향을 받는다.
③ 음의 3요소
  ㉠ 강도(크기)
    ⓐ 음의 크기는 감각량이며 음파의 진행방향에 수직인 단위면적을 통하여 단위시간에 운반되는 진동에너지의 양이다.
    ⓑ 사람이 듣는 음의 주파수가 같다면 면적이 크고 진폭이 클수록 큰 음이 된다.
  ㉡ 높이
    ⓐ 주파수가 큰 음은 높고, 작은 음은 낮게 느낀다. 그러나 음의 크기나 파형의 영향도 받으므로 매우 복잡하다. 또 음의 지속 시간이 짧으면 높이의 감각이 없어진다.
    ⓑ 피아노의 낮은 '도'에서 높은 '도'를 1옥타브라고 한다. 즉, 1옥타브 위의 음은 기본 주파수에 대해 2배, 2옥타브 위의 음은 4배만큼 높은 주파수의 음을 의미한다.
  ㉢ 음색
    ⓐ 음파를 구성하는 배음구조에 따라 다르게 느껴지는 것을 말한다.
    ⓑ 외형상으로 비슷한 악기라 해도 음의 배열과 크기가 다르면 음색이 달라진다.
④ 기타 용어와 성질
  ㉠ 회절 : 음의 진행 중에 장애물이 있으면 파동이 직진하지 않고 그 뒤쪽으로 돌아가는 현상으로 칸막이벽 뒤의 소리가 들리는 것은 회절현상 때문이다.
  ㉡ 간섭 : 양쪽에서 나온 음이 어떤 점에 도달하면 서로 강하게 하거나 약화시키거나 하는 현상이다.
  ㉢ 울림(에코) : 진동수가 조금 다른 두 음의 간섭에 의해 생기는 현상
  ㉣ 공명 : 음을 발생하는 하나의 물체로부터 나오는 음에너지를 다른 물체가 흡수하여 같이 소리를 내기 시작하는 현상. 실내에서 공명이 발생하면 균등한 음의 분포를 얻기가 힘들다.
  ㉤ 확산 : 음파가 구부러진 표면에 부딪쳐 여러 개의 작은 파형으로 나뉘는 것
  ㉥ 반사 : 음은 흡수, 투과 또는 반사의 성질을 갖고 있으며, 각각의 비율은 재료에 따라 다르다.

(2) 음압과 음의 세기 레벨

① 데시벨(dB)
  ㉠ 소리의 상대적인 크기를 나타내는 단위
  ㉡ 소리의 전파에 있어 매체 속을 진행하는 에너지는 음압의 제곱에 비례한다. 최대 가청범위로부터 최소 가청범위까지의 비례 범위를 취급하는 데에 벨(bel)을 쓴다. 두 음의 강도 차는 이 비의 상용대수를 따서 벨이라고 하고, 보통 이 벨을 10으로 나눈 데시벨(dB)을 쓰고 있다.
  ㉢ 데시벨은 소리의 강도(E)의 비례대수의 10배, 또는 음압(P)의 비례대수의 20배가 된다. 에코나 정재파 등과 같은 반사나 바람, 굴절에 의한 방해가 없는 한 소리의 크기는 거리의 제곱에 반비례한다.

② 음압(P)
  ㉠ 음파에 의해 공기 진동으로 생기는 대기 중의 변동으로 단위 면적에 작용하는 힘
  ㉡ 단위 : dyne/cm²(mbar), N/m²(PA)
  ㉢ dB 수준 = $20\log\left(\dfrac{P_1}{P_0}\right)$
  (P_0=기준음압, P_1=주어진 비교음의 음압)

③ 음의 세기 레벨
  ㉠ 어떤 음의 세기가 기준치의 몇 배인가를 나타내는 것
  ㉡ 기준치 : $10^{-12}\text{W/m}^2 = 10^{-16}\text{W/cm}^2$ (건강한 귀로 들을 수 있는 1000Hz의 순음의 세기)
  ㉢ dB 수준 IL = $10\log\left(\dfrac{I_1}{I_0}\right)$
  (I_0=기준음의 세기, I_1=측정음의 세기)

④ 감각량
  ㉠ 음의 대소를 나타내는 감각량의 단위로는 sone을 쓴다.
  ㉡ 1000Hz, 40dB의 음압레벨을 가진 순음의 크기를 1sone으로 한다.

⑤ 주관적 레벨
  ㉠ 귀의 감각적 변화를 고려한 주관적 척도를 폰(phon)이라 한다.
  ㉡ 1sone은 40phon에 해당되며 sone값을 2배로 하면 10phon씩 증가한다.
  (1sone=40phon, 2sone=50phon, 4sone=60phon)

(3) 흡음 및 차음

벽체 등에 입사한 음파의 반사율을 가능한 한 낮춰 실내의 음에너지를 최대한 소멸시키는 작용을 흡음이라 한다.

① 다공질형 흡음재

글라스울, 암면 등의 광물, 식물섬유류처럼 모세관이나 연속기포로 되어 있는 재료에 음이 입사하면 음파는 그 세공 속으로 전파하여 주벽과의 마찰이나 점성저항 및 재료 소섬유의 진동 등으로 음에너지의 일부가 열에너지로 소비된다.

㉠ 고주파음의 흡음률이 높고 재료의 두께나 공기층 두께를 증가시킴으로써 저주파수의 흡음률을 증가시킬 수 있다.

㉡ 다공질 재료의 표면이 다른 재료에 의하여 피복되어 통기성이 저해되면 중·고주파수에서의 흡음률이 저하된다.

㉢ 재료 표면의 공극을 막는 마감을 하지 말고 부착법과 배후공기층 관리를 철저히 해야 한다.

② 판(막)진동형 흡음재

얇은 합판, 석고보드 등의 기밀한 재료에 음파가 오면 표면의 진동에 의해 음에너지의 일부가 마찰로 소비된다.

㉠ 저음역의 공진주파수에서 볼 수 있고 흡음률은 크지 않다.

㉡ 흡음률은 저음역에서는 0.2~0.5이고, 고음역에서는 0.1 내외이므로 반사판 구실을 한다.

㉢ 판류는 진동하기 쉬운 것이거나 얇은 것일수록 크다. 또 같은 판이라도 풀로 붙인 것보다는 못으로 고정한 것이 진동하기 쉽고 흡음률이 크다.

㉣ 흡음률의 피크는 대체로 200~300Hz 이하에 있으며 재료의 중량이 클수록, 판의 배후 공기층이 클수록 저음역으로 옮겨간다.

③ 구멍판 흡음재

합판, 석고보드 등의 경질판에 다수의 구멍을 관통시킨 것으로 구멍과 배후공기층으로 구성된다.

㉠ 중저음역 흡음률이 크며 판의 두께나 구멍크기와 간격에 따라 특성이 달라진다.

㉡ 배후공기층을 크게 하면 흡음주파수역이 넓어지며 흡음재를 추가로 넣어 흡음률을 높일 수도 있다.

④ 차음

외부와의 음의 교류를 차단하는 것을 차음이라 하며, 음원이 재료나 구조물에 부딪치고 흡수되어 얼마나 감소하였는지의 정도를 투과손실이라 한다. 차음력은 음의 투과율이 작을수록 커지며, 벽체의 두께와 질량에 비례한다.

(4) 잔향

① 잔향시간
　㉠ 실내음의 발생을 중지시킨 후 소음레벨이 60dB(음의 세기로는 $1/10^6$, 음압으로는 1/1000) 감소될 때까지 걸리는 시간을 뜻한다.
　㉡ 흡음력과 잔향시간은 반비례 관계이며 청중의 다소와 관계가 있다.
　㉢ 잔향시간은 실용적에 비례하며 실의 표면적에 반비례한다.
　㉣ 적정 잔향시간보다 길어지면 명료성이 저하된다.

② 실내 음향계획
　㉠ 명료도가 요구되는 강연은 짧은 편이 좋고, 풍부한 반향이 요구되는 음악에는 저음역이 다소 긴 편이 좋다.
　㉡ 저음역은 판재료, 저·중음역은 공동 흡수에 의해, 고음역은 다공질 재료의 사용에 의해 흡음 처리를 한다.
　㉢ 무대 쪽은 반사성 재료를, 반대쪽 벽은 흡음성 재료를 사용한다.

③ 실내 음전파

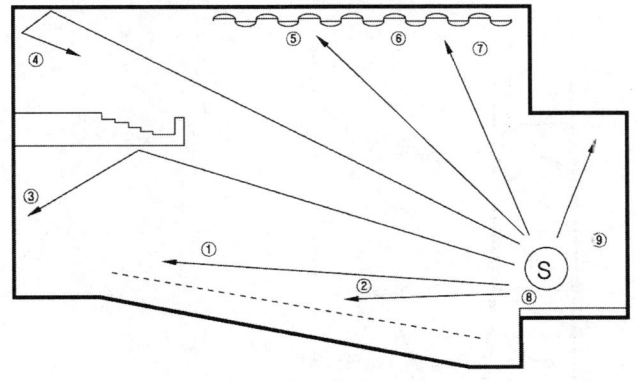

① 거리에 의한 음의 감쇠
② 좌석에 의한 흡음
③ 표면마감재 흡음
④ 실내공간 모서리의 반사
⑤ 천장 굴곡면에 의한 음의 확산
⑥ 음회절
⑦ 음의 음영부분
⑧ 무대바닥판 공명
⑨ 반향 및 정재파

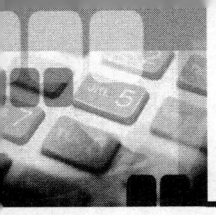

전산응용건축제도기능사 필기 문제풀이

건축설비

1. 급·배수설비

(1) 급수설비

① 수도직결 방식

수도 본관에서 수도관을 이끌어 건축물 내의 소요 개소에 직접 급수하는 방식이다.
  ㉠ 정전 시에도 계속 급수가 가능하다.
  ㉡ 설비비 및 유지관리비가 저렴하다.
  ㉢ 급수오염의 가능성이 가장 적다.
  ㉣ 소규모 건물에 적합하다.

② 고가수조 방식(옥상탱크 방식)

양수펌프로 고가 탱크까지 양수하여 낙차에 의한 수압으로 각 층에 수급하는 방식이다.
  ㉠ 안정적인 수압으로 급수할 수 있고 배관 부속품의 파손이 적다.
  ㉡ 저수량이 확보되므로 단수 후에도 일정시간 동안 급수가 가능하다.
  ㉢ 저수조 안에서 물이 오염될 가능성이 있어 저수시간이 길어지면 수질이 나빠지기 쉽다.
  ㉣ 설비비, 경상비가 높고 구조설계가 까다로운 형식으로 대규모 급수설비에 적합하다.

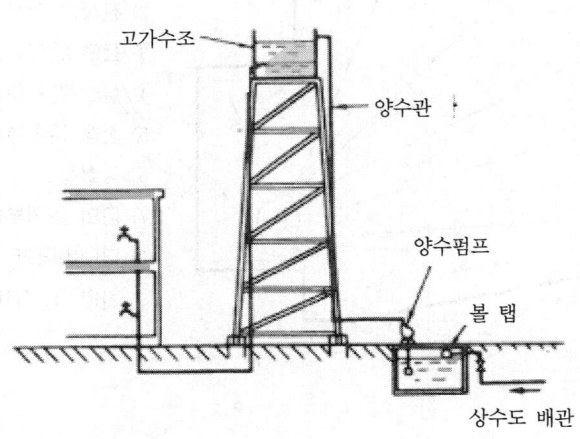

③ 압력탱크 방식

수도 본관으로부터 최초 수조까지는 고가수조 방식과 동일하지만 펌프로 압력탱크에 압입하여 이 압력으로 급수전까지 압송하는 방식이다.

㉠ 장점
  ⓐ 높은 곳에 탱크를 설치할 필요가 없으므로 건축구조를 강화할 필요가 없고 탱크의 설치 위치에 제한을 받지 않는다.
  ⓑ 고가시설이 필요하지 않으므로 건축물의 구조를 강화할 필요가 없다.
  ⓒ 부분적으로 고압을 필요로 하는 경우에 적합하다.

㉡ 단점
  ⓐ 최고, 최저 압의 차가 커서 급수압이 일정하지 않다.
  ⓑ 펌프의 양정이 길어서 시설비가 많이 든다.
  ⓒ 탱크는 압력에 견뎌야 하므로 제작비가 비싸다.
  ⓓ 저수량이 적어서 정전 시나 고장 시 급수가 중단된다.
  ⓔ 에어 컴프레서를 설치해서 때때로 공기를 공급해야 한다.
  ⓕ 취급이 간단하지 않으며 다른 방식에 비하여 고장이 잦다.

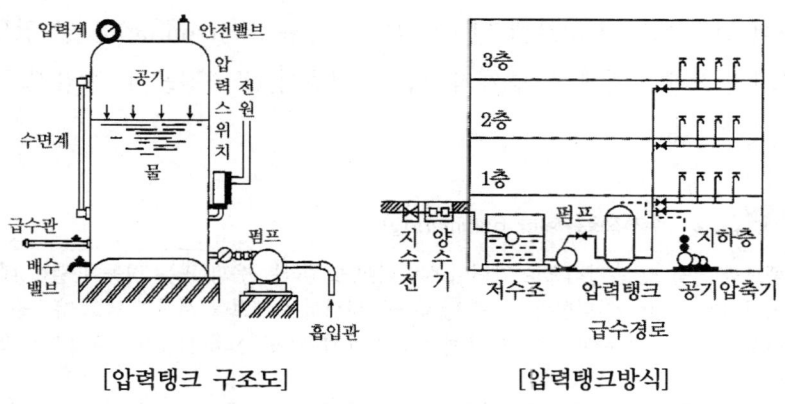

[압력탱크 구조도]   [압력탱크방식]

④ 펌프직송 방식(tankless booster system)

수도 본관으로부터 인입관 등에 의해 물을 저수 탱크에 저수하여 급수 펌프만으로 건물 내의 소요 개소에 급수하는 방식으로 정속방식과 변속방식이 있다. 주택단지나 대규모 공장에 쓰인다.

  ㉠ 정속방식 : 여러 대의 펌프를 병렬로 설치하고 1대의 펌프를 항상 가동시켜 토출관의 압력변화 시 다른 펌프를 시동 또는 정지시킨다.

ⓒ 변속방식 : 정속전동기와 변속장치를 조합하거나 또는 변속전동기를 사용하여 토출관의 압력변화를 감지하고 펌프의 회전수를 변화시킴으로써 양수량을 조절하는 방식이다.

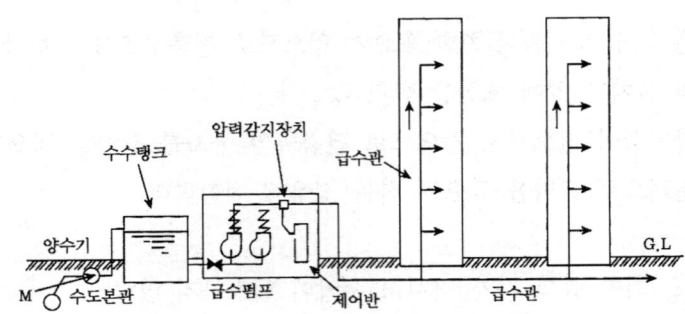

[탱크가 없는 부스터방식]

⑤ 초고층 건물의 급수방식
  ㉠ 고층 건물에서는 최상층과 최하층의 수압차가 일정치 않아 물을 사용하기가 곤란하다. 과대한 수압은 수격작용(water hammering)을 동반하고 그 결과 진동이 일어나 건물 내의 공해 요인이 되기도 한다. 그로 인해 급수계통을 건물의 상하층으로 구분하여 급수 압력이 고르게 될 수 있도록 급수 조닝(zoning)을 할 필요가 있다.
  ㉡ 조닝 방식에는 층별식, 중계식, 압력탱크방식, 조압펌프식, 감압밸브를 사용한 방식 등이 있다.

> **Point 수격작용(water hammering)**
> 밸브를 닫을 때 순간적으로 압력이 상승하여 발생하는 음파 또는 진동이 밸브 배관을 손상시키는 현상을 말한다. 이를 방지하기 위해서는 밸브를 서서히 닫고 유속을 작게 하고 관경을 크게 해야 한다. 또한 밸브 근처에 공기실을 설치하는 것도 효과적인 방법이다.

(2) 대변기 세정방식
① 하이 탱크 방식
  ㉠ 높은 곳에 세정탱크를 설치하고 급수관을 통하여 물을 채운 다음 이 물을 세정관을 통하여 변기에 사출하는 방식이다.
  ㉡ 바닥 점유면적은 작지만 소음이 크고 점검 및 보수가 불편하다.

ⓒ 규격
- ⓐ 탱크용량 : 15L
- ⓑ 급수관의 관경 : 15mm
- ⓒ 세정관의 관경 : 32mm
- ⓓ 세정탱크 높이 : 1.9m 이상

② 로 탱크 방식
㉠ 하이 탱크 방식에 비해 물 사용량은 많지만 소음발생은 적다.
㉡ 탱크 위치가 낮아서 고장이 나도 수리가 용이하고 단수 시에는 물을 공급하기가 편리하다.
㉢ 저압의 지역에서도 사용이 가능하다.
㉣ 규격
- ⓐ 급수관 관경 : 15mm
- ⓑ 세정관 관경 : 50mm

③ 세정밸브(플러시 밸브)식
㉠ 급수관에서 플러시 밸브를 거쳐 변기 급수구에 직결되고 플러시 밸브의 핸들을 작동함으로써 일정량의 물이 사출되어서 변기 내를 세정하는 방식이다.
㉡ 탱크가 필요없어서 화장실을 넓게 사용할 수 있지만 소음은 크게 발생한다.
㉢ 급수관 관경이 최소 25mm가 되어야 하므로 일반 주택에서는 거의 사용하지 않고 주로 학교, 호텔, 사무소 등의 대규모 건축물에 적합하다.

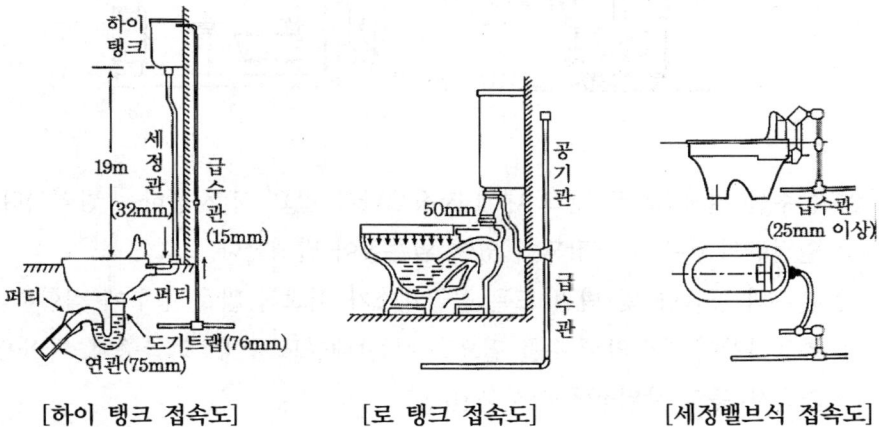

[하이 탱크 접속도]   [로 탱크 접속도]   [세정밸브식 접속도]

(3) 급탕설비

① 개별식 급탕설비
㉠ 특징
- ⓐ 주택, 소규모 숙박시설, 작은 사무실 등에 적합한 방식이다.

ⓑ 배관 중의 열손실이 적은 편이며 비교적 시설비가 싸다.
ⓒ 급탕규모가 크면 가열기가 필요하므로 유지관리가 힘들다.
ⓓ 급탕개소마다 가열기 설치장소가 필요하며 값싼 연료를 쓰기가 곤란하다.
ⓔ 순간온수기, 저탕식, 기수 혼합식 등이 있다.

ⓛ 순간 가열 방식(순간온수기)
ⓐ 급탕관의 일부를 가스나 전기로 가열시켜 직접 온수를 받는 방법이다.
ⓑ 배관길이는 9m 이하로 하며 장시간 연속 사용하는 경우 30m까지도 가능하다.
ⓒ 항상 적은 양의 온수를 필요로 하는 곳에 적합하다.(주택, 미용실 등)

ⓒ 저탕식

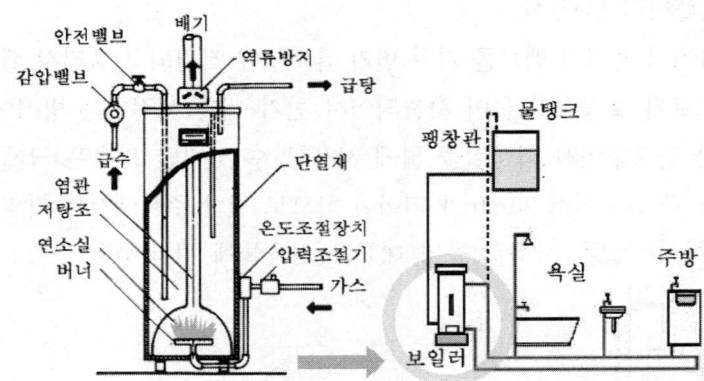

ⓐ 온수를 일시적으로 탱크 내에 저장했다가 필요 시 사용하는 방식이다.
ⓑ 일정량의 온수가 저장되어 있어 열손실이 발생한다.
ⓒ 온수의 공급량 및 범위 또는 공급개소가 비교적 많은 경우에 적합하다.
ⓓ 특정시간에 다량의 온수를 필요로 하는 대규모 주방, 고급주택, 체육관, 공장, 기숙사 등의 샤워장에서 사용된다.
ⓔ 배관에 의해 공급하는 경우 순환배관도 가능하므로, 순간식보다 규모가 큰 설비에 적합하다.

ⓔ 기수 혼합식

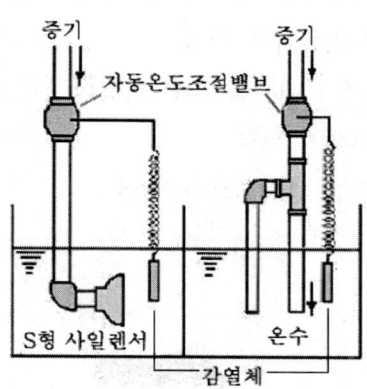

ⓐ 증기와 물을 혼합해서 온수를 만드는 방법으로, 증기를 직접 불어넣어 물을 가열하는 사일렌서 방식과 기수 혼합 밸브에 의해 증기와 물을 혼합하여 온수를 얻는 방식이 있다.

ⓑ 설치가 간단하고 설비비가 저렴한 편이며 증기의 전 열량을 물에 직접 전달하므로 열효율이 높다.

ⓒ 보일러에 항상 새 용수를 공급해야 하므로 보일러 본체에 응력이 따르고 스케일이 생긴다.

ⓓ 상당히 높은 증기압($1{\sim}4kg/cm^2$)을 필요로 하고, 물을 혼합할 때 소음이 발생되므로 설치장소에 제한을 받는다.

ⓔ 증기가 열원이므로 증기를 쉽게 얻을 수 있는 공장, 병원, 기숙사, 군부대 등에서 주로 사용된다.

② 중앙식 급탕설비

㉠ 특징

ⓐ 대규모 급탕방식으로 건물 전체에 걸쳐 온수를 공급하는 경우에 사용된다.

ⓑ 기계실에 가열장치, 온수탱크, 순환펌프 등을 설치하고, 상향 또는 하향 등의 순환배관에 의해 필요한 장소에 온수를 공급하는 방식이다.

ⓒ 저렴한 석탄, 등유, 중유, 증기 등을 열원으로 사용할 수 있다.

ⓓ 열효율이 좋고 총 열량을 적게 할 수 있으며 관리가 용이하고 배관에 의해 어느 곳에서든 급탕할 수 있다.

ⓔ 초기 설치 비용이 크고 전문기술자가 필요하며 시공 후 기구증설로 인한 배관공사가 어렵다.

ⓕ 입지 조건이나 이용자의 경향 등에 의해 극단적으로 동시 사용률이 높아지는 시기가 있어서 주의하여야 한다.
ⓖ 정기적으로 저탕조나 배관을 70℃ 이상의 온수로 고온 살균하여 레지오넬라균 방지 대책을 고려해야 한다.
ⓗ 직접 가열식과 간접 가열식으로 나뉜다.
ⓒ 직접 가열식

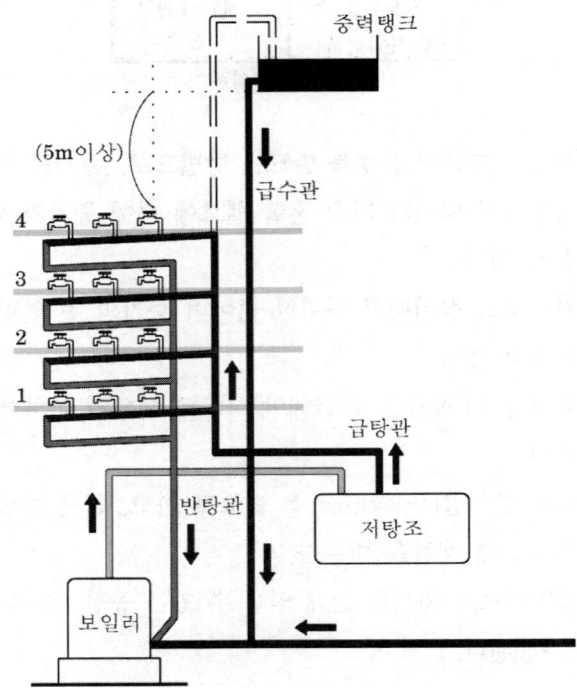

ⓐ 온수보일러에서 저탕조를 거쳐 가열시킨 온수를 직접 각 층에 공급하는 방식이다.
ⓑ 온수의 공급은 반탕관의 말단부에 순환펌프를 설치하여 순환시킨다.
ⓒ 팽창관은 장치 안에서 발생하는 증기나 공기를 배출하여 물의 팽창에 의한 위험을 방지한다.
ⓓ 보일러에 새로운 물이 계속 보급되므로 불균일한 신축을 수반하며, 수질에 따라서는 보일러 내부에 스케일이 부착되어 열효율이 감소되고 보일러 부식에 의한 수명단축과 파열의 위험이 있으므로 방식처리가 필요하다.
ⓔ 중압 또는 고압보일러가 사용되며, 보일러로의 급수는 중력탱크에 의한다. 중력

탱크의 높이는 최상층의 수도꼭지에 충분한 수압을 주는 높이(5m 이상)로 한다.
ⓒ 간접 가열식

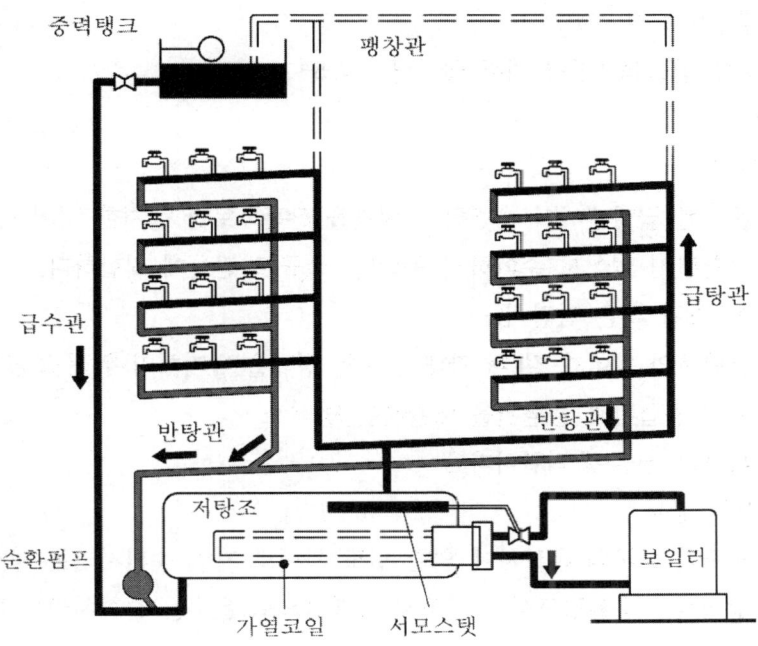

ⓐ 고온수나 증기를 이용하여 저탕조 내에 통과시켜 물을 간접 가열하는 방식이다.
ⓑ 증기나 고온수가 반복 순환하므로 보일러 내부의 스케일 발생이 적고 전열효율이 높다.
ⓒ 건물높이에 관계없이 저압보일러를 사용한다.(가열코일 증기압 : 0.3~1kg/cm²)
ⓓ 공조 설비와 병용이므로 열원단가가 낮아지고 시설비가 절약되며 유지관리상 편리하다.
ⓔ 난방과 급탕 보일러를 개별 설치할 필요가 없으며 호텔, 사무소, 병원, 아파트 등 대규모 건물에 쓰인다.

Point 스케일

보일러 내부의 물 속 용해 고형물이 고온의 보일러 내에서 점차 농축, 축적되어 여러 가지의 화학적 또는 물리적 작용을 받아 결정을 석출하고, 이것이 전열면의 보일러 내면에 부착하여 굳어진 것을 말한다. 보일러의 열효율을 떨어뜨리고 부품의 수명을 단축시킨다.

(4) 급탕 배관 설계

① 기본사항
  ㉠ 급탕온도 : 60~70℃
  ㉡ 사무용 건물의 1인당 하루 급탕량 : 7.5~11.5L/dc

② 배관방식
  ㉠ 단관식
    ⓐ 온수를 급탕전까지 운반하는 배관을 단관으로만 설치한 것이다.
    ⓑ 순환관이 없어서 순환하지 못한다. 소규모 건물에 적합하다.
  ㉡ 순환식(2관 혹은 복관식)
    ⓐ 급탕관의 길이가 길 때 관내 온수의 냉각을 방지하기 위해 보일러에 급탕전까지의 공급관과 순환관을 배관하는 방식
    ⓑ 대규모 건물에 적합하다.
  ㉢ 순환의 방식
    ⓐ 중력식 : 물의 온도차에 의한 밀도 차이로 자연 순환시키는 방식
    ⓑ 강제식 : 순환펌프를 이용해서 강제적으로 온수를 순환시키는 방식

③ 배관 시공
  ㉠ 급탕관의 관경
    ⓐ 최소 25A(mm) 이상
    ⓑ 급수관경보다 한 단계 큰 치수의 관을 사용한다.
    ⓒ 반탕관은 온도상승으로 인해 물의 부피가 증가하므로 급탕관보다 작은 치수를 사용한다.
  ㉡ 배관의 구배
    ⓐ 중력순환식 : 1/150 이상   ⓑ 강제순환식 : 1/200 이상

(5) 배수설비

① 종류 및 방식
  ㉠ 배수의 종류
    오수(대·소변기), 잡배수(세면기, 욕조), 우수(빗물), 특수배수(공장, 병원 등)
  ㉡ 배수방식
    ⓐ 중력식 배수(중력에 의해 자연히 흘러내리게 하는 배수방식)

ⓑ 기계식 배수(오수 펌프를 이용하여 배출하는 방식)
② 트랩 : 배수 계통 중 일부분에 봉수를 머무르게 해서 물은 통하지만 공기나 가스를 제한함과 동시에 악취, 벌레 등이 실내로 침투하지 못하게 하는 기구를 뜻한다. 트랩 내 봉수의 깊이는 50~100mm 정도로 한다.
 ㉠ S트랩
  ⓐ 세면기, 대·소변기에 부착하여 바닥 밑의 배수 수평지관에 접속하여 사용한다.
  ⓑ 사이펀 작용을 일으키기 쉬운 형태로 봉수가 쉽게 파괴된다.
 ㉡ P트랩 : 배수 수직지관에 접속하고 위생기구에 가장 많이 사용하며 봉수가 S트랩보다 안전하다.
 ㉢ U트랩
  ⓐ 가옥 배수, 메인 트랩이라고도 한다.
  ⓑ 배수 횡주관 도중에 설치하여 공공하수관의 하수 가스 역류 방지용으로 사용한다.
  ⓒ 수평배수관 도중에 설치할 경우 유속을 저해하는 단점이 있다.
 ㉣ 기타
  ⓐ 드럼 트랩 : 주방 싱크의 배수용 트랩으로 봉수가 잘 파괴되지 않으며 청소가 용이하다.
  ⓑ 벨 트랩 : 욕실 등의 바닥 배수용으로 사용한다.
  ⓒ 그리스 트랩 : 호텔이나 대규모 식당의 주방과 같이 기름기가 많이 발생하는 배수에서 기름기를 제거한다.
  ⓓ 가솔린 트랩 : 정비소, 세차장 등에서 사용한다.
  ⓔ 플라스터 트랩 : 치과 기공실, 정형외과 깁스실에서 사용한다.
  ⓕ 헤어 트랩 : 미용실, 이발소에서 머리카락을 걸러낸다.
  ⓖ 개리지 트랩 : 차고 내의 바닥 배수용으로 사용한다.
③ 트랩의 봉수파괴 원인
 ㉠ 자기사이펀 작용 : 배수가 관 속을 가득 채워서 흐를 때 트랩 내 봉수가 모두 배수관 쪽으로 흡인되어 배출하는 현상으로 S트랩에서 특히 많이 발생한다.
 ㉡ 유인사이펀 작용 : 상층 배수입관에서 다량의 둘이 일시에 낙하할 때 상층 기구의 봉수가 함께 딸려가는 현상
 ㉢ 분출작용 : 수평지관 또는 수지관 내를 일시에 다량의 배수가 흘러내리는 경우 그 물덩어리가 일종의 피스톤 작용을 일으켜 공기의 압력에 의해 배수관 저층부의 기

구에서 역으로 실내 쪽으로 역류시키는 현상을 말한다.
ⓛ 모세관현상 : 트랩 내에 걸린 머리카락, 실오라기 등의 모세관 작용으로 봉수가 서서히 흘러내려 말라버리는 현상이다. 불순물을 정기적으로 제거하여 이를 방지한다.
ⓜ 증발 : 위생기구를 장시간 사용하지 않아서 봉수가 증발하는 것을 말한다. 장기간 건물을 비우거나 청소를 오랫동안 하지 않은 곳에서 주로 발생한다. 기름을 조금 떨어뜨려 놓으면 방지된다.
ⓗ 운동량에 의한 관성 : 위생기구의 물을 갑자기 배수하는 경우 또는 강풍 등의 원인으로 배관 중에 급격한 압력변화가 일어났을 때 봉수가 배출되는 현상이다. 격자쇠를 설치하여 이를 방지한다.

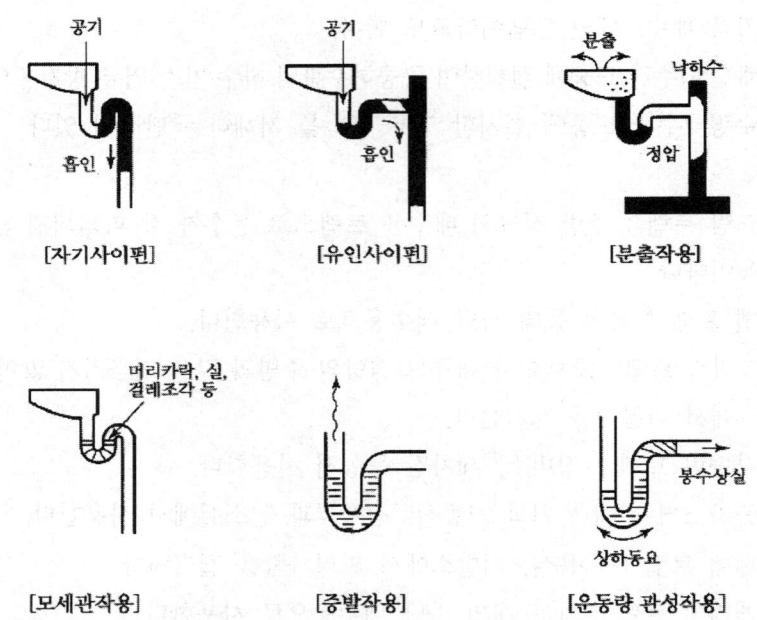

④ 통기관
트랩의 봉수를 보호하고 배수의 흐름을 원활하게 하며, 관내 수압을 일정하게 하고 관내 청결도 유지한다.
㉠ 각개 통기관
ⓐ 각 위생기구마다 하나씩 통기관을 설치하는 가장 이상적 통기방식이다.
ⓑ 자기사이펀의 경우에는 각개통기방식 외에는 방지가 어렵다.

ⓒ 설치기구가 많아지므로 비용이 높고 시공이 까다롭다.
ⓓ 관경은 최소 32mm 이상으로 하며 접속되는 배수관 구경의 1/2 이상으로 한다.
ⓒ 루프 통기관
ⓐ 2~8개의 기구조를 일괄 통기하는 통기관으로 수직관에 접속하는 것은 회로 통기관, 신정 통기관에 접속하는 것은 환상 통기관이라 한다.
ⓑ 관경은 40mm 이상, 배수수평지관과 통기수직관 중에서 작은 쪽 1/2 이상으로 한다.
ⓒ 감당하는 수기구는 8개 이내로 한다.
ⓒ 신정 통기관
ⓐ 최상층의 배수 수평지관이 배수 수직관에 연결된 통기관으로 옥상 등에 돌출시킨다.
ⓑ 관경은 최소 75mm 이상으로 하며, 배수 수직관의 관경보다 작게 해서는 안 된다.
ⓔ 도피 통기관
ⓐ 환상 통기배관에서 통기 능률을 촉진시키기 위한 통기관
ⓑ 관경은 최소 40mm 이상, 또는 접속하는 배수관 관경의 1/2 이상으로 한다.
ⓜ 결합 통기관
ⓐ 고층 건물의 배수 수직관과 통기 수직주관을 접속하는 통기관
ⓑ 5개층마다 설치해서 배수 수직주관의 통기를 촉진한다.
ⓒ 관경은 최소 50mm 이상으로 하며, 통기수직관과 배수수직관 중에서 작은 것 이상으로 한다.

2. 냉·난방설비

(1) 냉방설비

① 중앙식 냉방 : 한 곳에 설치한 공기세정기로 온·습도를 조절한 공기를 송풍기에 의해 덕트를 통해서 실내에 들여보내는 방식
② 개별식 냉방 : 각 실마다 개별 냉방기(냉풍발생장치)를 설치하여 실내에 냉풍을 들여보내는 방식으로 창문형, 분리형, 수냉식 실내 유닛형이 있다.

(2) 난방설비

① 증기난방
  ㉠ 수증기의 잠열로 난방하고, 응축수는 환수관을 통하여 보일러에 환수된다.
  ㉡ 열의 운반능력이 크고 예열시간이 짧으며 방열면적이 작다. 비용은 저렴하다.
  ㉢ 난방 쾌감도가 낮고, 방열량 조절이 곤란하며, 소음이 발생하고, 보일러 취급에 기술을 요한다.

② 온수난방
  ㉠ 현열을 이용한 난방으로, 가열 온수를 복관식 혹은 단관식 배관을 통하여 방열기에 공급한다.
  ㉡ 온도와 온수량 조절이 용이하고 방열기 표면온도가 낮다.
  ㉢ 보일러 취급이 용이하고 안전한 편이다.
  ㉣ 예열시간이 길고 방열면적과 배관이 크고 설비 비용이 크다.
  ㉤ 동결의 우려가 크며 온수 순환시간이 길다.

③ 복사난방
  ㉠ 바닥 등의 구조체에 동관, 강관 등으로 코일을 배관하여 가열면을 형성한다.
  ㉡ 온도분포가 균등하고 먼지 상승을 억제하여 쾌감도가 높다.
  ㉢ 방열기가 필요없고 바닥면의 이용도가 높다.
  ㉣ 표면 균열 및 매설배관 이상 시 수리 등의 변경이 곤란하고, 특수시공을 해야 한다.
  ㉤ 열손실을 막기 위한 단열층이 필요하다.

④ 온풍난방
  ㉠ 온풍로를 가열한 공기를 직접 실내로 공급하는 방식이다.
  ㉡ 설비 비용이 낮고 설비 면적이 작으며 열용량이 작고 예열시간이 짧다.
  ㉢ 설치가 쉽고 보수 관리가 용이하며 자동 운전이 가능하다.
  ㉣ 소음이 크고 쾌감도가 나쁜 편이며 풍량이 작을 시 상·하 온도 분포가 고르지 않다.

3. 공기조화설비

실내 혹은 특정 공간의 공기를 적당하게 조정하여 온도, 습도, 기류 등 열적 환경 외에 먼지, 냄새, 유독가스, 박테리아 등의 질적 환경에 있어서도 쾌적한 조건을 유지하는 설비를 의미한다.

(1) 분류

열매의 종류	공기조화설비
전공기식	단일 덕트 방식, 이중 덕트 방식, 멀티존 유닛방식
수공기식	각층 유닛방식, 유인 유닛방식
전수식	팬코일 유닛방식, 복사 냉난방식
냉매식	패키지 유닛방식

(2) 전공기식

공기 조화기로 냉·온풍을 만들어 덕트를 통해 송풍하는 방식이다. 덕트 공간을 많이 차지한다.

① 단일 덕트식

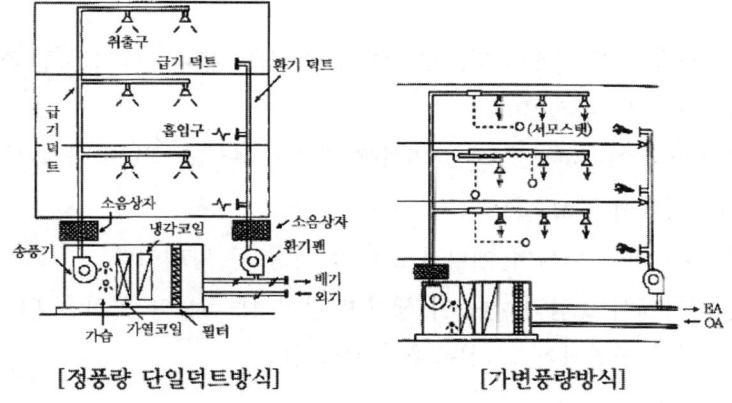

[정풍량 단일덕트방식]   [가변풍량방식]

㉠ 냉난방 시 필요한 전 송풍량을 1개의 덕트로 분배한다.
㉡ 외기의 취입이나 중간기의 환기에 적합하며, 설치비가 저렴하고 관리 및 보수가 용이하다.
㉢ 천장 속 덕트 공간이 많이 차지하며 각 실, 각 층의 온도조절이 곤란하다.
㉣ 바닥 면적이 넓고 천장이 높은 극장, 공장 등의 중·소규모 건물에 적합하다.
㉤ 종류
ⓐ 정풍량 방식 : 조절장치가 없이 공기 조화기에서 만들어진 공기를 같은 양으로

분배하는 방식. 송풍량이 일정하고 열 부하에 따라서 송풍 온습도를 변화시켜 온습도를 조절한다.
ⓑ 가변풍량 방식 : 덕트의 관 끝에 VAT 터미널 유닛을 삽입하여 공기 온도는 일정하지만 송풍량을 실내 부하에 따라서 조절하는 방식이다.
② 이중 덕트 방식

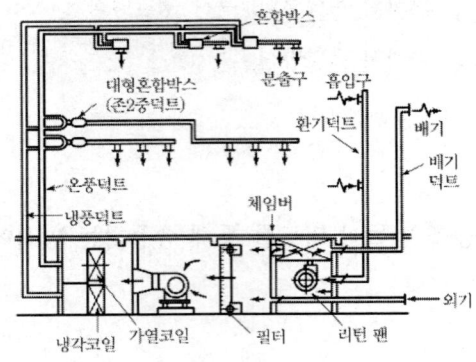

[2중 덕트방식]

㉠ 온·냉풍을 각각 별개의 덕트로 보내고 각 실의 분출구에 설치된 혼합박스로 조절하여 배출하는 방식이다.
㉡ 실별 조절이 가능하므로 온도 변화에 대응이 빠르고 냉난방이 동시에 가능하여 계절마다 전환이 필요치 않다.
㉢ 설비, 운전비가 비싸며 에너지 소비가 가장 큰 방식이다.
㉣ 혼합 상자에서 소음과 진동이 생기며 단일덕트식보다 공간을 더 크게 차지한다.
㉤ 고층 건물, 연면적이 큰 건축물에 적합하다.
③ 멀티존 유닛방식
㉠ 냉·온풍을 만들어 각 지역별로 혼합한 후 각각의 덕트에 보내는 방식으로 하나의 유닛으로 여러 실을 조절할 수 있다.
㉡ 배관 조절장치를 한 곳에 집중할 수 있고, 여름과 겨울에는 이중덕트식보다 에너지 혼합 손실이 적다.
㉢ 중간기에는 혼합 손실이 생겨 에너지 손실이 크다.
㉣ 중간 규모 이하의 건물에 적합하다.

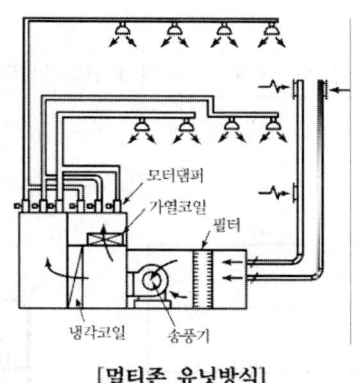

[멀티존 유닛방식]

(3) 수공기식

1차 공기조화기가 외기 및 환기를 처리한 다음 덕트로 방에 송풍하고, 실내의 2차 공기조화기에서는 냉·온수가 송입되어 실내공기를 재처리하는 방식이다.

① 각층 유닛방식

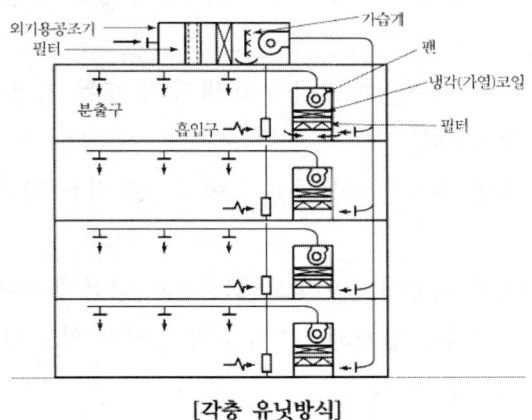

[각층 유닛방식]

㉠ 각 층, 각 구역마다 공기조화 유닛을 설치하는 방식
㉡ 층 또는 구역별로 조건이 다른 건물에 사용되며 전공기식보다 덕트 공간을 좁힐 수 있는 이점이 있다.
㉢ 공기 조화기의 수가 많아지므로 기계가 점하는 면적, 설비비, 보수관리가 복잡해지는 단점이 있다.

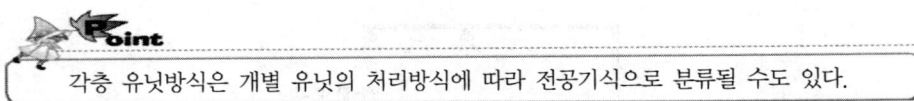
각층 유닛방식은 개별 유닛의 처리방식에 따라 전공기식으로 분류될 수도 있다.

② 유인 유닛방식

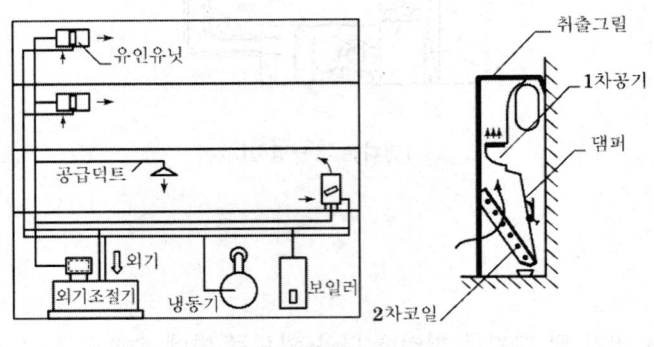

[유인 유닛방식]

㉠ 1차 공조기로부터 조화한 공기를 고속덕트를 통해 각 유닛에 송풍하면 1차 공기가 유인 유닛 속의 노즐을 통과할 때에 유인작용을 일으켜 실내공기를 2차 공기로 하여 유인한다.
㉡ 유인된 실내공기는 유닛 속 코일에 의해 냉각 또는 가열된 후 2차의 혼합공기로 되어 실내로 송풍된다.
㉢ 각 유닛마다 개별 제어가 가능하고 고속덕트를 사용하므로 덕트 공간을 작게 할 수 있다.
㉣ 실내 환경 변화에 대응이 용이하고 회전부가 없어 동력배선이 필요 없다.
㉤ 각 유닛마다 수배관을 설치하므로 누수의 염려가 있고 냉각 가열을 동시에 하는 경우 혼합손실이 발생한다.
㉥ 유인 성능 및 공간 문제 등으로 고성능 필터의 사용이 곤란하고 송풍량이 적어서 외기냉방의 효과가 적다.

(4) 전수식

덕트를 쓰지 않고 냉·온수가 동시 또는 단독으로 실내에 처리된 유닛 속으로 보내져서 방의 공기를 처리하는 방식이다.

① 팬코일 유닛방식

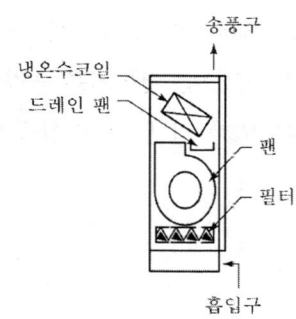

㉠ 소형 송풍기와 냉·온수 코일 및 필터 등을 구비한 소형 공조기를 각 실에 설치하여 중앙기계실로부터 냉·온수를 공급하여 공기조화를 하는 방식이다.
㉡ 외기 공급별 분류
　ⓐ 실내공기 순환식 : 재실인원이 적은 경우 팬코일 유닛에 실내공기를 순환시켜 냉각 또는 가열한다.
　ⓑ 외기 도입식 : 팬코일 유닛이 설치된 벽을 통해 외기를 직접 도입하여 실내 환기와 혼합·냉각 또는 가열하여 취출한다.
　ⓒ 덕트 병용 방식 : 중앙 공조기의 1차 공조기에서 외기를 조화하여 덕트를 통해 각 실로 공급하며 실내유닛인 팬코일 유닛으로 실내 공기를 조화한다. 이 경우는 수공기식으로 볼 수 있다.
㉢ 특징
　ⓐ 외주부의 창문 밑에 설치하면 콜드 드래프트를 방지할 수 있지만 수배관 누수의 염려가 있다.
　ⓑ 각 실별 제어가 가능하므로 부분부하가 많은 건물에서 경제적 운전이 가능하다.
　ⓒ 다수 유닛의 분산으로 관리가 어렵다.
　ⓓ 호텔 객실, 아파트처럼 여러 실로 나뉘어진 건축물에 적합하며 영화관과 같은 넓은 공간에는 부적합하다.
② 복사 냉난방 방식
　건물 바닥 또는 벽 등의 구조체 내에 파이프 코일을 설치하고 냉·온수를 통하게 하여 냉난방하는 방식이다. 난방 쾌감도는 높지만 설비비용이 높고 보수가 까다롭다.

(5) 냉매식

송풍덕트나 냉·온수 배관이 없이 현장에서 냉매배관으로 실내공기를 직접 처리하는 방식이다. 대표적으로 패키지 유닛방식이 있으며, 냉동기를 내장한 공조기를 설치한 방식이다. 현장설치가 간단하고 공기가 짧아 설비비가 적게 드나 실내의 소음이 크다.

4. 기타 설비

(1) 전기 기초사항

① 전압 : 물질의 전기적 높이를 전위라 하고 그 차이를 전위차 혹은 전압이라 한다.

전압(V)=전류(I)×저항(R)

② 전류 : 도체의 단면을 단위 시간에 이동한 전기량을 말한다.

전류=전압(V)/저항(R) 혹은 전류량(Q)/시간(T)

③ 전력 : 전류가 단위시간에 하는 일의 양

(2) 변전실

건물의 전기 설비 용량이 어느 한도 이상의 크기가 되면 저압 인입으로는 전선이 매우 굵어지므로 고압 인입으로 하여 옥내에 설치되는 설비공간을 뜻한다.

① 변전실의 면적은 평당 전기설비용량(kW)의 루트값으로 한다.
② 변전실은 내화구조로 하고 위치는 부하의 중심에 가깝고 배전이 편리한 장소로 한다.
③ 외부로의 전원 인입이 쉽고 기기 반출입이 용이한 곳이어야 하며, 습기 및 먼지가 적고 천장높이가 충분한 곳으로 한다.
④ 조명 및 환기설비를 갖춰야 하며 부식성 가스가 없는 장소이어야 한다.

(3) 예비전원

정전 시 필요한 최소한의 보안전력을 공급할 수 있는 설비

① 축전지는 정전 후 충전 없이 30분 이상을 방전할 수 있어야 한다.
② 자가용 발전설비는 비상시 10초 이내에 기동하여 규정 전압을 유지하여 30분 이상 전력 공급이 가능해야 한다.

(4) 간선 및 배선

① 간선

㉠ 동력선에서 분기되어 나오는 것을 말하며 주택은 각 실의 콘센트에 전원을 공급하는 선을 말한다.

㉡ 배선방식

구 분	개 요	용 도
수지상식 (나뭇가지식)	• 배전반에서 한 개의 간선이 각 분전반을 거쳐 가며 공급되는 방식 • 전압 강하가 크다.	소규모 건물
평행식	• 배전반에서 각 분전반으로 단독 배선한다. • 전압 강하가 적은 반면 설비비가 많이 소요된다.	대규모 건물
병용식	• 평행식과 나뭇가지식의 병용방식으로 가장 많이 쓰이는 편이다.	

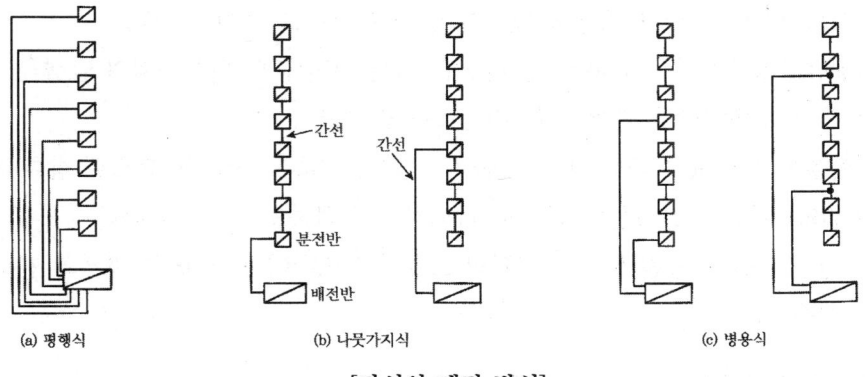

[간선의 배전 방식]

㉢ 간선 설계 순서 : 부하용량 산정 → 전기방식·배선방식 결정 → 배선방법 결정 → 전선의 굵기 결정

② 분전반

㉠ 배선된 간선을 다시 분기 배선하는 장치로 나무판 위에 컷아웃 스위치 또는 나이프 스위치를 배열한 극히 간단한 것부터 대리석반에 다수의 분기 개폐기, 보안기 및 모선을 취부하고, 혹은 유닛 스위치를 다수 조립한 것을 강판제의 상자 속에 수납한 것까지 있다. 나무 상자에 수납하는 경우에는 내면을 철판으로 감싼다.

ⓒ 분전반의 위치
- ⓐ 각 층 부하의 중심에 가깝고 보수 및 조작이 용이하고 안전한 곳에 둔다.
- ⓑ 고층 건물은 가능한 한 파이프 샤프트 부근에 위치하는 것이 좋다.
- ⓒ 전화용 단자함이나 소화전 박스와 조화롭게 배치한다.
- ⓓ 간선인입 및 분기회로의 조작에 지장이 없는 곳이 적합하다.

③ 기타 장비
- ㉠ 아웃렛 : 전기 기기의 뒷판(rear pannel) 등에 붙어 있는 전기 콘센트를 말한다.
- ㉡ 배전반 : 빌딩이나 공장에서는 송전선으로부터 고압의 전력을 받아 변압기로 저압으로 변환하여 각종 전기설비 계통으로 배전하는데, 배전을 하기 위한 장치가 배전반이다. 배전반에는 안전장치, 계기, 표시등, 계전기, 개폐기 따위를 배치하여 전로의 개폐나 기기의 제어와 감시를 쉽게 하며 스위치 보드라고도 한다.
- ㉢ 캐비닛 : 전기 설비에서는 라디오, 텔레비전 수상기, 스테레오 장치 등의 기계 장치를 수납하는 케이스를 뜻한다.

(5) 방재설비

① 화재탐지설비 : 소방 대상물 내에서 발생한 화재를 조기에 감지
② 비상경보설비 : 자동화재탐지설비 또는 다른 방법에 의하여 화재의 발생을 탐지한 즉시 해당 소방대상물 안에 있는 사람들에게 경보
③ 피뢰설비 : 낙뢰에 대한 피해를 줄이고 뇌격 전류를 신속히 땅으로 방류하는 설비
- ㉠ 20m 이상의 건축물은 반드시 피뢰침을 설치하도록 규정한다.
- ㉡ 일반 건물의 돌침 및 수평도체의 보호각은 60° 이하, 위험물 관계의 건축물은 45° 이하로 한다.

(6) 가스 및 소방설비

① 가스설비
- ㉠ 연료용 가스의 종류
  - ⓐ LPG(액화석유가스)
    - 프로판과 부탄을 주성분으로 한 가스를 상온에서 압축하여 액체로 만든 것
    - 부피를 줄여서 수송 및 저장이 용이하다.
    - 공기보다 무거워 용기에 담아서 사용한다.
    - 원래 무색·무취이나 위험성 방지를 위해 식별할 수 있는 냄새를 첨가한다.

ⓑ LNG(액화천연가스)
- 천연가스를 정제하여 얻은 메탄을 냉각해 액화시킨 것
- 공해물질이 거의 없고 열량이 높아서 주로 도시가스로 사용된다.
- 공기보다 가벼워 누설이 되도 공기에 흡수되므로 안정성이 높다.
- 용기에 담을 수 없으므로 대규모 저장시설에서 배관을 통해 공급해야 한다.

ⓒ 가스기구의 위치 : 가스기구는 적합한 용도에 두고 사용 및 손질, 점검이 쉬운 곳, 연소에 의한 급·배기가 가능하고 열에 의한 주위 손상이 되지 않는 곳에 둔다.

ⓒ 가스 배관 및 계량기의 위치
ⓐ 배관은 부식 및 손상의 우려가 있는 위치를 피하고 온도변화를 받지 않는 곳, 시공관리가 용이한 곳에 설치한다.
ⓑ 주요 구조부는 관통을 금지한다.
ⓒ 가스계량기는 전기계량기 및 전기개폐기와의 거리를 60cm 이상, 굴뚝·전기점 멸기·전기접속기와의 거리는 30cm 이상, 절연조치를 하지 않은 전선과의 거리는 15cm 이상의 거리를 이격시켜야 한다.

② 소방설비
㉠ 분류
ⓐ 소화설비 : 소화기, 옥내소화전, 옥외소화전, 스프링클러, 물분무 등 소화설비
ⓑ 경보설비 : 자동화재 탐지설비, 비상방송설비, 비상경보설비
ⓒ 피난설비 : 피난기구, 유도등, 비상조명등
ⓓ 소화용수설비 : 상수도소화용수, 소화수조
ⓔ 소화활동설비 : 제연설비, 연결송수관설비, 연결살수설비, 무선통신보조설비, 비상콘센트 설비

㉡ 주요 설비
ⓐ 옥내 소화전 : 건물 각 층의 복도 또는 실내 벽면에 설치되어 있는 소화전 상자 속에 호스·노즐이 함께 들어 있어서 화재 발생 시에 누구나 초기 진압을 할 수 있도록 갖춰진 소화설비이다. 설비의 구성은 수원, 가압송수장치, 옥내소화전, 관창, 호스, 소화전함, 배관, 전원 등으로 되어 있다. 수원은 지하·고가 등의 물탱크, 연못, 우물 등을 사용하고, 규정된 유효 방수량을 확보해야 한다.
ⓑ 옥외 소화전 : 건축물의 화단이나 정원 등에 쾌치하여 주로 건물 1·2층의 화재 진압 및 인접건물로의 전파 방지에도 사용하는 소화설비이다.

ⓒ 스프링클러 설비 : 화재 발생 시 이상 고온을 감지하여 자동적으로 방수하는 설비이다. 배관을 실내의 천장에 배치하고 곳곳의 분기관 선단에 스프링클러 헤드를 부착하여, 일정온도에 도달하면 퓨즈가 끊어져 물이 살수되는 방식이다.

ⓓ 연결살수설비 : 소방대 전용 소화전인 송수구를 통하여 실내로 물을 공급하여 소화 활동을 하는 것으로 지하층의 일반화재 진압을 위한 설비이다. 스프링클러 설비와 유사하나 소방대에서 사용한다는 점이 다르다.

(7) 수송설비

① 엘리베이터 : 승강로 내를 동력으로 수직 이동하는 케이지를 중심으로 하는 수송설비. 건축법상 승용승강기의 설치대상은 층수가 6층 이상으로서 연면적 $2000m^2$ 이상인 건축물이다.

㉠ 구조에 의한 분류 : 로프식, 유압식, 랙피니언식, 더블데크식

㉡ 조작방식별 분류 : 단식자동형, 승합전자동형, 강하승합형, 군승합형, 군강하승합형 등

㉢ 안전장치의 종류

ⓐ 전자 브레이크 : 케이지를 정위치에 정지시키거나 고장 상황에서 안전하게 지지하는 장치

ⓑ 속도 조정기 : 일정 속도 이상이 되면 브레이크나 안전장치를 작동하는 장치

ⓒ 감속 정지장치 : 최상층 및 최하층에 접근했을 때 감속을 하여 적절하게 정지시키는 장치

ⓓ 최종 리밋 스위치 : 오류에 의해 케이지가 최종층에서 정지위치를 지나쳤을 경우 브레이크를 작동시켜 엘리베이터를 정지시키는 스위치

ⓔ 완충기 : 긴급 상황에서 리밋 스위치로도 정지되지 않을 경우 충돌을 완화시키는 장치로 스프링식과 유압식이 있다.

② 에스컬레이터 : 난간, 안전장치, 전동기, 디딤판, 챌판 등으로 구성된 수송설비. 30° 이하의 경사를 갖는 계단식 컨베이어로서 엘리베이터에 비해 10배 이상의 수송능력이 있다.

㉠ 대기시간이 없이 연속 운전되므로 전원설비에 부담이 적다.

㉡ 정격속도는 하강 시 안전을 고려하여 30m/min 이하로 한다.

㉢ 난간 높이 85cm, 계단 폭 0.6~1.2m, 챌판 20cm, 디딤판 35cm 정도로 한다.

Chapter 05 건축공간계획

1. 주거생활 일반사항

(1) 생활요소 및 양식

① 생활요소
  ㉠ 주거공간에서의 생활요소는 생활행위와 생활시간, 생활공간으로 나뉜다.
  ㉡ 생활시간 : 가족구성원의 생활을 시간적 측면으로 본 것(출퇴근, 등하교, 가사 등)
  ㉢ 생활공간 : 생활에 필요한 여러 종류의 장소(거실, 식당, 가사실, 서재, 침실 등)
  ㉣ 생활행위 : 공간과 시간을 근간으로 이루어지는 행위(취침, 휴식, 식사, 노동 등)

② 생활양식
  ㉠ 가족의 구성, 사회적 계층, 기후조건, 문화 등에 따라 다르게 나타나는 주생활의 전통, 관습화된 양식을 주생활 양식이라 한다.
  ㉡ 한식과 양식의 주생활 양식 비교

요소	한식 주생활 양식	양식 주생활 양식
평면적 차이	• 각 실의 조합 • 위치별 실의 구분 • 각 실의 다기능	• 각 실의 분화 • 기능별 구분 • 실의 용도 단일
구조적 차이	• 목조 가구식 • 바닥이 높고 개구부가 큼	• 벽돌 조적식 • 바닥이 낮고 개구부가 작다.
관습적 차이	• 주로 좌식생활	• 주로 입식생활
용도적 차이	• 방의 기능 혼용	• 방의 단일적 기능
가구의 차이	• 부수적인 요소	• 중요한 내용물

(2) 주택계획 및 분류

① 주거설계의 방향
  ㉠ 생활의 쾌적함을 높이고 가사노동의 피로를 최소화한다.
  ㉡ 가족생활을 중심으로 한 공간계획을 한다.

　　　ⓒ 각 공간의 이동이 편리하고 가족의 생활양식에 일치되도록 설계한다.
　② 주거계획의 고려사항
　　　㉠ 안전성 : 하중과 내구성을 고려하여 안전하게 견딜 수 있는 구조물을 만든다.
　　　㉡ 위생성 : 가족의 건강 유지를 위해 위생적이고 쾌적한 생활환경을 만든다.
　　　ⓒ 능률성 : 가사 노동의 경감을 위해 공간을 구성한다.
　　　㉣ 예술성 : 가족의 정서와 심리적 만족을 가능하도록 계획한다.
　　　㉤ 기타 : 윤리 및 전통성, 변화성
　③ 주택의 분류
　　　㉠ 집합형식 : 단독주택, 집합주택(연립주택, 아파트, 다세대주택 등)
　　　㉡ 생활양식 : 한식주택, 양식주택
　　　ⓒ 구조재료 : 목조주택, 조적조주택, 철근콘크리트 주택, 조립식 주택

(3) 세부 계획사항

　① 배치계획
　　　㉠ 대지조건 : 햇빛, 공기, 습도 등 자연조건과 교통 및 주변시설 등의 사회조건
　　　㉡ 방위 및 지형 : 남향이 좋으며 경사지는 1/10 이하가 좋다.
　　　ⓒ 도로 : 주변도로 상황과 주택의 배치는 밀접한 관계가 있다.
　② 평면계획
　　　㉠ 생활공간 구성 : 공동공간, 개인공간, 작업공간, 위생공간, 연결공간
　　　㉡ 생활공간 규모 : 각 실의 기능에 따른 행위와 동작에 맞는 규모를 산정한다.
　　　ⓒ 블록 : 유사한 공간끼리 그룹화하여 배치
　　　㉣ 계획방침 : 각 실의 환경, 상호관계를 고려하고 구조 및 설비를 고려하여 계획

2. 단위공간계획

(1) 거실(living room)

　① 기능 : 거실은 각 실을 연결하는 동선의 분기점으로 가족의 단란, 휴식, 안락, 여가, 접객, 사교, 가사, 육아, 대화, 독서, 음악감상, TV 시청, 취미, 식사 등의 장소로 사용되는 다목적 다기능공간이다.

② 위치
  ㉠ 일조와 전망이 가장 좋은 여름에는 시원하고 겨울에는 따뜻한 남향 또는 남동향, 남서향에 위치하며 현관, 복도, 계단 등과 근접하고 독립성, 안전성을 유지하여야 한다.
  ㉡ 창을 통해 옥외의 전망이 보이는 곳이 적당하며 창을 최대한 넓혀 시각적 개방감을 갖도록 한다.
  ㉢ 거실과 연결되는 테라스는 거실 공간의 연장으로 거실과 테라스의 유지관리상 10~12cm 정도의 바닥차를 준다.
③ 규모 및 형태
  ㉠ 가족 수, 가족구성, 전체 주택의 규모, 접객빈도, 주생활 양식에 따라 규모가 결정된다.
  ㉡ 5인 가족이 식당과 겸할 경우 최소 $16.5m^2$의 면적이 필요하며 권장기준인 $18~24m^2$가 적당하다.
  ㉢ 최소한의 거리로 TV를 시청할 수 있는 소파 한 세트를 놓을 경우 $10.0~16.5m^2$ 정도가 필요하다.
  ㉣ 평면 형태는 정방형보다 짧은 변이 너무 좁지 않을 정도의 장방형이 가구배치와 TV 시청에 유리하다.
④ 세부계획
  ㉠ 전망이 좋은 경우 시선이 자연스럽게 밖을 향하도록 배치한다.
  ㉡ 거실에 벽난로가 설치되어 있을 경우 공간의 초점이 되므로 벽난로를 중심으로 가구배치를 한다.
  ㉢ 소파에서 스크린(화면)을 중심으로 텔레비전을 시청하기에 적합한 최대 범위는 60° 이내가 적당하다.
  ㉣ 식당과 부엌이 같은 공간에 있거나 근접할 경우 조명을 이용하여 영역을 시각적으로 구분시킨다.
  ㉤ 엷은 무채색, 중간색, 밝은 계통의 색은 실내를 차분하게 가라앉혀 주고 규모가 클 경우 한색보다는 아늑한 난색계통을 사용한다.

(2) 식당(dining room)

식당은 가족실로서의 기능을 갖는다는 의미에서 거실과 함께 가족행위의 중심장소가 되므로 거실과 식당이 연결되는 것이 바람직하다.
  ① 기능
    ㉠ 가족실로서 자연채광이 풍부하고 청결하여야 한다.
    ㉡ 연속된 가사작업의 흐름을 위해 식당, 주방, 가사실과 연결되는 것이 좋다.
  ② 식당의 규모와 유형
    ㉠ 규모
      ⓐ 손님의 접대 빈도가 높거나 주택의 규모가 클 경우에는 독립적인 공간으로 마련한다.
      ⓑ 식당의 규모는 식사하는 사람의 수에 따른 식탁의 크기와 형태, 의자 배치상태, 주변통로와 음식을 대접하기 위한 서비스동선에 대한 여유 공간 등에 의해 결정된다.
      ⓒ 4~5인을 기준으로 $9m^2$ 정도이며, 1인당 $1.7~2.3m^2$의 면적이 필요하다.
    ㉡ 유형
      ⓐ 다이닝 룸(D) : 식당이 부엌을 비롯한 다른 실과 완전히 독립된 형태. 식사 분위기는 가장 좋지만 동선은 가장 불편한 구성이 된다. 대규모 주택이나 별장 등에 적합하다.
      ⓑ 다이닝 키친(DK) : 가장 전형적인 형태로 주방의 한 부분에 식탁을 설치하는 형식. 가사동선상 가장 편리한 형태이며 주방의 조리공간과 근접해 있으므로 식사분위기는 좋지 못하다.
      ⓒ 리빙 다이닝(LD) : 거실의 일부를 식사실로 구성한 형식. 거실이 접하고 있는 외부 조망이나 일조, 환기 등을 공유하는 형태로서 식사 분위기는 좋은 편이다. 단, 주방과의 동선이 길어질 수 있으며 거실의 기능을 방해할 수 있으므로 설계 시 이에 대한 고려가 선결되어야 한다.

> **Point 다이닝 앨코브**
> 리빙 다이닝의 일종으로 거실의 일부 공간을 돌출되거나 오목한 앨코브 형태로 만들어 식탁을 배치한 형태를 뜻한다.

      ⓓ 리빙 키친(LDK) : 거실, 식당, 부엌이 한 공간에 설치되는 형태로 원룸이나 독신자 아파트 등 소규모 주택에 적합하다.
      ⓔ 다이닝 포치(DP) : 옥외 테라스나 마당 등에 마련되는 옥외의 식사공간을 뜻한다.

③ 세부계획
- ㉠ 조명 : 천장에 부착한 직부등과 천장에 매단 펜던트 조명을 조합하는 것이 일반적이다.
- ㉡ 색채 : 즐거운 식사분위기를 만들기 위해 자극적인 색은 피하고 난색계통의 오렌지, 핑크, 크림색, 베이지색이 무난하다.
- ㉢ 마감재료
    - ⓐ 타일과 대리석은 차가운 느낌을 주나 고급스럽고 호화스러운 분위기를 만든다.
    - ⓑ 벽과 천장은 타일, 벽지, 목재 등으로 마감할 수 있으나 냄새가 배고 오염되기 쉬운 점을 고려한다.
- ㉣ 가구
    - ⓐ 식탁 : 1인당 식사에 필요한 크기는 가로 600mm, 세로 350mm 정도이다.
    - ⓑ 의자 : 좌판과 식탁의 높이 차이는 280~300mm 정도가 적당하다.
    - ⓒ 찬장 : 찬장은 식기, 수저세트, 테이블보, 양초, 식탁소품 등 수납의 용도 외에 식당의 분위기를 형성하는 장식적 요소로도 형성된다.

(3) 부엌(kitchen)

과거에는 식생활만을 해결하기 위한 공간으로 취급되었다가 작업대의 입식화와 더불어 주방공간도 쾌적하게 변화되었다.

① 기본사항 및 위치
- ㉠ 거실에서 식당, 부엌으로까지 자연스럽게 연결되도록 한다.
- ㉡ 각 가정의 식생활 패턴에 적합하게 계획하며 환기와 통풍이 용이해야 한다.

② 주방의 유형
- ㉠ 독립형 : 부엌이 일실로 독립된 형태
- ㉡ 반독립형 : 부엌이 인접한 거실이나 식사공간과 겸하는 LDK, DK, LD 형식이 해당된다. 작업동선이 짧으며 좁은 공간을 넓게 활용할 수 있다. 칸막이나 해치 도어, 커튼 등으로 공간을 구분하며 환기에 유의한다.
- ㉢ 오픈키친 : 반독립형 부엌과 같으나 칸막이 구획이 없이 완전히 개방된 형식
- ㉣ 아일랜드키친 : 취사용 작업대가 하나의 섬처럼 실내에 설치되어 있다.
- ㉤ 키친네트 : 작업대 길이가 2000mm 이내인 간이 부엌이다. 사무실이나 독신용 아파트에 많이 설치된다.
- ㉥ 클로젯 키친 : 단일가구 형태로 통합된 주방 시스템을 말한다.

③ 주방의 동선과 규모
  ㉠ 주방은 움직임이 많고 장시간 일하는 곳이므로 작업동선은 짧고 간단명료해야 한다.
  ㉡ 식사공간과 가까이 하며 서비스 야드 성격의 마당이나 다용도실, 가사실과 직접 연결한다.
  ㉢ 가족의 수와 구성, 손님의 수와 접객빈도 등에 따른 식생활 패턴을 고려하여 규모를 결정한다.
  ㉣ 주방 면적은 주택 면적의 8~10%가 적당하다.

④ 작업대의 배치유형
작업대는 부엌에서 취사가 행해지는 곳으로 준비대 → 개수대 → 조리대 → 가열대 → 배선대로 연결된다.
  ㉠ 일자형 : 작업대를 일렬로 한 벽면에 배치한 형태. 작업대 길이가 3000mm를 넘지 않도록 하며 보통 2700mm 이내가 적합하다.
  ㉡ 병렬형 : 양쪽 벽면에 작업대를 마주 보도록 배치하는 형태. 동선이 짧아 효과적이나 돌아보는 동작이 많아 쉽게 피로를 느낄 수 있다. 작업통로는 700mm~1100mm 정도가 적합하다.
  ㉢ ㄱ자형 : 인접된 양면의 벽에 ㄱ자형으로 배치하여 동선의 흐름이 자연스러운 형식이다. 여유 공간에 식탁을 배치하면 다이닝 키친이 되므로 공간 사용에 효과적이다.
  ㉣ ㄷ자형 : 인접된 3면의 벽에 ㄷ자형으로 배치한 형태이다. 가장 편리하고 능률적인 작업대의 배치이나 식탁과의 연결이 다소 불편하다. 작업대의 통로 폭은 1200~1500mm 정도가 적당하다. 대규모의 부엌에 많이 사용된다.

> **Point** 주방의 작업삼각형(Work Triangle)
> 개수대, 가열대, 냉장고의 중심을 정점으로 하는 작업 길이를 최소화할 수 있는 선을 연결하여 삼각형 형태를 만든 것을 말한다. 이 삼각형의 각 변 길이의 합계는 5m 내외가 적합하다.

(4) 침실

① 기능 및 위치
  ㉠ 휴식 및 취침의 장소이며 독서, 화장, 바느질 및 음악 감상의 기능도 포함한다.
  ㉡ 침실은 외부의 도로 쪽을 피하고 정원 등에 면하는 것이 좋다.
  ㉢ 방위상 일조와 통풍이 좋은 남쪽 및 동남쪽이 이상적이며 북쪽은 피한다.

② 형태와 규모
  ㉠ 침대는 외벽에 접하지 않으며 양쪽에 여유공간이 있는 것이 좋다.
  ㉡ 1실의 취침인원은 최대 2인을 기준으로 한다.
  ㉢ 일반적 침실의 치수는 침대 포함 2.7m×3.6m 정도를 최소기준으로 한다.

③ 분류
  ㉠ 부부침실은 독립성을 확보하고 조용한 공간으로 구성한다.
  ㉡ 어린이 침실은 부모 침실과 근접하는 곳이 좋다.
  ㉢ 노인 침실은 1층에 배치하며 일조 및 조망과 통풍이 양호한 곳이 좋다.

(5) 다용도실

① 기능 : 세탁실 및 창고 기능과 함께 전기, 수도, 보일러 등의 설비공간도 될 수 있다.
② 규모 및 위치 : 5~10m² 정도이면 충분하며 부엌 및 식사실에 근접해서 배치한다.

(6) 위생공간 및 연결공간

① 욕실
  ㉠ 욕조 및 세면기, 변기를 포함하는 경우 4m² 정도로 한다.
  ㉡ 조명은 방습조명기구를 사용하며 100lx 전후의 조도가 필요하다.

② 현관
  ㉠ 주택 내·외부의 동선이 연결되며 출입구 밖의 포치, 출입문 안의 홀 등으로 구성된다.
  ㉡ 현관은 거실과 바닥 차이가 150~210mm 정도 있는 것이 좋다.
  ㉢ 신발장 등을 제외하고 최소 1.5m×1.8m 정도의 규모를 확보한다.

③ 복도
  ㉠ 각 실을 연결해주는 통로로서 주택 내의 복도는 작고 짧게 하는 것이 좋다.
  ㉡ 햇빛을 받아들이는 선룸의 역할도 있으며 아이들의 놀이공간이 될 수 있다.

④ 계단
   ㉠ 건물의 상하 연결 통로로서 가능한 한 짧고 작은 면적을 차지하게 한다.
   ㉡ 현관 및 거실과 가깝게 두고, 주택의 계단폭은 최소 60cm 이상으로 한다.

3. 공동주택

공동주택이란 주거밀도를 높이고 공동화의 장점을 이용하기 위해 수평적, 입체적으로 단위주거를 집합화한 것으로 효율성이 높은 토지이용의 주거환경 방식이다.

(1) 공동주택의 분류

① 아파트
   5층 이상의 공동 주택으로서 공동의 토지 위에 상하 좌우로 중첩하고 연속적으로 계획하는 주택형식으로 대지면적에 대한 밀도가 높다.

② 연립주택
   4층 이하로 연면적이 660m²를 초과하는 공동주택. 분양이 가능하다.

③ 다세대주택
   전체층이 4층 이하이고 연면적이 660m² 이하인 주택으로 주택 내 가구수는 2가구 이상이다. 가구별로 구분등기가 가능하고 건물 중 일부만 떼어내 사고 팔 수 있다.

> **다가구 주택**
> 19세대 이하가 거주할 수 있는 단독주택의 일종으로 지하층을 제외한 주택 전체 층수가 3층 이하이고 연면적이 660m² 이하인 주택이다. 가구별로 방, 부엌, 출입구, 화장실이 갖춰져서 독립생활을 할 수 있으나 각 구획을 분리하여 소유하거나 매매하는 것은 불가능하다.

(2) 아파트 형식

① 주동 외관에 따른 분류
   ㉠ 판상형
      ⓐ 단위주거에 균등한 조건을 주며 건물시공이 용이하다.
      ⓑ 건물의 그림자가 커지며 건물 중앙부 저층의 주거공간은 시야가 막히는 단점이 있다.

ⓒ 탑상형
  ⓐ 몇 세대를 조합하여 탑의 형태로 쌓아올린 형식이다.
  ⓑ 용적률면에서 판상형보다 유리하고, 조망이나 녹지공원 확보도 용이하다.
  ⓒ 남향을 선호하는 우리나라의 주거 특징상 단위주거 조건이 불균등해지는 단점이 있다.
ⓒ 복합형 : 여러 가지 형을 복합한 것으로 대지의 형태에 제약을 받을 때 사용한다.

② 평면형식별 분류
  ㉠ 홀(계단실)형
    ⓐ 계단실, 엘리베이터 홀에서 마주보는 두 세대가 바로 연결되는 형식이다.
    ⓑ 단위주거의 두 벽면이 외벽에 면하기 때문에 채광, 통풍에 유리하다.
    ⓒ 출입이 편리하고 독립성이 크며 통로면적이 절약되지만 엘리베이터 이용률이 낮다.
  ㉡ 갓(편)복도형
    ⓐ 건물 한쪽에 접한 긴 복도에 단위주거가 면하는 형식이다.
    ⓑ 엘리베이터 1대당 이용 단위주거 수가 많아서 고층화에 유리하다.
    ⓒ 단위주거의 독립성이 좋지 않으며 채광, 통풍 등이 다소 불리해진다.
  ㉢ 중복도형
    ⓐ 건물의 중앙에 있는 복도 양쪽에 단위주거가 배치되어 고밀도화에 좋은 형식이다.
    ⓑ 단위주거의 평면상 배치계획이 어렵고 채광, 통풍 등의 실내 환경이 불균등하다.
    ⓒ 각 세대의 독립성도 나쁘며 화재 시 방연 및 대피도 까다롭다.
    ⓓ 주로 도시형 1인 주택 및 독신자 아파트에 적용된다.
  ㉣ 집중형
    ⓐ 중앙에 엘리베이터와 계단홀을 배치하고 주위에 많은 단위주거를 집중 배치한 형식이다.
    ⓑ 단위주거의 조건에 따라 일조 조건이 나빠지므로 평면계획에 특별한 고려가 필요하다.

③ 단면 형식별 분류
  ㉠ 플랫(단층)형
    ⓐ 단위주거가 1층씩 구성되어 있는 형태로 가장 보편적인 아파트의 형식이다.
    ⓑ 같은 평면이 수직으로 중첩되어 구조가 단순하다.

ⓒ 메조넷(복층)형
  ⓐ 1개의 단위주거가 2개 층 이상에 걸쳐 있는 형태로서 편복도형에서 많이 쓰인다.
  ⓑ 공공통로의 면적을 줄이고 엘리베이터의 정지 층을 감소시킨다.
  ⓒ 단위주거의 평면계획에 변화를 줄 수 있으며 거주성, 프라이버시, 일조, 통풍 등의 실내 환경이 좋아진다.
  ⓓ 각 층 평면이 다르므로 구조 및 설비계획과 피난계획이 다소 어려워진다.
  ⓔ 하나의 주거가 2개 층으로 구성되면 듀플렉스, 3개 층으로 구성되면 트리플렉스라 한다.
ⓒ 스킵 플로어형
  ⓐ 건물 각 층 바닥 높이를 일반적인 건물처럼 1층씩 높이지 않고, 계단의 각 층계참마다 반 층 높이로 올라간다.
  ⓑ 한 층씩 걸러서 복도를 설치하고 그 밖의 층은 복도가 없이 계단실에서 단위주거로 들어가는 형식이다.
  ⓒ 엘리베이터는 복도가 있는 층만 정지한다.
  ⓓ 프라이버시가 좋고 두 벽의 외면이 가능한 홀형의 장점과 엘리베이터 이용률이 높은 편복도형의 장점을 접목한 것이다. 단위주거와 엘리베이터 홀과의 동선이 길어지는 단점이 있다.

4. 단지계획

(1) 계획 과정

① 목표 설정 : 사용 용도, 공간의 규모, 필요공간의 종류, 사용인원 등에 따라 계획의 기본방향을 정한다.
② 자료분석 및 종합 : 관련 자료를 수집, 분석, 종합하는 단계로서 자연환경, 인문환경, 시각환경 등으로 나누어 실행한다.
③ 기본계획 및 설계 : 토지이용, 교통 및 통신, 조경계획, 시설물 배치 등을 실행하며 각 공간의 규모와 사용재료, 마감방법 등을 제시한다.
④ 실시설계 : 기본설계를 기초로 실제 공사도면을 구체적으로 작성하는 단계

(2) 페리의 근린주구

근린주구란 특정 인간관계 없이 그저 일정한 지역에 거주하는 사람들의 지역적 집단을 정의한 것으로 1929년 미국의 도시계획가 페리에 의해 발표되었다.

① 근린주구와 커뮤니티

페리의 근린주구의 정의는 초등학교 1개를 설치할 수 있는 규모로서 주민들의 공동의식이 자연스럽게 형성되는 최소한의 규모이다.

② 근린주구의 영역

㉠ 각 단위주거는 프라이버시를 유지하며 하나의 영역을 형성하고 점차적으로 확장하여 주동으로, 주구로 영역을 넓혀간다.

㉡ 주동 내 엘리베이터, 통로, 계단에서 통행뿐만 아니라 이웃과의 대면을 통한 사회적 활동이 형성되므로 공간 구성에 유의해야 한다.

③ 근린주구의 구성 단위

㉠ 인보구

ⓐ 주택호수 15~20호, 인구 100~200명, 면적 0.5~2.5ha 규모의 단위

ⓑ 유아놀이터, 공동세탁소, 쓰레기 처리장 등이 공동 시설이다.

ⓒ 3~4층의 아파트인 경우 1~2동의 규모가 해당된다.

㉡ 근린분구

ⓐ 주택호수 400~500호, 인구 2000명, 면적 15~25ha 규모의 단위

ⓑ 일상생활에 필요한 공동시설의 영위나 커뮤니티의 단위로는 작다.

㉢ 근린주구

ⓐ 주택호수 1600~2000호, 인구 8000~10000명, 면적 1000ha, 영역의 반경은 400~800m로 초등학교 하나를 중심으로 하는 규모의 단위

ⓑ 아동의 생활권에 적절한 규모로 구성하여 인구 규모 및 공간 규모에서 주택 단지의 계획모델이 된다.

ⓒ 근린생활의 시설로는 점포, 집회실, 체육관, 유치원, 초등학교, 진료소, 파출소, 공원, 동사무소, 우체국, 도서관, 공동목욕탕, 소방서, 어린이놀이터 등이 요구된다.

ⓓ 근린주구는 근린분구가 4~5개 모인 규모이며 근린분구는 인보구가 10~20개 정도 집합된 규모이다.

(3) 환경계획

인간의 주생활을 영위할 수 있는 유·무형의 외부적 조건을 계획하는 것을 주거환경 계획이라 한다.

① 도로에 접한 파사드에 의한 환경 구성

주변환경과 어울릴 수 있도록 그 지역의 역사, 문화, 경제적 상황을 고려하여 연계성 및 생명력이 있는 경관을 구성할 수 있어야 한다.

② 도로 공간의 형성

㉠ 주거 단지 내 도로는 자동차 및 주민들의 통로이면서 주민들의 교류 장소로도 활용되는 점을 고려하여 설계한다.

㉡ 주택 단지 내 안정된 주거 분위기와 아이들을 보호하기 위해서 직선의 도로보다는 다소 굴곡이 있고 과속방지턱이 있는 형태로 도로를 계획한다.

㉢ 지형을 충분히 이용하여 경사지일 경우 계단과 램프를 병용하고 벤치를 설치하여 휴식을 가능케 한다.

 건축제도

1. 제도 통칙

(1) 건축제도 통칙

① 용지 규격

단위(mm)	A0	A1	A2	A3	A4
가로×세로	840×1188	594×840	420×594	297×420	210×297
테두리 (철하지 않을 때)	10	10	10	5	5
테두리(철할 때)	25				

※ 용지의 가로·세로비는 확대, 축소 시 일정하게 유지되도록 1 : $\sqrt{2}$ 의 비율로 한다.

② 표제란
  ㉠ 보통 도면의 오른쪽 하단에 위치한다.
  ㉡ 도면번호, 공사명칭, 축척, 책임자 성명, 도면작성일, 분류번호 등을 작성한다.

③ 선
  ㉠ 굵은 실선 : 외형선, 단면선 등 대상물의 보이는 부분, 가장 강조되는 부분을 표시한다.
  ㉡ 가는 실선 : 치수선, 치수보조선, 지시선 등을 표시한다.
  ㉢ 파선 : 대상물의 보이지 않는 부분을 표시한다.
  ㉣ 1점 쇄선 : 중심선 및 기준선 등을 표시한다.
  ㉤ 2점 쇄선 : 가상선, 무게중심선 등을 표시한다.
  ㉥ 해칭선 : 가는 실선으로 빗줄을 반복적으로 그은 선으로 절단면을 표시한다.

④ 척도
  ㉠ 배척 : 실물을 일정한 비율로 확대해서 그리는 것
  ㉡ 실척 : 실물과 같은 크기로 그리는 것
  ㉢ 축척 : 실물을 일정한 비율로 축소하는 것

⑤ 글자 및 숫자
   ㉠ 글자 크기는 높이로 표시하며 크기에 따라 11종류로 나뉜다.
   ㉡ 4자리 이상의 수는 3자리마다 휴지부를 찍거나 간격을 둠을 원칙으로 한다.
   ㉢ 문장은 왼쪽에서부터 가로쓰기를 원칙으로 한다.
   ㉣ 글자는 고딕체로 하고 수직 또는 15° 경사를 원칙으로 한다.
   ㉤ 숫자는 아라비아 숫자를 원칙으로 한다.
⑥ 치수
   ㉠ 단위 및 치수선
      ⓐ 길이의 단위는 mm이고 기호는 붙이지 않는다.
      ⓑ 치수선은 도면에 방해되지 않는 곳에 0.2mm 이하의 실선으로 긋는다.
      ⓒ 다른 치수와 만나지 않도록 하고 이웃 치수선과는 가지런하게 긋는다.

(2) 도면표시

① 재료 평면표시

구분표시사항	scale 1/100, 1/200	scale 1/20, 1/50
벽 일반		
블록 벽체		
철골 철근콘크리트 기둥 및 철근콘크리트벽		
벽돌 벽체		
목조벽 양쪽 심벽 / 한쪽 심벽 / 양쪽 평벽		

② 재료 단면표시

	원칙 사용	준용
지반		
잡석다짐		
석재		
인조석		
자갈 및 모래	자갈　모래	
콘크리트	강자갈　쇄석　철근배근	
목재	구조재　보조구조재　치장재	
기타	철재　망사　벽돌　블록	

③ 출입구 평면표시

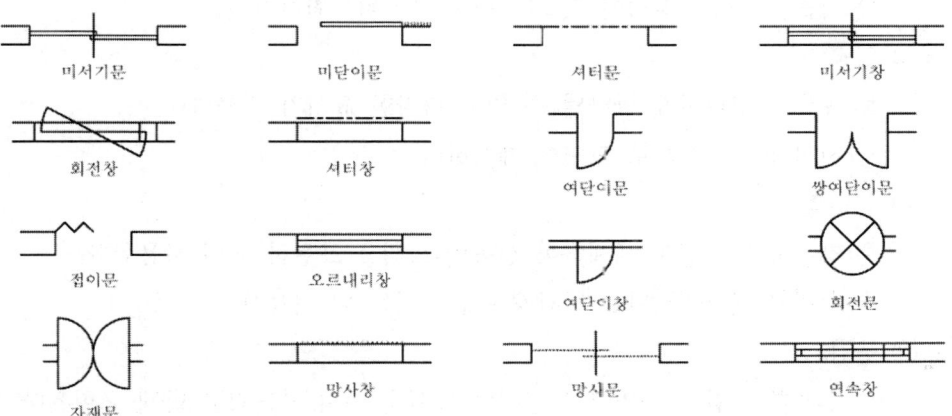

④ 창호 표시기호

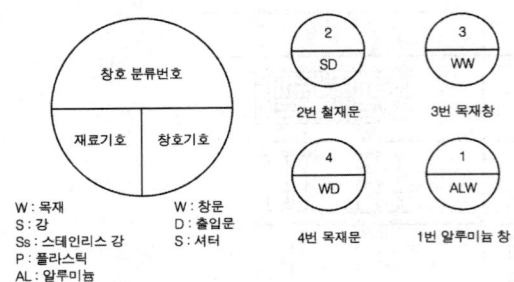

⑤ 옥내배선용 표시

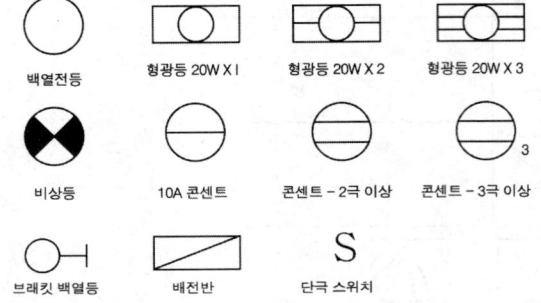

(3) 건축묘사 및 표현

① 묘사도구

㉠ 연필

ⓐ 9H부터 6B까지 15종에 F와 HB를 포함하여 17단계로 구분한다.

ⓑ 폭넓은 명암을 표현할 수 있으며 다양한 질감의 표현이 가능하다.

ⓒ 지울 수 있는 장점이 있으나 번지거나 더러워지기 쉽다.

㉡ 잉크

ⓐ 농도를 정확하게 나타낼 수 있고 다양한 묘사가 가능하다.

ⓑ 선명하게 보이므로 도면이 깨끗하다.

㉢ 색연필

ⓐ 간단하게 도면을 채색하여 실물의 느낌을 표현하는 데 사용한다.

ⓑ 실내건축물의 간단한 마감재료를 그리는 데 사용한다.

㉣ 물감

ⓐ 수채화 물감은 투명하고 신선한 느낌을 주며 부드럽고 밝게 표현된다.

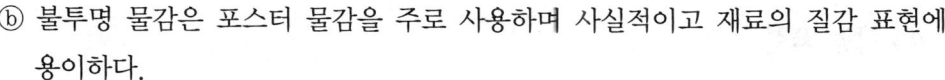

　　　ⓑ 불투명 물감은 포스터 물감을 주로 사용하며 사실적이고 재료의 질감 표현에 용이하다.
② 묘사기법
　　㉠ 단선에 의한 표현 : 윤곽선을 강하게 묘사하여 공간상의 입체를 돋보이게 하는 표현
　　㉡ 여러 선에 의한 표현
　　　ⓐ 선의 간격을 달리함으로써 면과 입체를 결정하는 방법
　　　ⓑ 평면은 같은 간격의 선으로, 곡면은 선의 간격을 달리하여 표현하며, 선의 방향은 면이나 입체의 수직, 수평의 방위에 맞추어 그린다.
　　㉢ 명암 처리만으로의 표현 : 명암의 농도변화로 면, 입체를 표현
　　㉣ 단선과 명암에 의한 표현 : 선으로 공간을 한정시키고 명암으로 음영을 넣는다.
　　　ⓐ 평면 : 같은 명암의 농도로 표현
　　　ⓑ 곡면 : 농도의 변화, 선의 간격을 다르게 또는 점의 밀도 변화로 표현
③ 각종 표현
　　㉠ 스케치 : 각종 구상들을 짧은 시간 안에 표현하는 데 쓰인다.
　　㉡ 다이어그램 : 어떤 것이 진행되는 과정이나 실제의 디자인, 배경에서 근본적 구조나 관계를 표시하는 간단하고 신속한 방법으로 쓰인다.

(4) 투시도

① 용어
　　㉠ 기면(G.P : Ground Plane) : 사람이 서 있는 면
　　㉡ 기선(G.L : Ground Line) : 기면과 화면의 교차선
　　㉢ 화면(P.P : Picture Plane) : 물체와 시점 사이에 기면과 수직한 평면
　　㉣ 수평면(H.P : Horizontal Plane) : 눈높이에 수평한 면
　　㉤ 수평선(H.L : Horizontal Line) : 수평면과 화면의 교차선
　　㉥ 정점(S.P : Standing Point) : 사람이 서 있는 곳
　　㉦ 시점(E.P : Eye point) : 보는 눈의 위치
　　㉧ 소점(V.P : Vanishing point) : 수평선상에 존재하며 원근법을 표현하는 초점
　　㉨ 시선축(Axis of vision) : 시점에서 화면에 수직하게 통하는 투사선
② 투시도 종류
　　㉠ 1소점 투시도 : 실내투시도를 표현하고자 할 때 사용된다.
　　㉡ 2소점 투시도 : 건물의 외관 등을 표현할 때 사용된다.

(5) 각종 표현

① 배경의 표현
   ㉠ 주변환경, 스케일 표현 등을 위해서 적당하게 그린다.
   ㉡ 건물보다 앞에 표현되는 배경은 사실적으로, 멀리 있는 것은 단순하게 그린다.
   ㉢ 사람의 크기나 위치를 통해 건축물의 크기 및 공간의 깊이와 높이를 느끼게 한다.
   ㉣ 건물의 크기 및 공간의 용도 등을 위해 차량 및 가구를 표현한다.

② 음영 표현
   ㉠ 건축물의 입체적 느낌을 나타내기 위해 표현한다.
   ㉡ 물체의 위치, 빛의 방향에 맞게 정확하게 표현한다.

③ 전시용 패널
   ㉠ 표현양식
      ⓐ 하드보드 등의 패널에 직접 그리거나 패널 위에 트레싱지 등을 부착한다.
      ⓑ 패널 위에 켄트지 등을 씌우고 나타낸다.
   ㉡ 배치계획
      완성된 표현요소 결정 → 강조 및 설명부분을 구분 → 표현방법 검토 → 글자크기 및 도면축척 조정 → 패널 작업

④ 건축모형
   ㉠ 계획된 도면의 완성상태를 미리 판단하는 도구가 된다.
   ㉡ 발사재(balsa wood), 코르크판 등의 목재나 하드보드 및 아크릴 등이 많이 쓰인다.
   ㉢ 착색이 필요한 경우 조립 전 착색한다.

2. 도면 작성

(1) 도면종류

① 계획설계도
   ㉠ 구상도 : 설계에 대한 최초 생각을 자유롭게 표현하는 스케치 등의 작업
   ㉡ 동선도 : 사람, 차량, 화물 등의 흐름을 도식화
   ㉢ 조직도 : 공간의 용도 및 내용을 관련성 있게 정리하여 조직화
   ㉣ 면적도표 : 소요 공간의 면적 비율을 산출하여 검토작업을 하는 도면

② 기본설계도

건축주에게 설계계획을 전달하는 등의 목적을 위한 도면으로 계획설계도를 바탕으로 작성한 평면도, 입면도, 배치도, 투시도 등이 속한다.

③ 실시설계도

㉠ 일반도 : 배치도, 평면도, 입면도, 단면도, 상세도, 전개도, 창호도 등

㉡ 구조설계도 : 구조평면도, 구조 일람표, 골조도 및 각 부 상세도

㉢ 설비도 : 전기, 가스, 상하수도, 환기, 냉난방 및 승강기 등의 표시

(2) 도면 작도

① 배치도

㉠ 대지 내의 건물 위치와 부대시설 및 도로와 주변건물 등을 표현한다.

㉡ 비교적 큰 비율로 축소하여 1/200~1/600 정도의 축척을 사용한다.

㉢ 방위와 지반의 기준위치, 부지의 고저, 인접도로의 폭을 표시한다.

㉣ 건물과 인지경계선, 지붕 윤곽, 대문, 차고, 옥외 상수도, 조경상태 등을 표현한다.

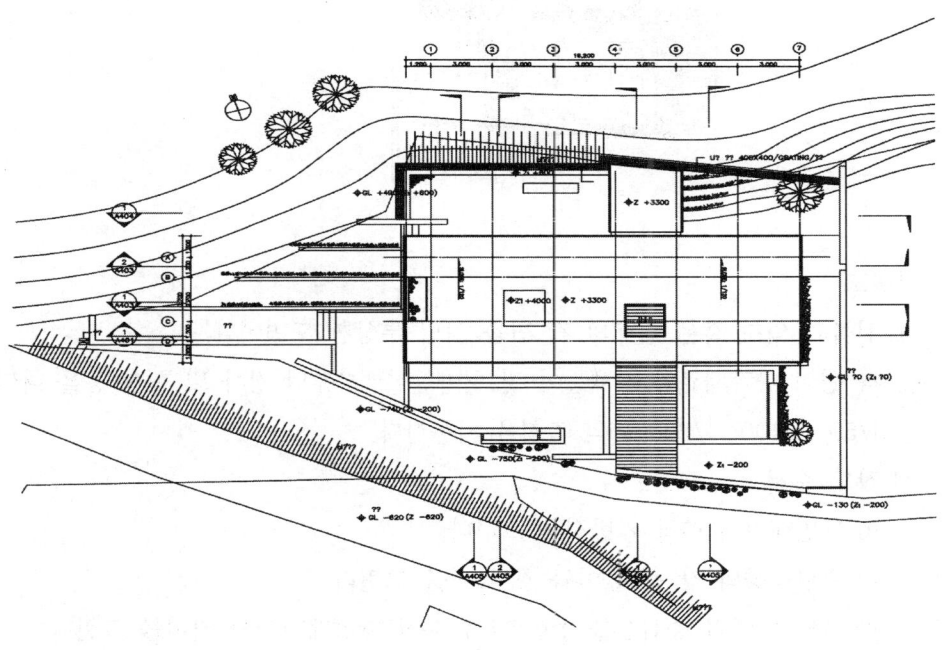

② 평면도
　㉠ 각 층의 바닥면에서 1.2m 높이에서 수평 절단한 수직 투상도를 표현한 도면이다.
　㉡ 설계 진행의 기본이 되는 도면으로 1/50~1/300의 축척을 사용한다.
　㉢ 실의 배치와 면적, 개구부의 너비와 위치, 창문과 출입구의 구분 등이 표현된다.
　㉣ 동선, 각 실 규모 등 생활공간의 구성을 가장 잘 볼 수 있는 도면이다.

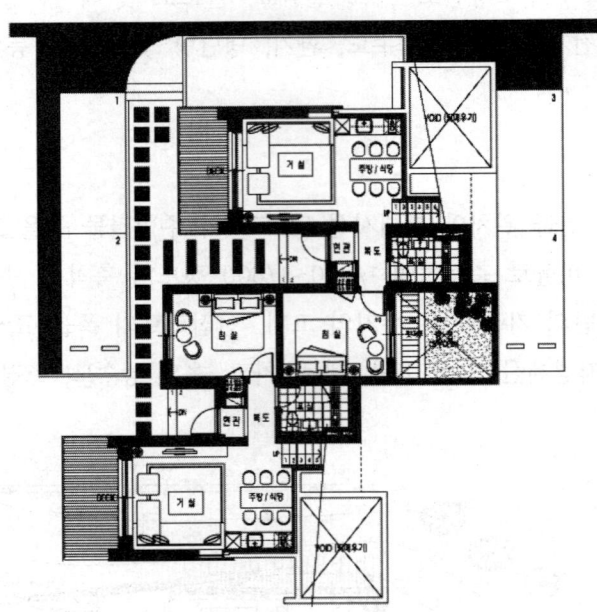

③ 입면도
　㉠ 건물의 외형 혹은 실내의 각 면을 직립 투상한 도면이다.
　㉡ 각 면의 마감재료와 전체높이 및 처마높이, 지붕의 경사 및 형상 등을 나타낸다.
　㉢ 1/50, 1/100, 1/200 등의 축척을 사용한다.
　㉣ 작도 순서
　　ⓐ 도면배치에 따라 지반선을 그린다.
　　ⓑ 수평방향의 각 층 높이와 창 높이를 그린다.
　　ⓒ 기둥과 벽의 중심선을 정한 다음 수직 방향재까지의 거리를 그린다.
　　ⓓ 문과 창의 형상을 그리고 외벽을 진하게 한 후 재료의 표시간격을 그린다.
　　ⓔ 지붕, 옥상 등의 경계선을 명확히 하고 마감재와 조경을 표시한다.
　　ⓕ 음영을 표시하여 효과를 내고 자동차 및 사람 등을 그려서 건물 크기를 느끼게

한다.

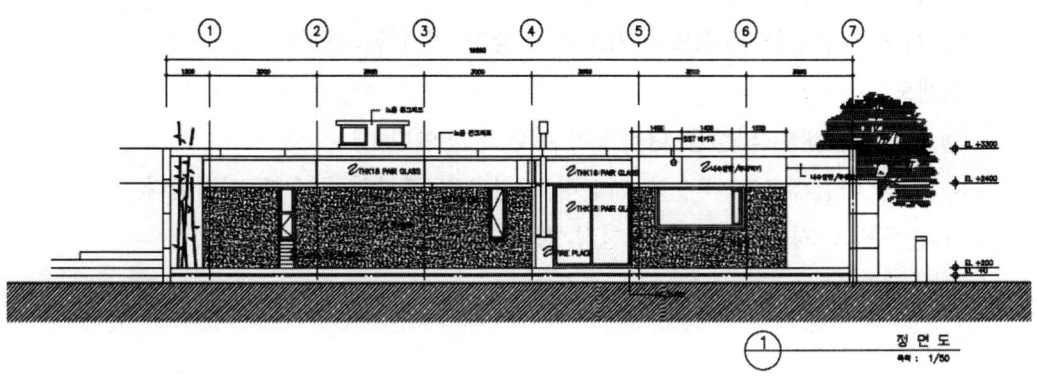

④ 단면도
  ㉠ 건물을 수직으로 절단하여 수평방향으로 본 도면
  ㉡ 입면도와 같은 축척으로 그리는 것이 일반적이다.
  ㉢ 평면상 이해가 어렵거나 전체구조의 이해를 돕기 위해 그린다.
  ㉣ 건물의 높이, 층고, 처마 높이, 창 높이 등이 표현되며 지반과 바닥의 차이를 그린다.
  ㉤ 계단의 치수와 지붕의 물매 등을 표현한다.

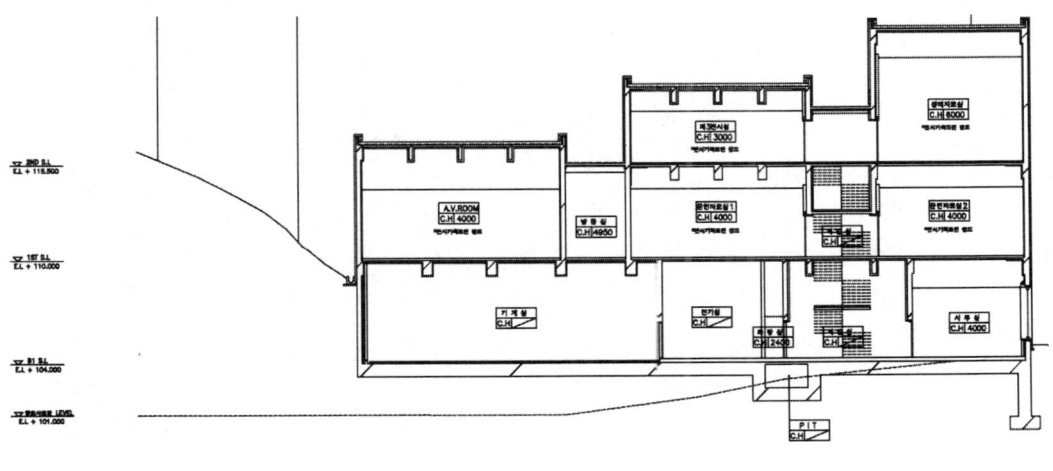

⑤ 기초평면도
  ㉠ 평면도와 같은 축척으로 그린다.
  ㉡ 기초의 중심을 기준으로 기초의 형상과 위치를 그린다.
⑥ 전개도
  ㉠ 각 실의 내부 의장을 나타내기 위한 도면이다.
  ㉡ 벽면 마감재료와 치수를 기입하고 창호의 종류와 치수를 기입한다.
⑦ 기타 도면 : 지붕틀 평면도, 천장 평면도, 창호도 등

출제예상 모의고사

출제예상 모의고사 제1회

01 목조 계단에서 양끝에 세우는 굵은 난간동자의 명칭은?
① 계단멍에　② 두겁대
③ 엄지기둥　④ 디딤판

02 거푸집 공사 시 패널 사이의 간격을 유지하는 데 쓰이는 긴결재는?
① 꺾쇠　② 띠쇠
③ 세퍼레이터　④ 듀벨

03 부재축에 직각으로 설치되는 스터럽의 간격은 철근콘크리트 부재의 경우 최대 얼마 이하로 하여야 하는가?
① 300mm　② 450mm
③ 600mm　④ 700mm

04 철골조에서 판보의 춤은 간사이의 얼마 정도가 적당한가?
① 1/10~1/12 정도
② 1/15~1/18 정도
③ 1/18~1/20 정도
④ 1/20~1/25 정도

05 토대에 대한 설명으로 옳지 않은 것은?
① 기둥에서 내려오는 상부의 하중을 기초에 전달하는 역할을 한다.
② 토대에는 바깥토대, 칸막이토대, 귀잡이토대가 있다.
③ 연속 기초 위에 수평으로 놓고 앵커볼트로 고정시킨다.
④ 이음으로 사개연귀이음과 주먹장이음이 사용된다.

06 미서기문의 마중대는 서로 턱솔 또는 딴혀를 대어 방풍적으로 물려지게 한다. 이것을 무엇이라 하는가?
① 지도리　② 풍소란
③ 접문　④ 문선

07 기성콘크리트 말뚝지정의 설치 시 말뚝의 간격은 최소 얼마 이상으로 하는가?
① 45cm　② 60cm
③ 75cm　④ 90cm

08 모래 또는 점토의 장기응력에 대한 허용 지내력도는?
① $10tf/m^2$　② $30tf/m^2$
③ $100tf/m^2$　④ $400tf/m^2$

09 철근콘크리트 기둥에서 띠철근의 수직 간격 기준에 대한 설명 중 옳지 않은 것은?
① 기둥 단면의 최소 치수 이하
② 종방향 철근지름의 16배 이하
③ 띠철근 지름의 48배 이하
④ 기둥 높이의 0.1배 이하

10 지붕물매에 관한 다음 기술 중 틀린 것은?
① 지붕물매는 간사이가 클수록 느리게 잡는다.
② 지붕물매는 수평길이 10cm에 대한 직각삼각형의 수직높이를 cm로 나타내어 4cm 물매, 5cm 물매 등으로 호칭한다.
③ 높이 10cm 물매를 되물매라 하고 그 이상으로 된 것을 된물매라 한다.
④ 같은 지붕 재료로 이을 때 그 재료의 단

위 면적이 클수록 느린 물매로 한다.

11 철골부재를 접합할 때 접합부재 상호간의 마찰력에 의하여 응력을 전달시키는 접합방식은?
① 고력볼트접합 ② 용접접합
③ 리벳접합   ④ 듀벨접합

12 벽돌쌓기에 관한 설명 중 옳지 않은 것은?
① 내쌓기는 보통 1/8B 1켜씩 또는 1/4B 2켜씩 내쌓는다.
② 내쌓기의 내미는 정도는 2B를 한도로 한다.
③ 붙임기둥의 두께는 1.5B 이상이 좋다.
④ 창문의 너비가 1.8m 정도일 때에는 평아치로 하는 것이 좋다.

13 연속 기초라고도 하며 조적조의 벽체 기초 또는 콘크리트 연결 기초로 사용되는 것은?
① 줄기초   ② 독립기초
③ 온통기초   ④ 복합기초

14 절충식 지붕틀의 특징으로 틀린 것은?
① 지붕보에 휨이 발생하므로 구조적으로는 불리하다.
② 지붕의 하중은 수직부재를 통하여 지붕보에 전해진다.
③ 한식 구조와 절충식 구조는 구조상으로는 대동소이한 것이다.
④ 작업이 복잡하며 대규모 건물에 적당하다.

15 벽돌조에서 개구부와 개구부 사이의 수직거리는 최소 얼마 이상으로 하는가?
① 20cm   ② 40cm
③ 60cm   ④ 80cm

16 코너 비드(coner bead)에 대한 설명으로 옳은 것은?
① 계단 모서리 끝부분의 보강 및 미끄럼 방지를 위해 설치한다.
② 강철, 금속재의 콘크리트용 거푸집으로 특히 치장콘크리트에 많이 사용된다.
③ 기둥과 기둥에 가로 대어 창문틀의 상하벽을 받고 하중을 기둥에 전달하며 창문틀을 끼워 대는 뼈대가 되는 것이다.
④ 벽, 기둥 등의 모서리를 보호하기 위하여 미장바름질을 할 때 붙이는 보호용 철물이다.

17 리벳에 관한 용어의 설명 중 옳지 않은 것은?
① 게이지 라인 : 재축방향의 리벳 중심선
② 게이지 : 각 게이지 라인 간의 거리 또는 게이지 라인과 재면과의 거리
③ 그립 : 게이지 라인상의 리벳 간격
④ 클리어런스 : 리벳과 수직재면과의 거리

18 철근콘크리트 구조의 각종 형식에 대한 설명 중 옳지 않은 것은?
① 셸 구조는 기둥, 보, 바닥 슬래브 등을 강접합하여 하중에 대해서 일체로 저항하도록 되어 있는 구조이다.
② 벽식 구조는 보와 기둥 대신 슬래브와 벽이 일체가 되도록 구성한 구조이다.
③ 플랫 슬래브 구조는 보를 없애고 바닥판을 두껍게 해서 보의 역할을 겸하도록 한 구조이다.
④ 라멘 구조에서 보는 일반적으로 직사각형 단면을 사용하며, 기둥은 사각형이나 원형의 단면을 사용한다.

19 표준형 벽돌의 1.5B 공간쌓기의 두께는?

① 190mm ② 230mm
③ 290mm ④ 330mm

20 휨모멘트나 전단력을 견디게 하기 위해 사용되는 것으로 보의 단부의 단면을 중앙부의 단면보다 크게 한 부분은?
① 헌치   ② 슬래브
③ 래티스 ④ 지중보

21 다공질 벽돌에 관한 설명 중 옳지 않은 것은?
① 방음, 흡음성이 좋지 않고 강도도 약하다.
② 점토에 분탄, 톱밥 등을 혼합하여 소성한다.
③ 비중은 1.5 정도로 가볍다.
④ 톱질과 못박음이 가능하다.

22 KS 5종 포틀랜드 시멘트에 해당하지 않는 것은?
① 보통 포틀랜드 시멘트
② 조강 포틀랜드 시멘트
③ 저열 포틀랜드 시멘트
④ 백색 포틀랜드 시멘트

23 타일의 흡수율에 대한 KS 규정으로 옳은 것은?
① 자기질 8%, 석기질 15%, 도기질 18%, 클링커 타일 28% 이하
② 자기질 13%, 석기질 15%, 도기질 18%, 클링커 타일 18% 이하
③ 자기질 3%, 석기질 5%, 도기질 18%, 클링커 타일 8% 이하
④ 자기질 15%, 석기질 15%, 도기질 18%, 클링커 타일 28% 이하

24 시멘트에 관한 설명 중 옳지 않은 것은?
① 시멘트의 비중은 소성온도나 성분에 따라 다르며, 동일 시멘트인 경우에 풍화한 것일수록 작아진다.
② 우리나라의 경우 시멘트 1포는 보통 60kg이다.
③ 시멘트의 분말도는 브레인법 또는 표준체법에 의해 측정된다.
④ 안정성이란 시멘트가 경화될 때 용적이 팽창하는 정도를 말한다.

25 구리와 주석을 주체로 한 합금으로 건축장식철물 또는 미술공예 재료에 사용되는 것은?
① 황동   ② 두랄루민
③ 주철   ④ 청동

26 A.E제를 사용할 경우 콘크리트의 강도가 저하되는데 공기량 1%에 대하여 압축강도 저하율은?
① 1~2%   ② 4~6%
③ 8~10% ④ 12~144%

27 길이가 4m인 생나무가 절대건조상태로 되었을 때 3.92m라면 전수축률은 몇 %인가?
① 1%   ② 2%
③ 3%   ④ 4%

28 테라코타(Terra cotta)에 대한 설명으로 옳지 못한 것은?
① 공동의 대형 점토제품이다.
② 대부분의 경우 시유하지 않으며 구조적으로는 사용할 수 없다.
③ 건축물의 패러핏, 주두 등의 장식에 사용된다.
④ 원료토는 주로 석기질 점토나 철분이 많은 점토를 사용한다.

29 한국산업규격의 분류 중 건축 부분에 해당되는 것은?
① KS D ② KS F
③ KS E ④ KS M

30 아스팔트나 피치처럼 가열하면 연화하고, 벤젠·알코올 등의 용제에 녹는 흑갈색의 점성질 반고체의 물질로 도로의 포장, 방수재, 방진재로 사용되는 것은?
① 도장 재료 ② 미장재료
③ 역청 재료 ④ 합성수지 재료

31 단열 유리라고도 하며 철, 니켈, 크롬 등이 들어 있는 유리로서 담청색을 띠고 태양광선 중에 장파부분을 흡수하는 유리는?
① 열선 흡수 유리
② 열선 반사 유리
③ 자외선 투과 유리
④ 자외선 차단 유리

32 다음 중 파티클 보드에 대한 설명으로 옳지 않은 것은?
① 합판에 비해 휨강도는 크지만 면내 강성은 나쁘다.
② 목재의 작은 조각을 합성수지 접착제 등을 첨가하여 열압 제판한 것이다.
③ 온·습도에 의한 변형이 거의 없으나 부패방지를 위해 방습처리를 한다.
④ 음 및 열의 차단성이 우수하여 방음 및 단열재로 쓰인다.

33 가열한 강을 물 또는 기름 등에 담가 급속 냉각하는 열처리 방법으로, 강재의 경도와 내마모성을 증가시키는 것은 무엇인가?
① 풀림 ② 불림
③ 담금질 ④ 뜨임

34 석고 플라스터에 대한 설명으로 옳지 않은 것은?
① 점성이 작아서 여물 또는 해초 등을 원칙적으로 사용하여야 한다.
② 경화 건조 시 치수안정성이 우수하다.
③ 결합수로 인하여 방화성이 크다.
④ 유성페인트 마감이 가능하다.

35 다음의 건축물의 용도와 바닥 재료의 연결 중 적합하지 않은 것은?
① 유치원의 교실 - 인조석 물갈기
② 아파트의 거실 - 플로어링 블록
③ 병원의 수술실 - 전도성 타일
④ 사무소 건물의 로비 - 대리석

36 코르크판(Cork Board) 사용 용도 중 옳지 않은 것은?
① 방송실의 흡음재
② 제빙공장의 단열재
③ 전산실의 바닥재
④ 내화 건물의 불연재

37 인성에 반대되는 용어로 유리와 같이 작은 변형으로 파괴되는 성질을 나타내는 용어는?
① 연성 ② 인성
③ 취성 ④ 탄성

38 다음 중 유성페인트에 대한 설명으로 옳지 않은 것은?
① 건조시간이 짧다.
② 내알칼리성이 떨어진다.
③ 붓바름 작업성 및 내후성이 뛰어나다.
④ 콘크리트에 정벌바름하면 피막이 부서져 떨어진다.

39 다음 중 방사선 차단용 미장재료로 쓰이는 모르타르 제품은?
① 합성수지 모르타르
② 바라이트 모르타르
③ 아스팔트 모르타르
④ 질석 모르타르

40 다음 중 수경성 미장재료는?
① 회반죽
② 돌로마이트 플라스터
③ 인조석 바름
④ 진흙

41 변전실의 위치 선정을 할 때에 고려해야 할 사항으로 옳지 않은 것은?
① 가능한 한 부하의 중심에서 멀고 배전에 편리한 장소일 것
② 주위에 폭발, 화재 등의 위험성이 적을 것
③ 외부로부터 전선의 인입이 쉬운 장소일 것
④ 기기의 반출입이 용이할 것

42 열매가 온수일 경우 실내온도 18.5℃, 온수 평균온도 80℃에서 방열기의 표준방열량은 약 얼마인가?
① 450W/m^2
② 523W/m^2
③ 650W/m^2
④ 756W/m^2

43 공동주택의 종류에 속하지 않는 것은?
① 연립 주택
② 아파트
③ 다중주택
④ 다세대주택

44 공동주택의 형식 중 메조넷형에 대한 설명으로 틀린 것은?
① 거주성, 특히 프라이버시가 높다.
② 양면에 개구부가 설치된 층은 환기, 통풍, 채광이 좋다.
③ 소규모 주택에 적합하다.
④ 하나의 주거단위가 복층형식을 취하는 경우이다.

45 먼셀의 표색계에서 5R 4/14로 표시되었다면 채도는 얼마인가?
① R
② 5
③ 4
④ 14

46 공기조화방식에서 열반송 매체에 의한 분류 중 전수 방식에 속하는 것은?
① 단일 덕트 방식
② 이중 덕트 방식
③ 팬코일 유닛 방식
④ 멀티존 유닛 방식

47 수정유효온도를 구성하는 요소가 아닌 것은?
① 기온
② 습도
③ 일사량
④ 복사열

48 주택의 실내온도가 5℃이고, 실외온도가 0℃일 때 유리창을 통해서 단위시간에 흐르는 열량은 얼마인가? (단, 유리창의 열관류율 6.5W/m^2, 창 면적 4m^2)
① 110W
② 120W
③ 130W
④ 140W

49 다음의 각종 도면에 대한 설명 중 옳지 않은 것은?
① 부분상세도는 건축물의 주요 구조부의 부분을 상세하게 그린 도면으로, 각 부재의 형상, 치수 등을 표시한다.
② 시공도면은 시공법을 명확하게 그린 것

으로, 건축의 공작을 명확하게 할 수 있도록 그린 도면이다.
③ 동선도는 사람이나 차 또는 화물 등의 흐름을 도식화하여 나타낸다.
④ 평면도는 건축부지의 위치를 나타내는 도면이다.

50 배치도, 평면도 등의 도면은 어느 쪽을 위로 하여 작도함을 원칙으로 하는가?
① 동쪽　　② 서쪽
③ 남쪽　　④ 북쪽

51 다음 도면에서 A가 가리키는 선의 종류로 옳은 것은?

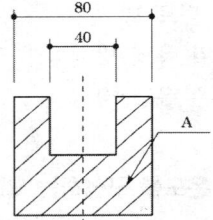

① 중심선　　② 해칭선
③ 절단선　　④ 가상선

52 수송설비 중 계단식으로 된 컨베이어로서, 30° 이하의 기울기를 가지는 트러스에 발판을 부착시켜 레일로 지지한 것은?
① 엘리베이터
② 에스컬레이터
③ 컨베이어 벨트
④ 이동 보도

53 그림에서 줄눈의 명칭이 틀린 것은?

① 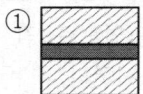　　②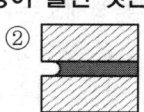

③ 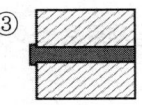　　④

① 평줄눈　　② 오목줄눈
③ 내민줄눈　　④ 빗줄눈

54 다음 중 묘사 기법에 대한 방법으로 틀린 것은?
① 윤곽선을 강하게 묘사하면 공간성의 입체를 돋보이게 하는 효과가 있다.
② 곡면인 경우에는 농도에 변화를 주어 묘사한다.
③ 일반적으로 그림자는 표면의 그늘보다 밝게 묘사한다.
④ 그늘과 그림자는 물체의 위치, 보는 사람의 위치, 빛의 방향, 그림자가 비칠 바닥의 형태에 의하여 표현을 달리한다.

55 대변기 세정수의 급수방식 중 급수관에 직접 연결하여 핸들을 누르면 급수관으로부터 일정량의 물이 방출되는 변기를 세정하는 방식은?
① 플러시 밸브식
② 로 탱크식
③ 하이 탱크식
④ 세출식

56 건축계획의 과정 중 건축주 또는 이용자의 요구사항, 문제의 파악과 분석 그리고 설계자가 발의하는 제안 사항 등 세 가지 기능을 포함하는 단계는?
① 시공　　② 기획
③ 기본설계　　④ 실시설계

57 단독주택의 식사실(Dining Room)에 대한 설명으로 틀린 것은?
① 한식 주택에서는 하나의 방이 침실, 거

실, 식사실의 기능을 겸하였다.
② 식사실의 위치는 기본적으로 부엌과 근접 배치시키는 것이 이용상 편리하다.
③ 식사실은 무엇보다도 실내환경 디자인에 유의하여 식사의 쾌적한 분위기를 살릴 수 있도록 한다.
④ DK(Dining Kitchen)형은 거실의 한 부분에 식탁을 설치하는 형태로, 부엌과의 연결이 유기적이지 못하다.

58 건축공간에 대한 설명으로 옳지 않은 것은?
① 공간의 가장 기본적인 치수는 실내에 필요한 가구를 배치하고 기능을 수행하는 데 있어 사람의 움직임을 적절하게 수용할 수 있는 크기이다.
② 외부 공간은 건축고유의 공간이며 기능과 구조, 그리고 아름다움의 측면에서 무엇보다 중요하다.
③ 건축물을 만들기 위해서는 여러 가지 재료와 방법을 이용하여 바닥, 벽, 지붕과 같은 구조체를 구성하는데, 이 뼈대에 의하여 이루어지는 공간을 건축공간이라 한다.
④ 인간은 건축공간을 조형적으로 인식한다. 즉, 시각을 바탕으로 다른 감각기관 전체로 인식하는 것이다.

59 전기설비관련 용어 중 주동력선에서 분기되어 나오는 것으로, 주택에서는 각 실의 콘센트에 전원을 공급하는 선은?
① 분기회로   ② 금속관
③ 간선   ④ 배선

60 다음 중 건물의 일조 조절 방법에 이용되지 않는 것은?
① 차양   ② 발코니
③ 이중창   ④ 루버

출제예상 모의고사 제2회

01 역학구조상 비내력벽에 속하지 않는 벽은?
① 장막벽 ② 칸막이벽
③ 전단벽 ④ 커튼월

02 2개소의 개구부를 가진 조적식 구조에서 대린벽으로 구획된 벽의 길이가 6m일 때, 최대 개구부 폭의 합계로 옳은 것은?
① 6m ② 4m
③ 3m ④ 2m

03 트러스의 구조에 대한 설명으로 옳은 것은?
① 모든 방향에 대한 응력을 전달하기 위하여 절점은 강접합으로만 이루어져야 한다.
② 풍하중과 적설하중은 구조계산 시 고려하지 않는다.
③ 부재에 휨 모멘트 및 전단력이 발생한다.
④ 구성부재를 규칙적인 3각형으로 배열하면 구조적으로 안정이 된다.

04 철근콘크리트구조의 원리에 대한 설명으로 옳은 것은?
① 콘크리트에 비해 철근의 단면적이 가늘어 좌굴이 우려된다.
② 철근은 압축력에 강하므로 부재의 압축력을 부담한다.
③ 콘크리트와 철근의 선팽창 계수는 거의 같아서 응력의 흐름이 원활하다.
④ 콘크리트는 철근을 보호할 수 없으므로 별도의 내화·내식 조치가 필요하다.

05 건축구조의 구성 방식에 의한 분류 중 하나로, 구조체인 기둥과 보를 부재의 접합에 의해서 축조하는 방법으로, 뼈대를 삼각형으로 짜맞추면 안정한 구조체를 만들 수 있는 구조는?
① 가구식 구조 ② 캔틸레버 구조
③ 조적식 구조 ④ 습식 구조

06 콘크리트 공사에서의 최소 피복 두께에 관한 설명 중 옳지 않은 것은?
① 피복의 목적은 내구, 내화, 부착력 확보가 목적이다.
② 피복두께란 콘크리트 표면에서 주근 중심까지의 거리를 말한다.
③ 옥외의 공기나 흙에 직접 접하지 않는 콘크리트 기둥의 최소 피복 두께는 40mm이다.
④ 흙에 접하여 콘크리트를 친 후 영구히 흙에 묻혀 있는 콘크리트의 최소 피복 두께는 80mm이다.

07 강구조의 기둥 종류 중 앵글·채널 등으로 대판을 플랜지에 직각으로 접합한 것은?
① H형 강기둥 ② 래티스 기둥
③ 격자기둥   ④ 강관기둥

08 조적조에서 벽체의 두께를 결정하는 요소와 가장 거리가 먼 것은?
① 벽길이
② 벽높이
③ 벽돌의 제조법
④ 건축물의 층수

09 총 층수가 1층인 목구조 건축물에서 일반적으로 사용되지 않는 부재는?

① 토대　　　② 통재기둥
③ 멍에　　　④ 중도리

10 목구조 부재 간 맞춤의 연결이 옳지 않은 것은?
① 왕대공과 평보 – 짧은 장부맞춤
② 기둥과 층도리 – 안장 맞춤
③ 왕대공과 마룻대 – 가름장 장부맞춤
④ 멍에와 장선 – 걸침턱 맞춤

11 건물의 평면형태에 따른 역학적 특징을 설명한 것으로 옳지 않은 것은?
① 정사각형의 평면은 바람이나 지진과 같은 수평력에 대하여 안정적이다.
② 원형 평면은 같은 표면적을 갖는 다른 형태의 구조물에 비해 풍하중이 크게 작용한다.
③ 다각형 평면을 갖는 건축물은 다방향 대칭축을 갖기 때문에 수평하중의 작용 시 각 작용방향에 따라 부재의 응력이 현저하게 달라질 수 있다.
④ 방사형 평면은 안정감이 있어 보이지만 구조적 장점은 다른 평면에 비해 많지 않다.

12 스페이스 프레임에 대한 설명으로 옳지 않은 것은?
① 스페이스 프레임은 크게 뼈대구조와 내력 외피구조로 나눌 수 있다.
② 뼈대 망눈의 크기는 마무리재의 치수, 망눈의 미관, 단재의 좌굴길이 등에 의하여 선정된다.
③ 재료는 품질·가공성 등의 이유로 강재가 많이 쓰이며 경량재인 알루미늄도 쓰인다.
④ 일반적으로 망눈이 큰 것이 부재수·절점수가 많아져 비경제적이다.

13 널 옆이 서로 물려지게 한 후, 옆에서 못질하여 못머리가 감추어지며 마루의 진동에도 못이 솟아오르는 일이 없는 마루깔기 방식은 무엇인가?
① 맞댐쪽매　　　② 반턱쪽매
③ 제혀쪽매　　　④ 빗쪽매

14 구조 형식에 관한 설명으로 틀린 것은?
① 벽돌구조는 지진력과 같은 횡력에 취약한 단점이 있다.
② 목구조는 지진력에 비교적 강하나 변형, 부패되기 쉽다.
③ 철골구조는 내화적, 내구적이지만 철근콘크리트구조에 비하여 자체중량이 크다.
④ 철근콘크리트구조는 내구적이나 시공의 정밀도가 요구되며 기후에 영향을 받는다.

15 철골구조 관련 용어와 거리가 먼 것은?
① 거셋 플레이트
② 베이스 플레이트
③ 스티프너
④ 컬럼 밴드

16 PC(Precast Concrete) 공법의 장·단점에 대한 설명으로 틀린 것은?
① 초기 시설투자비가 적게 든다.
② 기후변화에 영향을 적게 받는다.
③ 설계상의 제약이 따른다.
④ 기계화, 자동화에 의해 품질이 향상된다.

17 조적조의 줄눈에 대한 일반적인 설명으로 옳은 것은?
① 보강블록조에서는 통줄눈은 사용하지 않는다.
② 벽면이 고르지 않을 때는 오목줄눈으로

한다.
③ 벽돌의 형태가 고르지 않을 때는 밑줄눈으로 한다.
④ 막힌줄눈은 상부의 하중을 전벽면에 골고루 균등하게 분포시킨다.

18 철근콘크리트 슬래브에서 휨 주철근의 간격 기준으로 옳은 것은? (단, 콘크리트 장선구조가 아닌 경우)
① 슬래브 두께의 4배 이하, 또한 450mm 이하
② 슬래브 두께의 4배 이하, 또한 600mm 이하
③ 슬래브 두께의 3배 이하, 또한 450mm 이하
④ 슬래브 두께의 3배 이하, 또한 600mm 이하

19 건축물의 큰보의 간사이에 작은보(Beam)를 짝수로 배치할 때의 주된 장점은?
① 미관이 뛰어나다.
② 큰보의 중앙부에 작용하는 하중이 작아진다.
③ 층고를 낮출 수 있다.
④ 공사하기가 편리하다.

20 기본형 벽돌(190×90×57)을 사용한 벽돌벽 2.0B의 두께는? (단, 공간쌓기 아님)
① 23cm   ② 29cm
③ 33cm   ④ 39cm

21 내열성은 높지 않으나 우수한 단열성 때문에 냉동기기에 많이 사용되는 단열재는?
① 규산칼슘판   ② 폴리우레탄폼
③ 세라믹 섬유   ④ 펄라이트판

22 단열재료 중 유기질계 단열재에 해당하는 것은?
① 펄라이트판   ② 규산칼슘판
③ 기포콘크리트   ④ 연질섬유판

23 콘크리트의 수밀성에 관한 설명으로 옳지 않은 것은?
① 물시멘트비가 작을수록 수밀성은 커진다.
② 다짐이 불충분할수록 수밀성은 작아진다.
③ 습윤양생이 충분할수록 수밀성은 작아진다.
④ 혼화재 중 플라이애쉬는 콘크리트의 수밀성을 향상시킨다.

24 잔골재를 각 상태에서 계량한 결과 그 무게가 다음과 같을 때 이 골재의 유효흡수율은?

- 절건상태 : 2000g
- 기건상태 : 2066g
- 표면건조 내부 포화상태 2124g
- 습윤상태 : 2152g

① 1.3%   ② 2.9%
③ 6.2%   ④ 7.6%

25 콘크리트용 골재에 관한 설명으로 옳지 않은 것은?
① 바다모래를 콘크리트에 사용하기 위해서는 세척을 하고 난 후 사용하여야 한다.
② 골재가 콘크리트에서 차지하는 체적은 약 70~80% 정도이다.
③ 쇄석골재는 보통 안산암을 파쇄하여 쓴다.
④ 강자갈과 쇄석을 쓴 콘크리트 중 물시멘트비 등의 제반 조건이 같으면 강자갈을 쓴 콘크리트의 강도가 크다.

26 목재는 화재가 발생하면 순간적으로 불이 확산하여 큰 피해를 주는데 이를 억제하는 방법으로 옳지 않은 것은?
① 목재의 표면에 플라스터로 피복한다.
② 염화 비닐 수지로 도포한다.
③ 방화페인트로 도포한다.
④ 인산암모늄 약제로 도포한다.

27 점토제품 공정에 대한 설명으로 옳지 않은 것은?
① 소성은 보통 터널요에 넣어서 서서히 가열한다.
② 시유는 반드시 소성 전에 제품의 표면에 고르게 바른다.
③ 건조는 자연건조 또는 소성가마의 여열을 이용한다.
④ 반죽은 조합된 점토에 물을 부어 비벼 수분이나 경도를 균질하게 하고, 필요한 점성을 부여한다.

28 보통 콘크리트와 비교한 폴리머 콘크리트의 특징으로 옳지 않은 것은?
① 압축, 인장 및 휨강도가 크다.
② 방수성 및 수밀성이 우수하고 동결융해에 대한 저항성이 양호하다.
③ 내마모성 및 내약품성이 우수하다.
④ 경화수축이 작고 내화성이 뛰어나다.

29 강재 시편의 인장시험 시 나타나는 응력-변형률 곡선에 관한 설명으로 옳지 않은 것은?
① 하위항복점까지 가력한 후 외력을 제거하면 변형은 원상으로 회복된다.
② 인장강도 점에서 응력값이 가장 크게 나타난다.
③ 냉간성형한 강재는 항복점이 명확하지 않다.
④ 상위항복점 이후에 하위항복점이 나타난다.

30 아스팔트 루핑에 대한 설명으로 옳은 것은?
① 펠트의 양면에 스트레이트 아스팔트를 가열 용융시켜 피복한 것이다.
② 블론 아스팔트를 용제에 녹인 것으로 액상을 하고 있다.
③ 석유, 석탄공업에서 경유, 중유 및 중유분을 뽑은 나머지로 대부분은 광택이 없는 고체로 연성이 전혀 없다.
④ 평지붕의 방수층, 슬레이트평판, 금속판 등의 지붕깔기 바탕 등에 이용된다.

31 고강도 콘크리트란 설계기준강도가 최소 얼마 이상인 콘크리트를 지칭하는가? (단, 보통 콘크리트의 경우)
① 27MPa ② 35MPa
③ 40MPa ④ 45MPa

32 ALC 제품에 관한 설명으로 옳지 않은 것은?
① 압축강도에 비해서 휨·인장강도는 상당히 약한 편이다.
② 열전도율이 보통콘크리트의 1/10 정도로서 단열성이 유리하다.
③ 내화성능을 보유하고 있다.
④ 흡수율이 낮아 물에 노출된 곳에서도 사용이 가능하다.

33 미장재료에 여물을 사용하는 가장 주된 이유는?
① 유성페인트로 착색하기 위해서
② 균열을 방지하기 위해서
③ 점성을 높여주기 위해서
④ 표면의 경도를 높여주기 위해서

34 목재의 함수율에 관한 설명으로 옳지 않은 것은?
① 함수율 30% 이상에서는 함수율의 증감에 따른 강도의 변화가 거의 없다.
② 기건상태인 목재의 함수율은 15% 정도이다.
③ 목재의 진비중은 일반적으로 2.54 정도이다.
④ 목재의 함수율 30% 정도를 섬유포화점이라 한다.

35 프탈산과 글리세린 수지를 변성시킨 포화폴리에스테르 수지로 내후성, 접착성이 우수하며 도료나 접착제 등으로 사용되는 합성수지는?
① 알키드 수지
② A.B.S 수지
③ 스티롤 수지
④ 에폭시 수지

36 각 벽돌에 관한 설명 중 옳은 것은?
① 과소벽돌은 질이 견고하고 흡수율이 낮아 구조용으로 적당하다.
② 건축용 내화벽돌의 내화도는 500~600℃의 범위이다.
③ 중공벽돌은 방음벽, 단열벽 등에 사용된다.
④ 포도벽돌은 주로 건물 외벽의 치장용으로 사용된다.

37 다음 중 방청도료에 해당되지 않는 것은?
① 광명단
② 알루미늄도료
③ 징크로메이트
④ 오일 스테인

38 KS F 2503(굵은 골재의 밀도 및 흡수율 시험방법)에 따른 흡수율 산정식은 다음과 같다. 여기서 A가 의미하는 것은?

$$Q = \frac{B-A}{A} \times 100(\%)$$

① 절대건조상태 시료의 질량(g)
② 표면건조포화상태 시료의 질량(g)
③ 시료의 수중질량(g)
④ 기건상태시료의 질량(g)

39 트럭믹서에 재료만 공급받아서 현장으로 가는 도중에 혼합하여 사용하는 콘크리트는?
① 센트럴 믹스트 콘크리트
② 슈링크 믹스트 콘크리트
③ 트랜싯 믹스트 콘크리트
④ 배쳐플랜트 콘크리트

40 목재의 자연건조 시 유의할 점으로 옳지 않은 것은?
① 지면에서 20cm 이상 높이의 굄목을 놓고 쌓는다.
② 잔적(piling) 내 공기순환 통로를 확보해야 한다.
③ 외기의 온·습도의 영향을 많이 받을 수 있으므로 세심한 주의가 필요하다.
④ 건조기간의 단축을 위하여 마구리 부분을 일광에 노출시킨다.

41 직경 10mm의 원형철근을 100mm 간격으로 배치할 때 도면표시 방법으로 옳은 것은?
① D10 #100
② D10 @100
③ φ10 #100
④ φ10 @100

42 홀형 아파트에 관한 설명으로 옳지 않은 것은?
① 거주의 프라이버시가 높다.
② 통행부 면적이 작아서 건물의 이용도가 높다.

③ 계단실 또는 엘리베이터 홀로부터 직접 주거 단위로 들어가는 형식이다.
④ 1대의 엘리베이터에 대한 이용 가능한 세대수가 가장 많은 형식이다.

43 단면도에 표기하는 사항과 가장 거리가 먼 것은?
① 층높이
② 창대높이
③ 부지경계선
④ 지반에서 1층 바닥까지의 높이

44 다음 설명에 알맞은 환기방식은?

- 실내가 부압이 된다.
- 화장실, 욕실 등의 환기에 적합하다.

① 중력환기(자연급기와 자연배기의 조합)
② 제1종 환기(급기팬과 배기팬의 조합)
③ 제2종 환기(급기팬과 자연배기의 조합)
④ 제3종 환기(자연급기와 배기팬의 조합)

45 투시도에 사용되는 용어의 기호 표시가 옳지 않은 것은?
① 화면 – P.P
② 기선 – G.L
③ 시점 – V.P
④ 수평면 – H.P

46 종이에 일정한 크기의 격자형 무늬가 인쇄되어 있어서, 계획도면을 작성하거나 평면을 계획할 때 사용하기가 편리한 제도지는?
① 켄트지
② 방안지
③ 트레이싱지
④ 트레팔지

47 단독 주택의 부엌에 관한 설명 중 옳은 것은?
① L자형 작업대는 동선효율이 좋지 않다.
② 부엌의 면적은 일반적으로 주택 연면적의 1~2% 정도이다.
③ 작업순서의 흐름 방향은 한쪽으로 하고, 작업대의 높이는 100~120cm 정도가 적당하다.
④ 기능성, 경제성, 사용자의 요구사항이 반영되도록 평면을 계획하며, 동선은 고려하지 않는다.

48 배경표현법의 주의사항으로 옳지 않은 것은?
① 건물 앞에 것은 사실적으로, 멀리 있는 것은 단순히 그린다.
② 건둘의 용도와는 무관하게 가능한 한 세밀한 그림으로 표현한다.
③ 공간과 구조, 그리고 그들의 관계를 표현하는 요소들에 지장을 주어서는 안 된다.
④ 표현에서는 크기와 무게, 그리고 배치는 도면 전체의 구성 요소가 고려되어야 한다.

49 침실 계획 시 소음 방지를 위한 방법과 가장 관계가 먼 것은?
① 통풍의 흐름이 직접 침대 위를 통과하도록 한다.
② 창문은 이중창으로 하고 커튼을 설치한다.
③ 위치는 도로 등의 소음원으로부터 격리시킨다.
④ 침실 외부에 나무 등을 심어 외부 소음을 차단한다.

50 주택의 평면 계획에 관한 기술 중 가장 부적절한 것은?
① 각 실의 상호관계는 관계가 깊은 것은 인접시키고, 상반되는 성질의 것은 격리시키는 것이 좋다.
② 가족의 분할 취침과 침식의 분리가 되도

록 한다.
③ 부엌은 음식물이 상하기 쉬우므로 남향을 피해야 한다.
④ 현관의 위치는 주택 외부에서 쉽게 알아볼 수 있는 위치에 있어야 한다.

51 다음 중 차폐계수가 가장 큰 유리의 종류는? (단, ( ) 안의 수치는 유리의 두께임)
① 보통 유리(3mm)
② 흡열 유리(3mm)
③ 흡열 유리(6mm)
④ 흡열 유리(12mm)

52 건축물의 에너지절약을 위한 단열계획 내용으로 옳지 않은 것은?
① 외벽 부위는 내단열로 시공한다.
② 건물의 창 및 문은 가능한 한 작게 설계한다.
③ 외벽의 모서리 부분은 단열재를 연속적으로 설치한다.
④ 발코니 확장을 하는 공동주택에는 로이(Low-E) 복층창이나 삼중창을 설치한다.

53 건축물이 갖추어야 할 기본적인 3대 요소와 관련이 없는 것은?
① 미(美)   ② 구조(構造)
③ 기능(機能) ④ 위생(衛生)

54 온수난방에 관한 설명으로 옳지 않은 것은?
① 한랭지에서 동결의 우려가 있다.
② 예열부하가 없어 간헐운전에 적합하다.
③ 증기난방에 비해 예열시간이 짧게 소요된다.
④ 증기난방에 비해 부하변동에 따른 실내 방열량 제어가 용이하다.

55 배수관에서 설치되는 트랩 내의 봉수 깊이로서 가장 적절한 것은?
① 50mm 이하
② 50~100mm
③ 150~200mm
④ 200mm 이상

56 공동주택에 관한 설명 중 옳지 않은 것은?
① 토지 이용의 효율을 높일 수 있다.
② 설비를 집중화하기 쉽다.
③ 프라이버시가 양호하며 생활의 변화에 대해 자유롭게 대응할 수 있다.
④ 동일면적의 단독주택에 비하여 유지관리비를 절감할 수 있다.

57 공동주택의 종류에 속하지 않는 것은?
① 연립주택   ② 아파트
③ 다중주택   ④ 다세대 주택

58 아파트 계획에서 스킵 플로어(Skip floor)형에 대한 설명으로 부적당한 것은?
① 엘리베이터에서 단위주거로 직접 진입하므로 동선이 짧다.
② 복도가 있는 층과 없는 층은 평면형이 달라진다.
③ 계단실형과 편복도형의 장점을 복합한 것이다.
④ 1층 또는 2층을 걸러서 복도를 설치한다.

59 색광의 3원색에 속하지 않는 것은?
① 빨강(R)   ② 노랑(Y)
③ 녹색(G)   ④ 파랑(B)

60 도면 중에 쓰는 기호와 표시 사항의 연결이

옳지 않은 것은?
① V-용적
② W-높이
③ A-면적
④ R-반지름

출제예상 모의고사

01 목재의 이음과 맞춤에 관한 설명으로 옳지 않은 것은?
① 이음과 맞춤의 단면은 응력의 방향에 평행으로 하여야 한다.
② 각 부재의 이음과 맞춤은 응력이 가장 적게 작용하는 곳에 만든다.
③ 공작이 간단한 것을 쓰고 모양에 치중하지 않는다.
④ 맞춤면은 정확히 가공하여 서로 밀착되어 빈틈이 없게 한다.

02 절충식 지붕틀의 특징으로 틀린 것은?
① 지붕보에 휨이 발생하므로 구조적으로는 불리하다.
② 지붕의 하중은 수직부재를 통하여 지붕보에 전달된다.
③ 한식 구조와 절충식 구조는 구조상으로 비슷하다.
④ 작업이 복잡하며 대규모 건물에 적당하다.

03 스페이스 프레임(space frame) 구조에 대한 설명 중 옳지 않은 것은?
① 철판 및 곡면구조로 응용할 수 없어 공간의 표현이 자율적이지 못하다.
② 넓은 공간을 구성하는 데 적절하다.
③ 동일 부재를 반복, 조립하므로 작업이 용이하다.
④ 재료는 주로 강관(steel pipe)을 사용한다.

04 벽돌조에서 내력벽에 직각으로 교차하는 벽을 무엇이라 하는가?

① 대린벽　② 중공벽
③ 장막벽　④ 칸막이벽

05 무량판(Flat Slab) 구조에 대한 설명으로 옳지 않은 것은?
① 무량판의 슬래브의 두께가 보(Girder)로 거치되는 슬래브보다 두꺼워진다.
② 철근이 복잡하여 공사 기간이 길어진다.
③ 기둥 주변에는 철근을 보강해야 한다.
④ 가급적 기둥 주변에는 개구부(Opening)를 두지 않도록 한다.

06 소규모 건축물에 해당하는 조적식 구조에 대한 기준으로 옳지 않은 것은?
① 조적식 구조인 건축물 중 2층 건축물에 있어서 2층 내력벽의 높이는 5m를 넘을 수 없다.
② 조적식 구조인 내력벽의 길이는 10m를 넘을 수 없다.
③ 조적식 구조인 내력벽으로 둘러싸인 부분의 바닥면적은 $80m^2$를 넘을 수 없다.
④ 조적식 구조인 내력벽의 기초는 연속 기초로 하여야 한다.

07 철골공사의 접합 방법 중 용접 접합의 특징에 대한 설명으로 옳지 않은 것은?
① 건물의 경량화
② 저소음·저진동
③ 용접 결함에 대한 검사 용이
④ 용접열에 의한 변형 발생

08 아치쌓기법에서 아치 너비가 클 때 아치를 여

러 겹으로 둘러쌓아 만든 것은?
① 층두리 아치　② 거친 아치
③ 본 아치　　　④ 막만든 아치

09 건축구조 중 재해방지 성능상의 분류에 해당되지 않는 것은?
① 내진구조　② 조립구조
③ 내화구조　④ 방화구조

10 철골의 고력볼트 접합의 장점으로 거리가 먼 것은?
① 응력의 전달이 확실하다.
② 품질 검사가 용이하다.
③ 시공이 간편하다.
④ 강재의 양을 절약한다.

11 목구조에서 가새에 관한 설명 중 옳지 않은 것은?
① 가새의 경사는 45°에 가까울수록 유리하다.
② 가새는 수평력이 작용하는 방향에 따라 압축력 또는 인장력을 받는다.
③ 목조에서 가새는 철재의 사용을 금한다.
④ 가새는 대칭으로 배치하는 것이 구조내력상 유리하다.

12 철골구조의 주각부에 사용되는 접합재에 해당되지 않는 것은?
① 톱 앵글(top angle)
② 윙 플레이트(wing plate)
③ 사이드 앵글(side angle)
④ 클립 앵글(clip angle)

13 목재로 대형 무지주 지붕을 설치하고자 한다. 구조적으로 가장 적합하지 않은 시공 방법은?

① 목재의 이음부위를 최대한 많은 볼트로 체결하여 장스팬의 목재를 제작하여 지붕을 설치한다.
② 집성목재로 소요응력에 필요한 단면을 만들어 단일부재의 아치구조로 지붕을 설치한다.
③ 단면이 작은 목재를 트러스 형태로 조립하여 지붕을 설치한다.
④ 인장력을 받는 부재는 스틸 케이블로 설치하고, 압축부재는 목재를 사용하여 지붕을 설치한다.

14 경량 철골조의 특성에 대한 설명으로 틀린 것은?
① 주택, 간이 창고 등 소규모의 구조물에 쓰인다.
② 비틀림에 대한 저항이 강관구조에 비해 강하다.
③ 가공, 조립이 용이한 편이다.
④ 경량 철골재의 접합은 볼트접합, 용접접합으로 한다.

15 철골보 중 상하플랜지에 ㄱ형강을 쓰고 웨브재로 대철을 45°, 60° 또는 90° 등의 일정한 각도로 접합한 조립보는?
① 판보　　② 래티스보
③ 허니컴보　④ 비렌딜 거더

16 블록의 구멍에 철근을 배근하고 콘크리트를 부어 넣어 수직 하중과 수평 하중에 안전하게 견딜 수 있도록 보강한 것으로 가장 이상적인 블록 구조는?
① 보강 블록조
② 조적식 블록조
③ 블록 장막벽
④ 거푸집 블록구조

17 철근콘크리트조에 사용하는 철근 중 주근에 대한 설명으로 옳은 것은?
① 1방향 슬래브의 주근은 장변방향철근이다.
② 계단판의 주근은 지지상태에 따라 다르다.
③ 기둥의 주근은 스터럽이라고도 하며 수평력에 의한 전단보강의 작용을 한다.
④ 벽체의 주근은 수평방향철근이다.

18 다음 그림과 같은 보강블록조의 평면도에서 X축 방향의 벽량을 구하면? (단, 벽체 두께는 150mm이며, 그림의 모든 단위는 mm이다.)

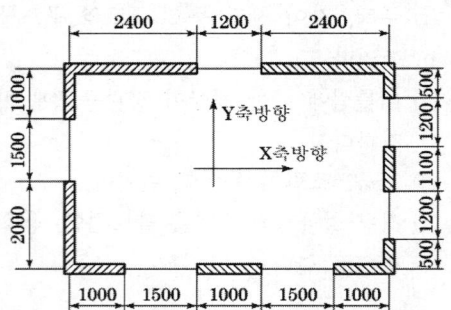

① $23.9 cm/m^2$ ② $28.9 cm/m^2$
③ $31.9 cm/m^2$ ④ $34.9 cm/m^2$

19 왕대공 지붕틀에 대한 설명으로 옳지 않은 것은?
① 왕대공과 마룻대는 가름장 장부맞춤을 한다.
② 평보와 ㅅ자보는 안장맞춤으로 한다.
③ ㅅ자보와 달대공은 빗턱통을 넣고 짧은 장부맞춤으로 한다.
④ 왕대공과 평보는 짧은 장부맞춤으로 한다.

20 조립구조의 특성에 대한 설명으로 옳지 않은 것은?

① 공장생산이 가능하며 대량생산을 할 수 있다.
② 기계화시공으로 단기완성이 가능하다.
③ 각 부품과의 접합부를 일체화할 수 있다.
④ 조립철근콘크리트 구조는 정밀도가 높고 강도가 큰 콘크리트 부재를 쓸 수 있다.

21 콘크리트의 건조수축에 관한 설명으로 옳지 않은 것은?
① 동일 물시멘트비의 경우 단위수량이 많을수록 콘크리트의 수축량이 증가한다.
② 골재 중에 포함된 미립분이나 점토, 실트는 일반적으로 건조수축을 감소시킨다.
③ 골재가 경질이고 탄성계수가 클수록 적게 된다.
④ 시멘트의 종류도 건조수축량에 영향을 끼치는 요인이다.

22 방화(防火)도료의 원료와 가장 거리가 먼 것은?
① 아연화
② 물유리
③ 제2인산 암모늄
④ 염소화합물

23 다음 시멘트 모르타르 중 방수 모르타르에 속하지 않는 것은?
① 질석 모르타르
② 규산질 모르타르
③ 발수제 모르타르
④ 액체방수 모르타르

24 알루미늄의 물리적 성질에 관한 설명 중 옳지 않은 것은?
① 비중은 약 2.7, 융점은 약 659℃ 정도이다.
② 열·전기 전도성이 크고 반사율이 높다.

③ 열팽창계수는 철과 거의 유사하다.
④ 상온에서 판, 선으로 압연가공하면 경도와 인장강도는 증가하고 연신율은 감소한다.

25 점토제품에 발생하는 백화 방지대책으로 옳지 않은 것은?
① 흡수율이 작은 벽돌이나 타일을 사용한다.
② 벽돌이나 줄눈에 빗물이 들어가지 않는 구조로 한다.
③ 줄눈 모르타르의 단위시멘트량을 높게 한다.
④ 수용성 염류가 적은 소재를 사용한다.

26 실리콘(silicon) 수지에 관한 설명으로 옳지 않은 것은?
① 실리콘 수지는 내열성, 내한성이 우수하여 60~260℃의 범위에서 안정하다.
② 탄성을 지니고 있고, 내후성도 우수하다.
③ 발수성이 있기 때문에 건축물, 전기 절연물 등의 방수에 쓰인다.
④ 도료로 사용한 경우 안료로서 알루미늄 분말을 혼합한 것은 내화성이 부족하다.

27 보통 투명 창유리에 관한 설명 중 옳지 않은 것은?
① 맑은 것은 90% 이상의 가시광선을 투과시킨다.
② 보통 소다석회유리가 사용된다.
③ 불연재료이긴 하나 단열용이나 방화용으로는 부적합하다.
④ 건강에 유익한 자외선을 충분히 투과시킨다.

28 점토의 물리적 성질에 관한 설명 중 옳은 것은?

① 압축강도는 인장강도의 약 5배 정도이다.
② 가소성은 점토입자가 클수록 좋다.
③ 기공률은 20~50%로 보통상태에서 10% 내외이다.
④ 철산화물이 많으면 황색을 띠게 되고, 석회물질이 많으면 적색을 띠게 된다.

29 U자형 줄눈에 충전하는 실링재를 밑면에 접착시키지 않기 위해 붙이는 테이프로 3면 접착에 의한 파단을 방지하기 위한 것은?
① FRP(fiber reinforced plastics)
② 아스팔트 프라이머(asphalt primer)
③ 본드 브레이커(Bond braker)
④ 블로운 아스팔트(blown asphalt)

30 물의 밀도가 $1g/cm^3$이고 어느 물체의 밀도가 $100kg/m^3$라 하면 이 물체의 비중은 얼마인가?
① 1   ② 1000
③ 0.001   ④ 0.1

31 석재의 일반적 성질에 관한 설명으로 옳지 않은 것은?
① 석재의 강도는 비중에 비례한다.
② 석재의 공극률이 크면 동결융해 반복으로 동해하기 쉽다.
③ 석재의 함수율이 높을수록 강도가 저하된다.
④ 석재의 강도 중에서 가장 큰 것은 인장강도이며 압축, 휨 및 전단강도는 인장강도에 비하여 매우 작다.

32 MDF의 특성에 관한 설명 중 옳지 않은 것은?
① 한번 고정철물을 사용한 곳에는 재시공이 어렵다.

② 천연목재보다 강도가 크고 변형이 적다.
③ 재질이 천연목재보다 균일하다.
④ 무게가 가볍고 습기에 강하다.

33 목재의 외관을 손상시키며 강도와 내구성을 저하시키는 목재의 흠에 해당하지 않는 것은?
① 갈라짐(Crack)
② 옹이(Knot)
③ 지선(脂線)
④ 수피(樹皮)

34 콘크리트의 배합설계에 관한 설명으로 옳지 않은 것은?
① 콘크리트의 배합강도는 설계기준강도와 양생온도나 강도편차를 고려하여 정한다.
② 용적배합의 표시방법으로는 절대 용적배합, 표준계량 용적배합, 현장계량 용적배합 등이 있다.
③ 콘크리트의 배합은 각 구성 재료의 단위용적의 합이 1.8m³가 되는 것을 기준으로 한다.
④ 콘크리트의 배합은 시멘트, 물, 잔골재, 굵은골재의 혼합 비율을 결정하는 것이다.

35 절대건조비중이 0.5인 목재의 공극률은?
① 약 25.0%   ② 약 38.6%
③ 약 50.0%   ④ 약 67.5%

36 포틀랜드시멘트 제조 시 석고를 넣는 주된 이유는?
① 강도를 높이기 위하여
② 클링커(clinker)를 쉽게 만들기 위하여
③ 응결속도를 조정하기 위하여
④ 분말도를 높이기 위하여

37 스트레이트 아스팔트와 비교한 합성고무 혼입 아스팔트의 특징이 아닌 것은?
① 감온성이 크다.
② 인성이 크다.
③ 내노화성이 크다.
④ 탄성 및 충격저항이 크다.

38 각재의 마구리 치수가 12cm×12cm, 길이가 240cm, 목재의 건조 전 질량이 25kg, 절대건조상태가 될 때까지 건조 후 질량이 20kg 이었다면 이 목재의 함수율을 구하면?
① 10%   ② 15%
③ 20%   ④ 25%

39 19세기 중엽 철근콘크리트의 실용적인 사용법을 개발한 사람은?
① 모니에(Monier)
② 케오프스(Cheops)
③ 애습딘(Aspdin)
④ 안토니오(Antonio)

40 시멘트의 주요 조성 화합물 중에서 재령 28일 이후 시멘트 수화물의 강도를 지배하는 것은?
① 규산제3칼슘
② 규산제2칼슘
③ 알루민산제3칼슘
④ 알루민산철제4칼슘

41 건축제도의 글자에 관한 설명으로 옳지 않은 것은?
① 숫자는 아라비아 숫자를 원칙으로 한다.
② 문장은 왼쪽에서부터 가로쓰기를 원칙으로 한다.
③ 글자체는 수직 또는 30° 경사의 명조체로 쓰는 것을 원칙으로 한다.

④ 글자의 크기는 각 도면의 상황에 맞추어 알아보기 쉬운 크기로 한다.

42 천창채광에 관한 설명으로 옳지 않은 것은?
① 통풍에 불리하다.
② 비막이에 불리하다.
③ 좁은 실에서 해방감 확보가 용이하다.
④ 근린의 상황에 의해 채광을 방해받는 경우가 적다.

43 조명에서 불쾌 글레어의 발생 원인으로 옳지 않은 것은?
① 휘도가 높은 광원
② 시선 부근에 노출된 광원
③ 눈에 입사하는 광속의 과다
④ 물체와 그 주위 사이의 저휘도 대비

44 온열환경지표 중 유효온도에 관한 설명으로 옳은 것은?
① 실내 습도는 유효온도에 영향을 미치지 않는다.
② 실내 거주자의 착의량 및 대사량에 의해 영향을 받는 지표이다.
③ 실내 주위 벽면과의 복사열교환에 의한 영향을 고려한 지표이다.
④ 다수의 피험자의 실제 체감에서 구한 것이며 계측기에 의한 것이 아니다.

45 도면에는 척도를 기입해야 하는데, 그림의 형태가 치수에 비례하지 않을 경우 표시방법으로 옳은 것은?
① US
② DS
③ NS
④ KS

46 주택에서 출입문 밖의 차양이 달린 부분의 공간을 무엇이라 하는가?
① 발코니
② 베란다
③ 로비
④ 포치

47 어떤 공간에 규칙성의 흐름을 주어 경쾌하고 활기있는 표정을 주고자 한다. 다음의 디자인 원리 중 가장 관계가 깊은 것은?
① 조화
② 리듬
③ 강조
④ 통일

48 다음 그림에서 A방향의 투상면이 정면도일 때 C방향의 투상면은 어떤 도면인가?

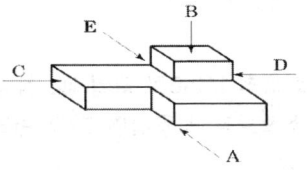

① 저면도
② 배면도
③ 좌측면도
④ 우측면도

49 건축허가신청에 필요한 설계도서 중 배치도에 표시하여야 할 사항에 속하지 않는 것은?
① 축척 및 방위
② 방화구획 및 방화문의 위치
③ 대지에 접한 도로의 길이 및 너비
④ 건축선 및 대지경계선으로부터 건축물까지의 거리

50 다음과 가장 관계가 깊은 사람은?

- "less is more"
- 인테리어의 엄격한 단순성
- 바르셀로나 파빌리온

① 루이스 설리번
② 르 코르뷔지에

③ 미스 반 데어 로에
④ 프랭크 로이드 라이트

51 부엌 작업대의 배치유형 중 일렬형에 관한 설명으로 옳지 않은 것은?
① 작업대를 벽면에 한 줄로 붙여 배치하는 유형이다.
② 작업대 전체의 길이는 4000~5000mm 정도가 가장 적당하다.
③ 부엌의 폭이 좁거나 공간의 여유가 없는 소규모 주택에 적합하다.
④ 작업대가 길어지면, 작업 동선이 길게 되어 비효율적이 된다.

52 도면을 축척 1/150로 그릴 때, 삼각 스케일의 어느 축척으로 사용하면 가장 편리한가?
① 1/200   ② 1/300
③ 1/400   ④ 1/500

53 주택의 거실계획에 관한 설명으로 옳지 않은 것은?
① 실내의 다른 공간과 유기적으로 연결될 수 있도록 통로화시킨다.
② 거실을 가능한 한 남향으로 하여 일조와 조망, 통풍이 잘 되도록 한다.
③ 거실의 규모는 가족수, 가족구성, 전체 주택의 규모 등에 영향을 받는다.
④ 거실의 평면은 정사각형보다 한 변이 너무 짧지 않은 직사각형이 가구배치 등에 효과적이다.

54 주택의 욕실에 관한 기술 중 틀린 것은?
① 욕실은 침실 가까운 곳에 두는 것이 좋다.
② 탈의실은 욕실의 전실로서 설치한다.
③ 욕실의 천장은 적당히 경사지게 한다.
④ 욕실의 여닫이문은 욕실 외부 쪽으로 열리게 한다.

55 투상도의 종류 중 X, Y, Z의 기본 축이 120° 씩 화면으로 나누어 표시되는 것은?
① 등각 투상도
② 유각 투시도
③ 이등각 투상도
④ 부등각 투상도

56 트레이싱지에 대한 설명 중 옳은 것은?
① 불투명한 제도용지이다.
② 연질이어서 쉽게 찢어진다.
③ 습기에 약하다.
④ 오래 보관되어야 할 도면의 제도에 쓰인다.

57 실내 잔향시간에 대한 일반적인 설명으로 옳지 않은 것은?
① 흡음재료의 사용 위치에 따라 달라진다.
② 실의 용적에 비례한다.
③ 실의 흡음력에 비례한다.
④ 듣는 사람과 음원의 위치에 따라 달라진다.

58 열매의 종류에 의해 공기조화방식을 분류할 때 전공기식에 속하는 것은 ?
① 2중 덕트방식
② 각층 유닛방식
③ 팬코일 유닛방식
④ 패키지 유닛방식

59 1M으로 표시되는 기본 모듈(module)의 기준 단위를 얼마로 하는가?
① 10mm   ② 50mm

③ 100mm   ④ 500mm

60 리빙 다이닝(Living Dining)의 기능으로 옳은 것은?
① 거실+부엌
② 부엌+식당
③ 거실+식당
④ 부엌+식당+거실

출제예상 모의고사 제4회

01 다음 그림과 같은 보강블록조의 평면도에서 X축 방향의 벽량을 구하면? (단, 벽체 두께는 150mm이며, 그림의 모든 단위는 mm임)

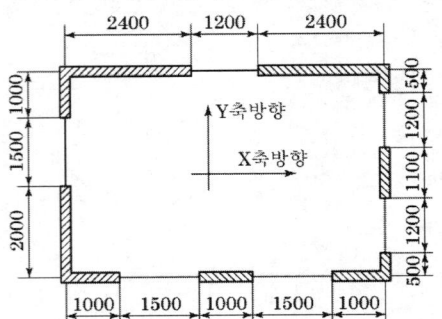

① 23.9cm/m² ② 28.9cm/m²
③ 31.9cm/m² ④ 34.9cm/m²

02 두께 12cm인 철근콘크리트 슬래브의 바닥면적 1m²에 대한 중량은 일반적으로 얼마인가?
① 236kg ② 288kg
③ 325kg ④ 382kg

03 자중도 지지하기 어려운 평면체를 아코디언과 같이 주름을 잡아 지지하중을 증가시킨 구조 형태는?
① 절판구조 ② 쉘구조
③ 통구조 ④ 입체트러스

04 인접건물의 화재에 의해 연소되지 않도록 하는 구조는?
① 흡음벽 ② 보온벽
③ 방습벽 ④ 방화벽

05 벽돌벽쌓기에서 표준형 벽돌을 사용해서 1.5B 공간쌓기할 때 벽 두께는? (단, 공간은 75mm)
① 290mm ② 330mm
③ 355mm ④ 390mm

06 다음 중 철근콘크리트 구조에서 거푸집이 갖추어야 할 조건으로 가장 거리가 먼 것은?
① 콘크리트를 부어 넣었을 때 변형되거나 파괴되지 않을 것
② 반복 사용할 수 없을 것
③ 운반과 가공이 쉬울 것
④ 시멘트 페이스트가 누출되지 않을 것

07 다음 중 건식 구조와 가장 거리가 먼 공법은?
① 대형 패널(panel) 공법
② 조립식 커튼월(curtain wall) 공법
③ 슬립 폼(slip form) 공법
④ 틸트 업(tilt up) 공법

08 모임지붕에서 중도리가 직각으로 만나는 귀에 마루대에서 처마도리까지 걸쳐대어 귀서까래를 받는 부재를 무엇이라 하는가?
① 달대공 ② 우미량
③ 추녀 ④ 종보

09 다음 중 플랫 슬래브에서 기둥에 의한 슬래브의 펀칭(뚫림) 현상을 방지하는 대책이 아닌 것은?
① 슬래브 두께 증가
② 드롭 패널 설치
③ 기둥 철근량 증가
④ 캐피탈 설치

10 H형강, 판보 또는 래티스보 등에서 보의 단면의 상하에 날개처럼 내민 부분을 지칭하는 용어는?
① 웨브　　② 플랜지
③ 스티프너　　④ 거싯 플레이트

11 벽돌구조의 아치(arch)는 부재의 하부에 어떤 힘이 생기지 않도록 의도된 구조인가?
① 압축력　　② 인장력
③ 수평반력　　④ 수직반력

12 소규모 건축물에 적용하는 조적식 구조에 대한 설명으로 옳지 않은 것은?
① 조적재는 통줄눈이 되지 아니하도록 설계하여야 한다.
② 조적식 구조인 각 층의 벽은 편심하중이 작용하지 아니하도록 설계하여야 한다.
③ 조적식 구조인 내력벽의 기초는 온통기초로 하여야 한다.
④ 기초벽의 두께는 250mm 이상으로 하여야 한다.

13 원형 띠철근으로 둘러싸인 압축부재의 축방향 주철근의 최소 개수는?
① 3개　　② 4개
③ 6개　　④ 8개

14 흙의 붕괴를 방지하기 위한 벽의 일종으로, 수평방향으로 작용하는 수압과 토압에 저항하도록 만들어진 것은?
① 벽돌벽　　② 블록벽
③ 옹벽　　④ 장막벽

15 철근콘크리트 구조에서 철근과 콘크리트의 부착력에 대한 설명 중 옳지 않은 것은?
① 철근에 대한 콘크리트의 피복 두께가 얇으면 얇을수록 부착력이 감소된다.
② 철근의 표면상태와 단면모양에 따라 부착력이 좌우된다.
③ 콘크리트의 부착력은 철근의 주장에 비례한다.
④ 압축강도가 작은 콘크리트일수록 부착력은 커진다.

16 목재 미서기문에서 윗홈대의 홈의 깊이는 보통 얼마 정도로 하는가?
① 0.3cm　　② 1.5cm
③ 3cm　　④ 4cm

17 건축물의 기초에 관한 설명 중 옳지 않은 것은?
① 기초는 기초판과 지정을 총칭한다.
② 기초판은 상부구조의 응력을 지반에 전달한다.
③ 기초판의 크기는 기초판을 제외한 상부구조의 하중과 지내력의 크기에 좌우된다.
④ 지정은 기초판을 받치기 위해 설치하는 구조이다.

18 다음 중 기초의 분류상 직접 기초에 속하지 않는 것은?
① 복합 기초　　② 독립 기초
③ 온통 기초　　④ 말뚝 기초

19 철근콘크리트 플랫 슬래브(flat slab)의 구성요소가 아닌 것은?
① 작은 보(Beam)
② 주두(Capital)
③ 외부보(Spandrel)
④ 받침판(Drop panel)

20 다음 중 그림과 같은 철근콘크리트 연속보의 배근법으로 가장 옳은 것은? (단, 하중은 연직 아래방향 등분포하중임)

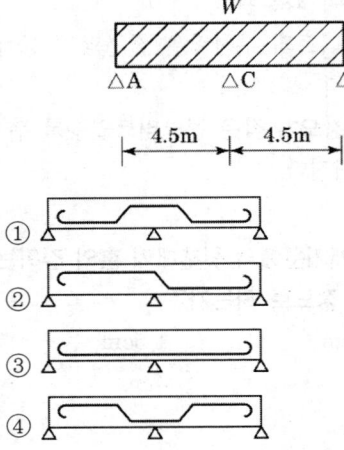

21 점토기와 중 훈소와에 해당하는 설명은?
① 소소와에 유약을 발라 재소성한 기와
② 기와 소성이 끝날 무렵에 식염증기를 충만시켜 유약 피막을 형성시킨 기와
③ 저급점토를 원료로 900~1000℃로 소소하여 만든 것으로 흡수율이 큰 기와
④ 건조제품을 가마에 넣고 연료로 장작이나 솔잎 등을 써서 검은 연기로 그을려 만든 기와

22 벤토나이트 방수재료에 관한 설명으로 옳지 않은 것은?
① 팽윤특성을 지닌 가소성이 높은 광물이다.
② 콘크리트 시공조인트용 수팽창 지수재로 사용된다.
③ 콘크리트 믹서를 이용하여 혼합한 벤토나이트와 토사를 롤러로 전압하여 연약한 지반을 개량한다.
④ 염분을 포함한 해수에서는 벤토나이트의 팽창반응이 강화되어 차수력이 강해진다.

23 유리에 관한 설명으로 옳은 것은?
① 보통 판유리의 비중은 6.5 정도이다.
② 보통 판유리의 열전도율은 철재보다 매우 작다.
③ 창유리의 강도는 일반적으로 압축강도를 말한다.
④ 강화유리는 강도가 크고 현장 가공성이 좋다.

24 다음 석재 중 평균 내구연한이 가장 작은 것은?
① 화강석 ② 석회암
③ 백운석 ④ 사암조립

25 외부에 노출되는 마감용 벽돌로서 벽돌면의 색깔, 형태, 표면의 질감 등의 효과를 얻기 위한 것은?
① 광재벽돌 ② 내화벽돌
③ 치장벽돌 ④ 포도벽돌

26 합성수지도료의 특성에 관한 설명으로 옳지 않은 것은?
① 건조시간이 빠르고 도막이 단단하다.
② 내산성, 내알칼리성이 있어 콘크리트, 모르타르면에 바를 수 있다.
③ 도막은 인화할 염려가 있어 방화성이 작은 단점이 있다.
④ 투명한 합성수지를 사용하면 더욱 선명한 색을 낼 수 있다.

27 건축용 접착제로서 요구되는 성능에 해당되지 않는 것은?
① 진동, 충격의 반복에 잘 견딜 것
② 장기부하에 의한 크리프가 클 것

③ 취급이 용이하고 독성이 없을 것
④ 고화 시 체적수축 등에 의한 내부변형을 일으키지 않을 것

28 다음 중 시멘트의 수경률을 구하는 식에서 분자에 속하는 것은?
① CaO
② SiO_2
③ Al_2O_3
④ Fe_2O_3

29 유리의 종류에 따른 용도를 표기한 것으로 옳지 않은 것은?
① 강화유리 – 내충격용
② 복층유리 – 보온 및 방음
③ 망입유리 – 방화 및 방범용
④ 형판유리 – 진열창, 거울

30 직경이 18mm인 강봉을 대상으로 인장시험을 행하여 항복하중 27kN, 최대하중 41kN을 얻었다. 이 강봉의 인장강도는?
① 약 106.3MPa
② 약 133.9MPa
③ 약 161.1MPa
④ 약 182.3MPa

31 수밀콘크리트를 사용하는 목적으로 옳은 것은?
① 콘크리트의 초기 강도를 높이기 위해서
② 콘크리트의 방수를 위해서
③ 낮은 온도에서 작업하기 위해서
④ 높은 온도에서 작업하기 위해서

32 골재의 실적률에 관한 설명으로 옳지 않은 것은?
① 실적률은 골재 입형의 양부를 평가하는 지표이다.
② 부순 자갈의 실적률은 그 입형 때문에 강자갈의 실적률보다 작다.
③ 실적률 산정 시 골재의 밀도는 절대건조 상태의 밀도를 말한다.
④ 골재의 단위용적질량이 동일하면 골재의 밀도가 클수록 실적률도 크다.

33 대형 타일에 주로 사용되며 표면을 연마하여 고광택을 유지하도록 만든 것은?
① 스크래치 타일
② 논슬립 타일
③ 폴리싱 타일
④ 모자이크 타일

34 세계 각국에서 제정한 공업규격의 명칭을 나타낸 것으로 옳지 않은 것은?
① KS – 한국
② JIS – 일본
③ DIN – 덴마크
④ BS – 영국

35 화재 시 가열에 대하여 연소되지 않고 유해한 연기나 가스를 발생하지 않는 불연재료에 해당되지 않는 것은?
① 콘크리트
② 석재
③ 알루미늄
④ 목모 시멘트판

36 동(銅)에 관한 설명으로 옳지 않은 것은?
① 연성이고 가공성이 풍부하여 판재, 선, 봉 등으로 만들기가 용이하다.
② 열전도율 및 전기전도율이 매우 크다.
③ 염수 또는 해수에 침식되지 않는다.
④ 콘크리트 등 알칼리에 접하는 장소에서는 빨리 부식된다.

37 골재의 함수상태에 관한 설명으로 옳지 않은

것은?
① 절대건조상태 : 대기 중에서 골재의 표면이 완전히 건조된 상태
② 습윤상태 : 골재입자의 내부에 물이 채워져 있고, 표면에도 물이 부착되어 있는 상태
③ 표면건조포화상태 : 골재입자의 표면에 물은 없으나 내부의 공극에는 물이 꽉 차 있는 상태
④ 공기 중 건조상태 : 실내에 방치한 경우 골재입자의 표면과 내부의 일부가 건조한 상태

38 석고보드의 특성에 관한 설명으로 옳지 않은 것은?
① 흡수로 인해 강도가 현저하게 저하된다.
② 신축변형이 커서 균열의 위험이 크다.
③ 부식이 안 되고 충해를 받지 않는다.
④ 단열성이 높다.

39 점토 반죽에 샤모테를 첨가하여 사용하는 경우가 있는데 이 샤모테의 사용 목적은?
① 가소성 조절용
② 용융성 조절용
③ 경화시간 조절용
④ 강도 조절용

40 셀프 레벨링재에 관한 설명으로 옳지 않은 것은?
① 석고계 셀프 레벨링재는 석고, 모래, 경화 지연제 및 유동화제로 구성된다.
② 시멘트계 셀프 레벨링재는 포틀랜드 시멘트, 모래, 분산제 및 유동화제로 구성된다.
③ 석고계 셀프 레벨링재는 차수성이 좋아 옥외 및 실내에서 모두 사용한다.
④ 셀프 레벨링재 시공 후 요철부는 연마기로 다듬고, 기포는 된비빔 석고로 보수한다.

41 동선계획에 관한 설명으로 옳은 것은?
① 동선의 속도가 빠른 경우 단차이를 두거나 계단을 만들어 준다.
② 동선의 빈도가 높은 경우 동선 거리를 연장하고 곡선으로 처리한다.
③ 동선이 복잡해질 경우 별도의 통로공간을 두어 동선을 독립시킨다.
④ 동선의 하중이 큰 경우 통로의 폭을 좁게 하고 쉽게 식별할 수 있도록 한다.

42 균형의 유형 중 대칭적 균형에 관한 설명으로 옳은 것은?
① 완고하거나 여유, 변화가 없이 엄격, 경직될 수도 있다.
② 가장 완전한 균형의 상태로 공간에 질서를 주기가 어렵다.
③ 자연스러우며 풍부한 개성을 표현할 수 있어 능동의 균형이라고도 한다.
④ 물리적으로 불균형이지만 시각상 힘의 정도에 의해 균형을 이루는 것을 말한다.

43 자연환기량에 관한 설명으로 옳은 것은?
① 풍속이 높을수록 적어진다.
② 실내외의 압력차가 클수록 적어진다.
③ 실내외의 온도차가 작을수록 많아진다.
④ 공기유입구와 유출구의 높이의 차이가 클수록 많아진다.

44 다음 설명에 알맞은 건축화조명의 종류는?

벽에 형광등 기구를 설치해 목재, 금속판 및 투과율이 낮은 재료로 광원을 숨기며 직접광은 아래쪽 벽이나 커튼을, 위쪽은 천장을 비추는 분위기 조명

① 코브 조명　　② 광창 조명
③ 광천장 조명　④ 밸런스 조명

45 일반 평면도에 나타내지 않아도 되는 것은?
① 실의 배치 및 크기
② 개구부의 위치 및 크기
③ 창문과 출입구의 크기
④ 보 등 구조부분의 높이 및 크기

46 다음 중 도면 제도 순서로 가장 알맞은 것은?

ⓐ 도면의 배치 결정
ⓑ 제도판에 용지 부착
ⓒ 전체적인 배치 후 흐린 선 윤곽 잡기
ⓓ 상세히 그리기

① ⓐ → ⓑ → ⓒ → ⓓ
② ⓐ → ⓑ → ⓓ → ⓒ
③ ⓑ → ⓐ → ⓒ → ⓓ
④ ⓑ → ⓐ → ⓓ → ⓒ

47 입면도에 표시되는 내용이 아닌 것은?
① 외벽의 마감 재료
② 처마높이
③ 창문의 형태
④ 바닥높이

48 건축물의 투시도에 관한 설명 중 옳지 않은 것은?
① 투시도의 화학적인 효과를 변화시키는 요소에는 건물 평면과 화면과의 각도, 시선의 각도, 시점의 거리 등이 있다.
② 수평선 위에 있는 수평면은 천장 부분이 보이게 되며, 수평선 아래의 수평면은 바닥이 보이게 된다.
③ 3소점 투시도는 실내 투시도 또는 기념 건축물과 같은 정적인 건축물의 표현에 가장 효과적이다.
④ 물체의 크기는 화면 가까이 있는 것보다 먼 곳에 있는 것이 작아 보인다.

49 다음 중 LP 가스의 특성이 아닌 것은?
① 발열량이 크며 연소 시에 필요한 공기량이 많다.
② 비중이 공기보다 크다.
③ 누설이 된다 해도 공기 중에 흡수되기 때문에 안전성이 높다.
④ 석유정제과정에서 채취된 가스를 압축냉각해서 액화시킨 것이다.

50 다음과 같은 특징을 갖는 아파트 주동의 외관 형식은?

대지의 조망을 해치지 않고 건물의 그림자도 작아서 변화를 줄 수 있는 형태이지만, 단위 주거의 실내 환경 조건이 불균등하게 된다.

① 테라스형　　② 탑상형
③ 중복도형　　④ 복층형

51 급수설비에서 수격작용을 방지하기 위해 설치하는 것은?
① 플러시 밸브　② 공기실
③ 신축곡관　　　④ 통기관

52 다음 중 공기조화방식과 대상 건물의 연결이 가장 적당하지 않은 것은?
① 이중 덕트 방식 : 고급 사무실
② 팬코일 유닛 방식 : 극장

③ 각층 유닛 방식 : 백화점
④ 패키지형 공조 방식 : 레스토랑

53 투상도의 종류 중 X, Y, Z의 기본 축이 120°씩 화면으로 나누어 표시되는 것은?
① 등각 투상도
② 이등각 투상도
③ 부등각 투상도
④ 유각 투상도

54 자동화재탐지설비 중 온도상승에 의한 감지기 작동방식이 아닌 것은?
① 광전식
② 차동식
③ 정온식
④ 보상식

55 목조벽 중 벽체 양면이 평벽임을 나타내는 표시법은?

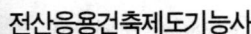

56 다음 색채 계획 중 가장 부적당한 것은?
① 교실의 벽 – 담록색
② 수영풀 수조 내부 – 녹색
③ 암실 – 검정
④ 병원의 수술실 – 흰색

57 다음의 건축공간에 대한 설명 중 옳지 않은 것은?
① 공간을 편리하게 이용하기 위해서는 실의 크기와 모양, 높이 등이 적당해야 한다.
② 내부공간은 일반적으로 벽과 지붕으로 둘러싸인 건물 안쪽의 공간을 말한다.
③ 인간은 건축공간을 조형적으로 인식한다.
④ 외부공간은 자연 발생적인 것으로 인간에 의해 의도적으로 만들어지지 않는다.

58 부엌용 개수기류에 사용하는 경우가 많으며, 관 트랩에 비하여 봉수의 파괴가 적은 트랩은?
① S트랩
② P트랩
③ 드럼 트랩
④ 벨 트랩

59 지역난방(district heating)에 대한 설명으로 옳지 않은 것은?
① 각 건물에서는 위험물을 취급하지 않으므로 화재 위험이 적다.
② 각 건물마다 보일러 시설을 할 필요가 없다.
③ 설비의 고도화에 따라 도시의 매연을 경감시킬 수 있다.
④ 각 건물의 설비면적이 증가된다.

60 다음 중 단면도에 관한 설명으로 옳은 것은?
① 건축물을 정투상도법에 의하여 수직투상하여 외관을 나타낸 도면이다.
② 건축물의 주요부분을 수직 절단한 것을 상상하여 그린 도면이다.
③ 건물 내부의 입면을 정면에서 바라보고 그리는 내부 입면도이다.
④ 건축물을 창 높이에서 수평으로 절단하였을 때의 수평 투상도이다.

출제예상 모의고사 제5회

01 보링 방법 중 속이 빈 강철재의 절단기를 회전하여 구멍을 뚫고 지층을 그대로 원통 모양으로 채취하는 것은?
① 회전식 보링
② 충격식 보링
③ 수세식 보링
④ 탄성파식 지하탐사

02 목구조에서 반자틀의 구성부재가 아닌 것은?
① 반자돌림대 ② 반자틀받이
③ 달대   ④ 마룻대

03 압축력을 받는 기둥의 길이가 길어질수록 내력이 급격히 떨어지게 되는 것을 무엇이라 하는가?
① 좌굴   ② 연성파괴
③ 취성파괴   ④ 피로파괴

04 바닥마감판과 바탕 사이에 암면 등의 완충재를 넣어 판의 진동을 감소시키는 바닥구조는?
① 방부바닥구조 ② 방음바닥구조
③ 방충바닥구조 ④ 전도바닥구조

05 철근의 정착에 대한 설명 중 옳지 않은 것은?
① 철근의 부착력을 확보하기 위한 것이다.
② 정착 길이는 콘크리트의 강도가 클수록 짧아진다.
③ 정착 길이는 철근의 지름이 클수록 짧아진다.
④ 정착 길이는 철근의 항복 강도가 클수록 길어진다.

06 벽식 구조에서 횡력에 대한 보강방법으로 적합하지 않은 것은?
① 벽 상부의 슬래브 두께를 증가시킨다.
② 벽 상부에 테두리보를 설치한다.
③ 벽량을 증가시킨다.
④ 부축벽(Buttress)을 설치한다.

07 다음 철골조의 경량형강에 대한 설명 중에서 옳지 않은 것은?
① 접합에 불리하며, 국부좌굴, 뒤틀림 등이 발생한다.
② 경량이기 때문에 비교적 경제적이다.
③ 실내구조물 및 보조재로 사용된다.
④ 단면적에 비해 단면계수를 작게 한 것이다.

08 벽, 지붕, 바닥 등의 연직하중과 건물에 가하여지는 풍압력, 지진력 등의 수평하중을 받는 중요벽체를 무엇이라고 하는가?
① 장막벽   ② 칸막이벽
③ 내력벽   ④ 커튼월

09 철골보와 콘크리트 슬래브를 연결하는 전단 연결철물(shear connector)로 사용하는 것은?
① 스커드 볼트   ② 앵커 볼트
③ 고장력 볼트   ④ TC 볼트

10 상부는 완만한 경사로, 하부는 급경사로 처리한 2단으로 경사진 지붕은?
① 외쪽지붕
② 톱날지붕
③ 박공지붕

④ 맨사드(mansard) 지붕

11 벽돌 벽체의 강도를 높이기 위한 방법으로 옳지 않은 것은?
① 벽체의 두께를 두껍게 한다.
② 벽체의 높이를 가능한 한 낮춘다.
③ 벽체의 길이를 가능한 한 길게 한다.
④ 모르타르의 부착 강도를 크게 한다.

12 다음 중 철근콘크리트구조에서 주근(主筋)이라고 볼 수 없는 것은?
① 양단이 연속되어 있는 보에서 단부의 상단 축방향 철근
② 압축력을 받는 기둥의 축방향 철근
③ 캔틸레버 보의 상단 축방향 철근
④ 주변을 고정이라고 간주하는 슬래브의 장변 방향 철근

13 천장 구성을 그린 다음 도면에 대한 설명 중에서 옳지 않은 것은?

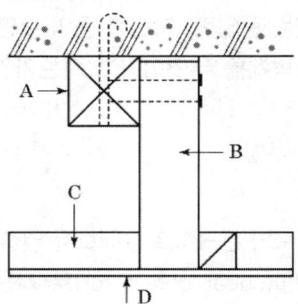

① A의 간격은 90cm 정도이다.
② B의 간격은 120cm 정도이고, 달대받이와 반자틀을 연결한다.
③ C는 보통 90cm 간격으로 수평으로 건너뛴다.
④ D는 흡음 및 열차단 재료를 사용한다.

14 철근콘크리트 보 부재의 보강에 대한 설명 중 적절하지 않은 것은?
① 보의 휨 보강을 위해 중앙부 하부 면에 탄소 섬유를 부착한다.
② 보의 전단 보강을 위해 단부 측면에 탄소 섬유를 부착한다.
③ 탄소섬유는 방향성이 없어 시공 시 편리함이 있다.
④ 철판보강은 구조체와의 일체성 확보를 위해 접합면에 에폭시 주입을 한다.

15 다음 중 개구부 설치에 가장 많은 제약을 받는 구조는?
① 목구조
② 블록구조
③ 철근콘크리트구조
④ 철골구조

16 트러스에서 상현재와 하현재 내에서 연결부 역할을 하는 부재는?
① lower chord member
② web member
③ upper chord member
④ supporting point

17 옆에서 산지치기로 하고, 중간은 빗물리게 한 이음으로 토대, 처마도리, 중도리 등에 주로 쓰이는 것은?
① 엇걸이 산지이음
② 빗이음
③ 엇빗이음
④ 겹친이음

18 벽돌쌓기에서 세로 규준틀의 표시사항이 아닌 것은?
① 벽돌 한 켜의 높이

② 창문틀의 위치
③ 각 층 바닥 높이
④ 개구부의 폭

19 창 면적이 클 때에는 스틸 바만으로는 약하며, 또한 여닫을 때의 진동으로 유리가 파손될 우려가 있으므로 이것을 보강하고 외관을 꾸미기 위해 사용하는 것은?
① 멀리온　　② 풍소란
③ 코너 비드　④ 마중대

20 일반적으로 한식 목조주택에 사용되는 벽의 형식은?
① 심벽식　　② 평벽식
③ 옹벽식　　④ 판벽식

21 방수공사에서 쓰이는 아스팔트의 양부를 판별하는 성질과 가장 거리가 먼 것은?
① 침입도　　② 신율
③ 마모도　　④ 연화점

22 할렬인장강도시험에서 재하 하중이 120kN에서 파괴된 지름 100mm, 길이 200mm인 콘크리트 시험체의 인장강도는?
① 약 2.0MPa　② 약 2.4MPa
③ 약 3.0MPa　④ 약 3.8MPa

23 재료에 하중이 반복하여 작용할 때 정적 강도보다 낮은 강도에서 파괴되는 것을 무엇이라고 하는가?
① 크리프파괴　② 전단파괴
③ 피로파괴　　④ 충격파괴

24 미장재료 중 간수($MgCl_2$)와 혼합하여 응결 경화성이 생기는 것은?

① 킨스 시멘트
② 소석고
③ 소석회
④ 마그네시아 시멘트

25 합성수지 도료를 유성페인트 및 바니시와 비교한 설명으로 옳지 않은 것은?
① 방화성이 부족하다.
② 내산, 내알칼리성이 있어 콘크리트나 플라스터면에 바를 수 있다.
③ 투명한 합성수지를 사용하면 극히 선명한 색을 낼 수 있다.
④ 건조시간이 빠르고 도막이 단단하다.

26 넓은 의미에서 안전유리로 볼 수 없는 것은?
① 망입유리　　② 접합유리
③ 형판유리　　④ 강화유리

27 시멘트에 관한 설명으로 옳은 것은?
① 시멘트가 풍화하면 응결이 빨라지지만, 경화 후의 강도가 저하된다.
② 시멘트 응결은 첨가된 석고의 질과 양에 큰 영향을 받지 않는다.
③ 시멘트의 분말도가 크고 온도가 높을수록 응결은 늦어진다.
④ 시멘트 수화열의 발열량은 시멘트의 종류, 화학조성, 물시멘트비, 분말도 등에 의해서 달라진다.

28 2종 점토벽돌의 압축강도 및 흡수율 기준으로 옳은 것은?
① 압축강도 24.50N/mm² 이상, 흡수율 10% 이하
② 압축강도 20.59N/mm² 이상, 흡수율 10% 이하

③ 압축강도 20.59N/mm² 이상, 흡수율 13% 이하
④ 압축강도 14.79N/mm² 이상, 흡수율 15% 이하

29 무늬유리 및 망유리의 제조 방식으로 가장 적합한 것은?
① 프레스 방식
② 롤 아웃 방식
③ 플로트 방식
④ 인양 방식

30 다음 중 목재의 방부제로서 가장 부적절한 것은?
① 황산동 1%의 수용액
② 염화아연 3% 수용액
③ 수성 페인트
④ 크레오소트 오일

31 미장재료의 경화작용에 관한 설명으로 옳지 않은 것은?
① 시멘트 모르타르는 물과 화학반응을 일으켜 경화한다.
② 회반죽은 물과 화학반응을 일으켜 경화한다.
③ 반수석고는 가수 후 20~30분에서 급속 경화하지만, 무수석고는 경화가 늦기 때문에 경화촉진제를 필요로 한다.
④ 돌로마이트 플라스터는 공기 중의 탄산가스와 화학반응을 일으켜 경화한다.

32 다음 시멘트 조성광물 중 수축률이 가장 큰 것은?
① 규산3석회(C_3S)
② 규산2석회(C_2S)
③ 알루민산3석회(C_3A)
④ 알루민산철4석회(C_4AF)

33 굳지 않은 콘크리트의 성질을 나타내는 용어에 관한 설명으로 옳지 않은 것은?
① 펌퍼빌리티(pumpability)는 콘크리트 펌프를 사용하여 시공하는 콘크리트의 워커빌리티를 판단하는 하나의 척도로 사용된다.
② 워커빌리티(workability)는 컨시스턴시에 의한 부어넣기의 난이도 정도 및 재료분리에 저항하는 정도를 나타낸다.
③ 플라스티시티(plasticity)는 수량에 의해서 변화하는 콘크리트 유동성의 정도이다.
④ 피니셔빌리티(finishability)는 마무리하기 쉬운 정도를 말한다.

34 목재의 건조방법 중 천연건조에 관한 설명으로 옳지 않은 것은?
① 비교적 균일한 건조가 가능하다.
② 시설 투자비용 및 작업비용이 적다.
③ 건조 소요시간이 오래 걸린다.
④ 잔적장소가 좁아도 가능하다.

35 대리석, 사문암, 화강암의 쇄석을 종석으로 하여 보통 포틀랜드 시멘트 또는 백색 포틀랜드 시멘트에 안료를 섞어 충분히 다진 후 양생하여 가공 연마한 것으로 미려한 광택을 나타내는 시멘트 제품은?
① 테라조판
② 펄라이트 시멘트판
③ 듀리졸
④ 펄프 시멘트판

36 일종의 못박기총을 사용하여 콘크리트나 강재 등에 박는 특수 못을 의미하는 것은?
① 드라이브 핀
② 인서트

③ 익스팬션 볼트
④ 듀벨

37 소성 점토벽돌에 관한 설명으로 옳지 않은 것은?
① 소성온도가 높을수록 흡수율이 작다.
② 붉은벽돌은 점토에 안료를 넣어서 붉게 만든 것이다.
③ 소성이 잘 된 것일수록 맑은 금속성 소리가 난다.
④ 과소품(過燒品)은 소성온도가 지나치게 높아서 질이 견고하고, 흡수율이 낮으나 형상이 일그러져 부정형이다.

38 각 목재 방부제의 특징에 관한 설명으로 옳지 않은 것은?
① 크레오소트유 : 도장이 불가능하며, 독성이 적고 자극적인 냄새가 난다.
② CCA : 도장이 가능하고 독성이 없으며 처리재는 무색이다.
③ PCP : 도장이 가능하며 처리재는 무색으로 성능이 우수한 유용성 방부제이다.
④ PF : 도장이 가능하고 독성이 있으며 처리재는 황록색이다.

39 온도에 따른 탄소강의 기계적 성질에 관한 설명으로 옳지 않은 것은?
① 연신율은 200~300℃에서 최소로 된다.
② 인장강도는 500℃ 정도에서 상온 강도의 약 1/2로 된다.
③ 인장강도는 100℃ 정도에서 최대로 된다.
④ 항복점과 탄성한계는 온도가 상승함에 따라 감소한다.

40 실리콘 수지에 관한 설명으로 옳은 것은?

① 평판 성형되어 글라스와 같이 이용되는 경우가 많으며 유기유리라고도 불린다.
② 물을 튀기는 성질이 있어 방습켜가 없는 벽체에 주입하여 습기가 스며 오르는 것을 막는 데 쓰인다.
③ 아미노계에 속하는 열가소성 수지로 내수성이 크고 열탕에서도 침식되지 않는다.
④ 발포제로서 보드상으로 성형하여 단열재로 널리 사용되며 건축용 벽타일, 천장재, 전기용품 등에 쓰인다.

41 소방대 전용 소화전인 송수구를 통하여 실내로 물을 공급하여 소화 활동을 하는 것으로, 지하층의 일반 화재 진압을 위한 소방시설은?
① 연결살수설비
② 스프링클러설비
③ 드렌치설비
④ 옥외소화전설비

42 음의 잔향시간에 관한 설명 중 옳지 않은 것은?
① 실내 벽면의 흡음률이 높으면 잔향시간은 짧아진다.
② 잔향기간이 짧으면 짧을수록 모든 실내 음향 환경에는 유리하다.
③ 잔향시간은 실의 용적이 클수록 길어진다.
④ 실내의 음향적 성상, 즉 음환경을 나타내는 중요한 요소이다.

43 건축화 조명에 대한 설명 중 옳지 않은 것은?
① 코니스 조명은 벽면조명으로 천장과 벽면의 경계부에 설치한다.
② 조명기구를 천장, 벽 등의 실 구성면 중에 장치하여 건축 내장의 일부와 같은 취급을 한 조명방식을 건축화 조명이라 한다.
③ 광천장은 천장을 확산투과 혹은 지향성

투과패널로 덮고, 천장 내부에 광원을 일정한 간격으로 배치한 것이다.
④ 천장면에 루버를 설치하고 그 속에 광원을 배치하는 방식을 코브 라이트라 한다.

44 주택의 침실계획으로 옳은 것은?
① 부부침실은 가사공간 가까운 곳에 배치한다.
② 노인침실은 식당, 욕실 및 화장실 등을 근접시킨다.
③ 자녀침실은 안방 가까운 곳에 두어 쉽게 감독할 수 있게 한다.
④ 성장하는 자녀들의 침실은 2인 1실이 독실에 비해 바람직하다.

45 백화점의 수송설비 계획과 관련한 설명으로 옳지 않은 것은?
① 중소규모 백화점인 경우 엘리베이터는 주 출입구 부근에 설치한다.
② 에스컬레이터는 수송량에서 엘리베이터보다 유리하다.
③ 에스컬레이터는 주 출입구에 가까워야 하며, 고객이 곧 알아볼 수 있는 위치라야 한다.
④ 엘리베이터는 고객용 이외에 사무용, 화물용도 따로 있는 것이 좋다.

46 표면결로의 방지대책으로 옳지 않은 것은?
① 냉교(cold bridge)가 생기지 않도록 주의한다.
② 환기로 실내절대습도를 저하시킨다.
③ 실내에서 수증기 발생을 억제한다.
④ 외벽의 단열강화로 실내측 표면온도를 저하시킨다.

47 도면에서 상상선을 나타낼 때 또는 일점 쇄선과 구별할 필요가 있을 때 사용되는 선은?
① 점선 ② 파선
③ 파단선 ④ 이점 쇄선

48 다음 중 지붕의 경사 표시법으로 가장 알맞은 것은?
① 경사 2/7 ② 경사 2.5/10
③ 경사 3/100 ④ 경사 3/1000

49 다음 중 색채가 가지는 느낌을 잘못 설명한 것은?
① 면적이 큰 색은 밝게 보이고 채도도 높아 보인다.
② 채도가 높으면 진출, 낮으면 후퇴해 보인다.
③ 보는 사람에 따라서는 일반적으로 좋아하는 색, 유쾌한 색은 가볍게 느껴지는 것이 보통이다.
④ 명도가 높은 것은 멀리 있는 것처럼 보인다.

50 건조공기 1kg을 포함한 습공기 중의 수증기량을 의미하는 것은?
① 절대습도 ② 노점온도
③ 수증기 분압 ④ 상대습도

51 조적조 벽체 그리기를 할 때 순서로 옳은 것은?

> ㉠ 제도용지에 테두리선을 긋고, 축척에 알맞게 구도를 잡는다.
> ㉡ 단면선과 입면선을 구분하여 그리고, 각 부분에 재료 표시를 한다.
> ㉢ 지반선과 벽체의 중심선을 긋고, 기초의 깊이와 벽체의 너비를 정한다.
> ㉣ 치수선과 인출선을 긋고, 치수와 명칭을 기입한다.

① ㉠-㉡-㉢-㉣ ② ㉢-㉠-㉡-㉣

③ ㉠-㉢-㉡-㉣ ④ ㉡-㉠-㉢-㉣

52 온열환경에 대한 인체의 쾌적성을 평가하는 PMV(예상온열감)를 산출하는 데 필요한 요소가 아닌 것은?
① 일사량   ② 평균복사온도
③ 착의량   ④ 수증기분압

53 용적률 산정 시 연면적에서 제외되는 것은?
① 지상1층 주차장(당해 건축물의 부속용도)
② 지상1층 근린생활시설
③ 지상2층 사무실
④ 지상3층 병원

54 열교(thermal bridge)현상에 관한 설명 중에서 옳지 않은 것은?
① 열교현상이 발생하는 부위는 표면온도가 낮아져서 결로가 쉽게 발생한다.
② 열교현상을 줄이기 위해서는 콘크리트 라멘조의 경우 가능한 한 내단열로 시공한다.
③ 열교현상이 발생하면 전체 단열성이 저하된다.
④ 벽이나 바닥, 지붕 등의 건축물 부위에 단열이 연속되지 않는 부분이 있을 때 생긴다.

55 음에 관한 설명으로 옳은 것은?
① 잔향시간은 실 흡음력이 클수록 길어지고, 실용적이 작을수록 짧아진다.
② 발음체의 진동수와 같은 음파를 받게 되면 자기도 진동하여 음을 내는 현상을 잔향이라 한다.
③ 60폰의 음을 70폰으로 높이면 10폰의 증가에 의해 사람은 음의 크기가 대략 2배 커진 것으로 지각한다.
④ 외부공간에서 음의 전달은 온도, 습도, 바람 등의 외부 기후 조건과 무관하다.

56 다음 중 천장 평면도 작성 시 표시사항과 가장 거리가 먼 것은?
① 환기구 개구부
② 조명기구 및 설비기구
③ 천장 높이
④ 반자틀 재료 및 규격

57 KS D 3503에서 강재의 종류를 나타내는 기호인 SS490의 첫 번째 S가 의미하는 것은?
① 재질   ② 형상
③ 강도   ④ 지름

58 채광에서 실내의 조도가 옥외의 조도 및 %에 해당하는가를 나타내는 값을 의미하는 것은?
① 감광률   ② 주광률
③ 촉광량   ④ 창유효율

59 건축계획 단계에서 설계자의 머릿속에서 이루어진 공간의 구상을 종이에 형상화하여 그린 다음 시각적으로 확인하는 것은?
① 에스키스   ② 스킵
③ 켑쳐   ④ 데상

60 철근콘크리트 줄기초 부분의 제도에 관한 설명 중 옳지 않은 것은?
① 지반에서 기초의 길이를 고려하여 지반선을 그린다.
② 축척은 1/100로만 하며, 단면선과 입면선을 구분하여 그린다.
③ 중심선을 기준으로 하여 좌우에 기초벽의 두께, 콘크리트 기초판의 너비 등을

양분하여 그린다.
④ 재료의 단면표시를 하고 치수선과 보조치수선, 인출선을 가는 선으로 긋고, 부재의 명칭과 치수를 기입한다.

출제예상 모의고사

해설 및 정답

출제예상 모의고사

해설 및 정답

제1회

01 ③
① 계단멍에 : 계단 디딤면 혹은 챌면을 좌우의 단부에서 지지하는 계단 측벽의 가로부 받침대나 계단 너비의 뒷면 중앙에서 지지하는 받침대
② 두겁대 : 계단 난간 상부의 손스침이 되는 부분의 명칭
③ 엄지기둥 : 계단 시작과 끝의 가장 굵은 난간동자
④ 디딤판 : 계단의 발디딤이 되는 판

02 ③
세퍼레이터
거푸집 간의 간격을 일정하게 유지하기 위해 사용하는 철물 긴결재

03 ③
스터럽(늑근)의 간격은 최대 600mm 이하로 한다.

04 ②
• 철골조 판보의 춤 : 간사이의 1/15~1/18
• 철근콘크리트 보의 춤 : 간사이의 1/10~1/15

05 ④
토대의 이음은 엇걸이 이음으로 하며 모서리 부분의 맞춤에 연귀맞춤 등을 사용한다.

06 ②
① 지도리 : 돌쩌귀, 문장부 등의 통칭으로 회전문 등에 사용되는 철물이다.
② 풍소란 : 창호가 닫혔을 때 틈새로 바람이 들어오지 않도록 서로 턱솔 또는 딴혀 등으로 맞물리게 하는 것
③ 접문 : 여러 쪽의 좁은 문짝을 경첩 등으로 연결하여 접어서 여닫는 문
④ 문선 : 문꼴을 보기 좋게 만들고 주위 벽의 마무리를 좋게 하도록 하는 누름대

07 ③
말뚝의 간격은 지름의 2.5배 이상을 표준으로 하며, 나무말뚝은 60cm 이상, 기성콘크리트 말뚝은 75cm 이상, 철재 말뚝은 90cm 이상으로 한다.

08 ①
장기응력에 대한 허용응력도
• 모래, 진흙 : $10tf/m^2$
• 모래 섞인 진흙 : $15tf/m^2$
• 자갈, 모래 혼합물 : $20tf/m^2$
• 자갈 : $30tf/m^2$
• 연암반 : $100~200tf/m^2$
• 경암반 : $400tf/m^2$

09 ④
철근콘크리트 기둥 띠철근의 간격
기둥 단면의 최소 치수 이하, 종방향 철근지름의 16배 이하, 띠철근 지름의 48배 이하, 30cm 이하 중 최솟값

10 ①
건물의 간사이가 크면 적설하중에 대한 부담도 지므로 물매가 커야 한다.

11 ①
고력볼트 접합은 마찰저항에 의한 접합이다.

12 ④
창문의 너비가 1.8m 이상일 때에는 상부에 철근콘크리트 인방보를 설치해야 한다.

13 ①
조적식 구조는 막힌 줄눈 쌓기를 보편적으로 사용하므로 벽체 하부를 연속된 기초판으로 한다.

14 ④
절충식 지붕틀은 공작이 간단하며 간사이가 6m 이내로 작거나 긴 벽이 많은 건축물에 사용한다.

15 ③

개구부 간의 수직거리는 최소 60cm 이상으로 한다.

16 ④

코너 비드
기둥 및 벽의 상부 모서리 미장을 쉽게 하고 보호하기 위한 철물

17 ③

그립(grip)
리벳, 볼트로 접합하는 판의 총 두께. 리벳 지름의 5배 두께 이하

18 ①

셸 구조
곡면의 얇은 판을 주변에 지지시키면 면에 분포되는 하중을 인장, 압축과 같은 면내력으로 전달시키는 구조. 가볍고 큰 힘을 받을 수 있어서 넓은 공간을 필요로 할 때 사용된다. 대표적인 건축물로 시드니 오페라 하우스가 있다.

19 ④

190mm+50mm+90mm

20 ①

헌치
보의 단면을 두껍게 하여 휨모멘트에 저항하도록 한 부분

21 ①

다공질 벽돌
톱밥이나 겨를 혼합하여 소성한 것으로 연소 후 많은 공극이 내부에 생겨 가벼워진다. 절단, 못치기 등의 가공이 용이해지며 보온과 흡음성이 있어 방음 및 단열용으로 사용된다. 강도가 약해서 구조용으로는 부적합하다.

22 ④

- KS 1종 – 보통 포틀랜드 시멘트
- KS 2종 – 중용열 포틀랜드 시멘트
- KS 3종 – 조강 포틀랜드 시멘트
- KS 4종 – 저열 포틀랜드 시멘트
- KS 5종 – 내황산염 포틀랜드 시멘트

23 ③

타일의 흡수율(KS 기준)
자기질 3%, 석기질 5%, 도기질 18%, 클링커타일 8% 이하

24 ②

우리나라의 경우 시멘트 1포는 보통 40kg이다.

25 ④

청동
구리와 주석(약 4~12%)의 합금. 내식성이 크고 주조가 쉬우며 표면의 청록색이 아름다워 장식 철물 및 공예품으로 많이 쓰인다.

26 ②

공기량 1% 증가 시 압축강도는 4~6% 감소한다.

27 ②

$$전수축률 = \frac{수축\ 길이}{생나무\ 길이} \times 100(\%)$$
$$= \frac{0.08m}{4m} \times 100(\%) = 2\%$$

28 ②

점토제품에 유약을 입히는 것을 시유라 하며, 테라코타에는 시유 작업을 하여 광택을 낸다.

29 ②

KS 부문 기호
A-기본, B-기계, C-전기, D-금속, E-광산, F-토목·건축, G-일용품, H-식료품, I-환경, J-생물, K-섬유, L-요업, M-화학, P-의료, Q-품질경영, R-수송기계, S-서비스, T-물류, V-조선, W-항공, X-정보산업

30 ③

역청 재료
천연산 또는 원유의 건류·증류에 의해서 얻어지는 유기 화합물. 대표적으로 아스팔트, 타르, 피치 등이 있다. 방수, 방부, 포장 등에 사용된다.

31 ①

열선 흡수 유리
단열 유리라고도 한다. 유리 내부에 삽입된 금속망

이 태양광선의 열선을 흡수하므로 차량 및 주택의 서향 유리 등에 사용된다.

32 ①
파티클 보드는 합판에 비해 휨강도는 떨어지나 면내 강성은 우수하다.

33 ③
강의 열처리방법

구분	열처리방법	특성
풀림 [Annealing]	800~1000℃에서 가열 성형 후 노 속에서 서냉	강의 연화 내부 응력 제거
불림 [Normarlizing]	800~1000℃에서 가열 성형 후 대기 중에서 냉각	결정립의 미세화 조직 균일화
담금질 [Hardening]	가열한 강을 물 또는 기름 등에 담가 급속 냉각	경도 증대 내마모성 증가
뜨임질 [tempering]	담금질한 강을 다시 가열(200~600℃) 후 서냉 (대기, 노 속)	강성, 인성, 연성 증가

34 ①
석고 플라스터는 미장재료 중 가장 점성이 크고 응결이 빠르다.

35 ①
유치원은 어린이들이 사용하는 공간이므로 딱딱한 인조석은 적합하지 않다.

36 ④
코르크 나무표피를 원료로 하여 분말로 된 것을 판형으로 열압한 것으로 탄성 및 보온, 흡음성이 있어 보온재 및 흡음재로 사용한다. 단, 불연재로는 적합하지 않다.

37 ③
취성
재료가 외력을 받았을 때 작은 변형에도 쉽게 파괴되는 성질로 유리, 주철 등은 취성이 큰 재료이다.

38 ①
유성페인트는 건조시간이 길다.

39 ②
① 합성수지 모르타르 : 광택용
② 바라이트 모르타르 : 방사선 차단용
③ 아스팔트 모르타르 : 내산성 바닥용
④ 질석 모르타르 : 경량 구조용

40 ③
- 기경성 미장재료 : 진흙, 회반죽, 돌로마이트 플라스터
- 수경성 미장재료 : 석고 플라스터, 시멘트 모르타르, 인조석 바름, 테라조 바름

41 ①
변전실은 부하의 중심에서 가까운 곳에 위치해야 한다.

42 ②

열매	표준방열량 [W/m²]	표준상태 열매온도	실내온도
증기	756	102℃	18.5℃
온수	523	80℃	

43 ③
다중주택
다음과 같이 법에서 규정하며 대표적으로 고시원과 같은 시설을 의미한다.
① 학생 또는 직장인 등 여러 사람이 장기간 거주할 수 있는 구조로 되어 있는 것
② 독립된 주거의 형태를 갖추지 않은 것(각 실별 욕실은 설치 가능, 취사시설은 설치하지 않은 것)
③ 1개 동의 주택으로 쓰이는 바닥면적(부설 주차장 면적 제외)의 합계가 660제곱미터 이하이고 주택으로 쓰는 층수(지하층 제외)가 3개 층 이하일 것. 다만, 1층의 전부 또는 일부를 필로티 구조로 하여 주차장으로 사용하고 나머지 부분을 주택 외의 용도로 쓰는 경우에는 해당 층을 주택의 층수에서 제외한다.
④ 적정한 주거환경을 조성하기 위하여 건축조례로 정하는 실별 최소 면적, 창문의 설치 및 크기 등의 기준에 적합할 것
※ 다중주택은 법령에서 단독주택의 일종으로 분류된다.

44 ③
메조넷형(복층식)은 면적이 다소 넓은 주거공간에 적합한 형식이다.

45 ④
먼셀 표색계의 색채 표시는 색상, 명도/채도 순이다.

46 ③
팬코일 유닛방식
전동기 직결의 소형 송풍기, 냉·온수 코일 및 필터 등을 구비한 실내형 소형 공조기를 각 실에 설치하여 중앙기계실로부터 냉온수를 공급하여 공기조화를 하는 전수(水) 방식이다.
- 각 실 조절이 좋고 전공기식에 비해 덕트 면적이 적다.
- 외기공급설비의 별도 설비가 요구되며 다수 유닛의 분산으로 관리가 어렵다.
- 전수 방식이므로 수배관으로 인한 누수가 우려된다.
- 팬코일 유닛 내에 있는 팬으로부터의 소음이 있다.
- 각 실의 유닛은 수동으로도 제어할 수 있고, 개별 제어가 쉽다.

47 ③
수정 유효온도(CET)
글로브 온도를 건구 온도 대신에 사용하고 상당 습구온도를 습구온도 대신에 사용한 쾌적지표. 기온, 습도, 기류 및 복사열의 영향을 고려하였다.

48 ③
관류열량(Q)
$Q = k \times A \times \Delta t$
$= 6.5 \text{W/m}^2 \times 4\text{m}^2 \times (5-0) = 130\text{W}$
(k : 열관류율, A : 면적, Δt : 온도차)

49 ④
평면도
① 바닥에서 1.2~1.5m 정도 높이에서 절단한 것으로 가정하여 내부를 위에서 내려다본 모습을 그린 도면이다.
② 평면도를 통해서 동선, 규모 등 생활공간의 구성을 가장 잘 볼 수 있다.

50 ④
배치도 및 평면도 등의 도면은 북쪽을 위로 하여 작도하는 것을 기본 원칙으로 한다.

51 ②
해칭선
단면도의 절단면을 나타내는 선으로 중심선에 대하여 45도 경사지게 일정한 간격으로 빗선을 긋는다.

52 ②
에스컬레이터
컨베이어의 일종으로, 동력에 의해 회전하는 계단을 구동시켜 사람을 연속적으로 승강시키는 장치. 1950년 미국 특허국에 의해 이동계단을 뜻하는 공공영어로 지정될 때까지 오티스사의 등록상품명이었다.

53 ①
①은 민줄눈이다.

54 ③
그림자의 표현은 표면의 그늘보다 어둡게 묘사한다.

55 ①
플러시 밸브식
급수관에서 플러시 밸브를 거쳐 변기 급수구에 직결되고 플러시 밸브의 핸들을 작동함으로써 일정량의 물이 사출되어 변기 속을 세정한다. 급수관이 최소 25mm를 필요로 하므로 일반 주택은 부적합하고 학교, 사무실, 호텔 등에 적합하다.

56 ②
기획
건설의 목적과 방향을 정하여 설계와 시공 과정에 대한 계획을 수립하는 단계

57 ④
다이닝 키친(DK)형
부엌의 일부에 식사실을 두는 형태로 부엌과 식사실의 연결이 가장 유기적이다. 그러나 부엌에서 조리할 때 발생하는 냄새나 음식찌꺼기 등에 의해 식사실의 분위기를 해칠 우려가 있다.

58 ②
외부공간은 인간에 의해 의도적, 인공적으로 만들어진 외부의 환경을 말한다. ②는 내부 공간에 대한 설명이다.

59 ③
간선
건물로의 인입개폐기(배선용 차단기)로부터 각 층마다 설치된 분전반의 분기개폐기까지의 배선을 말한다.

60 ③
이중창은 단열이나 방음, 결로방지에 유리하나 일조 조절 방법과는 거리가 있다.

제2회

01 ③
전단벽
아파트, 호텔처럼 일정한 면적과 형태로 공간이 분할 구획되는 건축물의 벽체를 수직과 수평하중 모두 지지하도록 한 것을 말한다. 벽체의 압축응력은 벽체의 간격, 건물 높이, 개구부의 배치에 따라 달라지므로 응력이 집중되지 않도록 계획되어야 한다. 특히 전단벽은 개구부와 같은 불연속부분에 의해 강성이 약해지므로 연결보 등의 사용으로 휨 강성에 대한 보강을 해야 한다.
※ 장막벽, 칸막이벽, 커튼월은 모두 상부 하중을 지지하지 않는 비내력벽이다.

02 ③
대린벽으로 구획된 벽에서 개구부의 너비의 합계는 벽길이의 1/2 이하로 하고 개구부 간의 수직거리는 60cm 이상으로 한다. 개구부 상호간 또는 벽 중심과 개구부와의 수평거리는 벽두께의 2배 이상으로 하고 문꼴 너비가 1.8m 이상일 경우 철근콘크리트로 윗인방을 설치한다.

03 ④
① 트러스의 절점은 회전접합으로 이루어진다.
② 풍하중과 적설하중을 충분히 고려한다.
③ 트러스는 부재에 휨 모멘트 및 전단력이 발생하지 않도록 계획한다.

04 ③
① 콘크리트와 철근이 강력히 부착되면 철근의 좌굴이 방지된다.
② 콘크리트는 압축력에 강하므로 부재의 압축력을 부담한다.
④ 콘크리트는 알칼리성이며 내구성과 내화성이 있어 철근을 열과 부식으로부터 보호한다.

05 ①
① 가구식 구조 : 가늘고 긴 재료를 접합하여 구성한 구조로 뼈대를 삼각형으로 짜 맞추면 안정적인 구조체가 된다. 목조와 철골조가 해당된다.
② 캔틸레버 구조 : 한쪽 끝은 기둥이나 벽에 고정되고 다른 끝은 받쳐지지 않은 상태로 되어 있는 형태를 뜻한다. 내민보 또는 외팔보라고도 하며 경쾌한 외관 구성이 되지만 같은 길이의 보통 보에 비해 4배의 휨 모멘트를 받아 변형되기 쉬우므로 설계에 주의를 요한다. 주로 건물의 처마 끝, 현관의 차양, 발코니 등에 많이 사용된다.
③ 조적식 구조 : 벽돌, 돌과 같은 재료를 쌓아올려 만든 구조
④ 습식 구조 : 구조체 시공과정에서 물이 사용되는 구조. 철근콘크리트구조가 대표적이다.

06 ②
피복두께란 콘크리트 표면에서 가장 근접한 철근 표면까지의 거리를 말한다.

07 ③
격자기둥
앵글·채널 등으로 대판을 플랜지에 직각으로 접합한 것으로 띠판 기둥이라고도 한다.

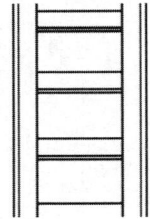

08 ③
조적조에서 벽체의 두께는 벽두께, 벽길이, 층수에 의해 결정된다.

09 ②
통재기둥
1층과 2층의 기둥이 하나의 부재로 이어진 것으로 중요한 모서리나 중간에 5~7m 길이로 배치한다. 단층 목조 건축물에서는 일반적으로 사용되지 않는다.

10 ②
기둥과 층도리의 접합은 짧은 장부맞춤으로 한다.

11 ②
원형 평면은 같은 표면적을 갖는 다른 형태의 구조물에 비해 풍하중이 작게 작용한다.

12 ④

뼈대 망눈의 크기는 마무리재 치수나 망눈의 미관 및 단재의 좌굴길이에 의해 결정되며 망눈이 크면 부재수·절점수는 적어진다.

13 ③

제혀쪽매
널 한쪽에 홈을 파고 딴 쪽에 혀를 내어 물리고, 혀 위에서 빗 못질하므로, 진동이 있는 마루널에도 못이 빠져나올 우려가 없다. 보행진동에 대하여 가장 저항성이 크고 마루널의 접합에 가장 좋은 쪽매 방법이다.

14 ③

철골구조는 철근콘크리트구조에 비해 경량이다. 그러나 주재료인 강재가 열에 취약하고 부식의 우려가 있다.

15 ④

컬럼 밴드
철근콘크리트 타설 시 기둥 거푸집이 벌어지는 것을 방지하기 위해 둘러대는 철물

16 ①

PC(Precast Concrete) 공법
공장 등에서 형틀에 성형 제조한 철근 콘크리트 부재를 이용하는 공법이다. 공장의 고정시설을 이용하여 기둥, 보 등의 소요부재를 철재 거푸집에 의하여 제작하고 고온다습한 증기 보양실에서 단기 보양하여 기성 제품화한 것을 현장으로 이송하여 시공한다. 수요가 증가할 경우 비용을 절감할 수 있으며 기후의 영향을 적게 받으므로 공사기간이 단축될 뿐 아니라 기계화, 자동화에 의해 품질이 향상된다. 그러나 형태설계의 개성에 제약이 있을 수 있고 또한 초기시설투자비용이 크다.

17 ④

① 보강블록조는 통줄눈으로 하고 철근콘크리트로 보강한다.
② 벽면이 고르지 않을 때는 내민줄눈을 적용하여 줄눈효과를 강조한다.
③ 벽돌의 형태가 고르지 않을 때는 평줄눈으로 한다.

18 ③

벽체 또는 슬래브에서 휨 주철근의 간격은 벽체나 슬래브 두께의 3배 이하로 하여야 하고, 또한 450mm 이하로 하여야 한다.
※ 장선구조 : 슬래브를 다수의 작은보로 지지하는 시스템. 장선의 폭은 100mm 이상, 깊이는 장선 최소폭의 3.5배 이하로 하며 장선 사이의 순간격은 750mm 이하로 하는 형식이다. 장선이 2방향으로 배치된 것은 와플(waffle)구조라 한다.

19 ②

- 큰보(Girder) : 기둥과 기둥 사이에 설치되는 보
- 작은보(Beam) : 간사이가 커서 큰보의 길이가 길어질 때 큰보 사이에 설치하여 처짐을 방지한다.

20 ④

190mm+10mm+190mm=390mm

21 ②

폴리우레탄폼은 폴리올과 이소시아네이트를 주재료로 하고 발포제, 촉매제, 안정제, 난연제 등을 혼합시켜 얻어지는 발포 생성물로서 단열성이 크고 공사현장에서 발포시공이 가능하며 화학약품에 대하여 안전한 재료이다. 그러나 사용시간이 경과함에 따라 부피가 줄어들고 점차 열전도율이 높아지는 단점이 있다. 따라서 내열성은 높지 않으나 우수한 단열성 때문에 냉동기기에 많이 사용되는 단열재이다.

22 ④

- 무기질 단열재 : 유리섬유, 암면, 세라믹 파이버, 펄라이트판, 규산칼슘판, ALC, 기포유리, 질석, 광재면 등
- 유기질 단열재 : 셀룰로오스 섬유판, 연질 섬유판, 발포폴리스티렌, 폴리우레탄폼, 코르크판 등

23 ③

콘크리트의 수밀성은 골재 최대 치수가 작을수록, 물시멘트비가 작을수록(55% 이하), 다짐이 충분할수록, 습윤양생이 충분할수록 커진다.

24 ②

$$\text{유효흡수율} = \frac{\text{흡수량} - \text{기건함수량}}{\text{절건중량}}$$

$$= \frac{2124g - 2066g}{2000g} = 0.029 = 2.9\%$$

25 ④

쇄석콘크리트

안산암, 현무암, 석회암, 하천옥석 등을 분쇄하여 만든 쇄석자갈을 조골재로 한 콘크리트. 보통 콘크리트에 비해 모난 골재가 서로 엉겨 유동성이 적고 가공성과 시공연도가 나쁘지만, 이런 점을 주의하여 작업하면 오히려 강도는 커진다. 그러므로 조합 시에 보통 콘크리트보다 조골재의 양을 줄이고 모래의 양과 단위수량을 늘려 주면 된다. 또한, AE제, 플라이애시 등을 적절히 섞어서 시공연도를 개선할 수도 있다. 콘크리트를 되도록 되게 반죽하여 재료분리를 막고 잘 다져서 빈틈이 생기지 않도록 해야 한다.

26 ②

일반적으로 합성수지는 고온에서 쉽게 연화 또는 연소되며 유독기체를 발생시키므로 목재의 방염제로는 부적합하다.

27 ②

- 시유 : 점토제품의 소성 전 유약을 바르는 것
- 점토제품의 제조 공정 : 원료조합 → 반죽 → 숙성 → 건조 → 성형 → 시유 → 소성

28 ④

폴리머 콘크리트

㉠ 합성수지 계통인 폴리머를 결합한 콘크리트로 시멘트와 함께 쓰는 것은 폴리머 시멘트 콘크리트라 하고, 시멘트를 쓰지 않고 폴리머에 중탄산칼슘이나 플라이애시 등을 혼합한 것은 폴리머 콘크리트 또는 레진 콘크리트라고도 한다.
㉡ 수밀성, 내화학성, 내염성이 우수하여 기존의 시멘트 콘크리트에 비하여 내구성이 좋으나 내화성은 다소 부족하다.
㉢ 해양구조물, 각종 수로, 공장배수시설 등에 쓰인다.

29 ①

외력의 크기가 탄성한계를 넘어서면 외력을 제거해도 강재는 원상회복되지 않는다.

30 ④

① 펠트의 양면에 블로운 아스팔트 또는 아스팔트 컴파운드를 피복한 것이다.
② 아스팔트 프라이머에 대한 설명이다.
③ 석유 아스팔트에 대한 설명이다.

31 ③

고강도 콘크리트

설계 기준 강도가 보통 콘크리트에서 40MPa 이상, 경량 콘크리트에서 27MPa 이상인 고품질 콘크리트를 말한다.

32 ④

A.L.C(autoclaved light weight concrete)

㉠ 실리카분이 풍부한 모래와 생석회를 주원료로 하여 발포·팽창시켜 제조한 성형품이다.
㉡ 주로 단열 및 방음재로 쓰이며 소규모 주택의 재료로도 많이 활용된다.
㉢ 다공질이므로 습기에 취약하고 강도가 낮은 편이다.

33 ②

여물은 미장재료의 균열을 방지를 위해 사용하는 것으로, 흙이나 회반죽 등에 주로 쓰인다. 여물로 쓰이는 재료는 질기며 가늘고 긴 것이 좋고, 부드러우면서 흰색을 띠면 여물로서의 가치가 높다. 삼여물, 흰털 여물, 종이 여물, 짚여물 등이 있다.

34 ③

공극을 포함하지 않는 목재의 실제 부분 비중을 진비중이라 하며, 수종 및 수령에 관계없이 약 1.54 정도이다.

35 ①

알키드 수지

프탈산과 글리세린 수지를 변성시킨 포화폴리에스테르 수지. 알코올의 al과 acid(산)의 cid를 결합한 alcid를 어원으로 하여 alkyd라고 명명되었다. 3가 이상의 알코올 성분과 건성유를 함유하므로 칠할 때까지는 선상 고분자이지만, 칠한 다음에는 에나멜링 조작이나 공기의 작용으로 다리결합을 갖는 3차원 고분자가 되어, 내수성·내약품성이 강해진다. 따라서 그대로 도료로 사용하거나 요소수지·멜라민 등과 혼합하여 사용되고 있다. 내후성, 접착성이

우수하며 도료 및 접착제 등으로 널리 사용된다. 단점으로는, 건조 초기 내수성이 다소 약하고 내알칼리성도 나쁜 편이다.

36 ③
① 과소품벽돌은 아주 높은 온도로 소성하여 견고하고 두드리면 청음이 나는 벽돌이다. 흡수율은 낮으나 형상이 다소 불규칙하여 구조용으로는 부적당하다. 주로 장식용이나 기초 조적재 등으로 쓰인다.
② 건축용 내화벽돌의 내화도는 최소 SK26(1580℃) 이상이어야 한다.
④ 포도벽돌은 도로나 바닥용으로 제조한 두꺼운 벽돌이다. 연화토나 도토를 사용하며 경질이고 흡수성이 작으며 내마모성과 내구성이 크다. 제조 시 색소를 넣기도 한다.

37 ④
- 방청도료 : 금속재 표면의 부식방지를 목적으로 도장하는 재료로서 광명단, 징크로메이트, 알루미늄도료, 크롬산 아연 등이 사용된다.
- 오일 스테인 : 목질 바탕에 무늬를 드러나 보이게 하기 위해 칠하는 유성 착색제로, 침투율이 높고 퇴색이 적어서 목재 투명 마감 등에 사용한다.

38 ①
KS F 2503에 따른 흡수율 산정식
$$Q = \frac{B-A}{A} \times 100(\%)$$
여기서, Q : 흡수율
B : 표면건조포화상태 시료의 질량(g)
A : 절대건조상태 시료의 질량(g)

39 ③
레디믹스트 콘크리트 운반방식
㉠ 센트럴 믹스 : 10분 내 단거리 운송방식. 현장이 가까우므로 교반이 거의 완료된 콘크리트를 트럭믹서에 넣고 운반한다.
㉡ 슈링크 믹스 : 20~30분 거리의 운송방식. 출발 후 교반을 시작하여 운반 중 교반을 마무리한다.
㉢ 트랜싯 믹스 : 1시간 이상 장거리 운송방식. 시멘트는 가수 후 1시간이 지나면 응결이 시작되므로 미리 물을 섞지 않고 트럭믹서에는 건비빔 재료만 넣고 별도의 물탱크를 장착하여 출발 후, 적정한 시간에 급수하여 교반을 하는 방식이다.

40 ④
목재의 자연건조
- 직사광선과 비를 피하고, 통풍이 잘 되는 곳에서 건조시킨다.
- 2~3개월에 한 번씩 뒤집어 쌓아줌으로써 균일하게 건조가 되도록 한다.
- 나무 마구리에는 페인트를 칠해서 부분적인 급속 건조를 막는다.
- 목재 간의 간격을 유지하고, 지면에 닿지 않도록 굄목을 받친다.

41 ④
원형철근의 지름은 φ, 이형철근의 지름은 D로 표시하며 바근 간격의 앞에는 @를 붙인다.

42 ④
홀형(계단실형) 아파트
계단실을 두 가구만 접하고 있으므로 타 형식에 비해 통행부 면적이 작아서 가장 소음이 적고 프라이버시가 양호하며 양 방향의 창을 자유롭게 개폐할 수 있어 채광 및 통풍 또한 유리한 형식이다. 반면 엘리베이터 이용률은 가장 낮다.

43 ③
부지경계선은 배치도에서 표시된다.

44 ④
환기 방식

구분	설치 방법	용도
제1종 환기 (병용식)	급기팬+배기팬	병원, 극장, 변전실
제2종 환기 (압입식)	급기팬+자연배기	클린룸, 무균실, 반도체 공장
제3종 환기 (흡출식)	자연급기+배기팬	화장실, 욕실, 주방, 흡연실

- 제1종(병용식) : 설비비, 운전비가 비싸지만 실내외의 압력을 조정할 수 있어 가장 좋은 방식이다.
- 제2종(압입식) : 실내 압력이 정압(+)이 된다. 다른 실에서의 공기 침입이 없어야 하는 곳에 사용한다.

- 제3종(흡출식) : 실내 압력이 부압(-)이 된다. 실내의 냄새나 유해 물질을 다른 실로 흘려보내지 않는다.
- 제4종(자연식) : 자연환기 방식(중력·풍력환기)

45 ③

투시도 용어
㉠ 기면(G.P, Ground Plane) : 사람이 서 있는 면
㉡ 기선(G.L, Ground Line) : 기면과 화면의 교차선
㉢ 화면(P.P, Picture Plane) : 물체와 시점 사이에 기면과 수직한 평면
㉣ 수평면(H.P, Horizontal Plane) : 눈높이에 수평한 면
㉤ 수평선(H.L, Horizontal Line) : 수평면과 화면의 교차선
㉥ 정점(S.P, Standing Point) : 사람이 서 있는 곳
㉦ 시점(E.P, Eye point) : 보는 눈의 위치
㉧ 소점(V.P, Vanishing point) : 수평선상에 존재하며 원근법을 표현하는 초점
㉨ 시선축(Axis of vision) : 시점에서 화면에 수직하게 통하는 투사선

46 ②

방안지
같은 간격의 직교된 선을 그은 도면이나 통계용 용지로 모눈종이 또는 섹션 페이퍼라고도 한다. 선의 간격에 따라 1밀리 방안, 5밀리 방안 등 여러 가지 종류가 있다. 선의 빛깔은 옅은 파랑 또는 옅은 자색이 대부분이다.

47 ①

- 부엌의 면적은 일반적으로 주택 연면적의 8~10% 정도이다.
- 작업순서의 흐름 방향은 한쪽으로 하고, 작업대의 높이는 81~85cm 정도가 적당하다.
- 기능성, 경제성, 사용자의 요구사항이 반영되도록 주방의 평면을 계획하며, 특히 가사노동 동선에 신경써야 한다.

48 ②

배경은 되도록 단순하고 간략하게 표현하여 건물이 돋보이도록 한다.

49 ①

통풍의 흐름이 침대 위를 직접 통과해서는 안 된다.

50 ③

부엌은 음식물이 상하기 쉬우므로 서향을 피해야 한다.

51 ①

일사 차폐물에 의해 차폐된 후의 실내에 침입하는 일사열의 비율을 일사 차폐계수라 한다. 흡열성능이 있는 유리는 모두 기준이 되는 3mm 두께의 보통유리보다 차폐계수가 낮아진다.

52 ①

외벽 부위는 외단열로 하는 것이 에너지절약에 효과적이다.

53 ④

건축의 3대 요소
구조, 기능, 미

54 ③

온수난방
㉠ 현열을 이용한 난방으로 가열 온수를 복관식 혹은 단관식 배관을 통하여 방열기에 공급한다.
㉡ 온도와 온수량 조절이 용이하고 방열기 표면온도가 낮으며 보일러 취급이 용이하고 안전한 편이다.
㉢ 증기난방에 비해 예열시간이 길고 방열면적과 배관이 커서 설비비용이 크다.
㉣ 동결의 우려가 크며 온수 순환시간이 길다.

55 ②

봉수깊이는 50~100mm 정도로 한다.

56 ③

공동주택은 프라이버시가 나쁘며 생활의 변화에 대해 자유롭게 대응하기 어렵다.

57 ③

다중주택
보통 고시원, 게스트 하우스 등의 형태로 운영된다. 다수인이 장기간 거주할 수 있도록 각 주거구획별로 독립공간을 확보하되 화장실, 샤워실 등 주거생활의 일부는 공동으로 사용할 수 있도록 설치되어

있다. 법령상 단독주택으로 분류된다.

58 ①
스킵 플로어형
각 동의 높이가 반 층씩 올라가는 형태. 층을 걸러 복도를 설치하여 복도면적이 줄어들고 엘리베이터는 복도가 있는 층에서만 정지하며 복도가 없는 층은 계단실을 통해 단위주거에 도달하는 형식으로 통풍, 채광 확보가 용이한 반면 구조 및 설비계획이 다소 까다롭다. 계단실형과 편복도형식의 장점을 복합하였다.

59 ②
- 색광의 3원색 : 빨강(R), 녹색(G), 파랑(B)
- 색료의 3원색 : 시안(C), 마젠타(M), 노랑(Y)

60 ②
도면 표기기호
A : 면적, W : 폭, V : 부피, H : 높이, L : 길이, THK : 두께

제3회

01 ①
이음과 맞춤의 단면은 응력의 방향에 직각으로 하여야 한다.

02 ④
절충식 지붕틀은 왕대공 지붕틀에 비해 구조가 간단하며 소규모 건물에 적합한 형식이다.

03 ①
스페이스 프레임
- 하나의 건축 공간을 형성할 때 트러스나 라멘 등의 평면골조를 병립시켜 서로 연결하는 방법을 채택하지 않고, 처음부터 구조 부재의 3차원적 배열을 계획한 구조이다. 실내 체육시설이나 실내 집회장과 같이 내부 공간이 넓은 건축물에서는 건물의 목적과 기능상 기둥의 수나 위치에 많은 제약을 받기 때문에, 시설의 주변부에 기둥이나 벽을 조립하고 이것을 바탕으로 하여 경간이 넓은 지붕을 받치기 위한 입체구조가 많이 활용되고 있다. 즉, 넓은 경간에 선재를 걸쳐놓으면 그 부재에 큰 휨모멘트가 작용하여 단면 설계를 하기 어렵기 때문에 곡면구조 등의 입체구조를 채택하는 경우가 많다.
- 넓은 실내공간을 구성할 수 있고 공간의 표현이 자유로운 편이다.
- 동일 부재를 반복, 조립하므로 작업이 용이하고 공기를 단축시킬 수 있다.
- 주로 강관을 사용한다.

04 ①
- 대린벽 : 서로 직각으로 교차되는 벽
- 중공벽 : 벽돌조의 공간쌓기와 같이 벽 내부에 단열층을 위한 공간이 있는 벽체를 말한다.
- 장막벽 : 상부 하중을 받지 않는 벽체로 비내력벽이라 한다.
- 칸막이벽 : 공간과 공간을 나누기 위한 벽체로 보통 장막벽이 쓰인다.

05 ②
플랫 슬래브(flat slab, 무량판 구조)
- 보가 없이 바닥판만으로 구성하여, 하중을 직접 기둥에 전달하는 평판 슬래브 구조이다.
- 슬래브 두께는 15cm 이상으로 한다.
- 장점
  - 구조가 간단하여 공기단축이 가능하며 공사비가 저렴하다.
  - 실내공간을 크게 이용할 수 있으면서 층고는 낮게 할 수 있다.
  - 채광, 통풍에 유리하다.
- 단점
  - 주두의 철근배근이 복잡하고 바닥판이 두꺼워진다.
  - 고정하중이 커지고 뼈대의 강성이 약해지므로 고층건물에는 적합하지 않다.
  - 기둥 주변에는 가급적 개구부를 두지 말아야 하고 철근으로 보강해야 한다.

06 ①
조적식 구조의 최상층 내력벽 높이는 4m 이하로 해야 한다.

07 ③
용접 접합을 한 부분은 초음파 검사와 같은 방법으로만 품질검사를 할 수 있어 확인이 까다롭다.

08 ①
- 층두리 아치 : 아치의 거리가 넓을 때 반 장별로 층을 지어 2중으로 겹쳐 쌓는 아치
- 거친 아치 : 장방형 벽돌을 그대로 아치에 사용하여 아치줄눈의 모양이 쐐기형이 되는 아치
- 본 아치 : 아치줄눈이 일자가 되도록 사다리꼴의 벽돌을 주문하여 쌓은 아치
- 막만든 아치 : 현장에서 장방형 벽돌을 사다리꼴 형태로 절단하여 쌓은 아치

09 ②
건축구조의 분류
- 구성형식별 분류 : 조적식 구조, 일체식 구조, 가구식 구조
- 시공법별 분류 : 건식 구조, 습식 구조, 조립식 구조
- 재해방지 성능상의 분류 : 내화구조, 내진구조, 방화구조

10 ④
고력볼트 접합

접합되는 부재를 고강도 볼트로 서로 강력히 압착시켜 압착면에 생기는 마찰력에 의해 응력을 전달시키는 방법이다.
- 장점
  - 접합부의 강성이 높아 변형이 거의 없다.
  - 피로 강도가 높다.
  - 시공이 용이하고, 공기가 단축된다.
  - 반복 하중에 대한 이음부의 강도가 크다.
  - 리벳접합과 같은 소음이 없다.
- 단점
  - 접촉면의 상태나 볼트 재질, 긴결작업 등에 대해 주의하여야 한다.
  - 인장력이 매우 큰 고장력 볼트를 사용하여 토크렌치나 임펙트 렌치 등으로 접합할 강재를 강력하게 연결해야 한다.

※ 강재의 양이 절약되는 것은 용접접합의 특징이다.

11 ③
인장력을 받는 가새는 철재를 사용할 수 있다.

12 ①
- 주각부 접합재 : 베이스 플레이트, 윙 플레이트, 사이드 앵글, 클립 앵글, 앵커 볼트 등
- 톱 앵글(top angle) : 보 위 플랜지 또는 트러스 상현재의 접합에 사용하는 L자 형강의 접합용 피스

13 ①
무지주 지붕
기둥과 같은 구조물이 없거나 최소화하여 지붕 아래에 넓은 공간을 확보할 수 있는 형태의 지붕을 뜻한다. 아치, 트러스 구조 등의 형식을 취하는 것이 유리하며 부분적으로 강재 케이블 등을 활용하여 지지를 하는 방법을 택한다. 스팬이 긴 곳에 사용할 목재의 이음부위에는 가능한 한 철물 사용을 자제하고 장대재(長大材)를 사용하는 것이 좋다.

14 ②
경량 철골조
- 주로 H형강 대신 경량의 C형 Channel을 사용하는 구조
- 전체중량을 감소시키고 강재량을 절약할 수 있어 소규모 구조물에 널리 쓰인다.
- 볼트, 용접접합 등으로 조립하며 시공시간이 짧은 편이다.

- 비틀림에 대한 저항은 강관구조에 비해 약하다.

15 ②
래티스보
상하 플랜지 사이에 ㄱ자 형강을 쓰고 웨브재를 45°, 60° 등의 일정한 각도로 접합한 조립조이다. 규모가 작거나 철근콘크리트로 피복할 때 사용한다.

16 ①
보강 블록조
블록의 빈 공간에 철근과 콘크리트를 채워 보강하는 구조로 4~5층 건물에도 적용 가능하다.

17 ②
① 1방향 슬래브의 주근은 단변방향철근이다.
③ 보의 늑근에 대한 설명이다.
④ 벽체의 주근은 수직방향철근이다.

18 ②
- 전체면적=6m×4.5m=27m²
- X축 내력벽 길이=480cm+300cm=780cm
- X축 방향의 벽량=780cm/27m²=28.9cm/m²

19 ③
ㅅ자보와 달대공은 걸침턱 걸치기 혹은 옆대고 볼트조이기로 접합한다.

20 ③
조립식 구조의 특징
- 공장생산에 의한 대량생산으로 가격을 낮추고 공사기간을 단축할 수 있다.
- 접합부의 일체화가 어려워 기밀성, 방수성 등의 문제해결이 필요하다.
- 획일화된 디자인으로 창의적인 형태를 추구하는 데 한계가 있다.

21 ②
콘크리트의 건조수축
㉠ 단위시멘트량과 단위수량이 많을수록 건조수축은 증가한다.
㉡ 온도는 높을수록, 습도는 낮을수록 증가한다.
㉢ 골재가 경질이고 탄성계수가 클수록 건조수축은 감소한다.

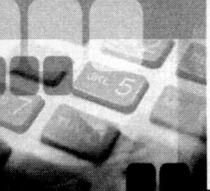

전산응용건축제도기능사 필기 문제풀이

ⓓ 콘크리트 부재치수가 클수록 건조가 진행되지 않으므로 건조수축은 감소한다.
ⓔ 골재 중 포함된 미립분, 점토, 실트가 많을수록 건조수축은 증가한다.
ⓕ 공기량이 많으면 공극으로 인해 건조수축은 증가한다.
ⓖ 습윤양생기간은 건조수축과 직접적 연관이 적다.

22 ①
아연화는 흰색을 내는 안료로 사용된다.

23 ①
질석 모르타르
시멘트에 다공질인 질석을 혼합한 모르타르로, 단열 및 방음용으로 사용한다.

24 ③
알루미늄의 열팽창계수는 철의 2배 정도로 크다.

25 ③
백화현상의 주요인은 모르타르 중의 석회분이 공기 중 탄산가스와 반응하여 탄산석회를 생성하는 것이므로, 단위시멘트량이 높아지면 백화현상도 증가하게 된다. 따라서 조립률이 큰 모래를 사용하여 단위시멘트량을 감소시키는 것이 좋다.

26 ④
알루미늄을 혼합한 실리콘 수지 도료는 내열성·내수성·내한성이 높아서 내화도료로 쓰인다.

27 ④
보통유리는 산화철이 함유되어 있어 UV-A (315~400nm) 를 제외한 대부분의 자외선을 차단시킨다.

28 ①
② 점토의 가소성은 입자가 가늘수록 좋다.
③ 기공률은 약 30~90%로 보통상태에서 50% 내외이다.
④ 철산화물이 많으면 붉은색을 띠게 되고, 석회물질이 많으면 황색을 띠게 된다.

29 ③
본드 브레이커(Bond braker)
U자형 줄눈에 충전하는 실링재를 줄눈 밑면에 접착시키지 않기 위해 붙이는 테이프. 3면 접착에 의한 파단을 방지하기 위해 사용하며, 백업재는 본드 브레이커를 겸용한다.

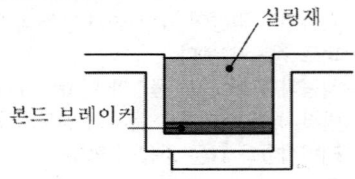

30 ④
비중
어떤 물체의 단위 체적의 질량을 뜻하며 같은 부피의 표준물질 질량과의 비율로 나타낸다. 보통 표준물질로서 4℃의 순수한 물을 비중 1로 하여 비교한다. 물의 밀도가 $1g/cm^3$이면 부피가 $1m^3$일 때의 무게는 $1000kg$이 된다. 따라서 어느 물체의 밀도가 $100kg/m^3$라 하면 이 물체의 비중은 $\dfrac{100kg}{1000kg} = 0.1$ 이다.

31 ④
일반적으로 석재는 압축강도가 가장 크고, 인장·휨·전단강도는 압축강도에 비해 매우 작은 편이다.

32 ④
중밀도 섬유판 MDF(Medium Density Fiberboard)
• 목재의 톱밥, 섬유질 등을 압축가공해서 목재가 가진 리그닌 단백질을 이용, 목재섬유를 고착시켜 만든 것이다.
• 비중은 0.4~0.8 정도이며, 천연목재보다 재질이 균일하면서 강도는 크고 변형이 적다.
• 습기에 약하고 무게가 많이 나가는 것이 단점이나 마감이 깔끔하여 많이 쓰인다.
• 밀도가 균일하기 때문에 측면의 가공성이 매우 좋고 표면에 무늬인쇄가 가능하여 인테리어용으로 많이 사용된다.

33 ④
수피(樹皮)
나무줄기의 코르크 형성층보다 바깥에 위치한 조직을 말한다. 넓은 의미로는 수목 형성층의 바깥에 있는 모든 조직을 말하고, 좁은 의미로는 현재 기능을 영위하고 있는 체관부보다 바깥 부분을 말한다. 보통 수목이 비대해지면, 처음 피층에 코르크층이 생기고 그 후 새로운 코르크층의 형성이 체관부의 안쪽까지 미치게 되어 그 바깥쪽으로 격리된 체관부 등의 조직세포는 죽게 된다. 이러한 죽은 조직과 코르크층의 호층을 수피라 한다. 수피에는 체내외의 통기작용을 하는 피목이라는 조직이 있다.

34 ③
콘크리트의 배합은 각 구성재료의 단위용적의 합이 $1m^3$가 되는 것을 기준으로 한다.
- 용적배합 : 콘크리트 $1m^3$ 배합에 소요되는 각 재료량을 용적(m^3)으로 표시한 배합이며 다음과 같이 구분된다.
- 절대용적배합 : 콘크리트 $1m^3$ 배합에 소요되는 각 재료량을 절대용적(m^3)으로 표시한 배합
- 표준계량용적배합 : 콘크리트 $1m^3$ 배합에 소요되는 각 재료량을 표준계량용적으로 표시한 배합이며, 이 경우 시멘트 $1500kg$을 $1m^3$로 계산한다.
- 현장계량용적배합 : 콘크리트 $1m^3$ 배합에 소요되는 각 재료 중 시멘트는 포대, 골재는 현장계량용적(m^3)으로 표시한 배합이다. 시멘트 : 모래 : 자갈은 1 : 2 : 4 또는 1 : 3 : 6으로 한다.

35 ④
$$공극률(\%) = \left(1 - \frac{절대건조비중}{1.54}\right) \times 100(\%)$$
$$= \left(1 - \frac{0.5}{1.54}\right) \times 100\% = 약\ 67.5\%$$

36 ③
석고는 콘크리트 배합 시 응결지연제 역할을 한다.

37 ①
고무(화) 아스팔트(rubberized asphalt)
합성고무를 분말 액상 또는 세편상으로 혼합 용해한 아스팔트. 아스팔트에 미리 첨가하는 것과 혼합물 혼입 시 골재 등과 동시에 첨가하는 것이 있다. 고무 아스팔트는 스트레이트 아스팔트에 비해 탄성·인성·내충격성이 크고, 감온성은 적어지며, 골재와의 접착성은 좋아진다.

38 ④
목재의 함수율

$$= \frac{건조\ 전\ 중량 - 전건재\ 중량}{전건재\ 중량} \times 100(\%)$$
$$= \frac{25kg - 20kg}{20kg} \times 100(\%) = 25\%$$

※ 건조 전후의 중량이 모두 제시되어 있으므로, 목재 치수는 계산에 필요하지 않다.

39 ①
19세기 초 영국의 애습딘이 포틀랜드 시멘트를 발명하고 19세기 중엽 프랑스의 모니에가 철근콘크리트의 이용법을 개발했다.

40 ②
시멘트 화합물의 분류
① C_3S, 규산 3석회 : 28일 이전의 조기강도에 기여하는 성분으로 조강 포틀랜드 시멘트에 많이 포함된다. 수화열이 크며 경화속도가 빠르다.
② C_2S, 규산 2석회 : 28일 이후의 장기강도에 기여하는 성분으로 중용열 포틀랜드 시멘트에 많이 포함된다.
③ C_3A, 알루민산 3석회 : 1일에서 1주 이내 수화에 영향을 주어 높은 수화열이 발생하며 응결이 빠르므로 석고로 조절한다. 이 성분은 시멘트 내에서 황산염과 반응하여 체적변화를 일으키므로 사용에 주의해야 한다.
④ C_4AF, 알루민산철 4석회 : 산화철을 포함하여 콘크리트의 색에 영향을 주며 황산염에 대한 저항력이 뛰어나다.

41 ⑤
글자체는 수직 또는 15° 경사의 고딕체로 쓰는 것을 원칙으로 한다.

42 ⑤
천창채광
- 자동차 선루프와 같이 창의 면이 천장의 위치에서 지면과 수평을 이루는 형태의 창이다.
- 조도분포가 균일해지며 많은 빛을 받아들일 수 있다.(측창 채광량의 3배 정도)
- 근린 환경이나 인접 건물의 영향을 받지 않고 채광을 할 수 있다
- 통풍과 열의 조절, 빗물 차단에 불리하고 조작 및 유지가 어렵다.
- 비개방적이고 폐쇄적인 느낌이 들어 실내가 좁아

보인다.
- 창 이외의 천장부분과 휘도대비가 크게 일어날 우려가 있다.

43 ④
불쾌 글레어(discomport glare)
신경 쓰이거나 불쾌한 느낌을 주는 눈부심
- 주요 원인 : 휘도가 높은 광원, 시선 부근에 노출된 광원, 눈에 입사하는 광속의 과다, 물체와 그 주위 사이의 고휘도 대비

44 ④
① 실내 습도는 유효온도의 주요 영향요인이다.
② 실내의 기온, 기류, 습도에 영향을 받는 지표이다.
③ 유효온도에서 복사열의 영향은 고려되지 않는다.

45 ③
NS(None Scale)
축척에 비례하지 않는다는 뜻으로, 주로 투시도에 쓰인다.

46 ④
포치(porch)
건축물의 현관이나 출입구의 바깥쪽에 튀어나와 지붕으로 덮인 부분을 말한다. 출입구 주변에 주차된 차에 타거나 출입하는 사람들이 비바람을 피할 수 있도록 설치한다. 교회의 현관이나 베란다의 의미로 쓰이기도 한다. 구조적으로는 지붕을 기둥으로 지지하거나 건물의 지붕을 연결시키며, 간혹 가벼운 골조에 시트를 덮기도 한다. 소규모 건물에서는 추녀 밑을 이용하는 정도로도 가능하지만, 건물 출입구 부분은 외부에서 눈에 쉽게 뜨이므로 친근감과 접근성을 고려한 디자인을 할 필요가 있다. 또한 실내에 흙이나 물기를 묻혀 들어오지 않도록 바닥재에도 신경을 쓰는 것이 좋다.

47 ②
리듬
규칙적인 요소들의 반복으로 디자인에 시각적인 질서를 부여하는 통제된 운동감각을 말한다. 리듬은 공간에 규칙이 있는 흐름을 주어 경쾌하고 활기찬 인상을 준다. 리듬의 원리로는 반복, 점층, 대립, 변이, 방사 등이 사용된다.

48 ③
A에서 보는 사람을 기준으로 C는 좌측면도, D는 우측면도, E는 배면도가 된다.
※ 저면도 : 구조물의 바닥 부분을 절단하여 위에서 보고 그린 도면. 특별히 필요한 경우에만 그린다.

49 ②
건축허가신청에 필요한 설계도서 중 배치도에 표시하여야 할 사항
1. 축척 및 방위
2. 대지에 접한 도로의 길이 및 너비
3. 대지의 종·횡단면도
4. 건축선 및 대지경계선으로부터 건축물까지의 거리
5. 주차동선 및 옥외주차계획
6. 공개공지 및 조경계획

50 ③
미스 반 데어 로에(Mies Van der Rohe : 1886~1969)
㉠ 현대 건축의 대표적인 철과 유리를 주재료로 하여 커튼월공법과 강철구조를 건축의 기본형식으로 이용하였다.
㉡ "적을수록 풍부하다.(Less is More)"라는 주장대로 철과 유리라는 단순하고 제한적인 재료에 의해 다양한 건축적 언어를 구사하였다.
㉢ 특히 철골구조의 가능성을 추구한 건축가로 유니버설 스페이스(Universal Space, 보편적 공간) 개념을 주장한 건축가이다.
㉣ 대표작품 : 바르셀로나 박람회 독일관(1929), I.I.T 공대 크라운 홀(1956), 시그램 빌딩(1958)

51 ②
일렬형 주방 작업대의 전체의 길이는 최대 3000mm를 넘지 않아야 하며, 2700mm 이내가 적합하다.

52 ②
삼각 스케일
1/100, 1/200, 1/300, 1/400, 1/500, 1/600의 축척이 표시되어 있다. 1/150을 표현할 때는 1/300을 사용하여 두 배로 환산 후 표시하는 것이 용이하다.

53 ①
거실의 위치는 남향으로 하고 햇빛과 통풍이 좋아야 하며 주택 내 다른 실의 중심적 위치가 좋다. 단, 거실 공간 자체가 통로화되면 휴식, TV 시청, 담소

와 같은 거실 본연의 기능에 지장을 주므로 금지해야 한다.

54 ④
욕실 안에서 묻은 물이 떨어질 수 있으므로 내부 쪽으로 문이 열리게 한다.

55 ①
등각투상도
각이 서로 120°를 이루는 3개의 축을 기본으로 하여, 이 축에 물체의 높이·너비·길이를 옮겨 나타내는 투상도. 3개의 기본 축 중에서 두 개의 각이 같고 하나는 다르게 하여 그리면 2등각 투상도이며, 세 각이 모두 다르게 하여 나타낸 것은 부등각 투상도라고 한다.

56 ③
트레이싱지
원도를 투사하기 위해서나 도면작도를 위해 사용되는 투명성이 약하게 있는 종이. 비교적 질긴 편이나 습기에 취약하므로 장기보관에는 적합지 않다.

57 ③
잔향시간은 실의 흡음력에 반비례한다.

58 ①
- 전공기식 : 단일 덕트방식, 이중 덕트방식, 멀티존 유닛방식
- 수공기식 : 각종 유닛방식, 유인 유닛방식
- 전수식 : 팬코일 유닛방식, 복사 냉난방방식
- 냉매식 : 패키지 유닛방식

59 ③
모듈
일종의 치수 특정단위로서 건축 및 실내 공간의 디자인에 있어 종류와 규모에 따라 계획자가 정하는 상대적·구체적인 기준의 단위이다.
㉠ 기본 모듈은 1M(10cm)의 배수가 되도록 하고 건물의 높이는 2M(20cm)의 배수가 되도록 한다. 또한 건물의 평면상의 길이는 3M(30cm)의 배수가 되도록 한다.
㉡ 모듈러 플래닝 : 모듈을 기본 척도로 하여 그리드 플래닝(grid planning)을 적용하면 사전에 변경을 예측할 수가 있다. 모듈을 설정하여 계획을 전개시키면 설계 작업이 단순화되어 용이하고 건축구성재의 대량 생산이 가능해져 재료의 생산 비용이 저렴해진다. 가구류나 내부벽체도 가구의 변경, 이동 설치가 쉽고 융통성 있는 평면 계획이 가능해진다.

60 ③
주방과 식당의 구성 유형
㉠ 다이닝 룸(D) : 식당이 부엌을 비롯한 다른 실과 완전히 독립된 형태. 식사분위기는 가장 좋지만 동선은 가장 불편한 구성이 된다. 대규모 주택이나 별장 등에 적합하다.
㉡ 다이닝 키친(DK) : 가장 전형적인 형태로 주방의 한 부분에 식탁을 설치하는 형식. 가사동선상 가장 편리한 형태이며 주방의 조리공간과 근접해 있으므로 식사분위기는 좋지 못하다.
㉢ 리빙 다이닝(LD) : 거실의 일부를 식사실로 구성한 형식. 거실이 접하고 있는 외부 조망이나 일조, 환기 등을 공유하는 형태로서 식사 분위기는 좋은 편이다. 단, 주방과의 동선이 길어질 수 있으며 거실의 기능을 방해할 수 있으므로 설계 시 이에 대한 고려가 선결되어야 한다.
㉣ 리빙 키친(LDK) : 거실, 식당, 부엌이 한 공간에 설치되는 형태로 원룸이나 독신자 아파트 등 소규모 주택에 적합하다.
㉤ 다이닝 포치(DP) : 옥외 테라스나 마당 등에 마련되는 옥외의 식사공간을 뜻한다.

제4회

01 ②

$$벽량 = \frac{X축\ 벽길이\ 합계}{실면적}$$
$$= \frac{240cm \times 2 + 100cm \times 3}{6m \times 4.5m}$$
$$= \frac{780cm}{27m^2} = 28.9cm/m^2$$

02 ②

콘크리트의 중량 $2.4t/m^3$
∴ $1m^2 \times 0.12m \times 2.4t/m^3 = 0.288t = 288kg$

03 ①

절판구조
병풍처럼 굴절된 평면판으로 구성된 구조로 판을 접어서 하중에 대한 저항을 증가시킨 구조로 절판에는 나무, 강철, 알루미늄, 철근콘크리트 등이 사용된다. 주로 지붕 구조 등에 적용된다.

04 ④

방화벽
건물에 화재가 발생할 경우 인접부분으로 확대되는 것을 방지하는 목적으로 설치하는 벽

05 ③

190mm+75mm+90mm=355mm

06 ②

거푸집은 경제성을 고려하여 재사용이 가능한 것이 좋다.

07 ③

슬립 폼(slip form)
콘크리트를 타설 시 단계적으로 거푸집을 끌어 올리면서 이음 부분이 없도록 연속적으로 콘크리트 벽면을 완성시키는 거푸집을 말한다.

08 ③

① 달대공 : 왕대공 지붕틀에서 ㅅ자보와 평보를 수직으로 연결하는 부재. ㅅ자보와 빗대공의 교점에 연결한다.
② 우미량 : 모임지붕 등의 지붕귀에 중도리, 마룻대를 받치는 동자기둥이나 대공을 세우기 위해 도리에 걸쳐대는 부재
③ 추녀 : 추녀마루를 받치고 있는 일종의 마룻대로 모임지붕의 귀에 대각선 방향으로 걸어 귀서까래를 받는다.
④ 종보 : 지붕이 높을 경우 다락방 등으로 이용하기 위해 걸치는 또 하나의 보 그 위에 동자기둥을 세운다.

09 ③

플랫 슬래브는 보가 없으므로, 과대한 상부 하중에 의해 슬래브의 기둥 접합부가 뚫릴 수 있다. 이를 천공전단(punching shear)이라 한다. 방지대책으로는 슬래브 두께를 증가시키거나, 캐피탈 및 드롭 패널을 설치한다.

10 ②

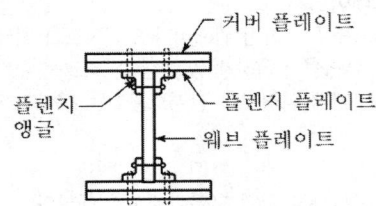

11 ②

아치구조
부재의 하부에 인장력이 생기지 않게 하는 구조이다.

12 ③

조적식 구조인 내력벽의 기초는 줄기초로 하는 것을 원칙으로 한다. 단, 지반이 연약한 곳에서는 바닥 전체를 기초판으로 하는 온통기초를 적용하기도 한다.

13 ②

철근 콘크리트 기둥의 구조 제한
① 기둥 단면의 최소 치수는 20cm 이상이고 최소 단면적은 $600cm^2$ 이상이어야 한다.
② 주근은 13mm 이상으로 하고 주근의 개수는 장방형(띠철근) 기둥에서 최소 4개 이상, 원형(나선철근) 기둥에서는 6개 이상이어야 한다.
③ 띠철근은 직경 6mm 이상의 철근을 쓰며 띠철근의 간격은 다음 중 최솟값으로 한다.

㉠ 축방향 철근 직경의 16배
㉡ 띠철근 직경의 48배
㉢ 기둥의 최소폭
㉣ 30cm
※ 원형이란 용어를 넣어 원형(나선철근) 기둥으로 착각하도록 유도하는 문제임을 유의할 것

14 ③
옹벽
토압력(土壓力)에 저항하여 흙이 무너지지 못하게 만든 벽체를 말한다. 지표지반의 안정된 경사보다 가파른 경사로 하였을 경우에 일어나는 지반 붕괴를 막기 위해 만든 구조물이다. 흙을 쌓아 올릴 때, 산을 깎아 낼 때, 해안을 메울 때 등에 필요한 것으로 블록 쌓기, 중력식 콘크리트 옹벽, 특수 철근콘크리트 옹벽 등 여러 형식이 있다.

15 ④
콘크리트의 압축강도가 클수록 부착강도 또한 증가한다.

16 ②
목재 미서기문 윗홈대의 깊이는 1.5cm, 밑홈대의 깊이는 0.5cm로 한다.

17 ③
기초판 크기는 기초판까지 포함한 상부구조의 하중과 지내력의 크기에 좌우된다.

18 ④
• 직접 기초 : 말뚝 등을 쓰지 않고 구조물의 하중을 기초 슬래브에서 직접 지반으로 전하는 기초
• 말뚝 기초 : 말뚝에 의하여 구조물을 지지하는 기초. 튼튼한 지반이 매우 깊은 곳에 있어서 굳은 지층에 직접 기초의 구축이 불가능할 때 쓰인다.

19 ①
무량판 구조(flat slab)
• 외부보만 두고 내부는 보가 없이 슬래브만으로 구성하며 하중을 직접 기둥에 전달한다.
• 플랫 슬래브의 두께는 최소 15cm 이상으로 한다.
• 구조가 간단하고 공사비가 절감되며, 실내를 크게 이용하면서 전체 층고를 낮게 할 수 있다.
• 주두의 철근배근이 복잡해진다.

• 바닥이 두꺼워져서 고정하중이 커지며, 뼈대의 강성이 약화되고 슬래브의 무게가 가중된다.

20 ①

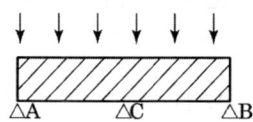

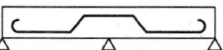

그림과 같이 등분포하중이 작용하는 연속보에서는 양 끝 지점의 하부와 중앙 지점의 상부에 인장력이 작용하므로 중앙 상부와 양단 하부에 인장철근을 배근한다.

21 ④
• 훈소와 : 가마에 넣고 장작이나 솔잎 등을 태워 그을린 기와. 주로 회흑색을 띠며 방수성이 있고 강도가 좋다.
• 소소와 : 저급점토를 원료로 하여 900~1000℃로 소소하여 만든 기와로 흡수율이 큰 편이다.
• 시유와 : 소소와에 유약을 발라 재소성한 기와. 경질 표면이며 광택이 나고 방수성이 높다. 다양한 색을 낼 수 있어 고급 지붕재로 사용한다.
• 오지기와 : 기와 소성이 끝날 무렵 연소실에 식염을 넣어 식염증기를 발생시키면 이 증기가 응축된다. 이런 과정에 의해 광택이 나고 표면이 매끈하며 견고한 기와를 오지기와라 한다.

22 ④
• 벤토나이트 : 운모와 같은 결정구조를 갖는 단사정계에 속하는 광물인 몬모릴로나이트가 주로 들어 있는 점토를 말한다. 물을 흡착하여 팽윤성(점토가 물을 흡수하여 부푸는 성질)이 크고 가소성이 높다. 명칭은 미국 와이오밍주에서 산출되는 백악기 지층에서 산출된 것이 유래되었다. 이물질과 접촉하면 팽창반응이 낮아지며 염분의 경우에 현저히 더 떨어진다.
• 벤토나이트 방수의 특징
  – 자체 보수성이 있고 화학변화가 적어 영구적 방수기능을 기대할 수 있다.
  – 시공이 간편하고 공기가 단축된다.
  – 인체에 무해하다.

23 ②
① 보통 판유리의 비중은 2.5 정도이다.
③ 창유리의 강도는 일반적으로 휨강도를 말한다.
④ 강화유리는 현장 가공이 불가능하다.

24 ④
석재의 내구연한
- 화강암 : 75~200년
- 대리석 : 60~100년
- 백운석 : 30~500년
- 석회암 : 20~40년
- 사암(조립) : 5~15년
- 사암(세립) : 20~50년

25 ③
치장 벽돌(face brick, dressed brick)
색이나 형태 및 질감 등 원하는 효과를 내기 위한 목적으로 특수 제작한 벽돌. 건축물의 내외장, 담, 화단 등의 마감재로 쓰인다. 보통 벽돌을 다소 곱게 구워 만들기도 하고 유약을 바르는 대신 착색제를 쓰는 등 다양한 방법으로 제조한다.

26 ③
합성수지 페인트
- 합성수지에 안료와 휘발성 용제를 혼합하여 만든다.
- 유성페인트나 바니시에 비해 건조가 빠르고 도막이 단단하다.
- 내수성 및 방화성이 높다.
- 내산성, 내알칼리성이 있어 콘크리트, 모르타르면에 바를 수 있다.
- 투명한 합성수지를 사용하면 더욱 선명한 색을 낼 수 있다.

27 ②
크리프(creep)
재료에 하중이 작용하면 그것에 비례하는 순간적인 변형이 생긴다. 이후 하중의 증가는 없이 지속하여 재하될 경우, 변형이 시간과 더불어 증대하는 현상을 크리프라 한다. 건축용 접착제는 크리프가 작은 것이 좋다.

28 ①
수경률(HM, hydraulic modulus)
포틀랜드 시멘트의 화학 조성과 성질을 관련시키기 위해 산출하는 계수의 일종으로, 산성 성분 대비 염기 성분의 중량 백분율 비이다. 보통 시멘트에서 1.8~2.2 정도이며 조강시멘트에서 2.2~2.3 정도이다.

수경률 $HM = \dfrac{CaO}{SiO_2 + Al_2O_3 + Fe_2O_3}$

29 ④
형판유리는 유리면에 무늬를 새긴 제품으로, 시선을 차단하는 프라이버시 용도로 쓰인다.

30 ③
인장강도 $= \dfrac{최대하중}{단면적}$
$= \dfrac{41{,}000N}{9^2 \times 3.14} = 161.2 N/mm^2 (MPa)$

31 ②
수밀콘크리트
방수성능을 얻기 위해 밀도를 높인 콘크리트로 공극을 작게 하고 실리카겔 미분 혼화재 등을 함께 넣어 만든다. 지하실·수중 구조물·지붕 슬래브 등 특히 수밀성을 필요로 하는 부분에 사용된다. 물시멘트비는 50% 이하로 하고 적정 슬럼프는 12~15cm 정도이다. 워커빌리티 개선을 위해 A.E제 등을 사용하더라도 공기량은 4% 이하가 되게 하고 굵은 골재의 비율을 높인다.

32 ④
실적률은 전체 부피 중 골재 입자가 차지하는 실제 용적의 백분율로서, 골재 입형의 양부를 평가하는 지표이다. 단위용적질량이 동일한 상태에서 골재의 밀도가 크다면 실적률은 작아진다.

33 ③
폴리싱 타일
자기질 타일의 일종으로 흡수율과 휨강도를 증가시킨 제품이다. 또한 표면을 연마하여 고광택을 얻어내어 다양한 색과 디자인의 바닥시공이 가능한 타일이다.

34 ③
- 독일 공업규격 : DIN(Deutsche Industrie Normen,

Deutsche Industrienorm)
- 덴마크 표준규격 : DS(Dansk Standards)

35 ④
목모 시멘트판(cemented excelsior boards)
좁고 길게 오려낸 목모(대패밥)를 시멘트와 함께 교착, 압축시켜 만든 넓은 판재를 말한다. 소나무에서 가늘고 길게 깎아낸 목모에 시멘트 응결경화 촉진제의 수용액을 스며들게 한 후 시멘트를 가하여 형틀에 넣어 가압·성형한다. 천장, 벽의 바탕 및 치장용으로 쓰인다.

36 ③
구리(銅)
㉠ 열전도율과 전기 전도율이 크고 아름다운 색과 광택을 지니고 있다.
㉡ 전성·연성·인성·가공성이 풍부한 금속이다.
㉢ 주조가 어렵고 주조한 제품은 조직이 거칠고 압연재보다 불완전하여, 주석과 혼합한 청동으로 주조품을 만든다.
㉣ 산·알칼리에 약하며 암모니아 및 염수 또는 해수에 침식되어 해안지방에서는 내구성이 떨어진다.
㉤ 용도 : 지붕재료, 장식재료, 냉·난방용 설비재료, 전기공사용 재료

37 ①
절대건조상태
105±5℃의 온도에서 중량변화가 없을 때까지 골재를 건조시킨 상태로, 골재의 표면 및 공극 내 수분이 완전히 증발된 상태를 뜻한다.

38 ②
석고 보드(gypsum board)
- 소석고에 경량성 및 탄성을 주기 위해 톱밥, 펄라이트 및 섬유 등의 혼합물을 물로 이겨 양면에 두꺼운 종이를 밀착시킨 후 판상으로 성형한 판재이다.
- 방부·방화성이 크고, 흡습성이 적은 편이어서 천장 및 벽 마감재로 널리 쓰인다.
- 부식이나 충해 피해가 거의 없으며, 신축변형 및 균열이 적고 단열성도 비교적 좋다.
- 흡수에 의한 강도 저하가 생길 수 있다.

39 ①
샤모테(chamotte)
규산(SiO_2), 알루미나(Al_2O_3) 등을 주성분으로 하는 내화점토의 소성 분말을 말한다. 점토광물은 약 15%의 수분을 함유하므로 그대로 성형, 소성하면 수축하여 변형, 균열이 생긴다. 따라서 샤모테를 첨가하면 가소성을 좋게 하고 변형 및 균열을 방지하는 효과가 있다.

40 ③
셀프 레벨링제
㉠ 특징 : 자체 유동성이 있어서 평탄하게 되는 성질을 이용하여 바닥마름질 공사 등에 사용하는 재료이다.
㉡ 종류
  ⓐ 석고계 셀프 레벨링재 : 석고에 모래, 경화 지연제, 유동화제 등을 혼합한 것. 물이 닿지 않는 실내에서만 사용한다.
  ⓑ 시멘트계 셀프 레벨링재 : 포틀랜드 시멘트에 모래, 분산제, 유동화제 등을 혼합한 것. 필요에 따라 팽창성 혼화재료를 사용한다.
㉢ 시공 시 주의사항
  ⓐ 경화 시 표면에 물결무늬가 생기지 않도록 창문 등을 밀폐하여 통풍과 기류를 차단한다.
  ⓑ 시공 중이나 시공 완료 후 기온이 5℃ 이하가 되지 않도록 한다.
  ⓒ 시공 후 요철부는 연마기로 다듬고, 기포는 된비빔 석고로 보수한다.

41 ③
① 동선의 속도가 빠른 경우 보행자의 안전과 편의를 위해 단차이나 계단을 두지 않는 것이 좋다.
② 동선의 빈도가 높은 경우 거리를 줄이고 직선으로 처리한다.
④ 동선의 하중이 큰 경우 폭을 넓게 한다.

42 ①
대칭조 균형
대칭은 균형에서 가장 정형의 구성 요소이다. 따라서 질서를 주는 방법이 용이하며 통일감을 얻기 쉬우나, 엄격하고 딱딱한 느낌을 주기도 한다. 대칭의 유형은 좌우 대칭과 방사 대칭이 있다. 또한 역대칭은 변화가 큰 대칭으로 착시적 이미지를 줄 수 있다. 대표조인 예로 인간의 얼굴처럼 대칭을 가지는 조형을 쉽게 볼 수 있다.

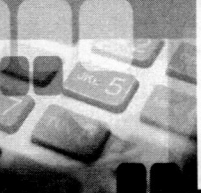

43 ④
① 풍속이 높을수록 환기량은 증가한다.
② 실내외의 압력차가 클수록 환기량은 증가한다.
③ 실내외의 온도차가 작을수록 환기량은 감소한다.

44 ④
① 코브 조명 : 천장 또는 벽면 상부를 비춘 반사광으로 간접 조명한다. 부드럽고 균등하며 눈부심이 없는 빛을 제공하여 보조조명으로 중요하게 쓰인다.
② 광창 조명 : 광천장과 같은 방식으로 광원을 넓은 면적의 벽면에 매입, 시선에 안락한 배경으로 작용한다. 지하철 광고판 등에서 사용한다.
③ 광천장 조명 : 천장에 조명기구를 설치하고 그 밑에 창호지나 반투명 아크릴과 같은 확산성 재료를 이용해서 마감 처리하여 마치 넓은 천장 표면 자체가 조명인 것처럼 연출한다.
④ 밸런스 조명 : 코브 조명의 상향 조명과 코니스 조명의 하향 조명을 혼합한 형태

45 ④
보, 기둥과 같은 구조부분의 높이 및 크기는 단면도에 나타낸다.

46 ③
제도용지 부착 – 도면배치 결정 – 전체적인 배치 후 흐린 선으로 윤곽 잡기 – 도면 상세히 그리기

47 ④
입면도 표시사항
건물 전체높이, 처마 높이, 지붕의 경사 및 형태, 벽, 지붕 등의 마감재료
※ 바닥높이는 단면도의 표시사항이다.

48 ③
실내 투시도 또는 정적인 건축물의 표현에는 1소점 투시도가 가장 효과적이다.

49 ③
• 액화석유가스(LPG) : 유전에서 석유와 함께 나오는 프로판과 부탄을 주성분으로 한 가스를 상온에서 압축하여 액체로 만든 가스이다. 상온하에서 프로판과 부탄은 액화되면 각각 1/260, 1/230의 부피로 줄어들어 수송, 저장이 용이하다.

• 부탄은 자동차연료, 난방, 이동용 버너 연료로 사용되고 프로판은 취사용, 공업용 등으로 사용된다. LPG는 원래 무색, 무취이나 질식 및 화재 등의 위험성 및 환각의 위험성 때문에 쉽게 식별할 수 있는 냄새를 화학적으로 첨가한다. 산소소모가 많기 때문에 밀폐된 공간에서의 사용이 위험하고 흡입하면 뇌의 산소공급부족으로 환각현상을 일으킨다.

50 ③
탑상형
㉠ 각 세대를 조합하여 탑의 형태로 쌓아올린 형식이다.
㉡ 용적률 면에서 판상형보다 유리하고, 조망이나 녹지공원 확보도 용이하다.
㉢ 남향을 선호하는 우리나라의 주거 특징상 단위주거의 실내 환경조건이 불균등해지는 단점이 있다.

51 ②
공기실(Air Chamber)
플러시 밸브나 기타 수전류를 급격히 열고 닫을 때 발생하는 수격작용을 방지하기 위해 기구류 가까이 설치한다.

52 ②
팬코일 유닛방식
실내형 소형 공조기를 각 실에 설치하여 중앙 기계실로부터 냉수 또는 온수를 받아서 공기 조화를 하는 방식. 호텔 객실, 주택, 아파트처럼 여러 실로 나뉜 공간에 쓰이며, 극장이나 공연장처럼 1개의 실이 대규모인 곳에는 적합하지 않다.

53 ①
등각투상도
각이 서로 120°를 이루는 3개의 축을 기본으로 하여, 이 축에 물체의 높이·너비·길이를 옮겨 나타내는 투상도. 3개의 기본 축 중에서 두 개의 각이 같고 하나는 다르게 하여 그리면 2등각 투상도이며, 세 각이 모두 다르게 하여 나타낸 것은 부등각 투상도라고 한다.

54 ①
① 광전식(연기) : 주위 공기가 일정 농도의 연기를

포함하게 되는 경우 광전소자에 접하는 광량의 변화로 작동한다.
② 차동식(열) : 주위 온도가 일정 상승률 이상이 되는 경우에 작동하는 것으로서 넓은 범위에서의 열 효과에 의하여 작동하는 분포형과 국소적 열 효과에 의하여 작동하는 스포트형이 있다.
③ 정온식(열) : 주위 온도가 기준보다 높아지는 경우 작동하는 것으로 외관이 전선으로 되어 있는 감지선형과 전선이 아닌 스포트형이 있다.
④ 보상식(열) : 차동식과 정온식 성능을 겸용한 것으로서 둘 중 한 기능이 작동되면 신호를 발한다.

55 ①
① 양쪽 평벽
② 한쪽 심벽
③ 심벽식(부분 평벽)
④ 양쪽 심벽

56 ④
병원의 수술실은 혈액의 붉은색에 대한 보색잔상을 흡수할 수 있도록 녹색으로 배색한다.

57 ④
외부공간
자연적으로 발생된 건축물의 외부를 뜻하는 것이 아니라 인위적으로 만들어진 것으로, 중정·회랑·단지 내 주차장과 같이 건축물의 일부 혹은 전체에 둘러싸여 있는 형태의 공간 등을 말한다.

58 ③
관로의 일부에 드럼 형태의 웅덩이를 만들어 기름기와 찌꺼기를 걸러내는 트랩. 봉수파괴는 잘 일어나지 않지만 침전물이 고이므로 점검과 청소가 용이해야 한다. 주로 주방용 배수에 쓰인다.

59 ④
지역난방
• 광범위한 지역을 1개 또는 몇 개의 열원으로 나누어 난방하는 방식
• 값싼 연료를 사용할 수 있어 경제적이며 유지관리비가 저렴하다.
• 건물 내 유효면적이 증대되고 대기오염을 줄일 수 있다.
• 각 건물에 설비를 설치할 필요가 없어 소음 발생이나 화재 위험이 적다.
• 고층건물은 공급이 어렵고 배관 도중에 열손실이 크며 츠기 시설비가 크게 발생한다.

60 ②
단면도
건축물을 수직 절단하여 수평방향에서 본 도면으로 건축물과 지반과의 관계 및 건축물의 높이, 실내 입면 및 구조상태와 바닥 배관 등을 확인할 수 있는 도면이다.
※ ① – 입면도, ③ – 전개도, ④ – 평면도

제5회

01 ①
① 회전식 보링 : 강재로 된 날을 회전시켜서 구멍을 뚫고 지층을 그대로 원통모양으로 채취하는 방법으로 지층의 변화를 연속적으로 비교적 정확히 알 수 있다.
② 충격식 보링 : 와이어 로프 끝에 bit를 달고 60~70cm 정도의 낙하충격으로 토사, 암석을 파쇄 후 천공 bailer로 퍼낸다.
③ 수세식 보링 : 연약한 토사에 수압을 이용하여 탐사하는 방법
④ 탄성파식 지하탐사 : 지표 부근에서 폭발 등으로 탄성파를 발생시켜 속도가 달라지는 지층 경계에서 굴절되어 돌아오는 탄성파를 측정 장치로 기록하여 지하의 구조를 알아내는 탐사법

02 ④
반자틀의 구성부재
달대, 달대받이, 반자틀, 반자틀받이, 반자돌림대
※ 마룻대 : 지붕마루에 수평으로 걸어 좌우 지붕면 상연의 위 끝을 받는 도리. 용마루 밑에서 서까래가 걸린다.

03 ①
① 좌굴 : 기둥의 길이가 그 횡단면의 치수에 비해 클 때, 기둥의 양단에 압축하중이 가해졌을 경우 하중이 어느 크기에 이르면 기둥이 갑자기 휘는 현상
② 연성파괴 : 재료가 외부의 힘에 의해 소성변형이 충분히 진행된 후에 일어나는 파괴. 예를 들어 연강 등을 당기면 처음에는 탄성변형을 하지만 이윽고 소성변형으로 되어, 시료의 어느 부분이 잘록하게 되면서 응력이 이 부분에 집중하게 되는데, 계속해서 당기면 이 부분에서 절단된다.
③ 취성파괴 : 물체가 연성을 갖지 않고 파괴되는 성질로 물체에 탄성한계 이상의 힘을 가했을 때, 영구변형을 하지 않고 파괴되거나 또는 극히 일부만 영구변형을 일으키는 성질을 말한다. 유리의 파손이 대표적인 예다.
④ 피로파괴 : 재료에 변동하는 외력이 반복적으로 가해지면 어떤 시간이 경과된 후 재료가 파괴되는 현상을 말한다. 피로파괴의 경우 가해지는 외력이 정하중에서 파괴 하중보다 훨씬 낮은 값이라도 하중이 어떤 횟수만큼 가해진 후에 파괴된다. 그러나 반복되는 변형력이 극히 작을 경우는 대체로 재료의 피로현상은 나타나지 않는다. 기계·구조물에서 실제로 일어나는 파괴에는 피로파괴가 매우 많다.

04 ②
바닥의 방음에서 가장 중요한 것은 진동의 전달을 최소화하거나 흡수하는 것이다. 방음바닥구조는 암면과 같이 진동을 흡수하여 아래층으로의 소음전달이 최소화되도록 하는 것이 중요하다.

05 ③
철근의 정착길이는 철근의 지름에 비례한다.

06 ①
벽식 구조의 횡력 보강방법
• 벽 상부에 테두리보를 설치한다.
• 벽량을 증가시킨다.
• 부축벽(Buttress)을 설치한다.

07 ④
경량 형강
• 단면적 대비 단면 성능계수를 증가시킨 형강
• 경량구조를 위해 단면이 작고 얇은 강판을 냉간 성형하여 만든 강재이다.
• 접합에 불리하며, 처짐과 국부좌굴에 취약하다.
• 소규모 구조, 실내 구조용으로 한다.

08 ③
내력벽
벽체, 바닥, 지붕 등의 수직·수평하중을 받아 기초에 전달하는 벽체

09 ①
스터드 볼트(stud bolt)
양쪽 끝 모두 수나사로 되어 있는 볼트. 한쪽 끝은 상대쪽에 암나사를 만들어 미리 반영구적으로 박음을 하고, 다른쪽 끝은 너트를 끼워 조인다. 철골조에서는 철골보와 콘크리트 슬래브의 일체화에 사용되어 전단력 저항의 역할을 한다.

10 ④

맨사드 지붕(mansard roof)
꼭대기에서는 경사가 완만하고, 밑부분에서는 가파른 4면의 지붕. 경사를 완급 2단으로 하여 다락방이 두어진다.

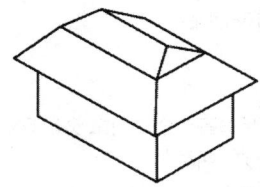

11 ③
벽체의 길이를 짧게 할수록 강도가 높아지며, 벽돌조 내력벽의 길이는 최대 10m를 넘지 않도록 한다. 부득이하게 10m를 초과할 경우 붙임기둥이나 부축벽으로 보강한다.

12 ④
주변을 고정한 철근콘크리트 슬래브의 주근은 단변방향의 인장 철근을 뜻한다.

13 ③
- A – 달대받이 : 인서트에 고정하여 달대를 설치한다. 90cm 간격으로 설치한다.
- B – 달대 : 달대받이와 반자틀을 연결한다. 간격은 120cm 정도로 한다.
- C – 반자틀 : 반자널을 고정하는 부재. 45cm 간격으로 반자틀받이에 고정한다.
- D – 반자널 : 흡음 및 단열성이 있는 재료를 사용한다.

14 ③
탄소섬유 시트는 방향성이 있어서 보강하고자 하는 방향에 맞추어 시공해야 한다.

15 ②
조적식 구조는 개구부의 폭이 작아도 반드시 상부에 아치를 쓰거나 인방을 설치해야 한다.

16 ②
① lower chord member : 하현재. 트러스의 아랫면에 설치하는 부재로 대개 인장응력을 받는다.
② web member : 상현재와 하현재를 연결하기 위해 그 사이에 설치되는 웨브재. 판, 수직, 경사재 형태로 설치된다.
③ upper chord member : 상현재. 단순지지 트러스의 경우 압축응력을 받는다.
④ supporting point : 트러스의 각 지점

17 ①
엇걸이이음
비녀, 산지 등을 박아서 이음한 것으로 구부림에 효과적이다. 평보, 중도리, 기둥, 처마도리 등의 중요한 가로재의 이음에 사용한다.

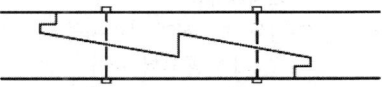

18 ④
세로 규준틀에 표시할 사항
고저 및 수직면 기준점, 쌓기 단수와 줄눈 표시, 앵커볼트·매립철물 위치, 개구부 위치 및 높이, 각 층 바닥 높이 등

19 ①
- 멀리온 : 창틀 또는 문틀로 둘러싸인 공간을 다시 세로로 세분하는 중간 선틀. 특히 유리로 된 문이나 창은 여닫을 때나 바람에 의한 진동으로 파손될 우려가 있으므로, 이를 보강하기 위해 설치하며 의장 효과도 줄 수 있다.
- 풍소란 : 창호가 닫혔을 때 틈새로 바람이 들어오지 않도록 서로 턱솔 또는 딴혀 등으로 맞물리게 하는 것
- 코너비드 : 기둥 및 벽의 상부 모서리 미장을 쉽게 하고 모서리를 보호하기 위한 철물
- 마중대 : 미서기, 여닫이 창호문짝의 상호 맞댐면

20 ①
심벽식 벽체
- 뼈대 사이에 벽을 만들어 뼈대가 보이도록 만든 벽체로 주로 한식 목조주택에서 쓰인다.
- 목조 뼈대가 노출되어 목재 고유의 아름다움을 표현할 수 있다.
- 가새의 단면이 작아져서 구조적으로 평벽식에 비해 약하다.

21 ③
아스팔트 양부를 판별하는 성질

침입도, 연화점, 인화점, 감온비, 신도(신율) 등

22 ④
할렬
어떤 재료가 외력에 의해 축방향(목재는 결방향)으로 쪼개지는 것을 말하며, 이에 대한 할렬인장강도(T)는 다음과 같이 구한다.

$$T = \frac{2P}{\pi l d} = \frac{2 \times 120 \text{kN}}{\pi \times 100 \text{mm} \times 200 \text{mm}}$$

$$= \frac{240000 \text{N}}{62800 \text{mm}^2} = 3.82 \text{N/mm}^2 (\text{MPa})$$

여기서 P : 최대 재하하중
l : 공시체 길이
d : 공시체 지름

23 ③
빗물이 계속 떨어져서 돌에 구멍이 뚫리듯, 고체재료에 반복 응력을 연속해서 가하면 인장강도보다 훨씬 낮은 응력에서 재료가 파괴되는데 이것을 피로파괴라 한다. 기계나 구조물에 있어서 실제로 일어나는 파괴에는 재료의 피로에 의한 파괴가 많으며, 재료의 강도를 파악하는 데 정하중이나 충격하중 이상으로 필요한 경우가 많다.

24 ④
마그네시아 시멘트(magnesia cement)
마그네시아가 주성분인 백색 또는 담황색의 시멘트로 1000℃ 이하에서 소성한 경소(輕燒) 마그네시아를 간수($MgCl_2$)로 반죽하여 사용한다.

25 ①
합성수지 페인트는 유성페인트나 바니시에 비해 건조가 빠르고 도막이 단단하며 내수성 및 방화성이 뛰어나고 내산성 및 내알칼리성이 좋다.

26 ③
안전유리로서의 역할
• 망입유리 : 유리 내부에 삽입된 금속망으로 인해 파편이 튀지 않고 연소 및 도난방지가 된다.
• 접합유리 : 2장 이상의 유리 사이에 들어가는 필름 때문에 파손 시에도 파편이 튀지 않는다.
• 강화유리 : 열처리로 인해 파손될 때 날카로운 파편이 아닌 작은 알갱이로 산란한다.

27 ④
① 시멘트가 풍화하면 응결이 늦어진다.
② 시멘트 응결은 첨가된 석고에 의해 느려진다.
③ 시멘트의 분말도가 크고 온도가 높을수록 응결은 빨라진다.

28 ④
• 1종 점토벽돌 : 압축강도 24.50N/mm² 이상, 흡수율 10% 이하
• 2종 점토벽돌 : 압축강도 14.70N/mm² 이상, 흡수율 15% 이하

29 ②
롤 아웃(roll-out)
회전하는 두 개의 롤러 사이를 통과시켜 판재를 제조하는 공법

30 ③
수성페인트는 수용성이므로 방부성을 기대하기 어렵고, 유성페인트가 목재 방부제로 활용된다.

31 ②
회반죽은 공기 중 탄산가스에 의해 경화하는 기경성 미장재료이다.

32 ③
알루민산3석회(C_3A)
1일에서 1주 이내 수화에 영향을 주며 높은 수화열이 발생하며 응결이 빠르므로 석고로 조절한다. 시멘트 내에서 황산염과 반응하여 체적변화를 일으키므로 사용에 주의해야 한다.

33 ③
Plasticity(성형성)
거푸집에 쉽게 다져 넣을 수 있는 정도, 변형의 속도와 저항성

34 ④
목재 천연건조(자연건조법)
• 특정 기계장치를 이용하지 않고 자연적으로 목재 건조하는 방법
• 기계를 사용하지 않으므로 시설 투자비용 및 작업 비용이 적다.

• 건조에 장시간이 소요되며 목재를 잔적할 수 있는 넓은 공간이 필요하다.

35 ①
② 펄라이트 시멘트판 : 시멘트, 펄라이트 및 무기질 혼합재를 주원료로 하여 성형한 판상 제품. 천장재로 널리 쓰인다.
③ 듀리졸 : 목모시멘트판을 향상시킨 제품. 폐기목재의 삭편을 화학 처리하여 판재나 공동블록으로 제작해서 지붕, 천장, 벽 등에 사용한다.
④ 펄프시멘트판 : 시멘트와 파지를 용해 처리한 펄프 또는 팽창성이 작은 무기질을 주원료로 하여 압축 성형한 판재. 수장재로 널리 사용된다.

36 ①
① 드라이브 핀 : 못박기총을 사용하여 구조체나 강재 등에 다른 부재를 고정시키기 위해 사용하는 핀으로 콘크리트용과 강재용이 있다.
② 인서트 : 각종 철물을 부착하기 위해 미리 콘크리트 슬래브나 벽체에 매립하는 철물
③ 익스팬션 볼트 : 콘크리트 표면 등에 띠장, 문틀 등을 고정하기 위해 묻어두는 특수 볼트
④ 듀벨 : 목재 접합부에 끼워 넣어 전단력에 저항하는 철물

37 ②
벽돌의 붉은색은 산화철 성분에 의해 나타난다.

38 ②
CCA(Chromated Copper Arsenate)
크롬, 구리, 비소를 여러 비율로 배합한 고착형의 수용성 목재 방부·방충제. 방부효력이 크고 물에 용탈되지 않으며, 금속을 녹슬지 않게 하며 화학적으로 안정성이 있다. 그러나 CCA로 방부처리된 목재는 발암물질을 유발할 수 있어 우리나라에서는 생산을 금지하여 현재는 잘 사용되지 않고 있다.

39 ③
탄소강의 인장강도는 250℃ 정도에서 최대로 된다.

40 ②
실리콘(Silicon) 수지
열경화성 수지로 다른 플라스틱재료에 비하여 내열성 및 내한성이 극히 우수하고(사용범위 −80~260℃), 전기 절연성 및 내수성·발수성·방수성이 우수한 수지로 도막 방수재 및 실링재 등으로 사용된다.

41 ③
연결살수설비
스방대 전용 소화전인 송수구를 통하여 실내로 물을 공급하여 소화 활동을 하는 것으로 지하층의 일반화재 진압을 위한 설비이다. 스프링클러 설비와 유사하나 소방대에서 사용한다는 점이 다르다.

42 ②
잔향시간
실의 특성에 맞게 설계되어야 하며, 예배실, 오케스트라 공연장 등은 잔향시간이 길어야 한다.

43 ④
코브 조명
천장 및 벽의 구조체에 의해 광원의 빛이 천장 또는 벽면으로 가려지게 하여 반사광으로 간접 조명한다. 부드럽고 균등하며 눈부심이 없는 빛을 제공하여 보조 조명으로 중요하게 쓰인다.

44 ②
① 부부침실은 프라이버시가 확보되는 곳에 배치한다.
③ 자녀침실은 공부와 놀이를 병행하는 공간이므로 안방과 너무 가까운 것은 바람직하지 않다.
④ 성장하는 자녀들의 침실은 독실이 바람직하다.

45 ①
엘리베이터는 주 출입구에서 떨어진 곳에 설치하여 고객동선이 길어지도록 유도한다.

46 ④
표면결로 방지대책
• 실내측 벽의 표면풍속을 크게 한다.
• 실내 수증기 발생을 억제한다.
• 환기를 자주 시킨다.
• 외벽의 단열강화로 실내측 표면온도를 상승시켜 실내 기온과의 온도차를 없앤다.

47 ④
1점 쇄선
가상선이나 무게중심선을 표시할 때 사용한다.

48 ②
지붕의 경사는 분모를 10으로 한 분수를 나타낸다.

49 ④
명도나 채도가 높을수록 팽창, 진출하게 보이고 낮을수록 수축, 후퇴하게 보인다.

50 ①
절대습도(DA)
㉠ 단위중량(1kg)의 건조 공기 중에 포함되어 있는 수증기의 양(kg)
㉡ 절대습도는 급격한 기상변화가 없는 한, 하루 중 거의 일정하다.

51 ③
조적조 벽체 작도 순서
① 제도용지에 테두리선을 긋고, 축척에 알맞게 구도를 잡는다.
② 지반선과 벽체의 중심선을 긋고, 기초의 깊이와 벽체의 너비를 정한다.
③ 단면선과 입면선을 구분하여 그리고, 각 부분에 재료표시를 한다.
④ 치수선과 인출선을 긋고, 치수와 명칭을 기입한다.

52 ①
PMV(예상온열감)
• 온열환경에 대한 인체의 쾌적성을 평가하는 지표
• 착의량, 평균복사온도, 수증기분압이 산출에 이용된다.
• 0을 쾌적기준으로 하여, (-)는 추운 정도를, (+)는 더운 정도를 나타낸다.

53 ①
용적률 산정 시 지하층 면적, 당해 건축물의 부속용도로서 지상층의 주차용으로 사용되는 면적은 제외한다.

54 ②
열교(heat bridge) 현상
• 구조상 일부 벽이 얇아지거나 재료가 다른 열관류저항이 작은 부분이 생기면 결로하기 쉬운데, 이러한 부분을 열교라 한다.
• 열교 현상은 구조체 전체의 단열성을 저하시킨다.
• 단열구조의 지지부재, 중공벽의 연결철물 통과부위, 벽체와 바닥·지붕과의 접합부, 창틀 등에서 발생하기 쉽다.
※ 방지대책
• 접합 부위의 단열재가 연속되도록 시공한다.
• 열전도율이 큰 구조재일 경우 가급적 외단열 시공한다.

55 ③
귀의 감각적 변화를 고려한 주관적 척도를 폰(phon)이라 한다. 1sone은 40phon에 해당되며 sone값을 2배로 하면 10phon씩 증가한다.
(1sone=40phon, 2sone=50phon, 4sone=60phon)
① 잔향시간은 실 흡음력이 클수록, 실용적이 작을수록 짧아진다.
② 발음체의 진동수와 같은 음파를 받게 되면 자기도 진동하여 음을 내는 현상을 공명이라 한다.
④ 외부공간에서 음의 전달은 온도, 습도, 바람 등의 외부 기후조건 영향을 받는다.

56 ③
천장도 표시사항
환기구 및 개구부, 조명기구 및 설비기구, 점검구, 천장 마감재, 반자틀 재료 및 규격

57 ①
SS490의 첫 번째 S는 재질(steel)을 뜻하며, 두 번째 S는 제품의 형상 혹은 용도(structure)를 뜻하며, 490은 최저 인장강도 등을 표시한다.

58 ②
$$주광률 = \frac{실내 작업면 조도}{실외 조도} \times 100(\%)$$
실내 조도를 자연채광에 의해 얻을 경우 야외조도는 매순간 변화하므로 실내의 조도도 변화한다. 채광 설계에서 이와 같은 변화의 기준을 정하기는 어려우므로 실내 조도가 옥외 조도의 몇 %인지를 나타내는 주광률을 적용한다.

59 ①
에스키스
회화에서 작품구상을 정리하기 위해서 행한 초고나 밑그림을 말하는 것이 원래 의미이다. 건축계획에서는 준비단계로서 먼저 별지에 간단히 구도를 해 보거나, 필요한 특정 부분을 세부적으로 그려보기

출제예상 모의고사 해설 및 정답

도 하는 것을 말한다. 건축설계・무대장치・디자인 등의 초안의 의미이자 조각제작의 점토나 납의 소형 습작도 에스키스라 한다.

60 ②
축척은 기초의 크기에 맞춰 정한다.

memo

CBT 복원문제

※ 참고사항
1. CBT 시험은 문제은행 방식으로 출제되므로 응시생마다 문제가 상이합니다.
2. 응시생의 기억을 토대로 복원한 문제이므로 실제와 조금 다를 수 있습니다.
3. 답안지를 따로 준비해서 60분 이내에 풀이하는 연습을 하세요.

CBT 복원문제

2022년 제1회

01 벽돌벽 줄눈에서 상부의 하중을 전 벽면에 균등하게 분포시키도록 하는 줄눈은?
① 빗줄눈 ② 막힌줄눈
③ 통줄눈 ④ 오목줄눈

02 다음과 같은 조건에서 철근콘크리트보의 중량은?

- 보의 단면 너비 : 40cm
- 보의 높이 : 60cm
- 보의 길이 : 900cm
- 철근콘크리트보의 단위중량 : 2400kg/m²

① 5184kg ② 518.4kg
③ 2592kg ④ 259.2kg

03 지반 부동침하의 원인이 아닌 것은?
① 이질지층 ② 이질지정
③ 연약층 ④ 연속기초

04 다음 그림은 일반 반자의 뼈대를 나타낸 것이다. 각 기호의 명칭이 옳지 않은 것은?

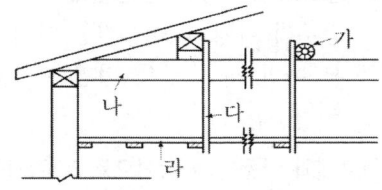

① 가 : 달대받이
② 나 : 지붕보
③ 다 : 달대
④ 라 : 처마도리

05 단층 목구조 건축물에서 일반적으로 사용되지 않는 부재는?
① 토대 ② 통재기둥
③ 멍에 ④ 중도리

06 건물의 수장부분에 속하지 않는 것은?
① 외벽 ② 보
③ 홈통 ④ 반자

07 목조 벽체에 관한 설명으로 옳지 않은 것은?
① 평벽은 양식 구조에 많이 쓰인다.
② 심벽은 한식 구조에 많이 쓰인다.
③ 심벽에서는 기둥이 노출된다.
④ 꿸대는 평벽에 주로 사용한다.

08 절충식 지붕틀의 특징으로 틀린 것은?
① 지붕보에 휨이 발생하므로 구조적으로는 불리하다.
② 지붕의 하중은 수직부재를 통하여 지붕보에 전달된다.
③ 한식 구조와 절충식 구조는 구조상으로 비슷하다.
④ 구조가 복잡하며 대규모 건물에 적당하다.

09 다음 중 콘크리트 설계 기준 강도를 의미하는 것은?
① 콘크리트 타설 후 28일 인장 강도
② 콘크리트 타설 후 28일 압축 강도
③ 콘크리트 타설 후 7일 인장 강도
④ 콘크리트 타설 후 7일 압축 강도

10 보강블록조에서 내력벽의 두께는 최소 얼마 이상이어야 하는가?

① 50mm ② 100mm
③ 150mm ④ 200mm

11 창호와 창호철물의 연결에서 상호 관련성이 없는 것은?
① 오르내리창 - 크레센트
② 여닫이문 - 도어체크
③ 행거도어 - 실린더
④ 자재문 - 자유경첩

12 큰보 위에 작은보를 걸고 그 위에 장선을 대고 마루널을 깐 2층 마루는?
① 홑마루 ② 보마루
③ 짠마루 ④ 동바리마루

13 목구조 부재 간 맞춤의 연결이 옳지 않은 것은?
① 왕대공과 평보 - 짧은장부맞춤
② 기둥과 층도리 - 안장맞춤
③ 왕대공과 마룻대 - 가름장 장부맞춤
④ 멍에와 장선 - 걸침턱맞춤

14 조적조에서 내력벽으로 둘러싸인 부분의 바닥면적은 최대 몇 m² 이하로 해야 하는가?
① 40m² ② 60m²
③ 80m² ④ 100m²

15 보와 기둥 대신 슬래브와 벽이 일체가 되도록 구성한 구조는?
① 라멘구조 ② 플랫슬래브 구조
③ 벽식구조 ④ 셸구조

16 절판구조의 장점으로 가장 거리가 먼 것은?
① 강성을 얻기 쉽다.
② 슬래브의 두께를 얇게 할 수 있다.
③ 음향 성능이 우수하다.
④ 철근배근이 용이하다.

17 사각형 단면의 철근콘크리트 기둥에서 띠철근을 사용하는 가장 주된 목적은?
① 주근의 좌굴을 막기 위하여
② 주근 단면을 보강하기 위하여
③ 콘크리트의 압축 강도를 증가시키기 위하여
④ 콘크리트의 수축 변형을 막기 위하여

18 모임지붕 일부에 박공지붕을 같이 한 것으로, 화려하고 격식이 높으며 대규모 건물에 적합한 한식 지붕구조는?
① 외쪽지붕 ② 솟을지붕
③ 합각지붕 ④ 방형지붕

19 벽체를 1.0B로 쌓을 때 그 두께로 옳은 것은? (단, 표준형 벽돌을 사용)
① 90mm ② 190mm
③ 210mm ④ 290mm

20 아치쌓기법에서 아치 너비가 클 때 아치를 여러 겹으로 둘러쌓아 만든 것은?
① 층두리 아치 ② 거친 아치
③ 본 아치 ④ 막만든 아치

21 운모계와 사문암계 광석으로 800~1000℃로 가열하면 부피가 5~6배로 팽창되며, 비중이 0.2~0.4인 다공질 경석으로 단열·흡음·보온 효과가 있는 것은?
① 부석 ② 탄각
③ 질석 ④ 펄라이트

22 다음 창호 부속철물 중 경첩으로 유지할 수 없는 무거운 자재 여닫이문에 쓰이는 것은?
① 플로어 힌지(floor hinge)
② 피벗 힌지(pivot hinge)
③ 래버터리 힌지(lavatory hinge)
④ 도어 체크(door check)

23 석재의 일반적 성질에 관한 설명으로 옳지 않은 것은?
① 석재의 강도는 비중에 비례한다.
② 석재의 공극률이 크면 동결융해 반복으로 동해하기 쉽다.
③ 석재의 함수율이 높을수록 강도가 저하된다.
④ 석재의 강도 중에서 가장 큰 것은 인장강도이며 압축, 휨 및 전단강도는 인장강도에 비하여 매우 작다.

24 테라코타에 대한 설명으로 옳지 않은 것은?
① 장식용 점토 소성 제품이다.
② 건축물의 난간, 주두, 돌림띠 등에 사용된다.
③ 일반 석재보다 무겁고 화강암과 압축강도가 비슷하다.
④ 복잡한 모양의 것은 형틀에 점토를 부어 넣어 만든다.

25 어느 목재의 절대건조비중이 0.54일 때 목재의 공극률은 얼마인가?
① 약 65%   ② 약 54%
③ 약 46%   ④ 약 35%

26 다음 중 결로(結露) 현상 방지에 가장 적합한 유리는?
① 무늬 유리   ② 강화 판유리
③ 복층 유리   ④ 망입 유리

27 건축재료에서 물체에 외력이 작용하면 순간적으로 변형이 생겼다가 외력을 제거하면 원래의 상태로 되돌아가는 성질은?
① 탄성   ② 소성
③ 점성   ④ 연성

28 열경화성 수지 중 건축용으로는 글라스 섬유로 강화된 평판 또는 판상제품으로 주로 사용되는 것은?
① 아크릴 수지
② 폴리에스테르 수지
③ 염화비닐 수지
④ 폴리에틸렌 수지

29 코르크판(cork board)의 사용 용도로 옳지 않은 것은?
① 방송실의 흡음재
② 제킹 공장의 단열재
③ 전산실의 바닥재
④ 내화 건물의 불연재

30 강재의 인장강도가 최대가 되는 온도는 대략 어느 정도인가?
① 0℃   ② 150℃
③ 250℃   ④ 500℃

31 시멘트가 공기 중의 습기를 받아 천천히 수화반응을 일으켜 작은 알갱이 모양으로 굳어졌다가, 이것이 계속 진행되면 주변의 시멘트와 달라붙어 결국에는 큰 덩어리로 굳어지는 현상은?
① 응결   ② 소성
③ 경화   ④ 풍화

32 비철금속의 성질에 관한 설명 중 옳은 것은?
① 동은 내알칼리성이 약하므로 콘크리트와 접하는 곳에서는 부식속도가 빠르다.
② 주석은 인체에 매우 유해한 성분이 있어 식기, 용기 등으로 사용이 불가능하다.
③ 알루미늄은 표면에 산화피막을 형성하기 때문에 내해수성이 우수하다.
④ 납은 천연수, 경수에 용해되기 때문에 수도관으로 사용 시 주의가 필요하다.

33 KS F 3126(치장 목질 마루판)에서 요구하는 치장 목질 마루판의 성능기준과 관련된 시험 항목에 해당되지 않는 것은?
① 내마모성
② 압축강도
③ 접착성
④ 포름알데히드 방산량

34 석재의 표면 마감방법 중 인력에 의한 방법에 해당되지 않는 것은?
① 정다듬
② 흑두기
③ 버너마감
④ 도드락다듬

35 점토제품 중 타일에 대한 설명으로 옳지 않은 것은?
① 자기질 타일의 흡수율은 3% 이하이다.
② 일반적으로 모자이크 타일은 건식법에 의해 제조된다.
③ 클링커 타일은 석기질 타일이다.
④ 도기질 타일은 외장용으로만 사용된다.

36 석고 플라스터에 대한 설명으로 옳지 않은 것은?
① 시멘트에 비해 경화속도가 느리다.
② 내화성을 갖고 있다.
③ 경화, 건조 시 치수 안정성을 갖는다.
④ 물에 용해되는 성질이 있어 물을 사용하는 장소에는 부적합하다.

37 목재의 강도에 관한 설명 중 옳지 않은 것은?
① 습윤상태일 때가 건조상태일 때보다 강도가 크다.
② 목재의 강도는 가력방향과 섬유방향의 관계에 따라 현저한 차이가 있다.
③ 비중이 큰 목재는 가벼운 목재보다 강도가 크다.
④ 심재가 변재에 비하여 강도가 크다.

38 단열재의 조건으로 옳지 않은 것은?
① 열전도율이 높아야 한다.
② 흡수율이 낮고 비중이 작아야 한다.
③ 내화성, 내부식성이 좋아야 한다.
④ 가공, 접착 등의 시공성이 좋아야 한다.

39 굳지 않은 콘크리트의 컨시스턴시를 측정하는 방법이 아닌 것은?
① 플로 시험
② 리몰딩 시험
③ 슬럼프 시험
④ 르 샤틀리에 비중병 시험

40 돌로마이트 플라스터에 관한 설명으로 옳지 않은 것은?
① 가소성이 커서 풀이 필요 없다.
② 경화 시 수축률이 매우 크다.
③ 수경성이므로 외벽바름에 적당하다.
④ 강알칼리성이므로 건조 후 바로 유성페인트를 칠할 수 없다.

41 엘리베이터가 출발 기준층에서 승객을 싣고

출발하여 각 층에 서비스한 후 출발 기준층으로 되돌아와 다음 서비스를 위해 대기하는 데까지 총시간을 무엇이라 하는가?
① 주행시간　② 승차시간
③ 일주시간　④ 가속시간

42 도면 작도 시 유의사항으로 옳지 않은 것은?
① 숫자는 아라비아숫자를 원칙으로 한다.
② 용도에 따라서 선의 굵기를 구분하여 사용한다.
③ 글자체는 수직 또는 15° 경사의 고딕체로 쓰는 것을 원칙으로 한다.
④ 축척과 도면의 크기에 관계없이 모든 도면에서 글자의 크기는 같아야 한다.

43 주택의 거실계획에 관한 설명으로 옳지 않은 것은?
① 실내의 다른 공간과 유기적으로 연결될 수 있도록 통로화시킨다.
② 거실을 가능한 한 남향으로 하여 일조와 조망, 통풍이 잘 되도록 한다.
③ 거실의 규모는 가족수, 가족구성, 전체 주택의 규모 등에 영향을 받는다.
④ 거실의 평면은 정사각형보다 한 변이 너무 짧지 않은 직사각형이 가구배치 등에 효과적이다.

44 건축제도에서 반지름을 표시하는 기호는?
① D　② φ
③ R　④ W

45 건축법령에 따른 초고층 건축물의 정의로 옳은 것은?
① 층수가 50층 이상이거나 높이가 150m 이상인 건축물
② 층수가 50층 이상이거나 높이가 200m 이상인 건축물
③ 층수가 100층 이상이거나 높이가 300m 이상인 건축물
④ 층수가 100층 이상이거나 높이가 400m 이상인 건축물

46 다음 중 단면도에 표시되는 사항은?
① 반자높이　② 주차동선
③ 건축면적　④ 대지경계선

47 다음 설명에 알맞은 급수방식은?

- 위생성 및 유지·관리 측면에서 가장 바람직한 방식이다.
- 정전으로 인한 단수의 염려가 없다.
- 고층으로 급수가 어렵다.

① 고가탱크방식　② 압력탱크방식
③ 수도직결방식　④ 펌프직송방식

48 투상도의 종류 중 X, Y, Z의 기본 축이 120°씩 화면으로 나누어 표시되는 것은?
① 등각 투상도　② 유각 투시도
③ 이등각 투상도　④ 부등각 투상도

49 한식 주택의 특징으로 옳지 않은 것은?
① 좌식 생활 중심이다.
② 공간의 융통성이 낮다.
③ 가구는 부수적인 내용물이다.
④ 평면은 실의 위치별 분화이다.

50 다음 색 중 보색 관계가 아닌 것은?
① 빨강-청록　② 노랑-남색
③ 연두-보라　④ 자주-주황

51 건축법령상 승용승강기를 설치하여야 하는 대상건축물 기준으로 옳은 것은?
① 5층 이상으로 연면적 1000m² 이상인 건축물
② 5층 이상으로 연면적 2000m² 이상인 건축물
③ 6층 이상으로 연면적 1000m² 이상인 건축물
④ 6층 이상으로 연면적 2000m² 이상인 건축물

52 건축허가신청에 필요한 설계도서에 속하지 않는 것은?
① 배치도　② 평면도
③ 투시도　④ 건축계획서

53 벽체의 단열에 관한 설명으로 옳지 않은 것은?
① 벽체의 열관류율이 클수록 단열성이 낮다.
② 단열은 벽체를 통한 열손실 방지와 보온 역할을 한다.
③ 벽체의 열관류 저항값이 작을수록 단열 효과는 크다.
④ 조적벽과 같은 중공 구조의 내부에 위치한 단열재는 난방 시 실내 표면온도를 신속히 올릴 수 있다.

54 인체의 열적 쾌적감에 영향을 미치는 물리적 온열 4요소에 속하지 않는 것은?
① 기온　② 습도
③ 기류　④ 공기의 청정도

55 사회학자 숑바르 드 로브(Chombard de lauw)의 주거면적 기준 중 한계기준으로 옳은 것은?

① 8m²/인　② 10m²/인
③ 14m²/인　④ 16.5m²/인

56 다음 설명에 알맞은 형태의 지각심리는?

> • 공동 운명의 법칙이라고도 한다.
> • 유사한 배열로 구성된 형들이 방향성을 지니고 연속되어 보이는 하나의 그룹으로 지각되는 법칙을 말한다.

① 근접성　② 유사성
③ 연속성　④ 폐쇄성

57 건축화 조명을 직접조명방식과 간접조명방식으로 구분할 경우, 다음 중 직접조명방식에 속하는 것은?
① 코브 조명
② 코퍼 조명
③ 광천장 조명
④ 밸런스 조명(상향 조명)

58 다음 그림에서 A방향의 투상면이 정면도일 때 C방향의 투상면은 어떤 도면인가?

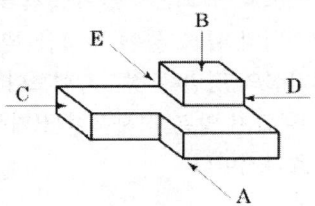

① 저면도　② 배면도
③ 좌측면도　④ 우측면도

59 다음 설명에 알맞은 색의 대비와 관련된 현상은?

> 어떤 두 색이 맞붙어 있을 경우, 그 경계의 언저리가 경계로부터 멀리 떨어져 있는 부분보다 색의 3속성별로 색상 대비, 명도 대비, 채도 대비의 현상이 더욱 강하게 일어나는 현상

① 동시 대비 ② 연변 대비
③ 한란 대비 ④ 유사 대비

60 아파트의 평면 형식 중 집중형에 관한 설명으로 옳지 않은 것은?

① 대지 이용률이 높다.
② 채광 및 통풍이 불리하다.
③ 독립성 측면에서 가장 우수하다.
④ 중앙에 엘리베이터나 계단실을 두고 많은 주호를 집중 배치하는 형식이다.

CBT 복원문제

2022년 제2회

01 철근콘크리트구조의 배근에 대한 설명으로 옳지 않은 것은?
① 기둥 하부의 주근은 기초판에 크게 구부려 깊이 정착한다.
② 압축측에도 철근을 배근한 보를 복근보라고 한다.
③ 단순보의 주근은 중앙부에서는 하부에 많이 넣어야 한다.
④ 슬래브의 철근은 단변방향보다 장변방향에 많이 넣어야 한다.

02 창의 하부에 건너댄 돌로 빗물을 처리하고 장식적으로 사용되는 것으로, 윗면·밑면에 물끊기·물돌림 등을 두어 빗물의 침입을 막고, 물흘림이 잘 되게 하는 것은?
① 인방돌   ② 창대돌
③ 쌤돌   ④ 돌림띠

03 철골조의 보의 종류 중 웨브에 철판을 쓰고 상하부 플랜지에 ㄱ형강을 리벳 접합한 보는?
① 격자보   ② 트러스보
③ 판보   ④ 래티스보

04 벽돌 구조에서 방음, 단열, 방습을 위해 벽돌벽을 이중으로 하고 중간을 띄어 쌓는 법은?
① 공간쌓기 ② 들여쌓기
③ 내쌓기   ④ 기초쌓기

05 벽식 구조에서 횡력에 대한 보강방법으로 적합하지 않은 것은?
① 벽 상부의 슬래브 두께를 증가시킨다.
② 벽 상부에 테두리보를 설치한다.
③ 벽량을 증가시킨다.
④ 부축벽(Buttress)을 설치한다.

06 개구부 상부의 하중을 지지하기 위하여 돌이나 벽돌을 곡선형으로 쌓아올린 구조를 무엇이라 하는가?
① 골조 구조 ② 아치 구조
③ 린델 구조 ④ 트러스 구조

07 다음 중 벽식 구조로 적합하지 않은 공법은?
① PC(Precast Concrete)
② RC(Reinforced Concrete)
③ Masonry
④ Membrane

08 합성골조에 관한 설명으로 옳지 않은 것은?
① CFT(콘크리트 충전강관기둥)에서는 내부 콘크리트가 강관의 급격한 국부좌굴을 방지한다.
② 코어(Core)의 전단벽에 횡력에 대한 강성을 증대시키기 위하여 철골빔을 설치한다.
③ 데크 플레이트(Deck Plate)는 합성 슬래브의 한 종류이다.
④ 스터드 볼트(Stud Bolt)는 철골기둥을 연결하는 데 사용한다.

09 목구조에서 가새에 대한 설명으로 옳은 것은?
① 목조 벽체를 수평력에 견디게 하고 안정한 구조로 하기 위한 것이다.
② 가새의 경사는 30°에 가까울수록 유리하다.

③ 기초와 토대를 고정하는데 설치한다.
④ 가새에는 인장응력만 발생한다.

10 조적조에서 내력벽의 길이는 최대 얼마 이하로 하여야 하는가?
① 6m   ② 8m
③ 10m ④ 15m

11 압축력을 받는 세장한 기둥 부재가 하중의 증가 시 내력이 급격히 떨어지게 되는 현상을 무엇이라 하는가?
① 버클링   ② 모멘트
③ 코어   ④ 전단파괴

12 프리스트레스하지 않는 부재의 현장치기 콘크리트로서 옥외의 공기나 흙에 직접 접하지 않는 슬래브의 경우 최소 피복 두께는? (단, D35를 초과하는 철근의 경우)
① 20mm   ② 40mm
③ 60mm   ④ 80mm

13 석구조에서 창문 등의 개구부 위에 걸쳐대어 상부에서 오는 하중을 받는 수평부재는?
① 창대돌   ② 문지방돌
③ 쌤돌   ④ 인방돌

14 지붕의 물매 중 되물매의 경사로 옳은 것은?
① 15°   ② 30°
③ 45°   ④ 60°

15 다음 중 철골부재의 용접접합과 관계없는 것은?
① 엔드 탭   ② 뒷댐재
③ 필러 플레이트 ④ 스캘럽

16 블록의 중공부에 철근과 콘크리트를 부어 넣어 보강한 것으로서 수평하중 및 수직하중을 견딜 수 있는 구조는?
① 보강 블록조   ② 조적식 블록조
③ 장닥벽 블록조 ④ 차폐용 블록조

17 다음 중 라멘 구조에 대한 설명으로 옳지 않은 것은?
① 기둥 위에 보를 단순히 얹어놓은 구조이다.
② 수직하중에 대하여 큰 저항력을 가진다.
③ 수평하중에 대하여 큰 저항력을 가진다.
④ 하중 작용 시 기둥 또는 보 부재의 변형으로 외부에너지를 흡수한다.

18 트러스를 곡면으로 구성하여 돔을 형성하는 것은?
① 와렌 트러스 ② 실린더 셸
③ 회전 셸   ④ 래티스 돔

19 커튼 월의 부재 중 구조 용도로 사용되는 것과 관련이 가장 적은 것은?
① 노턴 테이프
② 간봉
③ 수직 알루미늄바(mullion bar)
④ 패스너(fastener)

20 철골구조의 보에 사용되는 스티프너에 대한 설명으로 옳지 않은 것은?
① 하중점 스티프너는 집중하중에 대한 보강용으로 쓰인다.
② 중간 스티프너는 웨브의 좌굴을 막기 위하여 쓰인다.
③ 재축에 나란하게 설치한 것을 수평 스티프너라고 한다.

④ 커버 플레이트와 동일한 용어로 사용된다.

21 시멘트 저장 시 유의해야 할 사항으로 옳지 않은 것은?
① 시멘트는 개구부와 가까운 곳에 쌓여 있는 것부터 사용해야 한다.
② 지상 30cm 이상 되는 마루 위에 적재해야 하며, 그 창고는 방습설비가 완전해야 한다.
③ 3개월 이상 저장한 시멘트 또는 습기를 머금은 것으로 생각되는 시멘트는 반드시 사용 전 재시험을 실시해야 한다.
④ 포대에 들어 있는 시멘트는 13포대 이상 쌓으면 안 되며, 특히 장기간 저장할 경우에는 7포대 이상 쌓지 않는다.

22 콘크리트 제조공장에서 주문자가 요구하는 품질의 콘크리트를 소정의 시간에 원하는 수량을 현장까지 배달·공급하는 굳지 않은 콘크리트는?
① 프리팩트 콘크리트
② 수밀 콘크리트
③ AE 콘크리트
④ 레디믹스트 콘크리트

23 유리의 종류에 따른 용도를 표기한 것으로 옳지 않은 것은?
① 강화 유리-내충격용
② 복층 유리-보온 및 방음
③ 망입 유리-방화 및 방범용
④ 형판 유리-진열창, 거울

24 다음 중 단열재에 대한 설명으로 옳지 않은 것은?

① 단열재는 역학적인 강도가 작기 때문에 건축물의 구조체 역할에는 사용하지 않는다.
② 단열재는 흡습 및 흡수율이 좋아야 한다.
③ 단열재의 열전도율은 낮을수록 좋다.
④ 단열재는 공사현장까지의 운반이 용이하고 현장에서의 가공과 설치도 비교적 용이한 것이 좋다.

25 알루미늄의 성질에 관한 설명 중 옳지 않은 것은?
① 전기나 열의 전도율이 크다.
② 전성, 연성이 풍부하며 가공이 용이하다.
③ 산, 알칼리에 강하다.
④ 대기 중에서의 내식성은 순도에 따라 다르다.

26 목재에 관한 설명으로 옳지 않은 것은?
① 타 재료에 비해 비강도가 큰 편이다.
② 섬유직각방향에 비해 섬유평행방향의 강도가 크다.
③ 섬유포화점 이상의 상태에서는 함수율의 증감에 따라 수축 및 팽창이 발생하지 않는다.
④ 인장강도에 비해 압축강도가 크고 산성, 약품 및 염분 등에 대한 저항력이 크다.

27 목재의 심재를 변재와 비교하여 옳게 설명한 것은?
① 색깔이 연하다. ② 함수율이 높다.
③ 내구성이 작다. ④ 강도가 크다.

28 골재의 함수상태에 관한 설명으로 옳지 않은 것은?
① 절건상태는 골재를 완전 건조시킨 상태

이다.
② 기건상태는 골재를 대기 중에 방치하여 건조시킨 것으로 내부에 약간의 수분이 있는 상태이다.
③ 표건상태는 골재 내부는 포수상태이며 표면은 건조한 상태이다.
④ 습윤상태는 표면에 물이 붙어 있는 상태로 보통 자갈의 흡수량은 골재 중량의 50% 내외이다.

29 건축용 세라믹 재료의 특성에 관한 설명으로 옳지 않은 것은?
① 토기 : 흡수율이 높고 강도가 약하다.
② 도기 : 회색이나 백색의 색상을 가지고 있으며 가볍다.
③ 석기 : 소성 후 밝은 백색이 되며, 강도가 크고 유약으로 다양한 색상을 낼 수 있다.
④ 자기 : 흡수성이 거의 없고 매우 높은 강도를 가지고 있다.

30 다음 중 실리콘(silicon)과 가장 관계 깊은 것은?
① 방수도료   ② 신전제
③ 희석제   ④ 미장재

31 석재 표면을 구성하고 있는 조직을 무엇이라 하는가?
① 석목   ② 석리
③ 층리   ④ 도리

32 여닫이 창호 철물 중 개폐 조정기가 아닌 것은?
① 도어체크   ② 도어클로저
③ 도어스톱   ④ 모노로크

33 시멘트계 섬유판류에 관한 설명으로 옳지 않은 것은?
① 치수의 정밀도는 높지만 가공은 어렵다.
② 부식이 없고 충해를 받지 않는다.
③ 비교적 가볍고 방화성능이 있다.
④ 단열성과 흡음성이 있다.

34 화산암에 대한 설명 중 옳지 않은 것은?
① 다공질로 부석이라고도 한다.
② 비중이 0.7~0.8로 석재 중 가벼운 편이다.
③ 화강암에 비하여 압축강도가 크다.
④ 내화도가 높아 내화재로 사용된다.

35 19세기 중엽 철근콘크리트의 실용적인 사용법을 개발한 사람은?
① 모니에(Monier)
② 케오프스(Cheops)
③ 애습딘(Aspdin)
④ 안토니오(Antonio)

36 도료에 관한 설명으로 옳지 않은 것은?
① 유성 페인트 : 건조시간이 길고 내알칼리성이 떨어진다.
② 수성 페인트 : 광택이 매우 우수하고 내마모성이 크다.
③ 수지성 페인트 : 내산, 내알칼리성이 우수하다.
④ 알루미늄 페인트 : 분리가 적고 솔질이 용이하다.

37 미장재료 중 회반죽에 여물을 혼입하는 가장 주된 이유는?
① 변색을 방지하기 위해서
② 균열을 분산, 경감하기 위해서
③ 경도를 크게 하기 위해서

④ 굳는 속도를 빠르게 하기 위해서

38 재료의 푸아송 비에 관한 설명으로 옳은 것은?
① 횡방향의 변형비를 푸아송 비라 한다.
② 강의 푸아송 비는 대략 0.3 정도이다.
③ 푸아송 비는 푸아송 수라고도 한다.
④ 콘크리트의 푸아송 비는 대략 10 정도이다.

39 대형 타일에 주로 사용되며 표면을 연마하여 고광택을 유지하도록 만든 것은?
① 스크래치 타일
② 논슬립 타일
③ 폴리싱 타일
④ 모자이크 타일

40 다음 중 콘크리트의 시멘트 페이스트 속에 AE제, 알루미늄 분말 등을 첨가하여 만든 콘크리트는?
① 경량골재 콘크리트
② 경량기포 콘크리트
③ 무세골재 콘크리트
④ 무근 콘크리트

41 태양광선 가운데 적외선에 의한 열적 효과를 무엇이라 하는가?
① 일사   ② 채광
③ 살균   ④ 일영

42 그림과 같이 9개의 검정 정사각형 사이의 교차되는 흰 부분에 약간 희미한 점이 보이는 착각이 일어난다. 이와 같은 현상은?

① 한난 대비   ② 채도 대비
③ 계시 대비   ④ 연변 대비

43 주택에서 독립성이 가장 확보되어야 할 공간은?
① 거실   ② 부엌
③ 침실   ④ 다용도실

44 균형의 원리에 관한 설명으로 옳지 않은 것은?
① 크기가 큰 것이 작은 것보다 시각적 중량감이 크다.
② 기하학적 형태가 불규칙적인 형태보다 시각적 중량감이 크다.
③ 색의 중량감은 색의 속성 중 특히 명도, 채도에 따라 크게 작용한다.
④ 복잡하고 거친 질감이 단순하고 부드러운 질감보다 시각적 중량감이 크다.

45 다음 중 계획설계도에 속하는 것은?
① 동선도   ② 배치도
③ 전개도   ④ 평면도

46 다음 중 아파트의 평면형식에 의한 분류에 속하지 않는 것은?
① 홀형   ② 탑상형
③ 집중형   ④ 편복도형

47 정방형의 건물이 다음과 같이 표현되는 투시도는?

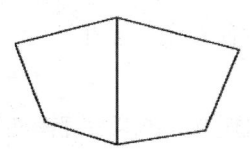

① 등각 투상도　② 1소점 투시도
③ 2소점 투시도　④ 3소점 투시도

48 건물의 외벽, 창, 지붕 등에 설치하여 인접 건물에 화재가 발생하였을 때 수막을 형성함으로써 화재의 연소를 방지하는 설비는?
① 스프링클러 설비
② 드렌처 설비
③ 연결살수 설비
④ 옥내소화전 설비

49 에스컬레이터에 관한 설명으로 옳지 않은 것은?
① 수송량에 비해 점유면적이 작다.
② 엘리베이터에 비해 수송능력이 작다.
③ 대기시간이 없고 연속적인 수송설비이다.
④ 연속운전되므로 전원설비에 부담이 적다.

50 급수방식에 관한 설명으로 옳지 않은 것은?
① 압력수조방식은 급수 공급 압력의 변화가 심하다.
② 고가수조방식은 상향급수 배관방식이 주로 사용된다.
③ 수도직결방식은 고층으로의 급수가 어렵다는 단점이 있다.
④ 펌프직송방식은 저수조 내의 상수를 급수펌프로 건물의 필요한 곳에 직접 급수하는 방식이다.

51 교류 엘리베이터에 대한 설명 중 옳지 않은 것은?
① 기동 토크가 작다.
② 부하에 의한 속도 변동이 있다.
③ 직류 엘리베이터에 비해 착상오차가 크다.
④ 속도를 선택할 수 있고, 속도 제어가 가능하다.

52 건축제도에서 치수 기입에 관한 설명으로 옳지 않은 것은?
① 치수는 특별히 명시하지 않는 한, 마무리 치수로 표시한다.
② 협소한 간격이 연속될 때에는 인출선을 사용하여 치수를 쓴다.
③ 치수 기입은 치수선을 중단하고 선의 중앙에 기입하는 것이 원칙이다.
④ 치수의 단위는 밀리미터(mm)를 원칙으로 하고, 이때 단위 기호는 쓰지 않는다.

53 형태의 지각심리 중 불완전한 형을 사람들에게 순간적으로 보여줄 때 이를 완전한 형으로 지각한다는 사실과 관련된 것은?
① 근접성　② 유사성
③ 연속성　④ 폐쇄성

54 온수난방과 비교한 증기난방의 특징에 속하지 않는 것은?
① 설비비와 유지비가 싸다.
② 열의 운반능력이 크다.
③ 예열시간이 짧다.
④ 난방의 쾌감도가 높다.

55 전동기 직결의 소형 송풍기, 냉·온수 코일 및 필터 등을 갖춘 실내형 소형 공조기를 각 실에 설치하여 중앙기계실로부터 냉수 또는 온수를 공급받아 공기조화를 하는 방식은?

① 2중 덕트 방식
② 단일 덕트 방식
③ 멀티존 유닛방식
④ 팬코일 유닛방식

56 조명의 배광방식에 관한 설명으로 옳지 않은 것은?
① 반간접조명은 조도가 균일하고 은은하며 전반확산조명이라고도 한다.
② 직접 조명은 경제적이지만 눈부심 현상과 강한 그림자가 생기는 단점이 있다.
③ 간접 조명은 상향 광속이 90~100%로, 반사광으로 조도를 구하는 조명방식이다.
④ 반직접 조명은 마감재의 반사율에 의해 밝기의 정도가 영향을 받게 되므로 마감재의 질감과 색채 등을 고려한다.

57 A3 도면에 테두리를 만들 경우, 도면의 여백은 최소 얼마 이상으로 하여야 하는가? (단, 묶지 않을 경우)
① 5mm   ② 10mm
③ 15mm   ④ 20mm

58 건축도면에서 중심선, 절단선의 표시에 사용되는 선의 종류는?
① 실선   ② 파선
③ 1점 쇄선   ④ 2점 쇄선

59 포화공기(saturated air)에 관한 설명으로 옳은 것은?
① 대기가 수증기를 포함하지 않은 공기
② 주어진 온도에서 최소한의 수증기를 함유한 공기
③ 주어진 온도에서 최대한의 수증기를 함유한 공기
④ 대기 중에 포함된 수증기의 양을 공기선도에 표기한 공기

60 다음 설명이 나타내는 건축형태의 구성 원리는?

> 일반적으로 규칙적인 요소들의 반복으로 디자인에 시각적인 질서를 부여하는 통제된 운동감각을 말한다.

① 통일   ② 균형
③ 강조   ④ 리듬

CBT 복원문제

2022년 제3회

01 다음 중 기초에 대한 설명으로 옳지 않은 것은?
① 매트 기초는 부동침하가 염려되는 건물에 유리하다.
② 파일 기초는 연약지반에 적합하다.
③ 기초에 사용된 콘크리트의 두께가 두꺼울수록 인장력에 대한 저항성능이 우수하다.
④ BCD 파일은 현장타설 말뚝기초의 하나이다.

02 그림과 같은 양식 지붕틀의 명칭은?

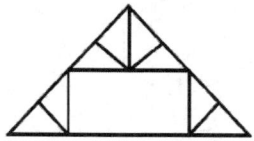

① 왕대공 지붕틀
② 쌍대공 지붕틀
③ 평하우스 트러스
④ 핑크 트러스

03 지붕의 골슬레이트 잇기에 관한 사항 중 옳지 않은 것은?
① 직접 중도리 위에 이을 때가 많다.
② 골판의 크기에 맞추어 중도리 간격을 정한다.
③ 도리 방향의 겹침은 한골 반이나 두골 겹친다.
④ 못이나 볼트는 골형의 오목한 곳에 박는다.

04 계단 난간의 웃머리에 손스침이 되는 부재의 명칭은?
① 챌판
② 난간동자
③ 계단참
④ 난간두겁대

05 벽돌조 내력벽의 두께는 당해 벽높이의 최소 얼마 이상으로 하여야 하는가?
① 1/10
② 1/15
③ 1/20
④ 1/25

06 다음 중 케이블을 이용한 구조로만 연결된 것은?
① 절판구조-사장구조
② 현수구조-셸구조
③ 현수구조-사장구조
④ 막구조-돔구조

07 나무구조의 홑마루틀에 대한 설명으로 옳은 것은?
① 1층 마루의 일종으로 마루 밑에는 동바리돌을 놓고 그 위에 동바리를 세운다.
② 큰보 위에 작은보를 걸고 그 위에 장선을 대고 마루널을 깐 것이다.
③ 토를 걸어 장선을 받게 하고 그 위에 마루널을 깐 것이다.
④ 보를 쓰지 않고 층도리와 간막이도리에 직접 장선을 걸쳐대고 그 위에 마루널을 깐 것이다.

08 뒷면은 영국식 쌓기로 하고 표면은 치장벽돌을 써서 5켜 또는 6켜는 길이쌓기로 하며, 다음 1켜는 마구리쌓기로 하여 뒷벽돌에 물려서 쌓는 방식은?

① 미국식 쌓기
② 네덜란드식 쌓기
③ 프랑스식 쌓기
④ 영롱 쌓기

09 철골조의 접합에서 회전자유의 절점을 가지는 접합은 무엇인가?
① 모멘트 접합 ② 아크 용접접합
③ 핀접합   ④ 강접합

10 다음 중 열려진 미닫이문을 저절로 닫히게 하는 장치는?
① 문버팀쇠   ② 도어스톱
③ 도어체크   ④ 크레센트

11 벽돌쌓기에서 세로 규준틀의 표시사항이 아닌 것은?
① 벽돌 한 켜의 높이
② 창문틀의 위치
③ 각층 바닥 높이
④ 개구부의 폭

12 다음 중 막구조로 이루어진 구조물은?
① 금문교
② 장충체육관
③ 시드니 오페라하우스
④ 상암동 월드컵경기장

13 트러스에서 상현재와 하현재 내에서 연결부 역할을 하는 부재는?
① lower chord member
② web member
③ upper chord member
④ supporting point

14 용접결함 중 용접부분 안에 생기는 기포를 무엇이라 하는가?
① 언더컷(under cut)
② 블로우 홀(blow hole)
③ 피트(pit)
④ 피시 아이(fish eye)

15 철골구조에서 각 게이지 라인 간의 거리 또는 게이지 라인과 재면과의 거리를 의미하는 용어는?
① 게이지   ② 클리어런스
③ 피치   ④ 그립

16 다음 중 박공지붕에 해당하는 것은?

①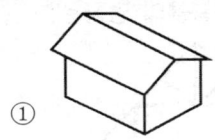

②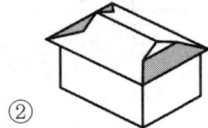

③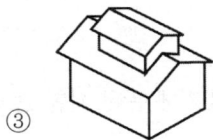

④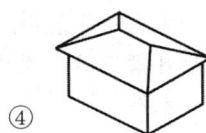

17 창 면적이 클 때에는 스틸바만으로는 약하며, 또한 여닫을 때의 진동으로 유리가 파손될 우려가 있으므로 이것을 보강하고 외관을 꾸미기 위해 사용하는 것은?
① 멀리온   ② 풍소란

③ 코너비드   ④ 마중대

18 철골구조에 관한 설명으로 옳지 않은 것은?
① 부재의 균등한 품질을 기대할 수 있다.
② 강재는 길이에 비해 두께가 얇아 좌굴을 일으킬 수 있다.
③ 본질적으로 조립구조이므로 부재 간의 접합에 특히 주의해야 한다.
④ 내화피복을 하지 않아도 고열에도 크게 강도가 저하되지 않으며 내구성이 보장된다.

19 목재 접합 시에 쓰이는 금속 보강재 중에서 큰보를 따내지 않고 작은보를 걸쳐 받게 하는 철물은?
① 꺾쇠   ② 안장쇠
③ 감잡이쇠   ④ 띠쇠

20 보강콘크리트 블록조 단층에서 내력벽의 벽량은 최소 얼마 이상으로 하는가?
① $10cm/m^2$ ② $15cm/m^2$
③ $20cm/m^2$ ④ $25cm/m^2$

21 셀프 레벨링재에 관한 설명으로 옳지 않은 것은?
① 석고계 셀프 레벨링재는 석고, 모래, 경화지연제 및 유동화제로 구성된다.
② 시멘트계 셀프 레벨링재는 포틀랜드 시멘트, 모래, 분산제 및 유동화제로 구성된다.
③ 석고계 셀프 레벨링재는 차수성이 좋아 옥외 및 실내에서 모두 사용한다.
④ 셀프 레벨링재 시공 후 요철부는 연마기로 다듬고, 기포는 된비빔 석고로 보수한다.

22 콘크리트 타설 후 수분 상승과 함께 미세한 물질이 상승하는 현상은?
① 블리딩   ② 풍화
③ 응결   ④ 경화

23 다음 중 점토의 물리적 성질에 대한 설명으로 옳은 것은?
① 점토의 비중은 일반적으로 3.5~3.6 정도이다.
② 양질의 점토일수록 가소성은 나빠진다.
③ 미립점토의 인장강도는 3~10MPa 정도이다.
④ 점토의 압축강도는 인장강도의 약 5배이다.

24 금속 중에서 비교적 비중이 크고 연하며 방사선을 잘 흡수하므로 X선 사용 개소의 천장·바닥에 방호용으로 사용되는 것은?
① 황동   ② 알루미늄
③ 구리   ④ 납

25 다음 중 점토제품이 아닌 것은?
① 내화벽돌   ② 위생도기
③ 모자이크 타일   ④ 아스팔트 타일

26 콘크리트 구조물에서 하중을 지속적으로 작용시켜 놓을 경우 하중의 증가가 없음에도 불구하고 지속하중에 의해 시간과 더불어 변형이 증대하는 현상은?
① 영계수   ② 점성
③ 탄성   ④ 크리프

27 다음 중 강을 사용하여 만든 긴결철물 및 고정철물이 아닌 것은?

① 고력볼트　② 리벳
③ 스크류 앵커　④ 조이너

28 다음 중 광명단(光明丹)과 관계 있는 것은?
① 방청제　② 방부제
③ 희석제　④ 공기연행제

29 다음 중 유기질 단열재료가 아닌 것은?
① 연질 섬유판
② 세라믹 파이버
③ 폴리스티렌 폼
④ 셀룰로오스 섬유판

30 다음 중 목재의 흠에 해당되지 않는 용어는?
① 옹이　② 껍질박이
③ 연륜　④ 갈라짐

31 물을 가한 후 24시간 내에 보통 포틀랜드 시멘트의 4주 강도가 발현되는 시멘트는?
① 고로 시멘트
② 알루미나 시멘트
③ 팽창 시멘트
④ 플라이애시 시멘트

32 유리의 광학적 성질 중 흡수율에 대한 설명으로 옳지 않은 것은?
① 깨끗한 창유리의 흡수율은 2~6%이다.
② 두께가 두꺼울수록 광선의 흡수율은 커진다.
③ 불순물이 많을수록 광선의 흡수율은 작아진다.
④ 착색된 색깔이 짙을수록 광선 흡수율은 커진다.

33 안전유리의 일종으로 유리평면 및 곡면의 판유리를 약 600℃까지 가열하였다가 양면을 냉각공기로 급랭한 유리는?
① 보통판 유리　② 복층 유리
③ 무늬 유리　④ 강화 유리

34 다음 미장재료 중 수경성 재료는?
① 회사벽
② 돌로마이트 플라스터
③ 회반죽
④ 시멘트 모르타르

35 목재제품 중 합판에 관한 설명으로 옳지 않은 것은?
① 함수율 변화에 따른 팽창·수축의 방향성이 없다.
② 뒤틀림이나 변형이 적은 비교적 큰 면적의 평면재료를 얻을 수 있다.
③ 단판을 섬유방향이 서로 직교되도록 적층하면서 접착제로 접착하여 합친 판이다.
④ 합판 제작에 사용되는 단판의 매수는 일반적으로 2겹, 4겹, 6겹 등 짝수 매수로 한다.

36 목재의 벌목 시기로 겨울철이 가장 좋은 이유는?
① 목질이 연약하여 베어내기 쉽기 때문
② 사람의 왕래가 적기 때문
③ 수액이 적어 건조가 빠르기 때문
④ 옹이가 적기 때문

37 콘크리트 배합에 사용되는 수질에 대한 설명으로 옳지 않은 것은?
① 산성이 강한 물을 사용하면 콘크리트의 강도가 증가한다.
② 수질이 콘크리트의 강도나 내구력에 미

치는 영향은 크다.
③ 당분은 시멘트 무게의 일정 이상이 함유되었을 경우 콘크리트의 강도에 영향을 끼친다.
④ 염분은 철근 부식의 원인이 된다.

38 미장용 혼화재료 중 응결시간을 단축시키는 것을 목적으로 하는 급결제에 속하는 것은?
① 카본 블랙　② 점토
③ 염화칼슘　④ 이산화망간

39 다음 중 모자이크 타일의 재질로 가장 좋은 것은?
① 토기질　② 자기질
③ 석기질　④ 도기질

40 골재의 함수상태에 관한 설명으로 옳지 않은 것은?
① 절대건조상태 : 대기 중에서 골재의 표면이 완전히 건조된 상태
② 습윤상태 : 골재입자의 내부에 물이 채워져 있고, 표면에도 물이 부착되어 있는 상태
③ 표면건조포화상태 : 골재입자의 표면에 물은 없으나 내부의 공극에는 물이 꽉 차 있는 상태
④ 공기 중 건조상태 : 실내에 방치한 경우 골재입자의 표면과 내부의 일부가 건조한 상태

41 건축도면에 선을 그을 때 유의사항에 관한 설명 중 옳지 않은 것은?
① 선과 선이 각을 이루어 만나는 곳은 정확하게 작도가 되도록 한다.
② 선의 굵기를 조절하기 위해 중복하여 여러 번 긋지 않도록 한다.
③ 파선이나 점선은 선의 길이와 간격이 일정하여야 한다.
④ 선굵기는 도면의 축척이 다르더라도 항상 일정해야 한다.

42 다음과 같은 특징을 갖는 배선공사는?

- 열적 영향이나 기계적 외상을 받기 쉬운 곳이 아니면 금속배관과 같이 광범위하게 사용 가능하다.
- 관 자체가 절연체이므로 감전의 우려가 없다.

① 목재몰드 공사
② 금속몰드 공사
③ 합성수지관 공사
④ 가요전선관 공사

43 다음 설명에 알맞은 디자인 원리는?

질적, 양적으로 전혀 다른 둘 이상의 요소가 동시적 혹은 계속적으로 배열될 때 상호의 특질이 한층 강하게 느껴지는 통일적 현상을 말한다.

① 균형　② 대비
③ 조화　④ 리듬

44 다음 설명이 나타내는 건축법상의 용어는?

기존 건축물의 전부 또는 일부를 철거하고 그 대지에 종전과 같은 규모의 범위에서 건축물을 다시 축조하는 것을 말한다.

① 신축　② 재축
③ 개축　④ 증축

45 다음 중 동선의 3요소에 해당하지 않는 것은?
① 길이　② 빈도

③ 하중   ④ 넓이

46 디자인 요소 중 수직선의 조형 효과와 가장 거리가 먼 것은?
① 상승감   ② 존엄성
③ 엄숙함   ④ 우아함

47 다음 중 아래 그림에서 세면기의 높이를 나타내는 A의 치수로 가장 알맞은 것은?

① 600mm   ② 750mm
③ 900mm   ④ 1000mm

48 불쾌 글레어의 원인과 가장 거리가 먼 것은?
① 휘도가 높은 광원
② 시선 부근에 노출된 광원
③ 눈에 입사하는 광속의 과다
④ 물체와 그 주위 사이의 저휘도 대비

49 다음 중 단면도에 관한 설명으로 옳은 것은?
① 건축물의 주요 부분을 수직 절단한 것을 상상하여 그린 도면이다.
② 건물 내부의 입면을 정면에서 바라보고 그리는 내부입면도이다.
③ 건축물을 창높이에서 수평으로 절단하였을 때의 수평투상도이다.
④ 건축물을 정투상도법에 의하여 수직투상하여 외관을 나타낸 도면이다.

50 건축공간에 대한 설명으로 옳지 않은 것은?
① 인간은 건축공간을 조형적으로 인식한다.
② 외부 공간은 자연발생된 건축고유의 공간이며 기능과 구조 그리고 아름다움의 측면에서 무엇보다도 중요하다.
③ 공간의 가장 기본적인 치수는 실내에 필요한 가구를 배치하고 기능을 수행하는 데 있어 사람의 움직임을 적절하게 수용할 수 있는 크기이다.
④ 건축물을 만들기 위해서는 여러 가지 재료와 방법을 이용하여 바닥, 벽, 지붕과 같은 구조체를 구성하는데, 이 뼈대에 의하여 이루어지는 공간을 건축공간이라 한다.

51 단위공간 및 평면요소에 관한 설명 중 옳지 않은 것은?
① 건축공간은 개개의 단위공간이 모여서 전체를 구성한다.
② 단위공간 안에서는 인간의 동작에 필요한 공간이 요구조건은 아니다.
③ 어린이 방의 평면요소에는 취침, 공부, 수납 등의 공간이 요구된다.
④ 부엌의 평면요소에는 개수대, 조리대, 가열대, 배선대 등 조리작업공간이 요구된다.

52 다음 중 입면도 표시사항이 아닌 것은?
① 건물 전체 높이, 처마 높이
② 지붕 물매
③ 천장 높이
④ 외부 재료의 표시

53 건축척도조정(MC : Modular Coordination)의 기본 고려사항으로 옳지 않은 것은?
① 우리나라의 지역성을 최대한 고려한다.
② MC화되더라도 설계의 자유도는 낮춘다.
③ 가능한 한 국제적 MC의 합의 사항에 맞

도록 한다.
④ 건물의 종류에 따라 그 성격에 맞추어 계획 모듈을 정한다.

54 부엌용 개수기류에 사용되는 트랩으로, 관트랩에 비하여 봉수의 파괴가 적은 것은?
① S트랩 ② P트랩
③ U트랩 ④ 드럼 트랩

55 다음 중 단독주택의 거실 크기를 결정하는 요소와 가장 거리가 먼 것은?
① 가족 구성 ② 생활 방식
③ 거실의 조도 ④ 주택의 규모

56 건축법상 다음과 같이 정의되는 것은?

> 건축물의 각 층 또는 그 일부로서 벽, 기둥, 그 밖에 이와 비슷한 구획의 중심선으로 둘러싸인 부분의 수평투영면적

① 바닥면적 ② 연면적
③ 건축면적 ④ 대지면적

57 스터럽(늑근)이나 띠철근을 철근 배근도에서 표시할 때 일반적으로 사용하는 선은?
① 가는 실선 ② 파선
③ 굵은 실선 ④ 이점 쇄선

58 명시도는 색의 3속성의 차가 커질수록 높아지는데, 색의 3속성 중 특히 명시도에 가장 영향을 많이 주는 것은?
① 색상 ② 채도
③ 명도 ④ 잔상

59 다음 중 LP 가스의 특성이 아닌 것은?
① 비중이 공기보다 크다.
② 발열량이 크며 연소 시에 필요한 공기량이 많다.
③ 누설이 된다 해도 공기 중에 흡수되기 때문에 안전성이 높다.
④ 석유정제과정에서 채취된 가스를 압축냉각해서 액화시킨 것이다.

60 음의 고저 감각과 직접적인 관계가 있는 요소는?
① 파형 ② 진폭
③ 잔향 ④ 주파수

CBT 복원문제

2022년 제4회

01 경량 철골조의 특성에 관한 설명으로 옳지 않은 것은?
① 주택, 간이 창고 등 소규모의 구조물에 쓰인다.
② 비틀림에 대한 저항이 강관구조에 비해 강하다.
③ 가공, 조립이 용이한 편이다.
④ 경량 철골재의 접합은 볼트접합, 용접접합으로 한다.

02 벽돌구조에서 방음, 단열, 방습을 위해 벽돌벽을 이중으로 하고 중간을 띄어 쌓는 법은?
① 들여쌓기   ② 공간쌓기
③ 내쌓기   ④ 기초쌓기

03 거푸집에 대한 일반적인 설명으로 옳지 않은 것은?
① 강재 거푸집은 콘크리트 오염의 가능성이 없지만, 목재 거푸집은 오염의 가능성이 높다.
② 거푸집은 콘크리트 형태를 유지시켜주며 외기로부터 굳지 않는 콘크리트를 보호하는 역할을 한다.
③ 지반이 무르고 좋지 않을 때, 기초 거푸집을 사용한다.
④ 보 거푸집은 바닥 거푸집과 함께 설치하는 경우가 많다.

04 다음 중 그림과 같은 철근콘크리트 연속보의 배근법으로 가장 옳은 것은? (단, 하중은 연직 아래방향 등분포 하중임)

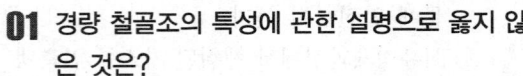

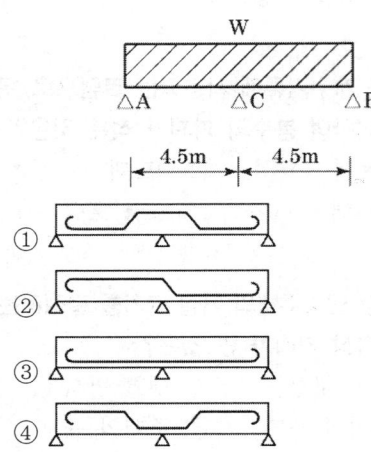

05 철골조의 보에 대한 설명으로 옳지 않은 것은?
① 형강보에는 L형강이 많이 사용된다.
② 트러스보에는 모든 하중이 압축력과 인장력으로 작용한다.
③ 플레이트보는 형강보다 큰 단면 성능을 가지도록 만들 수 있다.
④ 래티스보는 힘을 많이 받는 곳에는 잘 쓰이지 않는다.

06 벽돌구조에서 치장줄눈의 줄눈 형태별 의장 효과에 관한 설명으로 옳은 것은?
① 민줄눈은 질감을 깨끗하게 연출할 수 있으며 일반적으로 사용되는 줄눈이다.
② 평줄눈은 면이 깨끗한 벽돌일 때 사용하며 약한 음영 표시 및 여성적 느낌을 연출할 수 있다.
③ 빗줄눈은 벽돌의 형태가 고르고 줄눈의 효과를 확실히 할 때 사용된다.
④ 내민줄눈은 순하고 부드러운 여성적인 선의 흐름을 연출할 때 사용되는 줄눈이다.

07 프리스트레스트 콘크리트(Prestressed Concrete) 구조의 특징으로 옳지 않은 것은?
① 간사이를 길게 할 수 있어서 넓은 공간을 설계할 수 있다.
② 부재 단면의 크기를 작게 할 수 있으며 진동이 없다.
③ 공기를 단축할 수 있고 시공과정을 기계화할 수 있다.
④ 고강도 재료를 사용하므로 강도와 내구성이 큰 구조물을 만들 수 있다.

08 철근콘크리트 구조에서 동일 평면에서 평행하게 배치된 철근의 수평 순간격은 최소 몇 mm 이상이어야 하나?
① 20mm ② 25mm
③ 35mm ④ 40mm

09 보링 방법 중 속이 빈 강철재의 절단기를 회전하여 구멍을 뚫고 지층을 그대로 원통모양으로 채취하는 것은?
① 회전식 보링
② 충격식 보링
③ 수세식 보링
④ 탄성파식 지하탐사

10 한식 목조지붕틀에서 종보 또는 들보 위에 세워 마룻대를 받는 부재는?
① 개판   ② 우미량
③ 대공   ④ 서까래

11 다음 중 철골구조에 대한 설명으로 옳지 않은 것은?
① 벽돌구조에 비하여 수평력에 강하다.
② 장스팬 구조가 가능하다.
③ 화재에 대비하기 위해서 적당한 내화피복이 필요하다.
④ 철근콘크리트 구조에 비하여 동절기 기후의 영향을 많이 받는다.

12 한식 공사에서 종도리를 얹는 것을 의미하는 것은?
① 열초   ② 치목
③ 상량   ④ 입주

13 다음 중 거푸집 상호 간의 간격을 유지하는 데 쓰이는 긴결재는?
① 꺾쇠   ② 컬럼 밴드
③ 세퍼레이터 ④ 듀벨

14 반자에 관한 설명으로 옳지 않은 것은?
① 지붕 밑 또는 윗층 바닥 밑을 가리어 장식적 방온적으로 꾸민 구조부분을 말한다.
② 반자틀은 반자돌림대, 반자틀받이, 달대, 달대받이로 짜 만든다.
③ 널반자는 치받이널반자, 살대반자, 우물반자가 있다.
④ 달반자는 바닥판 밑을 제물로 또는 직접 바르는 반자이다.

15 보강블록조에 대한 설명으로 옳지 않은 것은?
① 내력벽의 길이의 합계는 그 층의 바닥면적 $1m^2$ 당 0.15m 이상이 되어야 한다.
② 내력벽으로 둘러싸인 부분의 바닥면적은 $80m^2$를 넘지 않아야 한다.
③ 내력벽의 두께는 100mm 이상으로 한다.
④ 내력벽은 그 끝부분과 벽의 모서리 부분에 12mm 이상의 철근을 세로로 배치한다.

16 다음 각 구조에 대한 설명으로 옳지 않은 것은?

① PC의 접합 응력을 향상시키기 위하여 기둥에 CFT를 적용하였다.
② 초고층 골조 강성을 증가시키기 위하여 아웃 리거(Out Rigger)를 설치하였다.
③ 프리스트레스트(Prestressed) 구조에서 강성을 향상시키기 위해 강선에 미리 인장을 작용시켰다.
④ 가구식 목구조의 횡력에 대한 저항성을 향상시키기 위하여 가새를 설치하였다.

17 다음 중 목구조에 대한 설명으로 옳지 않은 것은?
① 토대는 기초 위에 가로 놓아 상부에서 오는 하중을 기초에 전달한다.
② 토대와 토대의 이음을 턱걸이 주먹장이음 또는 엇걸이 산지이음 등으로 한다.
③ 평기둥은 밑층에서 위층까지 한 개의 부재로 되어 있다.
④ 간사이의 중간에서 지붕보를 받는 부재를 베개보라 한다.

18 외관이 중요시되지 않는 아치는 보통벽돌을 쓰고 줄눈을 쐐기모양으로 하는데 이러한 아치를 무엇이라 하는가?
① 본 아치   ② 거친 아치
③ 막만든 아치   ④ 층두리 아치

19 다음 중 한옥 구조에서 다락기둥이 의미하는 것은?
① 고주   ② 누주
③ 찰주   ④ 활주

20 다음 중 철근콘크리트 부재에서 주근의 이음 위치로 가장 알맞은 것은?
① 큰 인장력이 생기는 곳
② 경미한 인장력이 생기는 곳 또는 압축측
③ 단순보의 경우 보의 중앙부
④ 단부에서 1m 떨어진 곳

21 콘크리트의 워커빌리티에 영향을 주는 요소가 아닌 것은?
① 골재의 입도   ② 비빔 시간
③ 단위 수량   ④ 콘크리트 강도

22 수화속도를 지연시켜 수화열을 작게 한 시멘트로 매스콘크리트에 사용되는 것은?
① 조강 포틀랜드 시멘트
② 중용열 포틀랜드 시멘트
③ 백색 포틀랜드 시멘트
④ 폴리머 시멘트

23 목재 제품 중 강당, 집회장 등의 음향 조절용 및 일반 건물의 벽 수장재로 사용되는 대표적인 것은?
① 코르크판   ② 코펜하겐 리브판
③ 경질섬유판   ④ 샌드위치 패널

24 목재를 건조시킬 경우 구조용재는 함수율을 얼마 이하로 건조시키는 것이 가장 적정한가?
① 15%   ② 25%
③ 35%   ④ 45%

25 시멘트의 응결과 관련된 설명으로 옳지 않은 것은?
① 분말도가 낮을수록 응결이 빠르다.
② 온도가 높을수록 응결이 빠르다.
③ 알루민산3석회가 많을수록 응결이 빠르다.
④ 용수가 적을수록 응결이 빠르다.

26 벽체 도장 작업 중 페인트칠의 경우 초벌과 재벌 등을 바를 때마다 그 색을 약간씩 다르게 하는 가장 주된 이유는?
① 희망하는 색을 얻기 위해서
② 다음 칠을 하였는지 안 하였는지를 구별하기 위해서
③ 색이 진하게 되는 것을 방지하기 위해서
④ 착색안료를 낭비하지 않고 경제적으로 하기 위해서

27 유리의 일반적인 성질을 설명한 것으로 옳지 않은 것은?
① 보통 유리의 비중은 2.5 내외이다.
② 보통 유리는 모스 경도로 약 6 정도이다.
③ 납, 아연, 알루미나 등의 금속산화물을 포함하면 비중이 커진다.
④ 창유리의 강도는 인장강도를 의미한다.

28 재료에 하중이 반복하여 작용할 때 정적 강도보다 낮은 강도에서 파괴되는 것을 무엇이라고 하는가?
① 크리프 파괴   ② 전단 파괴
③ 피로 파괴   ④ 충격 파괴

29 미리 거푸집 속에 적당한 입도배열을 가진 굵은 골재를 채워 넣은 후, 모르타르를 펌프로 압입하여 굵은 골재의 공극을 충전시켜 만드는 콘크리트는?
① 레지 콘크리트
② 폴리머 콘크리트
③ 프리팩트 콘크리트
④ 프리플레이스트 콘크리트

30 10cm×10cm인 목재를 400kN의 힘으로 잡아 당겼을 때 끊어졌다면, 이 목재의 최대 강도는 얼마인가?
① 4MPa   ② 40MPa
③ 400MPa   ④ 4000MPa

31 주로 실내 목재 내장재의 투명마감에 사용하는 도료로서 광택 및 작업성이 좋고, 천연수지가 들어 있어 건조가 빠른 도료는?
① 래커   ② 바니시
③ 에나멜 페인트 ④ 워시 프라이머

32 최대강도를 안전율로 나눈 값을 무엇이라고 하는가?
① 허용강도   ② 파괴강도
③ 전단강도   ④ 휨강도

33 합성수지 도료를 유성 페인트 및 바니시와 비교한 설명으로 옳지 않은 것은?
① 방화성이 부족하다.
② 내산, 내알칼리성이 있어 콘크리트나 플라스터면에 바를 수 있다.
③ 투명한 합성수지를 사용하면 극히 선명한 색을 낼 수 있다.
④ 건조시간이 빠르고 도막이 단단하다.

34 돌로마이트 플라스터에 대한 설명 중 옳지 않은 것은?
① 소석회보다 점성이 작다.
② 풀이 필요 없다.
③ 변색, 냄새, 곰팡이가 없다.
④ 건조수축이 커서 균열이 생기기 쉽다.

35 다음 석재 중 내화성이 가장 우수한 것은?
① 응회암   ② 화강암
③ 대리석   ④ 석회암

36 석탄을 235~315℃에서 고온 건조하여 얻은 타르 제품으로서 독성이 적고 자극적인 냄새가 있는 유성 목재 방부제는?
① 크레오소트유
② 펜타클로로페놀(PCP)
③ 플로오르화나트륨
④ 코르타르

37 대리석에 대한 설명 중 옳지 않은 것은?
① 외부 장식재로 적당하다.
② 내화성이 낮고 풍화되기 쉽다.
③ 석회석이 변질되어 결정화한 것이다.
④ 물갈기하면 고운 무늬가 생긴다.

38 테라조(terrazzo)에 대한 설명으로 옳은 것은?
① 대리석의 쇄석을 종석으로 하여 시멘트를 사용, 콘크리트판의 한쪽 면에 타설한 후 가공 연마하여 대리석과 같이 미려한 광택을 갖도록 마감한 것을 말한다.
② 운모계 광석을 고열로 가열 팽창시켜 체적이 5~6배로 된 다공질 경석을 말한다.
③ 화성암 중의 석회분이 물에 녹아 바닷속에 침전되어 퇴적, 응고된 것이다.
④ 대리석과 동일하나 석질이 불균일하고 다공질이며 특수 실내장식재로 사용된다.

39 다음 합성수지 중 열가소성 수지에 해당하는 것은?

[보기]
A. 페놀 수지   B. 아크릴 수지
C. 폴리에틸렌 수지   D. 염화비닐 수지
E. 푸란 수지   F. 멜라민 수지

① A, B, E
② A, C, D
③ B, C, D
④ B, C, E

40 다음 중 서로 관계있는 것끼리 짝지어지지 않은 것은?
① 테라조-점토
② 방수재-아스팔트
③ 창유리-소다석회
④ 섬유관-펄프

41 다음 중 일교차에 대한 설명으로 옳은 것은?
① 하루 중의 최고 기온과 최저 기온의 차이
② 월평균 기온의 연중 최저와 최고의 차이
③ 기온의 역전 현상
④ 일평균 기온의 연중 최저와 최고의 차이

42 잔향시간에 관한 설명으로 옳지 않은 것은?
① 잔향시간은 실용적에 영향을 받는다.
② 잔향시간은 실의 흡음력에 반비례한다.
③ 잔향시간이 길수록 명료도는 좋아진다.
④ 적정잔향시간은 실의 용도에 따라 결정된다.

43 조적조 벽체에 있어서 1.0B 공간쌓기의 벽두께로 옳은 것은? (단, 벽돌은 표준형을 사용하고, 공간은 75mm로 한다.)
① 180mm
② 255mm
③ 265mm
④ 285mm

44 다음 설명이 나타내는 표색계는?

- 미국의 색채연구가 먼셀이 창안한 것으로 색상, 명도, 채도의 3속성에 의해 기술한 표색계
- 색의 3속성이 다른 색표를 순서에 따라 배열하여 일련의 수치를 할당하여 H V/C의 형식으로 표시
- 무채색의 경우 기호 N을 부가하여 명도 숫자로 표시한다.

① 먼셀 표색계
② 오스트발트 표색계
③ 2차원 표색계
④ 3차원 표색계

45 복층형 아파트에 대한 설명으로 옳지 않은 것은?
① 프라이버시의 확보가 용이하다.
② 엘리베이터의 정지층수를 적게 할 수 있다.
③ 단위 주거의 평면 계획에 변화를 줄 수 없다.
④ 복도가 없는 층은 남북면이 모두 외기에 면할 수 있다.

46 경사지를 적절하게 이용할 수 있으며, 각 호마다 전용의 정원을 갖는 주택 형식은?
① town house
② row house
③ courtyard house
④ terrace house

47 복사난방 방식에 대한 설명 중 옳지 않은 것은?
① 실내의 온도 분포가 균등하고 쾌감도가 높다.
② 방이 개방 상태인 경우에도 난방 효과가 있다.
③ 방열기 설치 면적이 크므로, 바닥면의 이용도가 낮다.
④ 시공, 수리와 방의 모양을 바꿀 때 불편하며, 매설배관이 고장 났을 때 발견하기 어렵다.

48 건축원리의 3대 요소 중 견실, 견고, 축조, 논리에 대한 개념이 내포되어 있는 것은?
① 구조   ② 형태
③ 기능   ④ 환경

49 주택계획에서 다이닝 키친(Dining Kitchen)에 관한 설명으로 옳지 않은 것은?
① 공간 활용도가 높다.
② 주부의 동선이 단축된다.
③ 소규모 주택에 적합하다.
④ 거실의 한 쪽에 식탁을 꾸며 놓는 것이다.

50 실내공기의 오염의 척도가 되는 것은?
① 이산화탄소량   ② 일산화탄소량
③ 먼지량   ④ 냄새

51 계단식으로 된 컨베이어로서, 일반적으로 30° 이하의 기울기를 가지는 트러스에 발판을 부착시켜 레일로 지지한 구조체를 무엇이라 하는가?
① 엘리베이터   ② HA 시스템
③ 이동보도   ④ 에스컬레이터

52 건축제도에서 사용되는 글자에 관한 설명 중 옳지 않은 것은?
① 숫자는 아라비아 숫자를 원칙으로 한다.
② 문장은 왼쪽에서부터 가로쓰기를 원칙으로 한다.
③ 글자체는 수직 또는 15° 경사의 명조체로 쓰는 것을 원칙으로 한다.
④ 글자의 크기는 각 도면의 상황에 맞추어 알아보기 쉬운 크기로 한다.

53 국소식 급탕방식에 관한 설명으로 옳지 않은 것은?
① 급탕개소마다 가열기의 설치 스페이스가

필요하다.
② 급탕개소가 적은 비교적 소규모의 건물에 채용된다.
③ 급탕배관의 길이가 길어 배관으로부터의 열손실이 크다.
④ 용도에 따라 필요한 개소에서 필요한 온도의 탕을 비교적 간단하게 얻을 수 있다.

54 건축제도에서 불규칙한 곡선을 그릴 때 사용하는 제도 용구는?
① 삼각자   ② 자유곡선자
③ 지우개판 ④ 만능제도기

55 건축화 조명 중 밸런스(balance) 조명에 관한 설명으로 옳지 않은 것은?
① 창이나 벽의 커튼 상부에 부설된 조명이다.
② 하향 조명일 경우 벽이나 커튼을 강조하는 역할을 한다.
③ 천장고가 높지 않을 경우 상향 조명만 사용하는 것이 좋다.
④ 상향 조명일 경우 천장에 반사하는 간접 조명으로 전체 조명 역할을 한다.

56 건축법상 층수 산정의 원칙으로 옳지 않은 것은?
① 지하층은 건축물의 층수에 산입하지 않는다.
② 건축물이 부분에 따라 그 층수가 다른 경우에는 그 중 가장 많은 층수를 그 건축물의 층수로 본다.
③ 층의 구분이 명확하지 아니한 건축물은 그 건축물의 높이 4m마다 하나의 층으로 보고 그 층수를 산정한다.
④ 옥탑은 그 수평투영면적의 합계가 해당 건축물 건축면적의 3분의 1 이하인 경우 건축물의 층수에 산입하지 않는다.

57 건축물의 대지면적에 대한 연면적의 비율을 무엇이라고 하는가?
① 체적률   ② 건폐율
③ 입체률   ④ 용적률

58 다음 중 건축 도면에 사람을 그려 넣는 목적과 가장 거리가 먼 것은?
① 스케일감을 나타내기 위해
② 공간의 깊이와 높이를 나타내기 위해
③ 공간 내 질감을 나타내기 위해
④ 공간의 용도를 나타내기 위해

59 단독주택의 거실에 관한 설명으로 옳지 않은 것은?
① 현관과 직접 면하도록 배치하는 것이 좋다.
② 식당, 부엌과 가까운 곳에 배치하는 것이 좋다.
③ 평면의 한쪽 끝에 배치할 경우 통로의 면적 증대의 우려가 있다.
④ 거실의 규모는 가족 수, 가족구성, 전체 주택의 규모 등에 따라 결정된다.

60 압력탱크식 급수방식에 관한 설명 중 옳지 않은 것은?
① 탱크의 설치 위치에 제한을 받지 않는다.
② 소규모 급수에 적합하며 급수압이 항상 일정하다.
③ 국부적으로 고압을 필요로 하는 경우에 적합하다.
④ 취급이 곤란하며 다른 방식에 비해 고장이 많다.

CBT 복원문제

2023년 제1회

01 다음 중 철골부재접합에 대한 설명으로 옳지 않은 것은?
① 고장력 볼트는 상호부재의 마찰력으로 저항한다.
② 용접은 품질관리가 볼트보다 어렵다.
③ 메탈 터치(metal touch)는 기둥에서 각 부재면을 맞대는 접합방식이다.
④ 초음파 탐상법은 사용 방법과 판독이 어려워 거의 사용되지 않고 있다.

02 벤딩 모멘트나 전단력을 견디게 하기 위해 보 단부의 단면을 중앙부의 단면보다 증가시킨 부분은?
① 헌치(haunch) ② 주두(capital)
③ 스터럽(stirrup) ④ 후프(hoop)

03 단면이 40cm×60cm이고, 길이가 8m인 철근콘크리트 보의 중량은 얼마인가?
① 3.07t ② 3.46t
③ 4.03t ④ 4.6t

04 조립식 구조물(P.C)에 대하여 옳게 설명한 것은?
① 슬래브의 부재는 크고 무거워서 P.C로 생산이 불가능하다.
② 접합의 강성을 높이기 위하여 접합부는 공장에서 일체식으로 생산한다.
③ P.C는 현장 콘크리트 타설에 비해 결과물의 품질이 우수한 편이다.
④ P.C는 장비를 사용하므로 공사기간이 많이 소요된다.

05 목재의 이음과 맞춤을 할 때 주의해야 할 사항으로 옳지 않은 것은?
① 이음과 맞춤은 응력이 큰 곳에서 해야 한다.
② 맞춤면은 정확히 가공하여 서로 밀착되어 빈틈이 없게 한다.
③ 공작이 간단하고 튼튼한 접합을 선택하여야 한다.
④ 재는 될 수 있는 한 적게 깎아내어 약하게 되지 않도록 한다.

06 다음 중 철근의 정착길이의 결정 요인과 가장 관계가 먼 것은?
① 철근의 종류
② 콘크리트의 강도
③ 갈고리의 유무
④ 물-시멘트비

07 강구조 트러스에 대한 설명 중 옳지 않은 것은?
① 접합 시의 거싯 플레이트는 직사각형에 가까운 모양이 좋다.
② 지점의 중심선과 트러스 절점의 중심선은 가능한 한 일치시켜 편심 모멘트가 생기지 않도록 한다.
③ 현재란 수직으로 배치된 복재를 말한다.
④ 지점은 지지점이라고도 하며 트러스가 놓이는 점을 말한다.

08 다음 중 구조부재를 보호하는 방법으로 옳은 것은?
① 철근콘크리트 기둥의 파손을 방지하기

위하여 내부에 알루미늄을 삽입하였다.
② 서해대교 케이블의 보호를 위하여 염소를 발랐다.
③ 목조 지붕틀의 방식을 위하여 광명단을 칠했다.
④ 화재로부터 철골부재를 보호하기 위하여 내화뿜칠을 하였다.

09 목구조의 마루에 대한 설명 중 옳지 않은 것은?
① 1층 마루에는 동바리마루, 납작마루가 있다.
② 2층 마루 중 보마루는 보를 걸어 장선을 받게 하고 그 위에 마루널을 깐 것이다.
③ 동바리는 동바리돌 위에 수평재로 설치한다.
④ 동바리마루는 동바리돌, 동바리, 멍에, 장선 등으로 구성된다.

10 구조물에 작용하는 외력을 곡면판의 면내력으로 전달시키는 특성을 가진 구조는?
① 절판 구조
② 셸(shell) 구조
③ 현수 구조
④ 다이아그리드 구조

11 철근콘크리트 기둥에 관한 설명 중 옳지 않은 것은?
① 철근으로 보강된 콘크리트 기둥은 동일 단면의 무근콘크리트 기둥보다 수평력에 의한 휨에 유효하게 저항할 수 있다.
② 기둥에서는 축방향 철근이 주근이다.
③ 원형 기둥에서 나선형으로 둘러감은 철근을 나선철근이라 한다.
④ 각각 철근의 이음 위치는 동일 위치가

좋다.

12 콘크리트에서의 최소 피복 두께의 목적에 해당되지 않는 것은?
① 철근의 부식 방지
② 철근의 연성 감소
③ 철근의 내화
④ 철근의 부착

13 지붕 물매 중 되물매에 해당하는 물매는?
① 4cm 물매   ② 6cm 물매
③ 10cm 물매   ④ 12cm 물매

14 보강블록구조에 대한 설명으로 옳지 않은 것은?
① 내력벽의 양이 많을수록 횡력에 대항하는 힘이 커진다.
② 철근은 굵은 것을 조금 넣는 것보다 가는 것을 많이 넣는 것이 좋다.
③ 철근의 정착이음은 기초보와 테두리보에 둔다.
④ 내력벽의 벽량은 최소 $20cm/m^2$ 이상으로 한다.

15 울거미를 짜고 중간에 살을 25cm 이내 간격으로 배치하여 양면에 합판을 교착하여 만든 문은?
① 접문   ② 플러시문
③ 띠장문   ④ 양판문

16 콘크리트 공사에서의 최소 피복 두께에 관한 설명 중 옳지 않은 것은?
① 피복의 목적은 내구, 내화, 부착력 확보가 목적이다.
② 피복 두께란 콘크리트 표면에서 주근 중

심까지의 거리를 말한다.
③ 옥외의 공기나 흙에 직접 접하지 않는 콘크리트 기둥의 최소 피복 두께는 40mm이다.
④ 흙에 접하여 콘크리트를 친 후 영구히 흙에 묻혀 있는 콘크리트의 최소 피복 두께는 80mm이다.

17 다음 재해방지 성능상의 분류 중 지진에 의한 피해를 방지할 수 있는 구조는?
① 방화구조
② 내화구조
③ 방공구조
④ 내진구조

18 목구조에서 가새에 관한 설명 중 옳지 않은 것은?
① 가새의 경사는 45°에 가까울수록 유리하다.
② 가새는 수평력이 작용하는 방향에 따라 압축력 또는 인장력을 받는다.
③ 목조에서 가새는 철재의 사용을 금한다.
④ 가새는 대칭으로 배치하는 것이 구조내력상 유리하다.

19 철근콘크리트보에 관한 설명 중 옳지 않은 것은?
① 내민보는 연속보의 한 끝이나 지점에 고정된 보의 한 끝이 지지점에서 내밀어 달려있는 보이다.
② 단순보는 양단이 벽돌, 블록, 석조벽 등에 단순히 얹혀 있는 상태로 된 보이다.
③ 인장력에 대항하는 재축방향의 철근을 보의 주근이라 한다.
④ 단순보에서 늑근은 단부보다 중앙부에서 더 촘촘하게 배치한다.

20 건물의 외부보를 제외하고는 내부에는 보 없이 바닥판만으로 구성하고, 그 하중은 직접 기둥에 전달하는 구조는?
① 플랫 슬래브
② 장선 슬래브
③ 격자 슬래브
④ 1방향 슬래브

21 바닥재료를 타일로 마감할 때의 내용으로 옳지 않은 것은?
① 접착력을 높이기 위해 타일 뒷면에 요철을 만든다.
② 바닥 타일은 미끄럼 방지를 위해 유약을 사용하지 않는다.
③ 보통 클링커 타일은 외부 바닥용으로 사용한다.
④ 외장 타일은 내장 타일보다 강도가 약하고 흡수율이 높다.

22 난간벽, 돌림대, 창대, 주두 등에 장식용으로 사용되는 공동(空胴)의 대형 점토 제품은?
① 콘크리트
② 인조석
③ 테라조
④ 테라코타

23 유리와 같이 어떤 힘에 대한 작은 변형으로도 파괴되는 재료의 성질을 나타내는 용어는?
① 연성
② 전성
③ 취성
④ 탄성

24 다음 목재 중 침엽수에 속하는 것은?
① 참나무
② 느티나무
③ 벚나무
④ 전나무

25 다음 중 목재의 방부제로서 가장 부적절한 것은?
① 황산동 1%의 수용액

② 염화아연 3% 수용액
③ 수성 페인트
④ 크레오소트 오일

26 지하실이나 옥상 채광의 목적으로 많이 쓰이는 유리는?
① 프리즘 유리 ② 로이 유리
③ 유리블록   ④ 복층 유리

27 다음 중 혼합 시멘트에 해당하지 않는 것은?
① 고로 시멘트
② 플라이애시 시멘트
③ 포졸란 시멘트
④ 중용열 포틀랜드 시멘트

28 다음 합금의 구성 요소로 옳지 않은 것은?
① 황동=구리+아연
② 청동=구리+납
③ 포금=구리+주석+아연+납
④ 두랄루민=알루미늄+구리+마그네슘+망간

29 방수공사에 사용하는 아스팔트의 견고성 정도를 침의 관입저항으로 평가하는 방법은?
① 수축률   ② 침입도
③ 경도   ④ 갈라짐

30 포틀랜드 시멘트 제조 시 석고를 넣는 목적은 무엇인가?
① 응결시간 조절을 위해서
② 강도 증가를 위해서
③ 분말도를 높이기 위해서
④ 비중을 높이기 위해서

31 점토제품에서 SK의 번호는 무엇을 나타내는 것인가?
① 제품의 크기를 표시한다.
② 점토의 구성 성분을 표시한다.
③ 제품의 용도를 나타낸다.
④ 소성온도를 나타낸다.

32 밤에 빛을 비추면 잘 볼 수 있도록 도로표지판 등에 사용되는 도료는?
① 방화 도료   ② 에나멜 래커
③ 방청 도료   ④ 형광 도료

33 석회석이 변화되어 결정화한 것으로 실내 장식재 또는 조각재로 사용되는 것은?
① 대리석   ② 응회암
③ 사문암   ④ 안산암

34 콘크리트구조 바닥판 밑에 묻어 반자틀 등에 달아매고자 할 때 사용되는 철물은?
① 메탈라스   ② 논슬립
③ 인서트   ④ 앵커볼트

35 석고 보드에 대한 설명 중 옳지 않은 것은?
① 부식이 안 되고 충해를 받지 않는다.
② 팽창 및 수축의 변형이 크다.
③ 흡수로 인해 강도가 현저하게 저하된다.
④ 단열성이 높다.

36 콘크리트 배합 설계 시 물의 양은 $150L/m^3$, 시멘트의 양은 $100L/m^3$로 하였을 경우 물-시멘트비는? (단, 시멘트의 밀도는 $3.14g/cm^3$이다)
① 34%   ② 48%
③ 67%   ④ 85%

37 MDF의 특성에 관한 설명 중 옳지 않은 것은?
① 한번 고정철물을 사용한 곳에는 재시공이 어렵다.
② 천연목재보다 강도가 크고 변형이 적다.
③ 재질이 천연목재보다 균일하다.
④ 무게가 가볍고 습기에 강하다.

38 석재의 성인 분류에서 나머지 셋과 다른 하나는?
① 화강암 ② 안산암
③ 응회암 ④ 현무암

39 합성수지의 일반적인 성질에 대한 설명으로 옳지 않은 것은?
① 가소성, 가공성이 크다.
② 전성, 연성이 작다.
③ 탄성계수가 강재보다 작다.
④ 내열성, 내화성이 작다.

40 콘크리트의 크리프(creep)에 대한 설명으로 옳지 않은 것은?
① 시멘트량이 많을수록 크리프는 크다.
② 재하재령이 짧을수록 크리프는 크다.
③ 단위수량이 작을수록 크리프는 크다.
④ 하중이 클수록 크리프는 크다.

41 주택 욕실에 배치하는 세면기의 높이로 가장 적당한 것은?
① 600mm ② 750mm
③ 850mm ④ 900mm

42 소방대 전용 소화전인 송수구를 통하여 실내로 물을 공급하여 소화 활동을 하는 것으로, 지하층의 일반 화재 진압 등에 사용되는 소방시설은?
① 드렌처 설비
② 연결살수 설비
③ 스프링클러 설비
④ 옥외소화전 설비

43 다음 중 건축물의 계획 설계 시 내부적 요구 조건에 해당되는 것은?
① 규모 및 예산 ② 법규적인 제한
③ 이용상의 요구 ④ 기후적인 조건

44 주거공간을 주행동에 따라 개인공간, 사회공간, 노동공간 등으로 구분할 때, 다음 중 사회공간에 해당되지 않는 것은?
① 거실 ② 식당
③ 서재 ④ 응접실

45 다음 설명에 알맞은 대변기의 세정방식은?

- 소음이 크지만, 대변기의 연속사용이 가능하다.
- 사무실, 백화점 등 사용빈도가 많거나 일시적으로 많은 사람들이 연속하여 사용하는 경우 등에 적용된다.

① 세락식 ② 로 탱크식
③ 하이 탱크식 ④ 플러시 밸브식

46 직경 13mm의 이형철근을 200mm 간격으로 배치할 때 도면 표시방법으로 옳은 것은?
① D13 #200 ② D13 @200
③ φ13 #200 ④ φ13 @200

47 다음 중 철근콘크리트 줄기초 그리기에서 가장 먼저 이루어지는 작업은?
① 재료의 단면 표시를 한다.

② 기초 크기에 알맞게 축척을 정한다.
③ 단면선과 입면선을 구분하여 그린다.
④ 표제란을 작성하고 표시사항의 누락 여부를 확인한다.

48 다이닝 키친의 가장 큰 장점은?
① 공간을 많이 차지한다.
② 주부의 동선이 단축된다.
③ 휴식, 접대 장소로 유리하다.
④ 이상적인 식사 분위기 조성에 유리하다.

49 건축법상 건축물의 건축 · 대수선 · 용도 변경, 건축설비의 설치 또는 공작물의 축조에 관한 공사를 발주하거나 현장 관리인을 두어 스스로 그 공사를 하는 자로 정의되는 것은?
① 설계자 ② 건축주
③ 공사감리자 ④ 공사시공자

50 건축물의 묘사에 있어서 묘사 도구로 사용하는 연필에 관한 설명으로 옳지 않은 것은?
① 다양한 질감 표현이 가능하다.
② 밝고 어두움의 명암 표현이 불가능하다.
③ 지울 수 있으나 번지거나 더러워질 수 있다.
④ 심의 종류에 따라서 무른 것과 딱딱한 것으로 나누어진다.

51 전력 퓨즈에 관한 설명으로 옳지 않은 것은?
① 재투입이 불가능하다.
② 릴레이나 변성기가 필요하다.
③ 과전류에서 용단될 수도 있다.
④ 소형으로 큰 차단용량을 가졌다.

52 건축물의 묘사 및 표현에 관한 설명으로 옳지 않은 것은?

① 건축 도면에 사람을 그려 넣는 목적은 스케일감을 나타내기 위해서이다.
② 건축 도면에서 수목의 배치와 표현을 통해 건물 주변 대지의 성격을 나타낼 수 있다.
③ 여러 선에 의한 건축물의 표현 방법은 선의 간격을 달리함으로써 면과 입체를 결정한다.
④ 음영은 건축물의 입체적인 표현을 강조하기 위해 그려 넣는 것으로 실시설계도나 시공도에 주로 사용된다.

53 다음의 공기조화방식 중 전공기방식에 해당되지 않는 것은?
① 단일덕트방식
② 2중덕트방식
③ 팬코일 유닛방식
④ 멀티존 유닛방식

54 증기난방에 관한 설명으로 옳지 않은 것은?
① 예열시간이 온수난방에 비해 짧다.
② 난방의 쾌감도가 온수난방보다 높다.
③ 방열면적을 온수난방보다 작게 할 수 있다.
④ 증발잠열을 이용하기 때문에 열의 운반 능력이 크다.

55 주택의 동선계획에 관한 설명으로 옳지 않은 것은?
① 동선에는 개인의 동선과 가족의 동선 등이 있다.
② 상호 간에 상이한 유형의 동선은 명확히 분리하는 것이 좋다.
③ 가사노동의 동선은 되도록 북쪽에 오도록 하고 길게 처리하는 것이 좋다.

④ 수평 동선과 수직 동선으로 나누어 생각할 때 수평 동선은 복도 등이 부담한다고 볼 수 있다.

56 다음 중 구내 교환설비의 구성 요소와 관련이 없는 것은?
① 구내전화기　② 전력설비
③ 단자함　　　④ 안테나

57 배수트랩의 봉수 파괴 원인과 가장 거리가 먼 것은?
① 증발
② 통기 작용
③ 모세관 현상
④ 자기 사이펀 작용

58 주택의 색채 계획에 대한 설명 중 옳지 않은 것은?
① 건물의 외벽은 일반적으로 밝은 색으로 하는 것이 원칙이며, 부분적으로는 어두운 색을 써서 대비감을 주기도 한다.
② 현관의 색은 대체적으로 외부에서 들어오는 사람들이 서먹서먹한 기분이 들지 않도록 부드러운 엷은 색이 무난하다.
③ 응접실은 일반적으로 격조 있는 밝은 저채도의 색상을 기초로 하면 무난하다.
④ 거실 천장은 조명 효과를 고려할 경우에는 저명도의 색이 적당하다.

59 건축화 조명 중 밸런스(balance) 조명에 관한 설명으로 옳지 않은 것은?
① 창이나 벽의 커튼 상부에 부설된 조명이다.
② 천장고가 높지 않을 경우 상향 조명만 사용하는 것이 좋다.
③ 소파가 위치한 벽면에 설치하면 소파에서의 독서에 도움을 준다.
④ 상향 조명의 경우 천장에 반사하는 간접 조명으로 전체 조명 역할을 한다.

60 건축형태의 구성 원리 중 건축물에서 공통되는 요소에 의해 전체를 일관되게 보이도록 하는 것은?
① 리듬　　　② 통일
③ 대칭　　　④ 조화

2023년 제2회

01 문꼴을 보기 좋게 만드는 동시에 주위벽의 마무림을 잘하기 위하여 둘러대는 누름대를 무엇이라 하는가?
① 문선 ② 풍소란
③ 가새 ④ 인방

02 다음 각 구조에 관한 설명 중 틀린 것은?
① 벽돌구조는 지진력과 같은 횡력에 취약한 단점이 있다.
② 목구조는 지진력에 비교적 강하나 변형, 부패되기 쉽다.
③ 철골구조는 내화적, 내구적이지만 철근콘크리트 구조에 비하여 자체중량이 크다.
④ 철근콘크리트 구조는 내구적이나 시공의 정밀도가 요구되며 기후에 영향을 받는다.

03 다음 중 열의 차단으로 더위를 막기 위해 축조된 구조는?
① 방서 구조 ② 방한 구조
③ 방충 구조 ④ 방청 구조

04 홈통의 구성 요소 중 처마홈통 낙수구 또는 깔때기홈통을 받아 선홈통에 연결하는 것은?
① 장식통 ② 처마홈통
③ 상자홈통 ④ 안홈통

05 철골공사 시 바닥 슬래브를 타설하기 전에, 철골보 위에 설치하여 바닥판 등으로 사용하는 절곡된 얇은 판의 부재는?
① 윙플레이트
② 데크플레이트
③ 베이스플레이트
④ 메탈라스

06 콘크리트 슬래브와 철골보를 전단 연결재(shear connector)로 연결하여 외력에 대한 구조체의 거동을 일체화시킨 구조의 명칭은?
① 허니컴보 ② 래티스보
③ 플레이트 거더 ④ 합성보

07 벽돌벽 줄눈에서 상부의 하중을 전 벽면에 균등하게 분포시키도록 하는 줄눈은?
① 빗줄눈 ② 막힌줄눈
③ 통줄눈 ④ 오목줄눈

08 왕대공 지붕틀에 사용되는 부재와 보강철물의 연결이 옳은 것은?
① ㅅ자보와 평보-볼트
② ㅅ자보와 달대공-듀벨
③ ㅅ자보와 왕대공-감잡이쇠
④ 왕대공과 평보-띠쇠

09 다음 중 지붕의 빗물을 지상으로 유도하기 위해 설치하는 것은?
① 아스팔트 루핑 ② 선홈통
③ 기와 ④ 석면 슬레이트

10 철골구조에서 판보(plate girder) 구성재와 가장 거리가 먼 것은?
① 플랜지(flange)
② 웹플레이트(web plate)
③ 스티프너(stiffener)
④ 래티스(lattice)

11 철근콘크리트보에서 압축철근을 사용하는 이유와 가장 거리가 먼 것은?
① 전단내력 증진
② 장기처짐 감소
③ 연성거동 증진
④ 늑근의 설치 용이

12 철근콘크리트보에서 전단력을 보강하여 보의 주근 주위에 둘러감은 철근은?
① 띠철근　　② 스터럽
③ 벤트근　　④ 배력근

13 목조 양식 지붕틀의 기둥 상부를 연결하여 지붕틀의 하중을 기둥에 전달하는 부재로 크기는 기둥 단면과 같게 하는 것은?
① 층도리　　② 처마도리
③ 깔도리　　④ 토대

14 다음 중 아치(Arch)에 대한 설명으로 옳지 않은 것은?
① 조적벽체의 출입문 상부에서 버팀대 역할을 한다.
② 아치 내에는 압축력만 작용한다.
③ 아치 벽돌을 특별히 주문 제작하여 쓴 것을 층두리 아치라 한다.
④ 아치의 종류에는 평 아치, 반원 아치, 결원 아치 등이 있다.

15 다음 중 철근콘크리트 구조의 내진벽에 관한 설명으로 옳지 않은 것은?
① 내진벽은 수평 하중에 대하여 저항할 수 있도록 설계된 벽체이다.
② 평면상으로 둘 이상의 교점을 가지도록 배치한다.
③ 하중을 벽체가 고르게 부담할 수 있도록 배치한다.
④ 내진벽은 상부층에 많이 배치하는 것이 바람직하다.

16 미서기창호에 사용되는 철물과 관계가 없는 것은?
① 레일　　　　② 경첩
③ 오목 손잡이　④ 꽂이쇠

17 PC(Precast Concrete) 공법의 장·단점에 대한 설명으로 틀린 것은?
① 초기 시설투자비가 적게 든다.
② 기후변화에 영향을 적게 받는다.
③ 설계상의 제약이 따른다.
④ 기계화, 자동화에 의해 품질이 향상된다.

18 그림과 같은 왕대공 지붕틀의 ◎표의 부재가 일반적으로 받는 힘의 종류는?

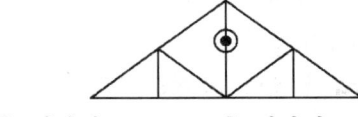

① 인장력　　② 전단력
③ 압축력　　④ 비틀림 모멘트

19 목조 왕대공 지붕틀의 구성 부재와 관련 없는 것은?
① 빗대공　　② 우미량
③ ㅅ자보　　④ 달대공

20 철근콘크리트 구조에서 휨모멘트가 커서 보의 단부 아래쪽으로 단면을 크게 한 것은?
① T형보　　② 지중보
③ 플랫 슬래브　④ 헌치

21 목재의 건조방법에는 자연건조법과 인공건조

법이 있는데 다음 중 자연건조법에 해당하는 것은?
① 증기 건조법 ② 침수 건조법
③ 진공 건조법 ④ 고주파 건조법

22 각종 금속제품에 대한 설명으로 틀린 것은?
① 메탈라스는 금속제 창호로서 내화성, 수밀성, 기밀성이 있다.
② 와이어라스는 아연도금한 연강선을 마름모꼴, 갑형, 둥근형 등으로 한 미장 바탕용 철망이다.
③ 펀칭메탈은 금속판에 무늬 구멍을 낸 것으로 환기구, 각종 커버 등에 쓰인다.
④ 논슬립은 계단 모서리 끝부분의 보강 및 미끄럼막이를 목적으로 사용한다.

23 FRP는 어떤 합성수지의 성형품인가?
① 요소 수지
② 페놀 수지
③ 멜라민 수지
④ 불포화 폴리에스테르 수지

24 콘크리트의 슬럼프 시험에 관한 설명 중 옳지 않은 것은?
① 콘크리트의 컨시스턴시를 측정하는 방법이다.
② 콘크리트를 슬럼프콘에 3회에 나누어 규정된 방법으로 다져서 채운다.
③ 묽은 콘크리트일수록 슬럼프값은 작다.
④ 콘크리트가 일정한 모양으로 변형하지 않았을 때에는 슬럼프 시험을 적용할 수 없다.

25 포틀랜드 시멘트 클링커에 용광로로부터 나온 슬래그를 급랭한 급랭 슬래그를 혼합하여 이에 응결시간 조정용 석고를 혼합하여 분쇄한 것으로 수화열량이 적어 매스 콘크리트용으로 사용할 수 있는 시멘트는?
① 백색 포틀랜드 시멘트
② 조강 포틀랜드 시멘트
③ 고로 시멘트
④ 알루미나 시멘트

26 콘크리트에 대한 설명으로 옳은 것은?
① 현대건축에서는 구조용 재료로 거의 사용하지 않는다.
② 압축강도는 크지만 내화성이 약하다.
③ 철근, 철골 등의 재료와 부착성이 우수하다.
④ 타재료에 비해 인장강도가 크다.

27 목재를 벌목하기에 가장 적당한 계절은?
① 봄   ② 여름
③ 가을 ④ 겨울

28 이형철근에서 표면에 마디를 만드는 이유로 가장 알맞은 것은?
① 부착강도를 높이기 위해
② 인장강도를 높이기 위해
③ 압축강도를 높이기 위해
④ 항복점을 높이기 위해

29 방청도료에 사용되는 안료로서 부적합한 것은?
① 크롬산아연 ② 연단
③ 산화철   ④ 티탄백

30 판유리의 성분 중 구성 비율이 가장 큰 것은?
① Fe_2O_3 ② CaO
③ MgO ④ SiO_2

31 무수석고가 주재료이며 경화한 것은 강도와 표면 경도가 큰 재료로서 킨즈 시멘트라고도 불리는 것은?
① 돌로마이트 플라스터
② 질석 모르타르
③ 경석고 플라스터
④ 순석고 플라스터

32 시멘트 창고 설치에 대한 설명 중 옳지 않은 것은?
① 시멘트는 지상 30cm 이상 되는 마루 위에 적재해야 한다.
② 시멘트는 13포 이상 쌓지 않도록 한다.
③ 주위에는 배수구를 설치한다.
④ 시멘트의 환기를 위한 창문을 크게 설치한다.

33 다음 중 유성 페인트의 특징으로 옳지 않은 것은?
① 주성분은 보일유와 안료이다.
② 광택을 좋게 하기 위하여 바니시를 가하기도 한다.
③ 수성 페인트에 비해 건조시간이 오래 걸린다.
④ 콘크리트면에 가장 적합한 도료이다.

34 콘크리트 슬래브에 묻어 천장 달대를 고정시키는 철물은?
① 인서트   ② 와이어 라스
③ 크레센트   ④ 듀벨

35 다음 중 콘크리트의 시공연도 시험법으로 주로 쓰이는 것은?
① 슬럼프 시험   ② 낙하 시험
③ 체가름 시험   ④ 표준관입시험

36 강화유리에 관한 설명으로 틀린 것은?
① 유리 표면에 강한 압축응력층을 만들어 파괴강도를 증가시킨 것이다.
② 강도는 플로트 판유리에 비해 3~5배 정도이다.
③ 주토 출입문이나 계단 난간, 안전성이 요구되는 칸막이 등에 사용된다.
④ 깨어질 때는 판유리 전체가 파편으로 잘게 부서지지 않는다.

37 청동에 대한 설명으로 옳지 않은 것은?
① 구리와 주석과의 합금이다.
② 황동보다 내식성이 작으며 주조하기가 어렵다.
③ 청동에 속하는 포금은 약간의 아연, 납을 포함한 구리합금이다.
④ 표면은 특유의 아름다운 청록색으로 되어 있어 장식철물, 공예재료 등에 많이 쓰인다.

38 테라코타(Terra cotta)에 대한 설명으로 옳지 않은 것은?
① 공동의 대형 점토제품이다.
② 대부분의 경우는 시유하지 않으며 구조용으로 사용할 수 없다.
③ 건물의 패러핏, 주두 등의 장식에 사용된다.
④ 원료토는 주로 석기질 점토나 상당히 철분이 많은 점토를 사용한다.

39 목부 바탕에 바탕칠을 한 다음 재벌칠의 흡수를 방지하기 위하여 쓰이는 것은?
① 끝손질 래커   ② 래커 에나멜
③ 우드 실러   ④ 녹막이 페인트

40 다공질 벽돌에 대한 설명으로 옳지 않은 것은?
① 원료인 점토에 탄가루와 톱밥, 겨 등의 유기질 가루를 혼합하여 성형, 소성한 것이다.
② 비중이 1.2~1.5 정도인 경량 벽돌이다.
③ 단열 및 방음성이 좋으나 강도는 약하다.
④ 톱질과 못박기가 어렵다.

41 부엌 가구의 배치 유형 중 양쪽 벽면에 작업대가 마주보도록 배치한 것으로 부엌의 폭이 길이에 비해 넓은 부엌의 형태에 적당한 것은?
① 일자형   ② L자형
③ 병렬형   ④ 아일랜드형

42 주택의 침실계획에 관한 설명으로 옳지 않은 것은?
① 침대의 측면은 외벽에 붙이는 것이 이상적이다.
② 침대 배치는 실의 크기와 침대와의 균형, 통로 부분의 확보 등을 고려한다.
③ 침대 하부(머리부분의 반대편)는 통행에 불편하지 않도록 여유공간을 두는 것이 좋다.
④ 침대의 머리부분(head)에 조명기구를 둘 경우 빛이 눈에 직접 들어오지 않도록 한다.

43 다음 중 주택 현관의 위치를 결정하는 데 가장 큰 영향을 끼치는 것은?
① 현관의 크기   ② 대지의 방위
③ 대지의 크기   ④ 도로와의 관계

44 다음 설명에 알맞은 주택의 실 구성 형식은?

- 소규모 주택에서 많이 사용된다.
- 거실 내에 부엌과 식사실을 설치한 것이다.
- 실을 효율적으로 이용할 수 있다.

① K형   ② DK형
③ LD형   ④ LDK형

45 기초 평면도의 표현 내용에 해당하지 않는 것은?
① 반자 높이
② 바닥 재료
③ 동바리 마루 구조
④ 각 실의 바닥 구조

46 우리나라의 한옥에 관한 설명으로 옳지 않은 것은?
① 창과 문은 좌식생활에 따른 인체치수를 고려하여 만들어졌다.
② 기단을 높여 통풍이 잘 되도록 하여 땅의 습기를 제거하였다.
③ 미닫이문, 들문 등의 사용으로 내부공간의 융통성을 도모하였다.
④ 남부지방의 경우 겨울철 난방을 고려하여 기밀하고 폐쇄적인 내부공간구성으로 계획하였다.

47 건축물과 관련된 각종 배경의 표현 방법으로 가장 알맞은 것은?
① 배경을 다양하게 표현한다.
② 표현은 항상 섬세하게 하도록 한다.
③ 건물을 이해할 수 있도록 배경을 다소 크게 표현한다.
④ 건물보다 앞쪽의 배경은 사실적으로, 뒤쪽의 배경은 단순하게 표현한다.

48 투상도 중 화면에 수직인 평행 투사선에 의해 물체를 투상하는 것은?
① 정투상도　② 등각투상도
③ 경사투상도　④ 부등각투상도

49 창호의 재질별 기호가 옳지 않은 것은?
① W : 목재
② SS : 강철
③ P : 합성수지
④ A : 알루미늄 합금

50 건축법령상 건축면적에 해당하는 것은?
① 대지의 수평투영면적
② 6층 이상의 거실면적의 합계
③ 하나의 건축물 각 층의 바닥면적의 합계
④ 건축물의 외벽의 중심선으로 둘러싸인 부분의 수평투영면적

51 다음 중 수납공간의 크기 결정 요소와 가장 관계가 먼 것은?
① 수납되는 물건의 크기
② 실내 공간의 치수
③ 꺼내는 동작
④ 사용 빈도

52 온열지표 중 하나인 유효온도(실감온도)와 가장 관계가 먼 것은?
① 기온　② 복사열
③ 습도　④ 기류

53 다음 중 건축법상 "건축"에 속하지 않는 것은?
① 재축　② 증축
③ 이전　④ 대수선

54 실제 길이가 16m인 직선을 축척이 1/200인 도면에 표현할 경우, 직선의 도면 길이는?
① 0.8mm　② 8mm
③ 80mm　④ 800mm

55 어떤 하나의 색상에서 무채색의 포함량이 가장 적은 색은?
① 명색　② 순색
③ 탁색　④ 암색

56 건축물의 층수 산정 시, 층의 구분이 명확하지 아니한 건축물의 경우, 그 건축물의 높이 얼마마다 하나의 층으로 보는가?
① 2m　② 3m
③ 4m　④ 5m

57 벽과 같은 고체를 통하여 고체 양쪽의 유체에서 유체로 열이 전해지는 현상은?
① 열복사　② 열대류
③ 열관류　④ 열전도

58 중앙식 급탕법 중 간접가열식에 관한 설명으로 옳지 않은 것은?
① 열효율이 직접가열식에 비해 높다.
② 고압용 보일러를 반드시 사용할 필요는 없다.
③ 일반적으로 규모가 큰 건물의 급탕에 사용된다.
④ 가열보일러는 난방용 보일러와 겸용할 수 있다.

59 복사난방의 특징이 아닌 것은?
① 수증기의 잠열로 난방하고, 응축수는 환수관을 통하여 보일러에 환수된다.

② 실내의 온도 분포가 균등하고 먼지 상승을 억제하여 쾌감도가 높다.
③ 방열기가 필요 없고 바닥면의 이용도가 높다.
④ 표면 균열 및 매설배관 이상 시 수리 등의 변경이 곤란하고, 특수시공을 해야 한다.

60 배수설비에 사용되는 포집기 중 레스토랑의 주방 등에서 배출되는 배수 중의 유지분을 포집하는 것은?
① 오일 포집기
② 헤어 포집기
③ 그리스 포집기
④ 플라스터 포집기

CBT 복원문제
2023년 제3회

01 다음 그림은 케이블을 이용한 구조시스템 중 하나이다. 서해대교에서 볼 수 있는, 그림과 같은 다리의 구조 형식을 무엇이라 하는가?

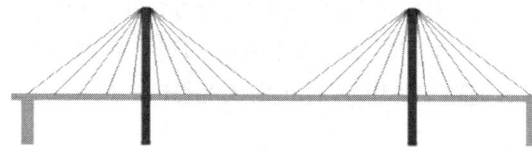

① 현수교　　② 사장교
③ 아치교　　④ 게르버교

02 경량 철골조의 특성에 대한 설명으로 틀린 것은?
① 주택, 간이 창고 등 소규모의 구조물에 쓰인다.
② 비틀림에 대한 저항이 강관구조에 비해 강하다.
③ 가공, 조립이 용이한 편이다.
④ 경량 철골재의 접합은 볼트접합, 용접접합으로 한다.

03 목재 왕대공 지붕틀에서 압축력과 휨모멘트를 동시에 받는 부재는?
① ㅅ자보　　② 빗대공
③ 평보　　　④ 중도리

04 다음 중 철골구조에서 H자 형강보의 플랜지 부분에 커버 플레이트를 사용하는 가장 주된 목적은?
① H형강의 부식을 방지하기 위해서
② 집중하중에 의한 전단력을 감소시키기 위해서
③ 덕트 배관 등에 사용할 수 있는 개구부분을 확보하기 위해서
④ 휨내력의 부족을 보충하기 위해서

05 철근콘크리트보의 늑근에 대한 설명 중 옳지 않은 것은?
① 전단력에 저항하는 철근이다.
② 중앙부로 갈수록 조밀하게 배치한다.
③ 굽힘철근의 유무에 관계없이 전단력의 분포에 따라 배치한다.
④ 계산상 필요 없을 때라도 사용한다.

06 블록구조에 관한 설명으로 옳지 않은 것은?
① 블록구조는 지진 등과 같은 수평력에 약하지만, 보강철근을 사용하면 수평력에 견딜 수 있는 힘이 증가한다.
② 보강블록조는 뼈대를 철근콘크리트구조나 철골구조로 하고 칸막이벽으로서 블록을 쌓는 방식이다.
③ 거푸집블록조는 살두께가 얇고 속이 비어 있는 ㄱ자형, ㄷ자형, T자형, ㅁ자형으로 블록에 철근을 배근하여 콘크리트를 채워 벽체를 만드는 방식이다.
④ 내력벽으로 둘러싸인 부분의 바닥면적은 $80m^2$를 넘지 않도록 한다.

07 트러스 구조에 대한 설명으로 옳지 않은 것은?
① 지점의 중심선과 트러스 절점의 중심선은 가능한 한 일치시킨다.
② 항상 인장력을 받는 경사재의 단면이 가장 크다.
③ 트러스의 부재 중에는 응력을 거의 받지

않는 경우도 생긴다.
④ 트러스 부재의 절점은 핀접합으로 본다.

08 막구조 중 막의 무게를 케이블로 지지하는 구조는?
① 골조막구조
② 현수막구조
③ 공기막구조
④ 하이브리드 막구조

09 다음과 같은 플랫 트러스에서 각각의 부재에 작용하는 응력이 옳지 않은 것은?

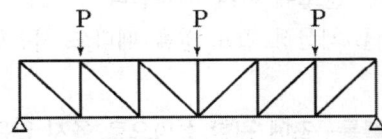

① 상현재-압축응력
② 경사재-인장응력
③ 하현재-인장응력
④ 수직재-인장응력

10 구조물의 지점의 종류 중 이동과 회전이 불가능한 지점상태로 반력은 수평반력과 수직반력 그리고 모멘트 반력이 생기는 것은?
① 회전절점   ② 이동지점
③ 회전지점   ④ 고정지점

11 4변으로 지지되는 슬래브로서 서로 직각되는 두 방향으로 주철근을 배치하는 슬래브는?
① 1방향 슬래브
② 2방향 슬래브
③ 데크 플레이트 슬래브
④ 캐피탈

12 조적조 공간벽의 외부에서 보이는 벽에 많이 쓰이는 조적방법은?
① 길이쌓기   ② 마구리쌓기
③ 옆세워쌓기 ④ 세워쌓기

13 라멘 구조에 대한 설명으로 옳지 않은 것은?
① 예로는 철근콘크리트 구조가 있다.
② 기둥과 보의 절점이 강접합되어 있다.
③ 기둥과 보에 휨응력이 발생하지 않는다.
④ 내부 벽의 설치가 자유롭다.

14 장방형 슬래브에서 단변 방향으로 배치하는 인장 철근의 명칭은?
① 늑근   ② 온도철근
③ 주근   ④ 배력근

15 창문이나 출입문 등의 문골 위에 걸쳐 대어 상부에서 오는 하중을 받는 수평재는?
① 창쌤돌   ② 창대돌
③ 문지방돌   ④ 인방돌

16 철근콘크리트 구조에서 철근의 피복 두께를 가장 크게 해야 할 곳은?
① 기둥   ② 보
③ 기초   ④ 계단

17 다음 중 습식 구조와 가장 거리가 먼 것은?
① 목구조
② 철근콘크리트 구조
③ 블록구조
④ 벽돌구조

18 바닥판의 주근을 연결하고 콘크리트의 수축, 온도변화에 의한 열응력에 따른 균열을 방지하는데 유효한 철근을 무엇이라 하는가?

① 굽힘 철근　② 늑근
③ 띠철근　　　④ 배력근

19 다음 중 철계단에 대한 설명으로 옳지 않은 것은?
① 피난계단에 적당하다.
② 철계단의 접합은 보통 볼트조임, 용접 등으로 한다.
③ 철골구조라 진동에 유리하다.
④ 공장, 창고 등에 널리 사용된다.

20 건물의 기초 전체를 하나의 판으로 구성한 기초는?
① 줄기초　　② 독립기초
③ 복합기초　④ 온통기초

21 멜라민 수지 접착제는 어떤 재료의 접착에 적당한가?
① 목재　② 금속
③ 고무　④ 유리

22 목재 방부제 중 방부성은 좋으나 목질부를 약화시켜 전기전도율이 증가되고 비내구성인 수용성 방부제는?
① 황산동 1% 용액
② 염화 제2수은 1% 용액
③ 불화소다 2% 용액
④ 염화아연 4% 용액

23 다음 중 재료와 그 사용 용도의 연결이 옳지 않은 것은?
① 테라조-벽, 바닥의 수장재
② 트래버틴-내벽 등의 수장재
③ 타일-내외벽, 바닥의 수장재
④ 테라코타-흡음재

24 길이 5m인 생나무가 전건상태에서 길이가 4.5m로 되었다면 수축률은 얼마인가?
① 6%　② 10%
③ 12%　④ 14%

25 벽 또는 천장 재료에 요구되는 성질과 가장 거리가 먼 것은?
① 열전도율이 커야 한다.
② 외관이 아름다워야 한다.
③ 가공성이 용이해야 한다.
④ 방음 성능이 좋아야 한다.

26 염분이 섞인 모래를 사용한 철근콘크리트에서 가장 염려되는 현상은?
① 건조 수축　② 철근 부식
③ 슬럼프　　　④ 동해

27 석재의 표면마감 방법이 나머지 셋과 다른 것은?
① 정다듬　　② 혹두기
③ 버너마감　④ 도드락다듬

28 연강 철선을 전기용접하여 정방형 또는 장방형으로 만든 것으로 블록을 쌓을 때나 보호콘크리트를 타설할 때 사용하며 균열을 방지하고 교차 부분을 보강하기 위해 사용하는 금속제품은?
① 와이어로프　② 코너비드
③ 와이어메시　④ 메탈폼

29 시멘트의 강도에 영향을 주는 주요 요인이 아닌 것은?
① 분말도
② 비빔장소

③ 풍화 정도
④ 사용하는 물의 양

30 타일시공 후 압착이 충분하지 않는 경우 등으로 타일이 떨어지는 현상을 무엇이라 하는가?
① 백화현상   ② 박리현상
③ 소성현상   ④ 동해현상

31 한중 또는 수중, 긴급공사를 시공할 때 가장 적합한 시멘트는?
① 보통 포틀랜드 시멘트
② 중용열 포틀랜드 시멘트
③ 백색 포틀랜드 시멘트
④ 조강 포틀랜드 시멘트

32 다음 금속재료 중 X선 차단성이 가장 큰 것은?
① 납   ② 구리
③ 철   ④ 아연

33 철근콘크리트의 특성에 대한 설명 중 옳지 않은 것은?
① 콘크리트는 습기를 흡수하면 팽창하고 건조하면 수축한다.
② 콘크리트의 인장강도는 압축강도의 1/2 정도이다.
③ 철근과 콘크리트의 열팽창계수는 거의 같다.
④ 철근의 피복두께를 크게 하면 철근콘크리트의 내구성은 증대된다.

34 재료의 응력-변형도 관계에서 가해진 외부의 힘을 제거하였을 때 잔류변형 없이 원형으로 되돌아오는 경계점은?
① 인장강도점   ② 탄성한계점
③ 상위항복점   ④ 하위항복점

35 목재의 절대건조비중이 0.3일 때 이 목재의 공극률은?
① 약 80.5%   ② 약 78.7%
③ 약 58.3%   ④ 약 52.6%

36 다음 각 석재의 용도로 옳지 않은 것은?
① 트래버틴-특수실내장식재
② 응회암-구조재
③ 점판암-지붕재
④ 대리석-장식재

37 포졸란(pozzolan)을 사용한 콘크리트의 특징 중 옳지 않은 것은?
① 수밀성이 높아진다.
② 수화 발열량이 적어진다.
③ 경화작용이 늦어지므로 조기 강도가 낮아진다.
④ 블리딩이 증가된다.

38 다음 중 시공현장에서 절단 가공할 수 없는 유리는?
① 보통판유리   ② 무늬유리
③ 망입유리   ④ 강화유리

39 한국산업표준(KS)의 분류 기호 중 건축을 나타내는 것은?
① K   ② W
③ E   ④ F

40 다음 각 도료에 관한 설명으로 옳지 않은 것은?
① 유성페인트는 바탕의 재질을 감춰 버

린다.
② 에나멜페인트의 도막은 견고하고 광택이 좋다.
③ 광명단은 금속의 방화도료로서 가장 좋다.
④ 바니시는 바탕의 재질감을 그대로 표현한다.

41 스킵플로어형 공동주택에 관한 설명으로 옳지 않은 것은?
① 구조 및 설비계획이 용이하다.
② 주택 내의 공간의 변화가 있다.
③ 통풍·채광의 확보가 용이하다.
④ 엘리베이터의 효율적 운행이 가능하다.

42 건축화 조명 중 코브(cove) 조명에 관한 설명으로 옳은 것은?
① 광원을 넓은 면적의 벽면에 매입하여 비스타(vista)적인 효과를 낼 수 있다.
② 벽면의 상부에 위치하여 모든 빛이 아래로 직사하도록 하는 직접조명방식이다.
③ 천장, 벽의 구조체에 의해 광원의 빛이 천장 또는 벽면으로 가려지게 하여 반사광으로 간접조명하는 방식이다.
④ 건축구조체로 천장에 조명기구를 설치하고 그 밑에 루버나 유리, 플라스틱 같은 확산 투과판으로 천장을 마감 처리하여 설치하는 조명방식이다.

43 건축제도에서 선긋기에 관한 설명으로 옳지 않은 것은?
① 한번 그은 선은 중복해서 긋지 않는다.
② 굵은 선의 굵기는 0.8mm 정도가 적당하다.
③ 시작부터 끝까지 일정한 힘을 주어 일정한 속도로 긋는다.
④ 용도에 따른 선의 굵기는 축척과 도면의 크기에 관계없이 동일하게 한다.

44 건축물의 묘사와 표현 방법에 관한 설명으로 옳지 않은 것은?
① 일반적으로 건물의 그림자는 건물 표면의 그늘보다 밝게 표현한다.
② 윤곽선을 강하게 묘사하면 공간상의 입체를 돋보이게 하는 효과가 있다.
③ 각종 배경 표현은 건물의 배경이나 스케일, 그리고 용도를 나타내는 데 꼭 필요할 때만 적당히 표현한다.
④ 그늘과 그림자는 물체의 위치, 보는 사람의 위치, 빛의 방향, 그림자가 비칠 바닥의 형태에 의하여 표현을 달리한다.

45 삼각스케일에 표기되어 있는 축척이 아닌 것은?
① 1/100   ② 1/300
③ 1/500   ④ 1/800

46 실내 공기오염도의 종합적 지표로서 이용되는 오염물질은?
① 산소   ② 질소
③ 이산화탄소 ④ 아황산가스

47 지각적으로는 구조적 높이감을 주며 심리적으로는 상승감, 존엄감의 느낌을 주는 선의 종류는?
① 사선   ② 곡선
③ 수직선   ④ 수평선

48 다음 도면에서 A가 가리키는 선의 종류로 옳은 것은?

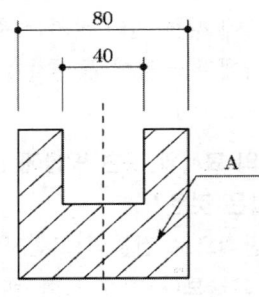

① 중심선 ② 해칭선
③ 절단선 ④ 가상선

49 그림과 같은 벽돌조 단면에서 "가" 부재의 명칭은?

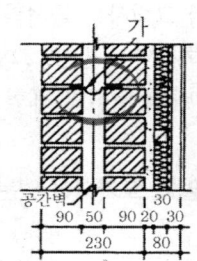

① 듀벨 ② 늑근
③ 스터럽 ④ 긴결철물

50 색의 3속성 중 명도의 의미는?
① 색의 이름
② 색의 맑고 탁함의 정도
③ 색의 밝고 어두움의 정도
④ 색의 순도

51 압력탱크식 급수방법에 관한 설명으로 옳은 것은?
① 급수 공급 압력이 일정하다.
② 정전 시에도 급수가 가능하다.
③ 단수 시에 일정량의 급수가 가능하다.
④ 위생성 측면에서 가장 바람직한 방법이다.

52 A2 제도지의 도면에 테두리를 만들 때 여백을 최소한 얼마나 두어야 하는가? (단, 도면을 묶지 않을 경우)
① 5mm ② 10mm
③ 15mm ④ 20mm

53 다음 중 건축물의 평면 계획 시 고려하여야 할 사항으로 가장 중요한 것은?
① 주위 환경과의 조화
② 경제적인 구조체 설계
③ 각 실의 기능 만족 및 실의 배치
④ 명암, 색채, 질감의 요소를 고려한 마감 재료의 조화

54 다음 중 부엌에 설치하는 작업대의 높이로 가장 적절한 것은?
① 450mm ② 600mm
③ 850mm ④ 1000mm

55 액화석유가스(LPG)에 관한 설명으로 옳지 않은 것은?
① 공기보다 가볍다.
② 용기(bomb)에 넣을 수 있다.
③ 가스 절단 등 공업용으로도 사용된다.
④ 프로판 가스(propane gas)라고도 한다.

56 건물의 일조 조절을 위해 사용되는 것이 아닌 것은?
① 차양 ② 루버
③ 발코니 ④ 플랜지

57 기온·습도·기류의 3요소의 조합에 의한 실내 온열감각을 기온의 척도로 나타낸 것은?
① 유효온도 ② 작용온도

③ 등가온도   ④ 불쾌지수

58 증기난방 방식에 관한 설명으로 옳지 않은 것은?
① 예열시간이 온수난방에 비해 짧다.
② 온수난방에 비해 한랭지에서 동결의 우려가 적다.
③ 증발 잠열을 이용하기 때문에 열의 운반 능력이 크다.
④ 온수난방에 비해 부하 변동에 따른 방열량 조절이 용이하다.

59 주택의 식당 및 부엌에 관한 설명으로 옳지 않은 것은?
① 식당의 색채는 채도가 높은 한색계통이 바람직하다.
② 식당은 부엌과 거실의 중간 위치에 배치하는 것이 좋다.
③ 부엌의 작업대는 준비대 → 개수대 → 조리대 → 가열대 → 배선대의 순서로 배치한다.
④ 키친네트는 작업대 길이가 2m 정도인 소형 주방가구가 배치된 간이 부엌의 형태이다.

60 건축제도에서 석재의 재료 표시 기호(단면용)로 옳은 것은?

① 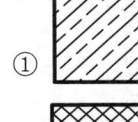   ②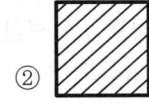

③ 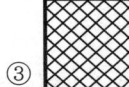   ④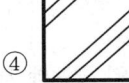

CBT 복원문제 — 2023년 제4회

01 신축 이음새(Expansion joint)를 설치해야 하는 위치와 가장 거리가 먼 것은?
① 기존 건물과의 접합부
② 저층의 긴 건물과 고층 건물의 접속부
③ 평면이 복잡한 부분에서의 교차부
④ 단면이 균일한 소규모 바닥판

02 열려진 여닫이문을 저절로 닫히게 하는 장치는?
① 문버팀쇠   ② 도어 스톱
③ 도어 체크   ④ 크레센트

03 목구조의 기둥에 관한 설명으로 옳지 않은 것은?
① 중층건물의 상·하층 기둥이 길게 한 재로 된 것을 토대라 한다.
② 활주는 추녀뿌리를 받친 기둥이고, 단면은 원형 또는 팔각형이 많다.
③ 심벽조는 기둥이 노출된 형식이다.
④ 기둥 몸이 밑둥에서부터 위로 올라가면서 점차 가늘게 된 것을 흘림기둥이라 한다.

04 철근콘크리트 압축부재에서 띠철근의 수직 간격을 결정하는데 직접적으로 관계가 없는 것은?
① 주근의 지름
② 띠철근의 지름
③ 골재의 지름
④ 기둥단면의 최소폭

05 길고 가느다란 부재가 압축하중이 증가함에 따라 부재의 길이에 직각 방향으로 변형하여 내력이 급격히 감소하는 현상을 무엇이라 하는가?
① 컬럼 쇼트닝   ② 응력 집중
③ 좌굴   ④ 비틀림

06 다음 중 반자구조의 구성부재가 아닌 것은?
① 반자돌림대   ② 달대
③ 토대   ④ 달대받이

07 건축구조의 구성 방식에 의한 분류 중 하나로, 구조체인 기둥과 보를 부재의 접합에 의해서 축조하는 방법으로, 뼈대를 삼각형으로 짜맞추면 안정한 구조체를 만들 수 있는 구조는?
① 가구식 구조   ② 캔틸레버 구조
③ 조적식 구조   ④ 습식 구조

08 구조 형식이 셸 구조인 건축물은?
① 잠실 종합운동장
② 파리 에펠탑
③ 서울 월드컵 경기장
④ 시드니 오페라 하우스

09 강구조의 조립보 중 웨브에 철판을 쓰고 상하부에 플랜지 철판을 용접하며, 커버플레이트나 스티프너로 보강하는 것은?
① 허니콤보   ② 래티스보
③ 트러스보   ④ 판보

10 조적조의 줄눈에 대한 일반적인 설명으로 옳은 것은?
① 보강블록조에서는 통줄눈은 사용하지 않는다.

② 벽면이 고르지 않을 때는 오목줄눈으로 한다.
③ 벽돌의 형태가 고르지 않을 때는 민줄눈으로 한다.
④ 막힌줄눈은 상부의 하중을 전 벽면에 골고루 균등하게 분포시킨다.

11 측압에 대한 설명으로 옳지 않은 것은?
① 토압은 지하 외벽에 작용하는 대표적인 측압이다.
② 콘크리트 타설 시 슬럼프값이 낮을수록 거푸집에 작용하는 측압이 크다.
③ 벽체가 받는 측압을 경감시키기 위하여 부축벽을 세운다.
④ 지하수위가 높을수록 수압에 의한 측압이 크다.

12 다음 각 구조에 대한 설명으로 옳지 않은 것은?
① PC의 접합 응력을 향상시키기 위하여 기둥에 CFT를 적용하였다.
② 초고층 골조 강성을 증가시키기 위하여 아웃리거(outrigger)를 설치하였다.
③ 프리스트레스트 구조에서 강성을 향상시키기 위해 강선에 미리 인장을 작용시켰다.
④ 철골구조 접합부의 피로강도 증진을 위하여 고력볼트 접합을 적용하였다.

13 옆에서 산지치기로 하고, 중간은 빗물리게 한 이음으로 토대, 처마도리, 중도리 등에 주로 쓰이는 것은?
① 엇걸이 산지이음   ② 빗이음
③ 엇빗이음   ④ 겹친이음

14 2개소의 개구부를 가진 조적식 구조에서 대린벽으로 구획된 벽의 길이가 6m일 때 최대 개구부 폭의 합계로 옳은 것은?
① 6m   ② 4m
③ 3m   ④ 2m

15 케이블을 이용한 구조로만 연결된 것은?
① 현수구조-사장구조
② 현수구조-셸구조
③ 절판구조-사장구조
④ 막구조-돔구조

16 트러스의 종류 중 상현재와 하현재 사이에 수직재로 구성되어 있는 것은?
① 플랫(Flat) 트러스
② 와렌(Warren) 트러스
③ 하우(Howe) 트러스
④ 비렌딜(Vierendeel) 트러스

17 반원 아치의 중앙에 들어가는 돌의 이름은?
① 쌤돌   ② 고막이돌
③ 두겁돌   ④ 이맛돌

18 하중의 작용방향에 따른 하중 분류에서 수평하중에 포함되지 않는 것은?
① 활하중   ② 풍하중
③ 수압   ④ 토압

19 철근콘크리트 구조에 관한 설명으로 옳지 않은 것은?
① 역학적으로 인장력에 주로 저항하는 부분은 콘크리트이다.
② 콘크리트가 철근을 피복하므로 철골구조에 비해 내화성이 우수하다.

③ 콘크리트와 철근의 선팽창계수가 거의 같아 일체화에 유리하다.
④ 콘크리트는 알칼리성이므로 철근의 부식을 막는 기능을 한다.

20 목구조의 부재 중 가새에 대한 설명으로 옳지 않은 것은?
① 벽체를 안정형 구조로 만들어준다.
② 구조물에 가해지는 수평력보다는 수직력에 대한 보강을 위한 것이다.
③ 힘의 흐름상 인장력과 압축력에 모두 저항할 수 있다.
④ 가새를 결손시켜 내력상 지장을 주어서는 안 된다.

21 경질 섬유판에 대한 설명으로 옳지 않은 것은?
① 식물 섬유를 주원료로 하여 성형한 판이다.
② 신축의 방향성이 크며 소프트 텍스라고도 불리운다.
③ 비중이 0.8 이상으로 수장판으로 사용된다.
④ 연질, 반경질 섬유판에 비하여 강도가 우수하다.

22 시멘트 저장 시 유의해야 할 사항으로 옳지 않은 것은?
① 시멘트는 개구부와 가까운 곳에 쌓여 있는 것부터 사용해야 한다.
② 지상 30cm 이상 되는 마루 위에 적재해야 하며, 그 창고는 방습설비가 완전해야 한다.
③ 3개월 이상 저장한 시멘트 또는 습기를 받았다고 생각되는 시멘트는 반드시 사용 전에 재시험해야 한다.
④ 포대에 들어 있는 시멘트는 13포대 이상 쌓으면 안 되며, 특히 장기간 저장할 경우에는 7포대 이상 쌓지 않는다.

23 다음 중 오르내리창에 사용되는 철물은?
① 나이트 래치(night latch)
② 도어 스톱(door stop)
③ 모노 로크(mono lock)
④ 크레센트(crecent)

24 콘크리트용 골재에 대한 설명으로 옳지 않은 것은?
① 골재의 강도는 경화된 시멘트 페이스트의 최대 강도 이하이어야 한다.
② 골재의 표면은 거칠고, 모양은 구형에 가까운 것이 가장 좋다.
③ 골재는 잔 것과 굵은 것이 골고루 혼합된 것이 좋다.
④ 골재는 유해량 이상의 염분을 포함하지 않아야 한다.

25 다음 미장재료 중 공기 중의 탄산가스와 반응하여 화학변화를 일으켜 경화하는 것은?
① 돌로마이트 플라스터
② 시멘트 모르타르
③ 석고 플라스터
④ 킨스 시멘트

26 AE제를 사용한 콘크리트에 관한 설명 중 옳지 않은 것은?
① 물-시멘트비가 일정한 경우 공기량을 증가시키면 압축강도가 증가한다.
② 시공연도가 좋아지므로 재료분리가 적어진다.
③ 동결융해작용에 의한 마모에 대하여 저

항성을 증대시킨다.
④ 철근에 대한 부착강도가 감소한다.

27 목재에서 힘을 받는 섬유소 간의 접착제 역할을 하는 것은?
① 도관세포 ② 헤미셀룰로오스
③ 리그닌   ④ 탄닌

28 회반죽 바름은 공기 중의 어느 성분과 작용하여 경화하게 되는가?
① 산소   ② 탄산가스
③ 질소   ④ 수소

29 넓은 기계 대패로 나이테를 따라 두루마리를 펴듯이 연속적으로 벗기는 방법으로, 얼마든지 넓은 베니어를 얻을 수 있으며 원목의 낭비도 적어 합판 제조의 80~90%에 해당하는 것은?
① 소드 베니어
② 로터리 베니어
③ 반 로터리 베니어
④ 슬라이스드 베니어

30 점토소성제품에 관한 설명으로 옳지 않은 것은?
① 보통 토기, 도기, 자기 및 석기 등으로 나뉘는데, 이들은 원료 및 소성온도에 따라 분류된다.
② 토기는 주로 마루 타일 또는 클링커 타일로 활용된다.
③ 도기의 흡수성은 자기에 비하여 크다.
④ 자기는 조직이 치밀하고 견고하여 주로 타일 및 위생도기로 많이 사용된다.

31 건축재료의 강도 구분에 있어서 정적 강도에 해당하지 않는 것은?
① 압축강도   ② 충격강도
③ 인장강도   ④ 전단강도

32 점토에 톱밥이나 분탄 등의 가루를 혼합하여 소성한 것으로 절단, 못치기 등의 가공성이 우수한 것은?
① 이형 벽돌   ② 다공질 벽돌
③ 내화 벽돌   ④ 포도 벽돌

33 10cm×10cm인 목재를 400kN의 힘으로 잡아당겼을 때 끊어졌다면, 이 목재의 최대 인장강도는?
① 4MPa   ② 40MPa
③ 400MPa   ④ 4000MPa

34 회반죽 바름에서 여물을 넣는 주된 이유는?
① 균열을 방지하기 위해
② 점성을 높이기 위해
③ 경화속도를 높이기 위해
④ 경도를 높이기 위해

35 다음 합성수지 중 내열성이 가장 우수한 것은?
① 염화비닐 수지   ② 폴리에틸렌 수지
③ 실리콘 수지   ④ 아크릴 수지

36 시멘트 제조할 때 최고온도까지 소성이 이루어진 후에 공기를 이용하여 급랭시켜 소성물을 배출하게 되면 화산암과 같은 검은 입자가 나오는데, 이 검은 입자를 무엇이라 하는가?
① 포졸란   ② 시멘트 클링커
③ 플라이애시 ④ 광재

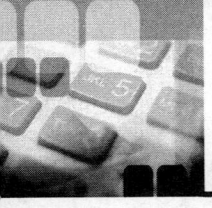

37 파티클 보드에 대한 설명으로 옳지 않은 것은?
① 변형이 적고, 음 및 열의 차단성이 우수하다.
② 상판, 칸막이벽, 가구 등에 이용된다.
③ 수분이나 고습도에 대해 강하기 때문에 별도의 방습 및 방수처리가 필요 없다.
④ 합판에 비해 휨강도는 떨어지나 면내 강성은 우수하다.

38 내화벽돌의 주원료 광물에 해당되는 것은?
① 형석 ② 방해석
③ 활석 ④ 납석

39 집성목재의 장점에 속하지 않는 것은?
① 목재의 강도를 인공적으로 조절할 수 있다.
② 응력에 따라 필요한 단면을 만들 수 있다.
③ 길고 단면이 큰 부재를 간단히 만들 수 있다.
④ 톱밥, 대패밥, 나무 부스러기를 이용하므로 경제적이다.

40 조이너(joiner)에 관한 설명으로 옳은 것은?
① 벽, 기둥 등의 모서리에 미장 바름의 보호 목적으로 사용
② 인조석깔기에서 신축균열 방지나 외장효과의 목적으로 사용
③ 천장에 보드를 붙인 후 그 이음새를 감추는 목적으로 사용
④ 환기구멍이나 라디에이터 덮개의 목적으로 사용

41 다음과 같이 정의되는 전기 관련 용어는?

> 대지에 이상전류를 방류 또는 계통 구성을 위해 의도적이거나 우연하게 전기회로를 대지 또는 대지를 대신하는 전도체에 연결하는 전기적인 접속

① 절연 ② 접지
③ 피뢰 ④ 피복

42 건축도면의 글자에 관한 설명으로 옳지 않은 것은?
① 숫자는 로마 숫자를 원칙으로 한다.
② 문장은 왼쪽에서부터 가로쓰기를 원칙으로 한다.
③ 글자체는 수직 또는 15° 경사의 고딕체로 쓰는 것을 원칙으로 한다.
④ 글자의 크기는 각 도면의 상황에 맞추어 알아보기 쉬운 크기로 한다.

43 배수 트랩의 봉수 파괴 원인에 속하지 않는 것은?
① 증발
② 간접 배수
③ 모세관 현상
④ 유도 사이펀 작용

44 먼셀 색체계에서 색상기호 앞에 붙는 숫자로 각 색상의 대표 색상을 의미하는 숫자는?
① 2 ② 5
③ 7 ④ 10

45 공기조화방식 중 팬코일 유닛방식에 관한 설명으로 옳지 않은 것은?
① 전공기 방식에 속한다.
② 각 실에 수배관으로 인한 누수의 우려가 있다.

③ 덕트 방식에 비해 유닛의 위치 변경이 용이하다.
④ 유닛을 창문 밑에 설치하면 콜드 드래프트를 줄일 수 있다.

46 다음의 아파트 평면 형식 중 일조와 환기 조건이 가장 불리한 것은?
① 홀형　　　② 집중형
③ 편복도형　④ 중복도형

47 건축도면에서 치수 단위의 원칙은?
① mm　　　② cm
③ m　　　　④ km

48 복층형 공동주택에 관한 설명으로 옳지 않은 것은?
① 공용 통로 면적을 절약할 수 있다.
② 상하층의 평면이 똑같아 평면 구성이 자유롭다.
③ 엘리베이터의 정지 층수가 적어지므로 운영면에서 효율적이다.
④ 1개의 단위 주거가 2개 층 이상에 걸쳐 있는 공동주택을 일컫는다.

49 주택의 침실에 관한 설명으로 옳지 않은 것은?
① 어린이 침실은 주간에는 공부를 할 수 있고, 유희실을 겸하는 것이 좋다.
② 부부침실은 주택 내의 공동 공간으로서 가족생활의 중심이 되도록 한다.
③ 침실의 크기는 사용인원수, 침구의 종류, 가구의 종류, 통로 등의 사항에 따라 결정된다.
④ 침실의 위치는 소음의 원인이 되는 도로 쪽은 피하고, 정원 등의 공지에 면하도록 하는 것이 좋다.

50 각 실내의 입면으로 벽의 형상, 치수, 마감상세 등을 나타낸 도면은?
① 평면도　　② 전개도
③ 배치도　　④ 단면상세도

51 다음 설명에 알맞은 주택 부엌가구의 배치 유형은?

- 작업면이 넓어 작업 효율이 좋다.
- 평면계획상 부엌에서 외부로 통하는 출입구의 설치가 곤란하다.

① 일렬형　　② ㄷ자형
③ 병렬형　　④ ㄱ자형

52 다음과 같이 정의되는 엘리베이터 관련 용어는?

엘리베이터가 출발 기준층에서 승객을 싣고 출발하여 각 층에 서비스한 후 출발 기준층으로 되돌아와 다음 서비스를 위해 대기하는 데까지 총시간

① 승차시간　　② 일주시간
③ 주행시간　　④ 서비스시간

53 투시도에 사용되는 용어의 기호 표시가 옳지 않은 것은?
① 화단-P.P　　② 기선-G.L
③ 시점-V.P　　④ 수평면-H.P

54 색의 시각적 효과에 관한 설명으로 옳지 않은 것은?
① 명시도에 가장 영향을 끼치는 것은 채도 차이다.
② 일반적으로 고명도, 고채도의 색이 주목

성이 높다.
③ 고명도, 고채도, 난색계의 색은 진출, 팽창되어 보인다.
④ 명도가 높은 색은 외부로 확산되려는 현상을 나타낸다.

55 다음의 급수방식 중 일반적으로 하향급수 배관방식을 사용하는 것은?
① 수도직결방식 ② 고가수조방식
③ 압력수조방식 ④ 펌프직송방식

56 다음 중 단면도를 그릴 때 가장 먼저 이루어져야 하는 것은?
① 지반선의 위치를 결정한다.
② 마루, 천장의 윤곽선을 그린다.
③ 기둥의 중심선을 일점쇄선으로 그린다.
④ 내·외벽, 지붕을 그리고 필요한 치수를 기입한다.

57 다음 그림에서 치수 기입 방법이 잘못된 것은?

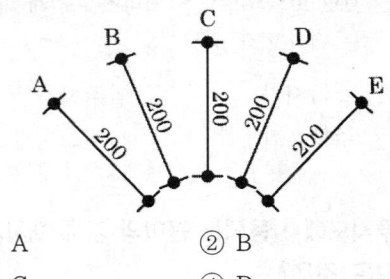

① A ② B
③ C ④ D

58 자동화재탐지설비의 감지기 중 연기감지기에 속하는 것은?
① 광전식 ② 보상식
③ 차동식 ④ 정온식

59 디자인의 기본 원리 중 성질이나 질량이 전혀 다른 둘 이상의 것이 동일한 공간에 배열될 때 서로의 특질을 한층 돋보이게 하는 현상은?
① 대비 ② 통일
③ 리듬 ④ 강조

60 프랑스의 사회학자 숑바르 드 로브(Chombard de Lauw)가 설정한 주거면적 기준 중 거주자의 신체적 및 정신적인 건강에 나쁜 영향을 끼칠 수 있는 병리기준은?
① $8m^2$/인 이하 ② $14m^2$/인 이하
③ $16m^2$/인 이하 ④ $18m^2$/인 이하

CBT 복원문제

2024년 제1회

01 벽의 종류와 역할에 대하여 가장 바르게 연결된 것은?
① 지하 외벽 - 결로 방지
② 실내의 칸막이벽 - 슬래브 지지
③ 옹벽의 부축벽 - 벽의 횡력 보강
④ 코어의 전단벽 - 기둥 수량 감소

02 블록구조의 기초 및 테두리보에 대한 설명으로 옳지 않은 것은?
① 기초보는 벽체 하부를 연결하고 집중 또는 국부적 하중을 균등히 지반에 분포시킨다.
② 테두리보의 너비를 크게 할 필요가 있을 때에는 경제적으로 ㄱ자형, T자형으로 한다.
③ 테두리보는 분산된 벽체를 일체로 연결하여 하중을 균등히 분포시키는 역할을 한다.
④ 기초보의 두께는 벽체의 두께보다 더 두껍게 해서는 안 된다.

03 아치의 추력에 적절히 저항하기 위한 방법이 아닌 것은?
① 아치를 서로 연결하여 교점에서 추력을 상쇄
② 버트레스(buttress) 설치
③ 타이바(tie bar) 설치
④ 직접 저항할 수 있는 상부구조 설치

04 처음 한 켜는 마구리쌓기, 다음 한 켜는 길이쌓기를 교대로 쌓는 것으로, 통줄눈이 생기지 않으며 내력벽을 만들 때 많이 이용되는 벽돌쌓기법은?
① 미국식 쌓기
② 프랑스식 쌓기
③ 영국식 쌓기
④ 영롱쌓기

05 철근콘크리트 구조에서 나선철근으로 둘러싸인 원형단면 기둥 주근의 최소 개수는?
① 3개
② 4개
③ 6개
④ 8개

06 H형강, 판보 또는 래티스보 등에서 보의 단면의 상하에 날개처럼 내민 부분을 지칭하는 용어는?
① 웨브
② 플랜지
③ 스티프너
④ 거싯 플레이트

07 다음 중 철근의 정착길이 결정 요인과 가장 관계가 먼 것은?
① 철근의 종류
② 콘크리트의 강도
③ 갈고리의 유무
④ 물-시멘트비

08 목재 접합의 종류가 아닌 것은?
① 이음
② 맞춤
③ 촉
④ 쪽매

09 높이가 다른 바닥의 상호 간에 단을 만들어 연결하는 구조로서 세로 방향의 통로로 중요한 역할을 하는 것은?
① 수장
② 기초
③ 계단
④ 창호

10 다음 중 창문틀 옆에 사용되는 블록은?
① 창쌤블록　② 창대블록
③ 인방블록　④ 양마구리블록

11 철골구조에 대한 설명 중 옳지 않은 것은?
① 내구, 내화, 내진적이다.
② 긴 스팬(span)을 형성할 수 있다.
③ 해체 수리가 가능하다.
④ 철근콘크리트구조물에 비하여 중량이 가볍다.

12 평면형상으로 시공이 쉽고 구조적 강성이 우수하여 대공간 지붕 구조로 적합한 것은?
① 돔구조　② 셸구조
③ 절판구조　④ PC구조

13 널의 옆물림을 위하여 한옆에는 혀를 내고 다른 옆은 홈을 파서 물린 형태로 보행의 진동이 있는 마루널깔기에 적합한 쪽매는?
① 제혀쪽매　② 맞댄쪽매
③ 반턱쪽매　④ 틈막이쪽매

14 벽돌구조에서 개구부 위와 그 바로 위의 개구부와의 최소 수직거리는?
① 10cm　② 20cm
③ 40cm　④ 60cm

15 이오토막으로 마름질한 벽돌의 크기로 옳은 것은?
① 온장의 1/4　② 온장의 1/3
③ 온장의 1/2　④ 온장의 3/4

16 흙의 붕괴를 방지하기 위한 벽의 일종으로, 수평방향으로 작용하는 수압과 토압에 저항하도록 만들어진 것은?
① 벽돌벽　② 블록벽
③ 옹벽　④ 장막벽

17 왕대공 지붕틀의 부재 중 인장재가 아닌 것은?
① ㅅ자보　② 평보
③ 왕대공　④ 달대공

18 연약지반에 건축물을 축조할 때 부동침하를 방지하는 대책으로 옳지 않은 것은?
① 건물의 강성을 높일 것
② 지하실을 강성체로 설치할 것
③ 건물의 중량을 크게 할 것
④ 건물은 너무 길지 않게 할 것

19 목조 벽체에 사용되는 가새에 대한 설명으로 옳지 않은 것은?
① 목조 벽체를 수평력에 견디게 하고 안정한 구조로 하기 위해 사용된다.
② 가새는 일반적으로 네모구조를 세모구조로 만든다.
③ 주요건물에서는 한 방향 가새로만 하지 않고 X자형으로 하여 인장과 압축을 겸비하도록 한다.
④ 가새의 경사는 60°에 가까울수록 횡력저항에 유리하다.

20 벽돌쌓기법에 대한 설명 중 옳지 않은 것은?
① 영식 쌓기는 처음 한 켜는 마구리쌓기, 다음 한 켜는 길이쌓기를 교대로 쌓는 것으로 통줄눈이 생기지 않는다.
② 네덜란드식 쌓기는 영국식과 같으나 모서리 끝에 칠오토막을 사용하지 않고 이오토막을 사용한다.
③ 프랑스식 쌓기는 부분적으로 통줄눈이

생기므로 구조벽체로는 부적합하다.
④ 영롱쌓기는 벽돌벽 등에 장식적으로 구멍을 내어 쌓는 것이다.

21 심재와 변재에 대해 비교 설명한 것 중 옳지 않은 것은?
① 신축성은 심재는 작고, 변재가 크다.
② 강도는 심재가 크고, 변재가 작다.
③ 비중은 심재가 크고, 변재가 작다.
④ 내구성은 심재가 작고, 변재가 크다.

22 현장에서 가공절단이 불가능하므로 사전에 소요치수대로 절단 가공하고 열처리를 하여 생산되는 유리이며 강도가 보통유리의 3~5배에 해당되는 유리는?
① 유리블록
② 복층유리
③ 강화유리
④ 자외선차단유리

23 미장 바탕이 갖추어야 할 조건으로 옳지 않은 것은?
① 바름층과 유해한 화학반응을 하지 않을 것
② 바름층을 지지하는데 필요한 접착강도를 얻을 수 있을 것
③ 바름층보다 강도, 강성이 크지 않을 것
④ 바름층의 경화, 건조를 방해하지 않을 것

24 모래붙임 루핑을 사각형, 육각형으로 잘라 만든 것으로 주택 등의 경사지붕에 사용하는 아스팔트 제품은?
① 아스팔트 펠트   ② 아스팔트 블록
③ 아스팔트 싱글   ④ 아스팔트 타일

25 미장재료에 대한 설명 중 옳지 않은 것은?
① 석고플라스터는 내화성이 우수하다.
② 돌로마이트 플라스터는 건조 수축이 크기 때문에 수축균열이 발생한다.
③ 킨즈시멘트는 고온소성의 무수석고를 특별한 화학처리를 한 것으로 경화 후 아주 단단하다.
④ 회반죽은 소석고에 모래, 해초물, 여물 등을 혼합하여 바르는 미장재료로서 건조수축이 거의 없다.

26 시멘트 분말도에 대한 설명으로 옳지 않은 것은?
① 분말도가 클수록 수화작용이 빠르다.
② 분말도가 클수록 초기강도의 발생이 빠르다.
③ 분말도가 클수록 강도증진율이 높다.
④ 분말도가 클수록 초기 균열이 작다.

27 목재접합, 합판제조 등에 사용되며, 다른 접착제와 비교하여 내수성이 부족하고 값이 저렴한 접착제는?
① 요소수지 접착제
② 푸란수지 접착제
③ 에폭시수지 접착제
④ 실리콘수지 접착제

28 주성분이 탄산석회이고 연마하면 광택이 나며, 산과 열에 약한 석재는?
① 사문암   ② 사암
③ 화강암   ④ 대리석

29 목재의 절대건조비중이 0.95일 때 공극률은?
① 10.0%   ② 23.4%
③ 38.3%   ④ 52.4%

30 비철금속 중 구리에 관한 설명으로 옳지 않은 것은?
① 연성이고 가공성이 풍부하다.
② 비자성체이며 전기전도율이 크다.
③ 내알칼리성이 크므로 시멘트 등에 접하는 곳에 사용하더라도 부식되지 않는다.
④ 건조한 공기 중에서는 산화하지 않으나, 습기가 있거나 탄산가스가 있으면 녹이 발생한다.

31 수성암 중 점판암과 같이 퇴적층이 쌓여 지표면에 생긴 것으로 얇게 떼어낼 수 있는 것을 무엇이라 하는가?
① 층리　　　② 절목
③ 도리　　　④ 조암

32 일종의 못박기총을 사용하여 콘크리트나 강재 등에 박는 특수못을 의미하는 것은?
① 드라이브 핀　② 인서트
③ 익스팬션 볼트　④ 듀벨

33 온도에 따른 탄소강의 기계적 성질에 관한 설명으로 옳지 않은 것은?
① 연신율은 200~300℃에서 최소로 된다.
② 인장강도는 500℃ 정도에서 상온 강도의 약 1/2로 된다.
③ 인장강도는 100℃ 정도에서 최대로 된다.
④ 항복점과 탄성한계는 온도가 상승함에 따라 감소한다.

34 다음 도료 중 안료가 포함되어 있지 않은 것은?
① 유성페인트　② 수성페인트
③ 합성수지도료　④ 유성바니시

35 다음 중 창호 철물의 사용용도가 잘못 연결된 것은?
① 여닫이문 : 경첩, 함자물쇠
② 오르내리창 : 크레센트
③ 미서기문 : 도어 체크
④ 자재문 : 플로어 힌지

36 다음 중 점토제품의 제법순서를 옳게 나열한 것은?

[보기]
가. 반죽　　　나. 성형
다. 건조　　　라. 원토처리
마. 원료배합　바. 소성

① 라-마-가-나-다-바
② 가-나-다-라-마-바
③ 나-다-바-라-마-가
④ 다-가-나-마-라-바

37 목재의 건조방법 중 자연건조에 관한 설명으로 옳지 않은 것은?
① 비교적 균일한 건조가 가능하다.
② 시설 투자비용 및 작업비용이 적다.
③ 건조 소요시간이 오래 걸린다.
④ 잔적장소가 좁아도 가능하다.

38 건축재료에서 물체에 외력이 작용하면 순간적으로 변형이 생겼다가 외력을 제거하면 원래의 상태로 되돌아가는 성질은?
① 탄성　　　② 소성
③ 전성　　　④ 연성

39 콘크리트가 시일이 경과함에 따라 공기 중의 탄산가스 작용을 받아 알칼리성을 잃어가는 현상은?

① 건조수축 ② 동결융해
③ 중성화 ④ 크리프

40 소성 점토벽돌에 관한 설명으로 옳지 않은 것은?
① 소성온도가 높을수록 흡수율이 적다.
② 붉은벽돌은 점토에 안료를 넣어서 붉게 만든 것이다.
③ 소성이 잘 된 것일수록 맑은 금속성 소리가 난다.
④ 과소품 벽돌은 소성온도가 지나치게 높아서 질이 견고하고, 흡수율이 낮으나 형상이 일그러져 부정형이다.

41 건축화 조명에 관한 설명으로 옳지 않은 것은?
① 캐노피 조명은 카운터 상부, 욕실의 세면대 상부 등에 설치된다.
② 광창 조명은 광원을 넓은 면적의 벽면에 매입하여 비스타(vista)적인 효과를 낼 수 있다.
③ 코니스 조명은 벽면의 상부에 위치하여 모든 빛이 아래로 직사하도록 하는 조명방식이다.
④ 코브 조명은 창이나 벽의 상부에 부설된 조명으로 하향일 경우 벽이나 커튼을 강조하는 역할을 한다.

42 다음 중 건축계획 및 설계과정에서 가장 선행되는 작업은?
① 기본계획 ② 조건파악
③ 기본설계 ④ 실시설계

43 간접가열식 급탕방법에 관한 설명으로 옳지 않은 것은?
① 열효율은 직접가열식에 비해 낮다.
② 가열 보일러로 저압 보일러의 사용이 가능하다.
③ 가열 보일러는 난방용 보일러와 겸용할 수 없다.
④ 저탕조는 가열코일을 내장하는 등 구조가 약간 복잡하다.

44 홀(hall)형 아파트에 관한 설명 중 옳지 않은 것은?
① 통행부의 면적이 작으므로 건물의 이용도가 높다.
② 프라이버시가 양호하다.
③ 집중형에 비해 대지의 이용도가 높다.
④ 홀에서 직접 각 주거단위로 연결된다.

45 양식주택과 비교한 한식주택의 특징에 관한 설명으로 옳지 않은 것은?
① 공간의 융통성이 낮다.
② 가구는 부수적인 내용물이다.
③ 평면은 실의 위치별 분화이다.
④ 각 실의 프라이버시가 약하다.

46 다음의 건축공간에 대한 설명 중 옳지 않은 것은?
① 공간을 편리하게 이용하기 위해서는 실의 크기와 모양, 높이 등이 적당해야 한다.
② 내부공간은 일반적으로 벽과 지붕으로 둘러싸인 건물 안쪽의 공간을 말한다.
③ 인간은 건축공간을 조형적으로 인식한다.
④ 외부공간은 자연발생적인 것으로 인간에 의해 의도적으로 만들어지지 않는다.

47 색의 3속성 중 명도의 의미는?
① 색의 이름
② 색의 맑고 탁함의 정도

③ 색의 밝고 어두움의 정도
④ 색의 순도

48 건축도면에서 물체의 보이지 않는 부분을 나타내는 선은?
① 파선
② 가는 실선
③ 일점 쇄선
④ 이점 쇄선

49 건축법령에 따른 초고층 건축물의 기준은?
① 층수가 20층 이상이거나 높이가 50m 이상인 건축물
② 층수가 30층 이상이거나 높이가 100m 이상인 건축물
③ 층수가 50층 이상이거나 높이가 200m 이상인 건축물
④ 층수가 100층 이상이거나 높이가 400m 이상인 건축물

50 LDK형 단위주거에서 D가 의미하는 것은?
① 거실
② 식당
③ 부엌
④ 화장실

51 건축도면을 작도할 때 원칙으로 하는 투상법은?
① 제1각법
② 제2각법
③ 제3각법
④ 제4각법

52 건물 또는 옥외 화재를 소화하기 위하여 옥외에 설치하는 고정식 소화 설비로, 대규모의 화재 또는 이웃 건물로 연소할 우려가 있을 때 소화하기 위해 설치하는 것은?
① 스프링클러 설비
② 연결 살수 설비
③ 옥내소화전 설비
④ 옥외소화전 설비

53 다음 중 선의 굵기가 가장 굵어야 하는 것은?
① 절단선
② 지시선
③ 외형선
④ 경계선

54 단독 주택의 종류에 속하지 않는 것은?
① 다중 주택
② 다가구 주택
③ 다세대 주택
④ 공관

55 열의 이동방법 중 어떤 물체에 발생하는 열에너지가 전달 매개체가 없이 직접 다른 물체에 도달하는 현상은?
① 전도
② 대류
③ 복사
④ 열관류

56 모듈 적용에 대한 설명으로 옳지 않은 것은?
① 건축구성재의 대량 생산이 용이하다.
② 설계 작업이 복잡하다.
③ 현장작업이 단순하므로 공기가 단축된다.
④ 생산 코스트가 내려간다.

57 배수트랩에 관한 설명으로 옳지 않은 것은?
① 트랩은 배수능력을 촉진시킨다.
② 관트랩에는 P트랩, S트랩, U트랩 등이 있다.
③ 트랩은 기구에 가능한 한 근접하여 설치하는 것이 좋다.
④ 트랩의 유효봉수깊이가 너무 낮으면 봉수가 손실되기 쉽다.

58 욕실 세면기의 높이로 가장 적당한 것은?
① 500mm
② 750mm
③ 900mm
④ 1050mm

59 근린생활권의 구성 중 근린주구의 중심이 되

는 시설은?
① 초등학교　② 중학교
③ 고등학교　④ 대학교

60 도면 표시기호 중 두께를 표시하는 기호는?
① THK　② A
③ V　④ H

CBT 복원문제

2024년 제2회

01 철근콘크리트 단순보의 철근에 관한 설명 중 옳지 않은 것은?
① 인장력에 대항하는 재축방향의 철근을 보의 주근이라 한다.
② 중요한 보로서 압축 측에도 철근을 배근한 것을 단근보라 한다.
③ 전단력을 보강하여 보의 주근 주위에 둘러감은 철근을 늑근이라 한다.
④ 늑근은 단부에서는 촘촘하게, 중앙부에서는 성기게 배치하는 것이 원칙이다.

02 철근콘크리트구조에서 철근과 콘크리트의 부착력에 대한 설명 중 옳지 않은 것은?
① 철근에 대한 콘크리트의 피복두께가 얇으면 얇을수록 부착력이 감소된다.
② 철근의 표면상태와 단면모양에 따라 부착력이 좌우된다.
③ 콘크리트의 부착력은 철근의 주장에 비례한다.
④ 압축강도가 작은 콘크리트일수록 부착력은 커진다.

03 다음 중 기둥의 띠철근 수직간격 기준으로 옳은 것은?
① 철선 지름의 25배 이하
② 띠철근 지름의 16배 이하
③ 축방향 철근 지름의 36배 이하
④ 기둥 단면의 최소 치수 이하

04 철골구조에 대한 설명으로 옳지 않은 것은?
① 구조체의 자중이 내력에 비해 작다.
② 강재는 인성이 커서 상당한 변위에도 견디어 낼 수 있다.
③ 열에 강하고 고온에서 강도가 증가한다.
④ 단면에 비해 부재가 세장하므로 좌굴하기 쉽다.

05 모임지붕 일부에 박공지붕을 같이 한 것으로, 화려하고 격식이 높으며 대규모 건물에 적합한 한식 지붕구조는?
① 외쪽지붕   ② 합각지붕
③ 솟을지붕   ④ 꺾인지붕

06 벽돌쌓기 중 벽돌면에 구멍을 내어 쌓는 방식으로 장막벽이며 장식적인 효과가 우수한 쌓기 방식은?
① 엇모쌓기   ② 영롱쌓기
③ 영식쌓기   ④ 무늬쌓기

07 부재에 하중이 작용하면 각 부재의 내부에는 외력에 저항하는 힘인 응력이 생기는데, 다음 중 부재를 직각으로 자를 때에 생기는 것은?
① 인장응력   ② 압축응력
③ 전단응력   ④ 휨모멘트

08 플레이트보에 사용되는 부재의 명칭이 아닌 것은?
① 커버 플레이트
② 웨브 플레이트
③ 스티프너
④ 베이스 플레이트

09 철근콘크리트구조에서 거푸집이 갖추어야 할 조건으로 가장 거리가 먼 것은?

① 콘크리트를 부어 넣었을 때 변형되거나
  파괴되지 않을 것
② 반복 사용할 수 없을 것
③ 운반과 가공이 쉬울 것
④ 시멘트 페이스트가 누출되지 않을 것

10 플랫 슬래브(flat slab) 구조에 관한 설명 중 틀린 것은?
① 내부에는 보가 없이 바닥판을 기둥이 직접 지지하는 슬래브를 말한다.
② 실내공간의 이용도가 좋다.
③ 층높이를 낮게 할 수 있다.
④ 고정하중이 적고 뼈대강성이 우수하다.

11 조적 구조에 대한 설명으로 옳지 않은 것은?
① 수평력에 약하다.
② 내력벽의 두께는 바로 위층의 내력벽 두께 이상이어야 한다.
③ 인방보는 출입구 하단에 설치하는 것이 유리하다.
④ 내력벽 상단에 테두리보를 설치하는 것이 유리하다.

12 목구조의 특징에 관한 설명 중 옳지 않은 것은?
① 부재의 함수율에 따른 변형이 크다.
② 부패 및 충해가 크다.
③ 열전도율이 크다.
④ 고층건물에 부적합하다.

13 다음 그림 중 제혀쪽매에 해당하는 것은?

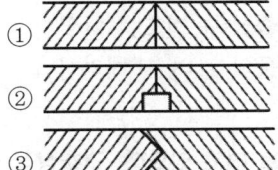

14 다음 중 기둥과 보가 없이 평면적인 구조체만으로 구성된 구조시스템은?
① 막구조   ② 셸구조
③ 벽식 구조   ④ 현수구조

15 다음 중 목재의 이음의 종류에 대한 설명으로 옳지 않은 것은?
① 맞댄 이음 : 한 재의 끝을 주먹모양으로 만들어 딴재에 파들어가게 한 것
② 겹친 이음 : 2개의 부재를 단순 겹쳐대고 큰 못, 볼트 등으로 보강한 것
③ 덧판 이음 : 두 재의 이음새의 양옆에 덧판을 대고 못질 또는 볼트조임한 것
④ 엇걸이 이음 : 이음위치에서 산지 등을 박아서 더욱 튼튼하게 한 것

16 다음 H형강의 표기법으로 옳은 것은?

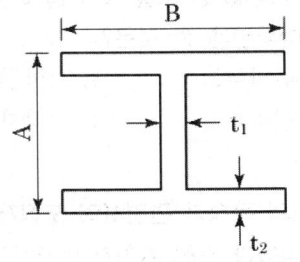

① H−A×B×t_1×t_2
② H−A×B×t_2×t_1
③ H−B×A×t_1×t_2
④ H−B×A×t_2×t_1

17 절충식 지붕틀에서 동자기둥이 받는 부재는?
① 중도리와 마룻대
② 서까래와 베개보

③ 대공과 지붕보
④ 깔도리와 처마도리

18 철근콘크리트 구조에서 철근과 콘크리트의 합성효과가 성립되는 이유로 옳지 않은 것은?
① 철근과 콘크리트의 온도에 의한 선팽창계수의 차가 작다.
② 콘크리트에 매립되어 있는 철근은 잘 녹슬지 않는다.
③ 철근과 콘크리트의 부착강도가 비교적 크다.
④ 콘크리트의 인장강도가 커질수록 철근의 좌굴이 방지된다.

19 벽돌벽 쌓기에서 표준형 벽돌을 사용해서 1.5B 쌓기할 때 벽두께는?
① 270mm   ② 290mm
③ 320mm   ④ 390mm

20 2층 마루틀 중 보를 쓰지 않고 장선을 사용하여 마루널을 깐 것은?
① 홑마루틀   ② 보마루틀
③ 짠마루틀   ④ 납작마루틀

21 도장의 목적과 관련하여 도장재료에 요구되는 성능과 가장 거리가 먼 것은?
① 방음   ② 방습
③ 방청   ④ 방식

22 목재의 벌목 시기로 겨울철이 가장 좋은 이유는?
① 목질이 연약하여 베어내기 쉽기 때문
② 사람의 왕래가 적기 때문
③ 수액이 적어 건조가 빠르기 때문
④ 옹이가 적기 때문

23 집성목재의 장점이 아닌 것은?
① 목재의 강도를 인공적으로 조절할 수 있다.
② 응력에 따라 필요한 단면을 만들 수 있다.
③ 톱밥, 대팻밥, 나무부스러기를 이용하므로 경제적이다.
④ 길고 단면이 큰 부재를 만들 수 있다.

24 공사현장 등의 사용 장소에서 필요에 따라 만드는 콘크리트가 아니고, 주문에 의해 공장생산 또는 믹싱카로 제조하여 사용현장에 공급하는 콘크리트는?
① 레디믹스트 콘크리트
② 프리스트레스트 콘크리트
③ 한중 콘크리트
④ AE 콘크리트

25 금속판에 여러 가지 무늬의 구멍을 펀칭한 것으로, 환기구나 라디에이터 커버 등에 쓰이는 철판가공품을 무엇이라 하는가?
① 코너비드   ② 메탈실링
③ 펀칭메탈   ④ 메탈라스

26 테라코타의 주용도로 옳은 것은?
① 방수   ② 보온
③ 장식   ④ 구조재

27 다음 중 건축물의 용도와 바닥 재료의 연결 중 적합하지 않은 것은?
① 유치원의 교실 - 인조석 물갈기
② 아파트의 거실 - 플로어링 블록
③ 병원의 수술실 - 전도성 타일
④ 사무소 건물의 로비 - 대리석

28 표면에 청록색을 띠고 있으며, 건축장식 철물

또는 미술공예품으로 이용되는 금속은?
① 니켈 ② 청동
③ 황동 ④ 주석

29 다음 설명에 알맞은 재료의 역학적 성질은?

> 재료에 외력이 작용하면 순간적으로 변형이 생기나 외력을 제거하면 순간적으로 원래의 형태로 회복되는 성질을 말한다.

① 소성 ② 점성
③ 탄성 ④ 인성

30 동에 대한 설명으로 옳은 것은?
① 전·연성이 크다.
② 열전도율이 작다.
③ 건조한 공기 중에서도 산화된다.
④ 산과 알칼리에 강하다.

31 금속 또는 목재에 적용되는 것으로서, 지름 10mm의 강구를 시편 표면에 500~3000kg의 힘으로 압입하여 표면에 생긴 원형 흔적의 표면적을 구한 후 하중을 그 표면적으로 나눈 값을 무엇이라 하는가?
① 브리넬 경도 ② 모스 경도
③ 레이놀즈 수 ④ 푸아송비

32 단백질계 접착제인 카세인 아교의 주성분은?
① 녹말 ② 난백
③ 우유 ④ 동물의 가죽, 뼈

33 점토에 대한 다음 설명 중 옳지 않은 것은?
① 제품의 색깔과 관계있는 것은 규산 성분이다.
② 점토의 주성분은 실리카, 알루미나이다.
③ 각종 암석이 풍화, 분해되어 만들어진 가는 입자로 이루어져 있다.
④ 점토를 구성하고 있는 점토광물은 잔류점토와 침적점토로 구분된다.

34 결합재로 폴리머를 사용한 콘크리트로서 경화제를 가한 액상수지를 골재와 배합하여 제조한 것은?
① 수밀 콘크리트
② 프리팩트 콘크리트
③ 레진 콘크리트
④ 서중 콘크리트

35 시멘트 저장 시 유의해야 할 사항을 설명한 내용으로 옳지 않은 것은?
① 시멘트는 지상 30cm 이상 되는 마루 위에 적재하는 것이 좋다.
② 시멘트는 방습적인 구조로 된 창고에 품종별로 구분하여 저장하여야 한다.
③ 3개월 이상 저장한 시멘트는 사용 전에 재시험을 실시해야 한다.
④ 통풍을 위해 보관 창고의 개구부는 많고 넓을수록 좋다.

36 스프링 힌지의 일종으로서, 저절로 닫혀지지만 15cm 정도는 열려 있게 되는 것은?
① 플로어 힌지 ② 래버터리 힌지
③ 피벗 힌지   ④ 경첩

37 강화유리에 관한 설명으로 옳지 않은 것은?
① 보통 판유리를 2장 이상으로 접합한 것이다.
② 강화열처리 후에 절단·구멍뚫기 등의 자가공이 극히 곤란하다.
③ 보통유리에 비해 3~5배 정도 강하다.
④ 충격을 받아 파손되면 유리조각이 잘게

부서진다.

38 다음 중 코르크판(cork board)의 사용 용도로 옳지 않은 것은?
① 방송실의 흡음재
② 제빙 공장의 단열재
③ 전산실의 바닥재
④ 내화 건물의 불연재

39 다음 석재 중 평균 내구연한이 가장 작은 것은?
① 화강석   ② 석회암
③ 백운석   ④ 사암조립

40 각종 시멘트의 특성에 관한 설명 중 옳지 않은 것은?
① 중용열포틀랜드시멘트에 의한 콘크리트는 수화열이 작다.
② 실리카시멘트에 의한 콘크리트는 초기강도가 크고 장기강도는 낮다.
③ 조강포틀랜드시멘트에 의한 콘크리트는 수화열이 크다.
④ 플라이애시시멘트에 의한 콘크리트는 내해수성이 크다.

41 복사난방에 대한 설명으로 옳지 않은 것은?
① 천장고가 높은 공장이나 외기침입이 있는 곳에서는 난방감을 얻을 수 없다.
② 방열기가 필요하지 않으며, 바닥면의 이용도가 높다.
③ 열용량이 크기 때문에 방열량 조절에 시간이 걸린다.
④ 실내의 온도 분포가 균등하고 쾌감도가 높다.

42 단면도에 표시할 사항과 가장 거리가 먼 것은?
① 건축물의 높이, 층높이
② 처마높이, 창높이
③ 난간높이, 베란다의 돌출 정도
④ 지붕의 물매, 창의 개폐법

43 건축모형에 대한 설명으로 옳지 않은 것은?
① 건물 완성 시 결과를 예측할 수 있다.
② 투시도보다 다각적인 관측이 어렵다.
③ 음영효과, 색채대비의 확인이 용이하다.
④ 설계 검토 시 평면만으로 부족할 때 유용하다.

44 부엌에서의 작업 순서에 따른 작업대의 효율적인 배치 순서로 가장 알맞은 것은?
① 준비대-조리대-개수대-가열대-배선대
② 준비대-개수대-조리대-가열대-배선대
③ 준비대-배선대-개수대-조리대-가열대
④ 준비대-조리대-개수대-배선대-가열대

45 주거공간은 주행동에 의해 개인공간, 사회공간, 가사노동공간 등으로 구분할 수 있다. 다음 중 사회공간에 속하는 것은?
① 식당   ② 침실
③ 서재   ④ 부엌

46 다음 중 주택 출입구에서 현관의 바닥면과 실내 바닥면의 높이차로 가장 알맞은 것은?
① 5cm   ② 15cm
③ 30cm   ④ 45cm

47 에스컬레이터 설치 시 주의사항으로 옳지 않은 것은?
① 지지보나 기둥에 하중이 균등하게 걸리

게 한다.
② 사람 흐름의 중심에 배치한다.
③ 일반적으로 경사도는 30도 이하로 한다.
④ 주행거리는 가능한 한 길게 한다.

48 벽체의 전열에 관한 설명으로 옳은 것은?
① 열전도율은 기체가 가장 크며 고체가 가장 작다.
② 공기층의 단열효과는 그 기밀성과는 관계가 없다.
③ 단열재는 물에 젖어도 단열성능은 변하지 않는다.
④ 일반적으로 벽체에서의 열관류현상은 열전달-열전도-열전달의 과정을 거친다.

49 수송설비인 컨베이어 벨트 중 수평용으로 사용되며 기물을 굴려 운반하는 것은?
① 버킷 컨베이어
② 체인 컨베이어
③ 롤러 컨베이어
④ 에이프런 컨베이어

50 주방 작업대의 배치 유형 중 ㄷ자형에 관한 설명으로 옳은 것은?
① 인접한 세 벽면에 작업대를 붙여 배치한 형태이다.
② 두 벽면을 따라 작업이 전개되는 전통적인 형태이다.
③ 좁은 면적 이용에 효과적이므로 소규모 부엌에 주로 이용된다.
④ 작업동선이 길고 조리면적은 좁지만 다수의 인원이 함께 작업할 수 있다.

51 다공질재 흡음재료에 관한 설명으로 옳지 않은 것은?

① 주파수가 낮을수록 흡음률이 높아진다.
② 표면마감처리방법에 의해 흡음 특성이 변한다.
③ 두께를 늘리면 저주파수의 흡음률이 높아진다.
④ 강성벽 앞면의 공기층 두께를 증가시키면 저주파수의 흡음률이 높아진다.

52 침실의 위치에 대한 설명 중 옳지 않은 것은?
① 현관에서 떨어진 곳이 좋다.
② 도로 쪽은 피하고 독립성이 있는 곳이 좋다.
③ 일조, 통풍이 좋은 남쪽이나 동남쪽이 좋다.
④ 정원 등의 공지에 면하지 않는 것이 좋다.

53 건축설계도 중 계획설계도에 해당되지 않는 것은?
① 구상도
② 조직도
③ 동선도
④ 배치도

54 부엌 작업대의 배치 유형 중 양 벽면에 인접한 작업대를 붙여서 배치한 형태로 여유공간에 식탁을 배치하여 식당 겸 부엌으로 사용하는 경우에 적합한 것은?
① 일렬형
② 병렬형
③ ㄱ자형
④ ㄷ자형

55 자연환기량에 관한 설명으로 옳은 것은?
① 풍속이 높을수록 적어진다.
② 실내외의 압력차가 클수록 적어진다.
③ 실내외의 온도차가 작을수록 많아진다.
④ 공기유입구와 유출구의 높이의 차이가 클수록 많아진다.

56 제도 용구에 관한 설명 중 옳은 것은?
① T자는 단독으로 평행선, 수직선, 사선을 긋는다.
② 선을 그릴 때 T자 머리를 제도판에서 약간 띄운다.
③ T자로 수평선을 그을 때는 오른쪽에서 왼쪽으로 긋는다.
④ 삼각자 1개 또는 2개를 가지고 여러 가지 위치를 바꾸면 여러 가지 각도의 선을 그을 수 있다.

57 다음 중 건축법상 공동주택에 해당하지 않는 것은?
① 기숙사　② 연립주택
③ 다가구주택　④ 다세대주택

58 건축 평면 계획에 대한 설명 중 옳지 않은 것은?
① 동선 계획과 동시에 진행되는 것이 보통이다.
② 주어진 기능의 어떤 건물 내부에서 일어나는 모든 활동의 종류, 규모 및 그 상호관계를 합리적으로 평면상에 배치함을 말한다.
③ 각 실과 가구의 수직적 크기를 나타낸다.
④ 소음 및 악취 등의 환경적 문제를 해결해야 한다.

59 공기조화방식 중 팬코일 유닛방식(FCU)에 관한 설명으로 옳지 않은 것은?
① 각 유닛마다 개별조절이 가능하다.
② 각 실에 배관으로 인한 누수의 우려가 없다.
③ 덕트 방식에 비해 유닛의 위치 변경이 쉽다.
④ 덕트 샤프트나 스페이스가 필요 없거나 작아도 된다.

60 건축도면의 치수에 대한 설명으로 틀린 것은?
① 치수는 특별히 명시하지 않는 한 마무리 치수로 표시한다.
② 치수 기입은 치수선 중앙 윗부분에 기입하는 것이 원칙이다.
③ 치수선의 양끝 표시는 화살 또는 점으로 표시할 수 있으며, 같은 도면에서 2종을 혼용할 수 있다.
④ 협소한 간격이 연속될 때에는 인출선을 사용하여 치수를 쓴다.

CBT 복원문제

2024년 제3회

01 다음 중 석재 표면의 마무리 순서로 옳은 것은?
① 정다듬-메다듬-잔다듬-도드락다듬-물갈기
② 메다듬-정다듬-도드락다듬-잔다듬-물갈기
③ 잔다듬-메다듬-도드락다듬-물갈기-정다듬
④ 정다듬-잔다듬-메다듬-도드락다듬-물갈기

02 다음 중 테두리보에 대한 설명으로 옳지 않은 것은?
① 철근콘그리트 블록조에 있어서 벽체를 일체화하기 위해 설치한다.
② 테두리보의 너비는 보통 그 밑의 내력벽 두께보다는 작아야 한다.
③ 최상층의 경우 지붕 슬래브를 철근콘크리트 바닥판으로 할 경우에는 테두리보를 따로 쓰지 않아도 좋다.
④ 테두리보는 폐쇄된 수평면의 골조를 구성해야 한다.

03 왕대공 지붕틀에 관한 설명으로 옳지 않은 것은?
① 왕대공과 마룻대는 가름장 장부맞춤을 한다.
② 평보와 ㅅ자보는 안장맞춤으로 한다.
③ ㅅ자보와 달대공은 빗턱통넣고 짧은 사개맞춤으로 한다.
④ 왕대공과 평보는 짧은 장부맞춤으로 한다.

04 다음 중 내민보(cantilever beam)에 대한 설명으로 옳은 것은?
① 연속보의 한 끝이나 지점에 고정된 보의 한 끝이 지지점에서 내민 형태로 달려 있는 보를 말한다.
② 보의 양단이 벽돌, 블록, 석조벽 등에 단순히 얹혀 있는 상태로 된 보를 말한다.
③ 단순보와 동일하게 보의 하부에 인장주근을 배치하고 상부에는 압축철근을 배치한다.
④ 전단력에 대한 보강의 역할을 하는 늑근은 사용하지 않는다.

05 다음 중 건물의 부동침하 원인과 가장 관계가 먼 것은?
① 연약층
② 경사지반
③ 지하실을 강성체로 설치
④ 건물의 일부 증축

06 I형강의 웨브를 절단하여 6각형 구멍이 줄지어 생기도록 용접하여 춤을 높인 것은?
① 형강보   ② 플레이트보
③ 트러스보 ④ 허니콤보

07 벽돌조에서 내력벽의 두께는 당해 벽높이의 최소 얼마 이상으로 하여야 하는가?
① 1/10   ② 1/15
③ 1/20   ④ 1/25

08 철근콘크리트 구조에 관한 설명으로 옳지 않은 것은?
① 철근콘크리트 건축물은 라멘 구조로 하

는 것이 일반적이다.
② 압축철근은 부재의 장기처짐에 관여한다.
③ 철근이 인장력에 충분히 저항할 수 있다.
④ 철골조에 비하여 철거가 매우 간단하다.

09 기초 구조를 정할 때 고려할 점 중 옳지 않은 것은?
① 인접건물의 기초에 주의하고 손상을 주지 않도록 한다.
② 지내력이 좋은 지반에 설치한다.
③ 기초 밑면을 동결선 밑에 놓는다.
④ 한 건물의 기초 형식은 여러 형식을 혼용하는 것이 좋다.

10 프리스트레스트 콘크리트 구조의 특징으로 옳지 않은 것은?
① 간사이를 길게 할 수 있어서 넓은 공간을 설계할 수 있다.
② 부재 단면의 크기를 작게 할 수 있으며 진동이 없다.
③ 공기를 단축할 수 있고 시공과정을 기계화할 수 있다.
④ 고강도 재료를 사용하므로 강도와 내구성이 큰 구조물을 만들 수 있다.

11 다음 중 철골조 플레이트보의 구성부재에 해당되지 않는 것은?
① 래티스   ② 스티프너
③ 플랜지 앵글 ④ 커버 플레이트

12 다음 건축구조의 분류 중 라멘구조에 해당하는 것은?
① 철근콘크리트 구조
② 조적조
③ 벽식 구조
④ 트러스 구조

13 왕대공 지붕틀에서 중도리를 직접 받쳐주는 것은?
① 처마도리   ② ㅅ자보
③ 깔도리   ④ 평보

14 다음 중 주택에 일반적으로 사용되는 지붕이 아닌 것은?
① 모임지붕   ② 박공지붕
③ 평지붕   ④ 톱날지붕

15 현장치기 콘크리트 중 수중에서 타설하는 콘크리트인 경우 철근의 최소 피복두께는 얼마인가?
① 60mm   ② 80mm
③ 100mm   ④ 120mm

16 건축물의 밑바닥 전부를 일체화하여 두꺼운 기초판으로 구축한 기초의 명칭은?
① 온통기초   ② 연속기초
③ 복합기초   ④ 독립기초

17 다음 중 건축물에 수평으로 작용하는 하중은?
① 적설하중   ② 고정하중
③ 적재하중   ④ 지진하중

18 다음 중 목구조에 대한 설명으로 옳지 않은 것은?
① 전각, 사원 등의 동양고전식 구조법이다.
② 가구식 구조에 속한다.
③ 친화감이 있고 미려하나 부패에 약하다.
④ 고층 및 대규모 면적 건축물에 적합하다.

19 축방향 하중을 받는 지하실 외벽 및 기초 벽체의 두께는 최소 얼마 이상이어야 하는가?
① 100mm　② 150mm
③ 200mm　④ 300mm

20 TMCP강에 관한 설명으로 옳지 않은 것은?
① 항복비가 높아 내진성능이 낮다.
② 저탄소당량으로 용접성이 우수하다.
③ 강재의 두께가 증가하더라도 항복강도의 저하가 없다.
④ 제어압연을 기본으로 하고, 급랭에 의한 가속냉각법을 이용하여 필요성질을 확보한다.

21 비교적 굵은 철선을 격자형으로 용접한 것으로 콘크리트 보강용으로 사용되는 금속제품은?
① 펀칭 메탈(punching metal)
② 와이어 로프(wire rope)
③ 와이어 메시(wire mesh)
④ 메탈 폼(metal form)

22 고로시멘트의 특징에 대한 설명으로 옳지 않은 것은?
① 건조수축이 많으므로 시공에 유의해야 한다.
② 내열성이 크고 수밀성이 양호하다.
③ 응결시간이 빠르고 초기강도가 크다.
④ 화학저항성이 높아 하수 등에 접하는 콘크리트에 적합하다.

23 목재의 구조와 조직에 관한 설명으로 옳지 않은 것은?
① 목재의 방향에서 수목의 생장방향을 섬유방향이라 한다.
② 춘재(春材)는 추재(秋材)에 비하여 세포가 비교적 크고, 세포막은 얇으며 연약하다.
③ 변재는 심재보다 짙은 색을 띤다.
④ 평균 연륜폭(mm)은 나이테가 포함되는 길이를 나이테수로 나눈 값을 말한다.

24 다음의 미장재료 중에서 공기 중의 탄산가스와 반응하여 화학변화를 일으켜 경화하는 것은?
① 돌로마이트 플라스터
② 시멘트 모르타르
③ 혼합석고 플라스터
④ 경석고 플라스터

25 콘크리트 슬래브의 거푸집 패널 또는 바닥판 등으로 사용하는 것은?
① 코너 비드
② 데크 플레이트
③ 익스팬디드 메탈
④ 와이어 라스

26 점토의 압축강도는 인장강도의 약 얼마 정도인가?
① 2배　② 3배
③ 4배　④ 5배

27 다음 중 인공골재에 속하지 않는 것은?
① 팽창혈암
② 강자갈
③ 펄라이트
④ 암석을 부수어 만든 모래

28 전기절연성, 내후성이 우수하며 발수성이 있어 방수제로 쓰이는 수지는?
① 실리콘 수지　② 푸란 수지
③ 요소 수지　④ 멜라민 수지

29 공기 중에 습기가 많을 때에는 수증기를 흡수하고 건조 시에는 방출하는 역할을 하며 모르타르에 혼합하여 성형판 또는 미장재로 사용하는 다공질 재료는?
① 내한촉진제 ② 나노촉매제
③ 제올라이트 ④ 수화열저감제

30 시멘트를 구성하는 주요 화학성분으로 가장 거리가 먼 것은?
① 실리카 ② 산화알루미늄
③ 일산화탄소 ④ 석회

31 콘크리트 작업 중 재료분리를 줄이기 위한 방법으로 옳지 않은 것은?
① 잔골재율을 크게 한다.
② 물시멘트비를 크게 한다.
③ AE제를 사용한다.
④ 플라스티시티(plasticity)를 증가시킨다.

32 중량 5kg인 목재를 건조시켜 전건중량이 4kg이 되었다. 건조 전 목재의 함수율은 몇 %인가?
① 20% ② 25%
③ 30% ④ 40%

33 블리딩(Bleeding)과 크리프(Creep)에 대한 설명으로 옳은 것은?
① 블리딩이란 굳지 않은 모르타르나 콘크리트에 있어서 윗면에 물이 스며 나오는 현상을 말한다.
② 블리딩이란 콘크리트의 수화작용에 의하여 경화하는 현상을 말한다.
③ 크리프란 하중이 일시적으로 작용하면 콘크리트의 변형이 증가하는 현상을 말한다.
④ 크리프란 블리딩에 의하여 콘크리트 표면에 떠올라 침전된 물질을 말한다.

34 석고보드에 관한 설명으로 옳지 않은 것은?
① 부식이 잘 되고 충해를 받기 쉽다.
② 단열성이 높다.
③ 시공이 용이하고 표면 가공이 다양하다.
④ 흡수로 인해 강도가 현저하게 저하된다.

35 파티클 보드에 대한 설명 중 옳지 않은 것은?
① 변형이 아주 적다.
② 합판에 비해 휨강도는 떨어지나 면내 강성은 우수하다.
③ 흡음성과 열의 차단성이 작다.
④ 칸막이벽, 가구 등에 이용된다.

36 콘크리트용 혼화제 중 점성 등을 향상시켜 재료분리를 억제하기 위해 사용되는 것은?
① AE제 ② 방청제
③ 증점제 ④ 유동화제

37 다음 중 지하실이나 옥상의 채광용으로 가장 적당한 유리는?
① 폼 글라스(foam glass)
② 프리즘 타일(prism tile)
③ 글라스 블록(glass block)
④ 글라스 울(glass wool)

38 합성수지 도료를 유성페인트와 비교한 설명으로 옳지 않은 것은?
① 건조시간이 빠르고 도막이 단단하다.
② 도막은 인화할 염려가 적어 방화성이 우수하다.
③ 비교적 두꺼운 도막을 만들 수 있다.
④ 내산, 내알칼리성이 있어 콘크리트면에 바를 수 있다.

39 건축재료의 성질에 관한 용어로서 어떤 재료에 외력을 가했을 때 작은 변형만 나타나도 곧 파괴되는 성질을 나타내는 것은?
① 전성   ② 취성
③ 탄성   ④ 연성

40 응결과 경화의 속도가 소석고에 비하여 매우 늦어 경화촉진제로 화학처리하여 사용하며 경화 후 강도와 경도가 높고 광택을 갖는 미장재료는?
① 경석고 플라스터
② 보드용 플라스터
③ 돌로마이트 플라스터
④ 회반죽

41 간접조명에 관한 설명으로 옳지 않은 것은?
① 조명률이 낮다.
② 실내반사율의 영향이 크다.
③ 높은 조도가 요구되는 전반조명에는 적합하지 않다.
④ 그림자가 거의 형성되지 않으며 국부조명에 적합하다.

42 다음 설명에 알맞은 건축화조명방식은?

> 벽의 상부에 길게 설치된 반사상자 안에 광원을 설치하여 모든 빛이 하부로 향하도록 하는 조명 방식

① 코브 조명   ② 광창 조명
③ 코니스 조명   ④ 광천장 조명

43 대지면적에 대한 연면적의 비율을 의미하는 것은?
① 건폐율   ② 용적률
③ 건축면적   ④ 바닥면적

44 거실의 가구 배치 방식 중 중앙의 테이블을 중심으로 좌석이 마주 보도록 배치하는 방식은?
① 직선형   ② 코너형
③ 대면형   ④ 자유형

45 형태를 구성하는 요소에 대한 설명 중 옳은 것은?
① 공간에 하나의 점을 둘 경우 관찰자의 시선을 집중시킨다.
② 고딕 건물의 고결하고 종교적인 표정은 수평선이 주는 감정 표현이다.
③ 공간에 크기가 같은 두 개의 점이 있을 때 주의력은 하나의 점에만 작용한다.
④ 곡선은 약동감, 생동감 넘치는 에너지와 운동감, 속도감을 주며, 사선은 우아함, 여성적인 느낌을 준다.

46 다음의 건물 내 급수방식 중 수질오염의 가능성이 가장 큰 것은?
① 수도직결방식   ② 압력수조방식
③ 고가수조방식   ④ 펌프직송방식

47 다음의 단면용 재료 표시 기호 중 인조석에 해당되는 것은?

①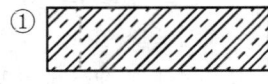

②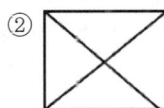

③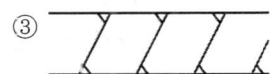

④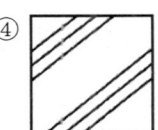

48 LPG에 대한 설명 중 옳지 않은 것은?
① 석유정제 과정에서 채취된 가스를 압축 냉각해서 액화시킨 것이다.
② 주성분은 프로판, 프로필렌, 부탄 등이다.
③ 액화석유가스이다.
④ 공기보다 가볍다.

49 다음과 같은 특징을 갖는 부엌의 유형은?

• 다른 유형에 비해 부엌의 기능성과 청결감을 크게 할 수 있다.
• 음식을 식탁까지 운반해야 하는 불편이 있으며, 주부가 작업할 때 가족 간의 대화가 단절되기 쉽다.

① 오픈 키친   ② 독립형 부엌
③ 다이닝 키친   ④ 반독립형 부엌

50 생활 행위에 따른 동작을 가능하게 하며, 주거 공간을 구성하는 가장 기본적인 것은?
① 인체 동작 공간 ② 개인 공간
③ 공동 공간   ④ 주거 집합 공간

51 다음 중 건축제도의 치수 기입에 관한 설명으로 옳은 것은?
① 치수 기입은 치수선을 중단하고 선의 중앙에 기입하는 것이 원칙이다.
② 치수 기입은 치수선에 평행하게 도면의 오른쪽에서 왼쪽으로 읽을 수 있도록 기입한다.
③ 치수의 단위는 밀리미터(mm)를 원칙으로 하고, 반드시 단위 기호를 명시하여야 한다.
④ 치수는 특별히 명시하지 않는 한, 마무리 치수로 표시한다.

52 증기난방의 응축수 환수방식에 의한 분류에 속하지 않는 것은?
① 중력 환수식   ② 기계 환수식
③ 진공 환수식   ④ 습식 환수식

53 다음과 같은 특징을 갖는 투시도 묘사용구는?

• 밝은 상태에서 어두운 상태까지 폭넓게 명암을 나타낼 수 있다.
• 다양한 질감 표현이 가능하다.
• 지울 수 있는 장점이 있는 반면에 번지거나 더러워지는 단점이 있다.

① 포스터 칼라   ② 연필
③ 잉크   ④ 파스텔

54 다음 설명에 알맞은 음과 관련된 현상은?

• 매질 중의 음의 속도가 공간적으로 변동함으로써 음이 전파하는 방향이 바뀌어지는 과정이다.
• 주간에 들리지 않던 소리가 야간에 잘 들린다.

① 반사   ② 간섭
③ 회절   ④ 굴절

55 원호 이외의 곡선을 그을 때 사용하는 제도용구는?
① 운형자   ② 템플릿
③ 컴퍼스   ④ 디바이더

56 태양광선 중 자외선의 작용이 아닌 것은?
① 빛(밝음)의 작용
② 화학적 작용
③ 생물에 대한 생육작용
④ 살균작용

57 중력환기에 관한 설명으로 옳지 않은 것은?
① 환기량은 개구부 면적에 비례하여 증가한다.
② 실내외의 온도차에 의한 공기의 밀도차가 원동력이 된다.
③ 개구부의 전후에 압력차가 있으면 고압측에서 저압측으로 공기가 흐른다.
④ 어떤 경우에서도 중성대의 하부가 공기의 유입측, 상부는 공기의 유출측이 된다.

58 제도 용지에 대한 설명으로 옳지 않은 것은?
① 제도 용지의 가로와 세로의 비는 $\sqrt{2}$: 1이다.
② A0 용지의 넓이는 약 $1m^2$이다.
③ A2 용지의 크기는 A0의 1/4이다.
④ 큰 도면을 서류철용으로 접을 때에는 A3의 크기로 접는 것을 원칙으로 한다.

59 실내공기오염을 나타내는 종합적 지표로서의 오염물질은?
① O_2
② O_3
③ CO
④ CO_2

60 건축도면 작성 시 도면의 방향에 대해 옳게 설명한 것은?
① 평면도는 동측을 위로 하여 작도함을 원칙으로 한다.
② 배치도는 남측을 위로 하여 작도함을 원칙으로 한다.
③ 입면도는 위, 아래 방향을 도면지의 위, 아래와 반대로 하는 것을 원칙으로 한다.
④ 단면도는 위, 아래 방향을 도면지의 위, 아래와 일치시키는 것을 원칙으로 한다.

CBT 복원문제   2024년 제4회

01 시멘트 벽돌(표준형)을 가지고 2.0B의 가로벽을 쌓았을 때 벽의 두께로 가장 적합한 것은?
① 280mm   ② 290mm
③ 340mm   ④ 390mm

02 다음 중 여닫이 창호에 대한 설명으로 옳지 않은 것은?
① 여닫이 창호의 종류에는 외여닫이와 쌍여닫이 등이 있다.
② 밖여닫이는 빗물막이가 편리하지만 열렸을 때 바람에 손상되기 쉽다.
③ 경첩 등을 축으로 개폐되는 창호를 말한다.
④ 열고 닫을 때 실내유효면적이 증가되는 장점이 있다.

03 견고한 지반이 깊이 있을 경우 지상에서 원통형, 사각형통의 밑 없는 상자를 만들고 그 속에서 토사를 파내어 상자를 내려앉히고 저부하 콘크리트를 부어 기초로 하는 것으로 케이슨 기초라고도 불리는 것은?
① 주춧돌기초   ② 잠함기초
③ 말뚝기초   ④ 직접기초

04 다음 중 흙막이벽 공사 시 토질에 생기는 현상과 거리가 먼 것은?
① 보일링   ② 파이핑
③ 언더피닝 ④ 히빙

05 다음 건물 중 그 건물의 지붕에 적용된 대표적인 구조형식이 옳게 연결된 것은?
① 시드니 오페라 하우스 - 돔구조
② 도쿄돔 - 현수구조
③ 판테온 신전 - 볼트구조
④ 상암월드컵경기장 - 막구조

06 보강블록조의 내력벽의 두께는 최소 얼마 이상이어야 하는가?
① 90mm   ② 120mm
③ 150mm   ④ 200mm

07 철골구조에서 스티프너를 사용하는 가장 중요한 목적은?
① 보의 휨내력 보강
② 웨브 플레이트의 좌굴 방지
③ 보의 처짐 보강
④ 플랜지 앵글의 단면 보강

08 철근콘크리트 보에서 동일 평면에서 평행한 철근 사이의 수평 순간격은 최소 얼마 이상이어야 하는가?
① 12.5mm ② 15mm
③ 20mm   ④ 25mm

09 마름돌의 거친 면의 돌출부를 쇠메 등으로 쳐서 면을 보기 좋게 다듬는 것을 무엇이라 하는가?
① 메다듬   ② 정다듬
③ 도드락다듬 ④ 잔다듬

10 다음 중 철골구조에 대한 설명으로 옳지 않은 것은?
① 벽돌구조에 비하여 수평력이 강하다.
② 장스팬 구조가 가능하다.
③ 화재에 대비하기 위해서 적당한 내화피

복이 필요하다.
④ 철근콘크리트구조에 비하여 동절기 기후의 영향을 많이 받는다.

11 미서기문의 마중대는 서로 턱솔 또는 딴혀를 대어 방풍적으로 물려지게 하는데 이것을 무엇이라 하는가?
① 지도리 ② 풍소란
③ 접문   ④ 은선

12 벽돌벽 공간쌓기의 목적이 아닌 것은?
① 방음   ② 단열
③ 결로방지 ④ 내진

13 다음 중 철근가공에서 표준갈고리의 구부림 각도를 135°로 할 수 있는 것은?
① 기둥 주근 ② 보 주근
③ 늑근   ④ 슬래브 주근

14 압축 이형철근의 정착에 대한 설명으로 옳은 것은?
① 정착길이는 철근의 항복강도가 클수록 길어진다.
② 정착길이는 콘크리트 강도가 클수록 길어진다.
③ 정착길이는 항상 200mm 이하로 한다.
④ 정착길이는 철근의 지름과는 무관하다.

15 다음 중 기둥과 기둥 사이의 간격을 나타내는 용어는?
① 아치   ② 스팬
③ 트러스 ④ 버트레스

16 흙막이 부재 중 토압과 수압을 지탱하기 위해 널말뚝 벽면에 수평으로 대는 것은?
① 어미 말뚝 ② 멍에
③ 규준틀   ④ 띠장

17 목재 플러시 문(Flush Door)에 대한 설명으로 옳지 않은 것은?
① 울거미를 짜고 중간살을 30cm 이내 간격으로 배치한 것이다.
② 양면에 합판을 교착한 것이다.
③ 차양이 되며 통풍에 유리하다.
④ 뒤틀림 변형이 적다.

18 철골구조에 관한 설명으로 옳지 않은 것은?
① 수평력에 약하며 공사비가 저렴한 편이다.
② 철근콘크리트구조에 비해 내화성이 부족하다.
③ 고층 및 장스팬 건물에 적합하다.
④ 철근콘크리트구조물에 비하여 중량이 가볍다.

19 철근콘크리트기둥에서 띠철근의 수직간격기준으로 옳지 않은 것은?
① 기둥 단면의 최소 치수 이하
② 종방향 철근지름의 16배 이하
③ 띠철근 지름의 48배 이하
④ 기둥 높이의 0.1배 이하

20 다음 중 아치(Arch)에 대한 설명으로 옳지 않은 것은?
① 조적벽체의 출입문 상부에서 버팀대 역할을 한다.
② 아치대에는 압축력만 작용한다.
③ 아치벽돌을 특별히 주문 제작하여 쓴 것을 층두리 아치라 한다.
④ 아치의 종류에는 평아치, 반원아치, 결원

아치 등이 있다.

21 AE제를 사용한 콘크리트에 대한 설명 중 옳지 않은 것은?
① 물-시멘트비가 일정한 경우 공기량을 증가시키면 압축강도가 증가한다.
② 시공연도가 좋아지므로 재료분리가 적어진다.
③ 동결융해작용에 의한 마모에 대하여 저항성을 증대시킨다.
④ 철근에 대한 부착강도가 감소한다.

22 다음 중 수성 페인트에 대한 설명으로 옳지 않은 것은?
① 내알칼리성이 약해 콘크리트면에 사용하기 부적합하다.
② 건조가 빠르며 작업성이 좋다.
③ 희석제로 물을 사용하므로 공해 발생 위험이 적다.
④ 수성 페인트의 일종으로 에멀션페인트가 있다.

23 다음 중 AE제의 사용 목적과 가장 관계가 먼 것은?
① 블리딩을 감소시킨다.
② 강도를 증가시킨다.
③ 동결융해작용에 대하여 내구성을 지닌다.
④ 굳지 않은 콘크리트의 워커빌리티를 개선시킨다.

24 콘크리트의 배합에서 물-시멘트비(W/C)와 가장 관계 깊은 것은?
① 콘크리트의 공기량
② 콘크리트의 골재 품질
③ 콘크리트의 재령
④ 콘크리트의 강도

25 다음 중 현대건축재료의 발전방향에 대한 설명으로 옳지 않은 것은?
① 고성능화, 공업화
② 프리패브화의 경향에 맞는 재료 개선
③ 수작업과 현장시공에 맞는 재료 개발
④ 에너지절약화와 능률화

26 각종 유리의 성질에 관한 설명으로 옳지 않은 것은?
① 유리블록은 실내의 냉·난방에 효과가 있으며 보통 유리창보다 균일한 확산광을 얻을 수 있다.
② 열선반사유리는 단열유리라고도 불리우며 태양광선 중 장파부분을 흡수한다.
③ 자외선차단유리는 자외선의 화학작용을 방지할 목적으로 의류품의 진열창, 식품이나 약품의 창고 등에 쓴다.
④ 내열유리는 규산분이 많은 유리로서 성분은 석영유리에 가깝다.

27 계단의 미끄럼을 방지하기 위하여 놋쇠 또는 황동, 스테인리스강제 등에 홈파기, 고무 삽입 등의 처리를 한 것은?
① 와이어 메시   ② 코너 비드
③ 논슬립   ④ 경첩

28 건축물의 내외면 마감, 각종 인조석 제조에 주로 사용되는 시멘트는?
① 실리카시멘트
② 조강포틀랜드시멘트
③ 팽창시멘트
④ 백색포틀랜드시멘트

29 유성 페인트에 관한 설명으로 옳은 것은?
① 보일유에 안료를 혼합시킨 도료이다.
② 안료를 적은 양의 물로 용해하여 수용성 교착제와 혼합한 분말상태의 도료이다.
③ 천연수지 또는 합성수지 등을 건성유와 같이 가열·융합시켜 건조제를 넣고 용제로 녹인 도료이다.
④ 니트로셀룰로오스와 같은 용제에 용해시킨 섬유계 유도체를 주성분으로 하여 여기에 합성수지, 가소제와 안료를 첨가한 도료이다.

30 다음 중 골재의 체가름 시험에서 사용하는 체가 아닌 것은?
① 0.15mm   ② 1.2mm
③ 5mm   ④ 35mm

31 목면·마사·양모·폐지 등을 원료로 만든 원지에 스트레이트 아스팔트를 침투시켜 롤러로 압착하여 만든 것으로 아스팔트방수 중간층재로 이용되는 아스팔트 제품은?
① 아스팔트 루핑   ② 블론 아스팔트
③ 아스팔트 싱글   ④ 아스팔트 펠트

32 다음 중 벽 및 천장재료에 요구되는 성질로 옳지 않은 것은?
① 열전도율이 큰 것이어야 한다.
② 차음이 잘 되어야 한다.
③ 내화, 내구성이 큰 것이어야 한다.
④ 시공이 용이한 것이어야 한다.

33 다음 중 방음, 방서, 단열효과가 크고 결로방지용으로도 우수한 유리제품은?
① 복층유리   ② 망입유리
③ 스테인드글라스 ④ 반사유리

34 다음 중 회반죽에 관한 설명으로 옳지 않은 것은?
① 경화건조에 의한 수축률은 미장바름 중 가장 작은 편이다.
② 여둘을 사용하여 균열을 분산, 경감시킨다.
③ 건즈에 시일이 오래 걸린다.
④ 소석회에 모래, 해초풀 등을 혼합하여 만든다.

35 다음 중 천연 아스팔트가 아닌 것은?
① 레이크 아스팔트
② 로크 아스팔트
③ 스트레이트 아스팔트
④ 아스팔타이트

36 콘크리트에 염화칼슘을 사용할 때 일어나는 현상으로 옳지 않은 것은?
① 철근의 부식을 방지한다.
② 방동효과가 있다.
③ 과도하게 사용할 경우 콘크리트의 내구성을 저하시킬 수 있다.
④ 콘크리트의 경화가 촉진된다.

37 그림은 콘크리트의 슬럼프 시험결과이다. 슬럼프값은 얼마인가?

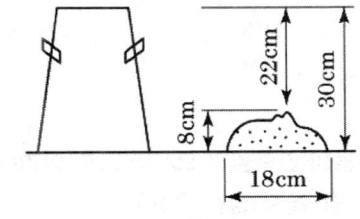

① 8cm   ② 18cm
③ 22cm   ④ 30cm

38 다음 중 강의 조직을 개선하고 결정을 미세화하기 위해 800~1000℃로 가열하여 소정의

시간까지 유지한 후에 대기 중에서 냉각하는 열처리법은?
① 풀림 ② 불림
③ 담금질 ④ 뜨임

39 KS D 3503에서 강재의 종류를 나타내는 기호인 SS490의 첫 번째 S가 의미하는 것은?
① 재질 ② 형상
③ 강도 ④ 지름

40 황동은 구리와 무엇을 주성분으로 하는 합금인가?
① 주석 ② 아연
③ 알루미늄 ④ 납

41 다음 설명에 알맞은 건축화 조명의 종류는?

> • 사용자의 얼굴에 적당한 조도를 분배하기 위해 벽면이나 천장면의 일부를 돌출시켜 조명을 설치하고 아래로 비춘다.
> • 주로 카운터 상부, 욕실의 세면대 상부 등에 설치된다.

① 광창 조명 ② 코브 조명
③ 광천장 조명 ④ 캐노피 조명

42 도면의 표시기호로 옳지 않은 것은?
① L : 길이 ② H : 높이
③ W : 너비 ④ A : 용적

43 다음의 건축물의 묘사와 표현 방법에 대한 설명 중 옳지 않은 것은?
① 윤곽선을 강하게 묘사하면 공간상의 입체를 돋보이게 하는 효과가 있다.
② 각종 배경 표현은 건물의 배경이나 스케일, 그리고 용도를 나타내는 데 꼭 필요한 때만 적당히 표현한다.
③ 일반적으로 건물의 그림자는 건물 표면의 그늘보다 밝게 표현한다.
④ 그늘과 그림자는 물체의 위치, 보는 사람의 위치, 빛의 방향, 그림자가 비칠 바닥의 형태에 의하여 표현을 달리한다.

44 건축물의 계획과 설계 과정 중 계획 단계에 해당하지 않는 것은?
① 세부 결정 도면 작성
② 형태 및 규모의 구상
③ 대지 조건 파악
④ 요구 조건 분석

45 조선시대 주택구조에 대한 설명 중 옳지 않은 것은?
① 주택공간이 성(性)에 의해 구분되었다.
② 주택은 크게 행랑채, 사랑채, 안채, 바깥채의 4개의 공간으로 구분되었다.
③ 사랑채는 남자 손님들의 응접공간으로 사용되었다.
④ 안채는 모든 가정살림의 중추적인 역할을 하던 곳이다.

46 같은 계통의 색상이라도 색의 밝고 어두운 정도의 차가 있는데, 이처럼 색채의 밝기를 나타내는 성질과 밝음과 감각을 척도화한 것을 무엇이라 하는가?
① 조도 ② 휘도
③ 명도 ④ 채도

47 건축계획과정 중 평면계획에 대한 설명으로 옳지 않은 것은?
① 평면계획은 일반적으로 동선계획과 함께 진행된다.

② 평면계획은 2차원적인 공간의 구성이지만, 입면 설계의 수평적 크기를 나타내기도 한다.
③ 실의 배치는 상호 유기적인 관계를 가지도록 계획한다.
④ 평면계획 시 공간 규모와 치수를 결정한 후 각 공간에서의 생활행위를 분석한다.

48 다음 중 배치도에 명시되어야 하는 것은?
① 대지 내 건물의 위치와 방위
② 기둥, 벽, 창문 등의 위치
③ 건물의 높이
④ 승강기의 위치

49 철근콘크리트 줄기초 부분의 제도에 관한 설명 중 옳지 않은 것은?
① 지반에서 기초의 길이를 고려하여 지반선을 그린다.
② 축척은 1/100로만 하며, 단면선과 입면선을 구분하여 그린다.
③ 중심선을 기준으로 하여 좌우에 기초벽의 두께, 콘크리트 기초판의 너비 등을 양분하여 그린다.
④ 재료의 단면표시를 하고 치수선과 치수보조선, 인출선을 가는 선으로 긋고, 부재의 명칭과 치수를 기입한다.

50 모든 시각적 요소에 대하여 상반된 성격의 결합에서 이루어지므로 극적인 분위기를 연출하는데 효과적인 디자인 원리는?
① 비례   ② 대비
③ 통일   ④ 연속

51 다음 중 공동주택 배치에서 인동간격의 결정 요소와 가장 거리가 먼 것은?

① 일조   ② 경관
③ 채광   ④ 통풍

52 다음 설명에 알맞은 아파트 평면 방식은?

• 프라이버시가 양호하다.
• 통행부 면적이 작아서 건물의 이용도가 높다.
• 좁은 대지에서 집약형 주거 등이 가능하다.

① 편복도형   ② 중복도형
③ 계단실형   ④ 집중형

53 다음 중 온수난방에 대한 설명으로 옳은 것은?
① 예열시간이 증기난방에 비해 짧다.
② 증기난방에 비해 방열면적과 배관이 작다.
③ 한랭 시 난방을 정지하였을 경우 동결의 우려가 없다.
④ 현열을 이용한 난방이므로, 증기난방에 비해 쾌감도가 높다.

54 아파트 단위 주거의 단면 형식 중 플랫형에 대한 설명으로 옳은 것은?
① 1개의 단위 주거가 2개층에 걸쳐 있는 경우를 말한다.
② 단위 주거가 1층만으로 되어 있는 것으로 평면 계획과 구조가 단순하다.
③ 편복도형에 쓰이는 경우가 많으며, 복도는 1층에 걸러서 설치된다.
④ 엘리베이터의 정지층이 매 층마다 있지 않으며 단위 주거의 평면 계획에 변화를 줄 수 있다.

55 잔향시간에 관한 설명으로 옳지 않은 것은?
① 잔향시간이 길면 명료성이 떨어진다.
② 잔향시간은 실의 형태와 깊은 관련이 있다.

③ 잔향시간은 너무 짧으면 음악의 풍부성이 저하된다.
④ 잔향시간은 실의 용적에 비례하고 흡음력에 반비례한다.

56 연립주택의 형식 중 경사지를 이용하거나 상부 층으로 갈수록 약간씩 뒤로 후퇴하는 형식은?
① 타운 하우스 ② 테라스 하우스
③ 중정형 주택 ④ 로우 하우스

57 주택의 단위 공간계획에 대한 설명 중 옳지 않은 것은?
① 거실의 형태는 일반적으로 직사각형의 형태가 정사각형의 형태보다 가구의 배치나 실의 활용상 유리하다.
② 식당의 위치는 기본적으로 부엌과 근접 배치시키는 것이 이용상 편리하다.
③ 거실은 통로로 쓰이는 면적을 줄이기 위해, 현관에서 먼 곳이나 평면상 중앙에 위치시키는 것이 바람직하다.
④ 침실은 소음원이 있는 쪽은 피하고, 정원 등의 공지에 면하도록 하는 것이 좋다.

58 다음 설명에 알맞은 주택의 실 구성형식은?

- 소규모 주택에서 많이 사용한다.
- 거실 내에 부엌과 식사실을 설치한 것이다.
- 실을 효율적으로 이용할 수 있다.

① D형   ② DK형
③ LD형 ④ LDK형

59 건축계획 단계에서 설계자의 머릿속에서 이루어진 공간의 구상을 종이에 형상화하여 그린 다음 시각적으로 확인하는 것은?

① 에스키스   ② 스킵
③ 캡쳐   ④ 데생

60 건축물의 외벽, 창, 지붕 등에 설치하여 인접 건물에 화재가 발생하였을 때 수막을 형성함으로써 화재의 연소를 방재하는 설비는?
① 스프링클러설비
② 연결살수설비
③ 옥내 소화전설비
④ 드렌처 설비

CBT 복원문제

해설 및 정답

CBT 복원문제

해설 및 정답

2022년 제1회

01 ②
① 빗줄눈 : 치장줄눈의 일종으로 줄눈 형태를 사선으로 마무리한 것이다.
② 막힌 줄눈 : 벽체에 실리는 하중을 고르게 분산하기 위해 줄눈이 이어지지 않도록 쌓는 방식
③ 통줄눈 : 벽쌓기 시 줄눈이 일렬로 이어지는 것으로 장식용으로만 사용한다.
④ 오목줄눈 : 치장줄눈의 일종으로 줄눈 형태를 벽 안쪽으로 오목하게 마무리한 것이다.

02 ①
$0.4m \times 0.6m \times 9m \times 2400 kg/m^2 = 5184kg$

03 ④
부동침하
부등침하(不等沈下)라고도 한다. 침하가 건축물 전체적으로 균등하면 구조물에 파괴나 변형이 거의 없지만, 침하가 상이하면 경사지거나 변형하게 되어 균열이 생기기 쉽다. 이를 부동침하라 한다. 연약지반 위에 구조물을 만들 경우에는, 기초지반의 압밀침하에 따르는 부동침하를 충분히 고려해야 한다.
※ 부동침하의 원인 : 연약층, 경사지반, 지하수위 변경, 이질지층, 지하구멍, 무리한 증축, 이질지정 및 일부지정 등

04 ④
라스 반자틀받이이다.

05 ②
통재기둥
1층과 2층의 기둥이 하나의 부재로 이어진 것으로 중요한 모서리나 중간에 5~7m 길이로 배치한다. 단층 목조 건축물에서는 일반적으로 사용되지 않는다.

06 ②
수장부분
마감·치장의 목적으로 설치되는 부분을 뜻하며, 천장·벽 등이 해당된다.
※ 보는 구조부분에 속한다.

07 ④
꿸대
가구의 의자, 책상 탁자 등의 다리를 연결하고 견고하게 하기 위한 가로재 혹은 벽 바탕재의 설치와 벽의 보강을 위하여 기둥을 꿰어 상호 연결하는 가로목을 말한다. 벽체 사용의 경우 주로 심벽에서 사용한다.

08 ④
절충식 지붕틀은 왕대공 지붕틀에 비해 구조가 간단하며 소규모 건물에 적합한 형식이다.

09 ②
직경 15cm, 높이 30cm의 원주형 공시체를 표준공시체로 하여 재령 28일의 압축 강도를 설계기준강도로 하고 있다.

10 ③
보강블록조의 내력벽 두께는 최소 150mm 이상, 지지점 간 거리의 1/50 이상으로 한다.

11 ③
행거도어는 대형 호차(쇠바퀴)를 레일 위와 문 양 옆에 부착한다.

12 ③
① 홑마루(장선마루) : 간사이 2.5m 미만인 경우에 사용(장선+마루널)
② 보마루 : 간사이 2.5~6.4m일 때 사용 (작은 보+장선+마루널)
③ 짠마루 : 간사이 6.4m 이상일 때 사용 (큰보+작은 보+장선+마루널)
④ 동바리마루 : 주춧돌 위에 동바리기둥을 세우고 장선-멍에-마루널 순으로 설치하는 1층 마루

13 ②

기둥과 층도리의 접합은 짧은 장부맞춤으로 한다.

14 ③

벽돌조의 구조 제한
- 최상층의 내력벽 높이 : 4m 이하
- 내력벽의 길이 : 10m 이하
  (초과 시 부축벽이나 붙임기둥으로 보강)
- 내력벽으로 둘러싸인 부분의 바닥면적 : $80m^2$ 이하

15 ③

벽식구조
벽체 자체가 구조적 역할을 하는 형식. 벽 전체가 하중을 견디는 형태이므로 견고하지만 공간의 가변성이 없다.

16 ④

절판구조
병풍처럼 굴절된 평면 판으로 구성된 구조로 판을 접어서 하중에 대한 저항을 증가시킨 구조. 절판은 나무, 강철, 알루미늄, 철근콘크리트 등이 사용된다. 철근콘크리트의 경우 기성콘크리트 판으로 제조하여 접힌 부분의 철근은 별도로 용접접합을 해야 한다.

17 ①

띠철근의 주 사용목적은 기둥 주근의 좌굴을 방지하기 위함이다.

18 ③

합각지붕
팔작지붕이라고도 한다. 지붕 위까지 박공이 달려 용마루 부분이 삼각형의 벽을 이루고 처마의 끝은 우진각지붕과 같다. 맞배지붕과 함께 한식 가옥에 가장 많이 쓰는 지붕의 형태이다.

19 ②
1.0B 쌓기의 벽두께는 벽돌의 길이와 같아진다.(공간쌓기가 아닐 경우)

20 ①
① 층두리 아치 : 아치의 거리가 넓을 때 반 장 별로 층을 지어 2중으로 겹쳐 쌓는 아치
② 거친 아치 : 장방형 벽돌을 그대로 아치에 사용하여 아치줄눈의 모양이 쐐기형이 되는 아치
③ 본 아치 : 아치줄눈이 일자가 되도록 사다리꼴의 벽돌을 주문하여 쌓은 아치
④ 막만든 아치 : 현장에서 장방형 벽돌을 사다리꼴 형태로 절단하여 쌓은 아치

21 ③
① 부석 : 속돌·경석이라고도 한다. 마그마가 대기 중으로 방출될 때 휘발성 성분이 급격히 빠져 나가며 생성된 다공질 석재로 산성 마그마가 구성 요인이다. 가볍고 열전도율이 낮아서 지붕재, 얼음저장고, 차열벽용 콘크리트의 골재로 사용된다. 내산성이 강해서 황산 제조장치 등에도 그대로 사용할 수 있다.
② 탄각 : 석탄이 타고 남은 것으로 경량 콘크리트의 골재로 사용되나 유황분이 함유된 것은 철근 부식의 원인이 되므로 주의해야 한다.
③ 질석 : 운모계와 사문암계 광석으로서 800~1000℃로 가열하여 부피가 5~6배로 팽창시킨 다공질 경석으로 비중이 0.2~0.4 정도로 작다. 주로 단열재 및 흡음재로 사용한다.
④ 펄라이트 : 진주암을 분쇄하여 고온 과열·발포 처리하여 제조한 백색의 다공질체로서 단열재나 흡음재로 쓰이며 비교적 입자가 작은 것은 토양 개량재로 이용된다.

22 ①
① 플로어 힌지 : 바닥에 힌지와 스프링 유압밸브가 삽입된 실린더를 설치하여 무거운 여닫이문을 연결한다.
② 피벗 힌지 : 돌쩌귀 형태의 철물로 무테문 등에 사용한다.
③ 레버터리 힌지 : 접히며 열리는 스프링 힌지의 일종으로 공중전화, 공중화장실 등에 사용한다.
④ 도어 체크 : 도어 클로저라고도 한다. 문짝 상부와 벽에 장치를 설치하여 자동으로 문을 닫히게 한다.

23 ④
석재는 압축강도가 가장 크고, 인장·휨·전단강도는 압축강도에 비해 매우 작은 편이다.

24 ③
테라코타
속을 비게 하여 소성한 점토제품. 석재를 대용하여 버팀벽, 기둥주두, 돌림띠 등에 쓰인다. 점토 제품 중 미적인 제품이고 색도 석재보다 다채롭다. 또한 화강암보다 내화도가 높고 대리석보다 풍화에 강해서 외장으로 많이 쓰인다. 석재에 비해 가볍고 압축강도는 화강암의 절반 정도이다.

25 ①
$$공극률 = (1 - \frac{전건비중}{1.54}) \times 100\%$$
$$= (1 - \frac{0.54}{1.54}) \times 100\% = 64.9\%$$

26 ③
복층 유리
2~3장의 판유리를 간격을 두고 겹친 후 사이를 진공으로 하거나 특수한 공기를 넣어서 제조한 것으로 페어글라스라고도 한다. 차음 및 단열성이 크며, 결로방지용으로 사용된다.

27 ①
① 탄성 : 어떤 물체에 외력이 가해지면 변형이 생긴다. 이때 외력을 제거하면 원형으로 돌아가는 성질
② 소성 : 탄성의 반대개념. 형태에 가해진 외력을 제거하여도 변형된 상태를 유지하려는 성질
③ 점성 : 유체의 흐름에 대한 저항을 말하며 운동하는 액체나 기체 내부에 나타나는 마찰력이므로 내부마찰이라고도 한다. 즉, 액체의 끈끈한 성질이다.
④ 연성 : 재료가 인장력을 받아 파괴되기 전까지 늘어나는 성질

28 ②
불포화 폴리에스테르 수지(폴리에스테르 수지)
열경화성 수지로 전기절연성, 내열성, 내약품성이 좋고 가압성형이 가능하다. 유리섬유를 보강재로 한 FRP는 대단히 강하다. 커튼월, 창틀, 덕트, 파이프, 도료, 욕조, 큰 성형품, 접착제로 사용된다.

29 ④
코르크판
코르크를 가압 성형한 판. 접착제를 써서 열압 성형한 것을 압착 코르크판, 접착제를 쓰지 않고 가열되었을 때 분비하는 코르크 알갱이가 자신이 갖는 수지로 굳혀서 성형한 것을 탄화 코르크판이라 한다. 압축성, 탄력성, 내수성, 내유성, 단열성, 진동 흡수성, 흡음성, 내마모성이 뛰어나다. 탄화 코르크판은 상온 이하의 단열용으로, 압착 코르크판은 바닥용으로 쓰인다. 불연재로는 적합하지 않다.

30 ③
강은 온도에 따라 강도가 변화하는데 100℃ 이상이면 강도가 증가하여 250℃에서 최대가 된다. 250℃ 이상이 되면 강도는 감소한다.
• 500℃에서는 0℃일 때의 1/2로 감소한다.
• 600℃에서는 0℃일 때의 1/3로 감소한다.
• 900℃에서는 0℃일 때의 1/10로 감소한다.

31 ④
시멘트의 풍화
시멘트를 장기간 방치하면 경미한 수화반응이 일어나서 탄산칼슘 덩어리를 생성한다. 이러한 시멘트는 비중이 감소하고 응결 지연 및 강도가 낮은 시멘트 제품이 되며 시간이 지나면 큰 덩어리로 굳어지는 현상을 말한다.

32 ①
② 주석은 공기 또는 수중에서 녹이 발생하지 않으며 알칼리에는 천천히 부식된다.
③ 알루미늄은 산과 알칼리 및 해수에 침식된다.
④ 납은 천연수, 경수, 해수에 안전한 편이다.

33 ②
KS F 3126(치장 목질 마루판)의 성능 기준
휨 강도, 습윤 시 휨 강도, 평면 인장강도, 내마모성, 흡수 두께 팽창률, 치수 변화율, 내충격성, 내긁힘성, 내오염성, 내변퇴색성, 포름알데히드 방산량, 접착성, 함수율

34 ③
석재의 수작업 가공 순서

혹두기-정다듬-도드락다듬-잔다듬-물갈기
※ 버너마감 : 버너로 석재 표면을 달군 후 냉수로 급랭시켜 표면을 거칠게 마무리하는 방법

35 ④
도기질 타일은 흡수율이 커서 주로 실내에 사용한다.

36 ①
석고 플라스터는 시멘트에 비해 경화속도가 빠르다.

37 ①
목재는 건조상태의 강도가 습윤상태보다 크다.

38 ①
단열재는 열전도율이 낮아야 한다.

39 ④
④는 시멘트의 비중시험이다.

40 ③
돌로마이터 플라스터 바름
- 재료 : 돌로마이트(마그네시아 석회)+모래+여물
- 가소성(점성)이 높기 때문에 풀을 혼합할 필요가 없으며, 응결시간이 비교적 길기 때문에 시공이 용이하다.
- 건조수축이 커서 균열이 생기므로 여물을 혼합하여 잔금을 방지한다.
- 대기 중의 이산화탄소(CO_2)와 화합해서 경화하는 기경성 미장재료로 습기 및 물에 취약하다.

41 ③
일주시간(Round trip time)
엘리베이터가 출발 기준층에서 승객을 싣고 출발하여 각 층에 서비스한 후 출발 기준층으로 되돌아와 다음 서비스를 대기하는 데까지 걸리는 총시간을 말한다.
- 일주시간=Σ(주행시간+일주 중 도어 개폐시간+일주 중 승객 출입시간+일주 중 손실시간)

42 ④
글자의 크기는 축척과 도면의 크기에 따라 다르게 하는 것이 좋다.

43 ①
거실의 위치는 남향으로 하고 햇빛과 통풍이 좋아야 하며 주택 내 다른 실의 중심적 위치가 좋다. 그러나 거실 공간 자체가 통로화되면 휴식, TV 시청, 담소와 같은 거실 본연의 기능에 지장을 주므로 금지해야 한다.

44 ③
- D와 ϕ는 모두 지름기호로 쓰이나 D는 이형철근, ϕ는 원형철근의 지름기호로 쓰인다.
- R은 반지름, W는 폭을 뜻한다.

45 ②
- 고층 건축물 : 30층 이상이거나 높이 120m 이상인 건축물
- 초고층 건축물 : 50층 이상이거나 높이 200m 이상인 건축물
- 준초고층 건축물 : 초고층 건축물이 아닌 고층 건축물(50층 미만이며 30층 이상)

46 ①
단면도
건축물을 수직 절단하여 수평방향에서 본 도면으로 건축물과 지반과의 관계 및 건축물의 높이 및 반자높이, 구조상태와 바닥 배관 등을 확인할 수 있는 도면이다.
※ 나머지는 배치도에 표시되는 사항이다.

47 ③
수도직결방식
- 수도 본관에 관을 연결하여 건물 내 필요한 곳에 직접 급수하는 방식
- 정전 중에도 급수가 가능하다.
- 설비비 및 유지관리비가 저렴하다.
- 급수오염의 가능성이 가장 적다.
- 소규모 건물에 적합하다.

48 ①
등각투상도
다음 그림과 같이 물체의 옆면 모서리가 수평선과 30°가 되도록 회전시켜서, 세 모서리가 이루는 각이 모두 120°가 되도록 그린 투상도를 말한다. 등각을 이루는 세 개의 모서리를 등각축(isometric axis)이라 한다.

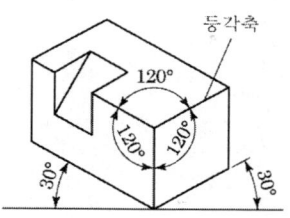

49 ②
한식 주택과 양식 주택의 비교

요소	한식 주택	양식 주택
평면적 차이	• 각 실의 조합 • 위치별 실의 구분	• 각 실의 분화 • 기능별 실의 구분
구조적 차이	• 목조 가구식 • 바닥이 높고 개구부가 크다.	• 벽돌 조적식 • 바닥이 낮고 개구부가 적다.
관습적 차이	• 좌식생활	• 입식생활
용도적 차이	• 실의 다용도화 • 높은 융통성	• 실의 용도 단일화
가구의 차이	• 부수적인 요소	• 실의 기능을 설정하는 주 요소

50 ④
보색관계
다른 색상의 두 가지 색깔이 영향을 주고받아 무채색이 되는 색상
ex) 자주–녹색, 주황–파랑, 노랑–파랑, 청록–빨강, 노랑–남색, 연두–보라

51 ④
승용승강기의 설치대상은 층수가 6층 이상으로서 연면적 $2000m^2$ 이상인 건축물이다. 단, 층수가 6층인 건축물로서 각층 거실 바닥 면적 $300m^2$ 이내마다 1개소 이상 직통계단을 설치한 경우에는 승강기 설치를 하지 않아도 된다.

52 ③
건축허가신청에 필요한 설계도서
건축계획서, 배치도, 평면도, 입면도, 단면도, 구조도, 구조계산서, 실내마감도, 소방설비도

53 ③
벽체의 열관류 저항값이 작다는 것은 열관류량이 크다는 뜻이므로 단열 효과는 작다.

54 ④
물리적 온열 4요소
기온, 습도, 기류, 복사열

55 ③
사회학자 숑바르 드 로브의 주거면적 기준
• 표준기준 : $16.5m^2$/인. 가장 적합한 거주 면적
• 한계기준 : $14m^2$/인 이하. 개인과 가족의 거주 융통성이 다소 부족하다.
• 병리기준 : $8m^2$/인 이하. 거주자의 신체 및 심리에 나쁜 영향을 끼친다.

56 ③
지각 심리 현상
• 접근성 : 가까이 있는 시각 요소들이 그룹이나 패턴으로 보이는 현상
• 유사성 : 형태, 규모, 색, 질감 등에 의해 유사한 시각적 요소들이 연관되어 그룹핑되어 보이는 현상
• 연속성 : 유사한 배열이 하나의 묶음으로 인식되는 현상(공동 운명의 법칙)
• 폐쇄성 : 어떠한 형태에 따라 도형을 연상시키는 현상
• 단순성 : 눈에 익숙한 간단한 형태로만 도형을 보게 되는 현상

57 ③
건축화 조명의 분류
• 직접조명방식 : 광천장 조명, 광창 조명, 캐노피 조명
• 간접조명방식 : 코브 조명, 코퍼 조명, 밸런스(상향) 조명

58 ③
A에서 보는 사람을 기준으로 C는 좌측면도, D는 우측면도, E는 배면도가 된다.

59 ②
① 동시 대비 : 두 색 이상을 동시에 볼 때 일어나는 대비 현상으로 색상의 명도가 다를 때 구별되는 정도이다. 동시대비에는 색상 대비, 명도 대비,

채도 대비, 보색 대비 등이 해당된다.
② 연변 대비 : 어떤 두 색이 맞붙어 있을 때 그 경계 언저리는 색상, 명도, 채도 대비의 현상이 더 강하게 일어나는 현상
③ 한란 대비 : 색의 차고 따뜻함에 따라 변화하는 대비이다. 따뜻한 색채는 차가운 색채와 함께 있을 때 더욱더 따뜻하게 보이고, 차가운 색채도 따뜻한 색채와 함께 있을 때 더욱더 차갑게 보인다.
④ 유사 대비 : 색상환상에서 근접한 색끼리의 대비. 즉, 비슷한 성격의 색이 대비될 때 얻어지는 성질로 배치에 질서감이 생겨서 동질감과 친근감, 부드러움의 느낌을 주지만 다소 단조로운 느낌을 주기도 한다.

60 ③
집중형 평면
- 중앙에 엘리베이터와 계단실을 배치하고 주위에 많은 단위 주거를 집중 배치한다.
- 대지 이용률이 높지만 채광과 통풍이 나쁘고 독립성도 낮다.
- 단위 주거의 조건에 따라 일조 등의 거주성이 나빠지므로 평면계획의 고려가 필요하다.

2022년 제2회

01 ④
슬래브 철근은 단변방향에 더 많이 배근해야 한다.

02 ②
- 인방돌 : 창틀의 상부. 상부의 하중을 받는 수평재
- 창대돌 : 창틀의 하부. 빗물 처리, 장식적 용도
- 쌤돌 : 창틀의 옆. 촉과 연결철물로 벽체에 긴결
- 돌림띠 : 처마나 벽체 상단의 둘레 등을 두른 돌출 장식

03 ③
플레이트보(판보)
- 강판을 웨브재로 하고 ㄱ형강을 접합하여 I형 모양으로 조립한 보
- 하중과 응력에 따라 단면을 자유로이 조절할 수 있는 이점이 있다.
- 설계 제작이 용이하고 간사이가 큰 구조물에 많이 쓰인다.
- 보의 춤은 간사이의 1/18~1/15 정도로 한다.

04 ①
공간쌓기
소리, 열, 습기 등의 차단을 목적으로 벽을 이중으로 하고 중간에 공간을 두고 벽돌을 쌓는 형식

05 ①
벽식 구조의 횡력 보강방법
- 벽 상부에 테두리보를 설치한다.
- 벽량을 증가시킨다.
- 부축벽(Buttress)을 설치한다.

06 ②
아치(Arch)
상부에 작용하는 하중이 아치 축선에 따라 좌우로 나뉘어 밑으로 직압력만 전달하게 한 구조 형식. 아치의 하부와 개구부 등의 부재에 인장 응력이 작용하지 않는다.

07 ④
벽식 구조
보와 기둥이 없이 벽을 만들어 벽이 보와 기둥의 역할을 하는 구조
※ Membrane은 얇은 막을 의미하며 도막방수, 시트방수 등의 용어 또는 얇은 막을 피복한 문을 뜻한다.

08 ④
스터드 볼트(Stud Bolt)
데크 플레이트와 철골보가 용접에 의하여 일체가 되도록 접합하기 위해 사용하는 것이다. 또한 슬래브 콘크리트 타설 시 슬래브 콘크리트가 철골보에 정착되는 역할을 한다.

09 ①
② 가새의 경사는 45°에 가까울수록 유리하다.
③ 기초와 토대를 고정하는데 설치한다.
④ 가새에는 압축응력과 인장응력이 번갈아 일어난다.

10 ③
조적조 내력벽의 길이는 최대 10m 이하로 한다. 부득이하게 초과될 경우에는 부축벽 또는 붙임기둥으로 보강한다.

11 ①
좌굴(Buckling)
기둥의 길이가 그 횡단면의 치수에 비해 지나치게 클 때, 기둥의 양단에 압축하중이 가해졌을 경우 하중이 어느 크기에 이르면 기둥이 갑자기 휘는 현상

12 ②
피복 두께 최소 기준
㉠ 수중에서 타설하는 콘크리트 : 100mm
㉡ 흙에 접하여 콘크리트를 타설한 후 영구히 흙에 묻혀 있는 콘크리트 : 80mm
㉢ 흙에 접하여 옥외의 공기에 직접 노출되는 경우
  ⓐ D29 이상 철근 : 60mm
  ⓑ D25 이하 철근 : 50mm
㉣ 옥외의 공기나 흙에 직접 접하지 않는 콘크리트
  ⓐ 슬래브, 벽체, 장선
    • D35 초과 철근 : 40mm
    • D35 이하 철근 : 20mm
  ⓑ 보, 기둥 : 40mm
※ 콘크리트의 설계기준강도 f_{ck} = 40N/mm² 이상인 경우 규정된 값에서 10mm를 저감시킬 수 있다.

13 ④

인방돌

창문 등의 개구부 위에 설치하는 수평부재로 하중이 창틀에 전달되지 않고 벽체로 분산시키는 역할을 하며 약간의 빗물이나 햇빛을 막아주는 역할도 한다.

14 ③

되물매

경사가 45°인 지붕물매를 뜻한다. 밑변과 높이가 같은 직각삼각형의 기울기와 같으므로 10cm 물매로 표시된다.

15 ③

① 엔드 탭 : 강구조물의 용접 시공 시에 임시로 부착하는 강판
② 뒷댐재 : 맞댐 용접을 할 때 루트 간격 아래에 대는 부재

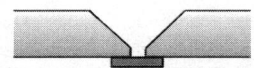

③ 필러 플레이트 : 두께가 다른 철골 부재를 덧판 사이에 끼우고 볼트 접합하는 경우, 두께를 조정하기 위해 삽입하는 얇은 강판. 용접접합과는 거리가 멀다.
④ 스캘럽 : 모살용접끼리 서로 교차하는 경우 혹은 모살용접과 맞댐용접이 교차하는 경우, 종(從)필릿(모살) 용접 부재에 노치를 만들어 주(主)필릿 용접 또는 맞대기 용접이 통과하도록 하는데 이 노치를 스캘럽이라 한다. 이것은 용접의 교차에 의해 응력의 집중을 막거나 전주(全周) 용접이 용이하도록 하기 위한 것이다.

16 ①

보강 블록조

블록을 통줄눈 쌓기 하여 일직선으로 연결되는 블록의 중공부에 철근과 콘크리트를 넣어 보강한 것을 보강블록조라 한다. 일반적인 조적조보다 튼튼하며 수평 및 수직하중에 대한 저항이 커진다.

17 ①

라멘 구조

기둥과 보가 강성으로 접합되어 연속적으로 이루어진 구조

18 ④

① 와렌 트러스 : 상향 하향 경사재가 번갈아 이어지는 트러스. 다른 트러스 형식보다 강성이 큰 편이며 사용 강재가 적어 구조상 유리하기 때문에 트러스 교량에 흔히 사용된다.

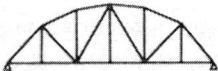 

② 실린더 셸 : 곡면이 한 방향으로만 휘어 있는 셸. 원통을 반으로 자른 형태로 나타난다.
③ 회전 셸 : 평면에서의 곡선을 동일 평면 내 하나의 축에 회전시켰을 때 생기는 셸을 뜻한다. 구형 셸, 원뿔 셸, 원통 셸 등이 있다.
④ 래티스 돔 : 돔을 이루는 위선과 경선의 교차점에 대각선 부재를 연결하여 이등변 삼각형의 프레임이 연속되는 구조의 돔을 뜻한다.

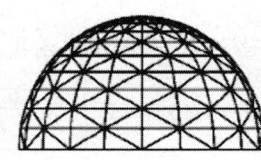 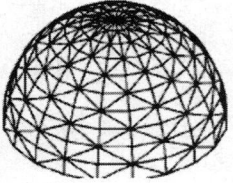

19 ②

커튼월

비내력 칸막이벽 또는 장벽이라고 한다. 비, 바람, 소음, 열 등을 차단하며, 외장용으로도 큰 기능을 한다.
① 노턴 테이프 : 양면으로 된 접착테이프
③ 수직 알루미늄바 : 창 면적이 클 경우 여닫을 때의 진동으로 인한 유리 파손의 우려를 보강하며 외관을 꾸미기 위한 수직 바
④ 패스너 : 앵카, 볼트, 너트 등의 철물
※ 간봉 : 복층 유리 창호 시공 시 유리 간격을 유지하고 단열공간을 확보하는 부재

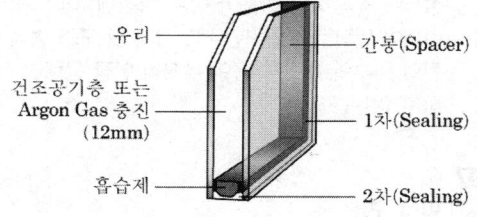

20 ④
　스티프너(stiffener)
　웨브의 좌굴방지를 위한 보강재이다.
　※ 커버 플레이트는 플랜지에 작용하는 휨에 저항하는 보강재이다.

21 ①
　시멘트 저장 시 유의사항
　• 저장 창고는 방습이 되어야 하며 시멘트 종류별로 구분하여 저장한다.
　• 시멘트 포대는 지면에서 30cm 이상 띄어 보관하며 개구부를 줄여 통풍을 억제한다.
　• 13포대 이하로 쌓고, 장기 보관 시에는 7포대 이하로 쌓는다.
　• 3개월 이상 저장된 시멘트는 재시험을 거쳐 사용하며 조금이라도 굳으면 사용을 금한다.
　• 사용할 때는 반드시 먼저 반입된 시멘트부터 사용한다.

22 ④
　레디믹스트 콘크리트
　• 특정 설비를 갖춘 공장에서 주문자의 요구 품질 및 수량에 맞게 배합하여 특수 운반 자동차로 현장까지 배달 공급하는 콘크리트. 현장에서는 레미콘이라 줄여 부른다.
　• 현장이 협소한 경우에 유용하며, 품질이 균일하고 우수한 콘크리트를 사용할 수 있다.
　• 운반 중의 재료 분리, 시간 경과에 따른 강도 저하를 방지해야 한다.
　• 현장에 도착하여 바로 타설할 수 있도록 현장 준비 및 이동 간 긴밀한 연락이 필요하다.

23 ④
　형판 유리
　표면에 무늬를 새긴 유리. 시선을 차단하는 프라이버시 용도로 쓰인다.

24 ②
　물의 단열성은 공기층보다 현저히 낮기 때문에 단열재는 공극이 크면서 흡습 및 흡수율이 적을수록 좋다.

25 ③
　알루미늄은 산과 알칼리 및 해수에 침식되기 쉽다.

26 ④
　목재의 강도 크기
　인장강도 > 휨강도 > 압축강도 > 전단강도 순

27 ④

	비중	수축률	강도 및 내구성	품질
심재	크다	작다	크다	양호
변재	작다	크다	작다	나쁨

28 ④
　골재 내부의 공극도 모두 물로 채워지고 표면도 흥건히 젖어있는 상태를 습윤상태라 한다.

29 ③
　석기는 소성 후 불투명한 유색을 띤다.

30 ①
　실리콘
　발수성이 극히 커서 건축물, 섬유류, 전기절연물의 방수에 사용된다.

31 ②
　① 석목 : 암반 내 층에서 볼 수 있는 천연적 균열상, 절리 등으로 결정의 병행상태에 따라 절단이 용이한 방향성을 말한다.
　② 석리 : 석재 표면을 구성하는 암석의 현미경적 수준 조직으로 층리, 절리 같은 큰 조직과 구분한 것이지만 혼용되기도 한다. 암석의 성인을 아는 데 중요하며, 암석 분류의 기준으로 사용된다.
　③ 층리 : 퇴적암이나 변성암에서 나타나는 광물의 조성, 입자의 모양과 크기에 따라 만들어지는 층 모양의 배열을 뜻한다.
　④ 도리 : 목조건축물의 골격을 이루는 가구재 중에서 가장 위에 놓이는 부재. 서까래를 받치기 위해 기둥과 기둥을 건너서 위에 얹은 기다란 나무이다. 주심도리, 중도리, 종도리 등이 있다.

32 ④
　모노로크
　손잡이대 속에 잠금쇠가 있는 철물

33 ①

시멘트계 섬유판류
치수의 정밀도는 떨어지지만 가공은 용이하다.

34 ③
화산암
화산 지표면에 유출된 마그마가 급랭하여 응고된 다공질의 석재. 비중이 0.7~0.8 정도로 가볍고, 경량골재나 내화재 등으로 쓰인다. 화강암에 비하여 압축강도는 현저히 작다.

35 ①
19세기 초 영국의 애습딘이 포틀랜드 시멘트를 발명하고, 19세기 중엽 프랑스의 모니에가 철근콘크리트의 사용법을 개발했다.

36 ②
수성 페인트
- 안료를 물에 용해하고 수용성 교착제와 혼합한 분말상태의 도료
- 취급이 간단하고 작업성이 좋고 내알칼리성이 좋으며 무광택이다.
- 시멘트 모르타르 및 회반죽 등 알칼리성 바탕에 적합하다.

37 ②
여물 사용은 균열의 방지가 가장 주된 목적이다.

38 ②
푸아송 비
탄성을 가진 재료에 인장력 또는 압축력이 작용할 때 외력의 방향으로 변형이 생김과 동시에 외력의 직각방향으로도 변형이 생긴다. 두 변형률의 비를 푸아송 비라 하고, 역수를 푸아송 수라고 한다. 강재의 푸아송 비는 약 0.3 내외이며 콘크리트는 0.15~0.25 정도이다.

39 ③
폴리싱 타일
자기질 타일의 일종으로 흡수율과 휨 강도를 증가시키고 표면을 연마하여 고광택을 얻어낸 타일제품. 다양한 색과 디자인의 바닥시공이 가능하다.

40 ②

경량 기포 콘크리트
잔골재를 쓰지 않고 시멘트 페이스트 속에 AE제, 알루미늄 분말 등을 첨가하여 콘크리트 속에 많은 기포를 만들어 무게를 가볍게 한 콘크리트. 흡습성과 건조수축은 보통 콘크리트보다 높은 편이지만 단열성이 뛰어나다.

41 ①
일사(solar radiation)
대기 중의 어느 한 점 또는 지표의 어느 한 점에서 받는 태양복사를 뜻한다. 기상학적으로는 지구 표면의 수평면이 직접 태양으로부터 받는 직달일사(直達日射)과, 천공의 각 부분으로부터 지표의 수평면에 도달하는 산란광의 합계인 전천일사(全天日射)로 구분한다. 보통 일사량이란 수평면에 받는 에너지로서 태양으로부터 받는 직사광과 천공으로부터 오는 산란광의 합을 의미한다. 하루 중 일사량은 태양고도가 가장 높을 때인 남중시(南中時)에 최대가 되고, 1년 중에는 하지(夏至)경에 최대가 된다. 지구상의 기후에 근본적인 영향 요인이 되며, 태양상수, 위도, 일사를 받는 지표면의 경사 및 성질, 대기의 혼탁도 등에 의해 좌우된다.

42 ④
연변 대비
나란히 배치된 색의 경계에서 일어나는 대비현상을 말한다. 보기의 그림처럼 명도가 단계적으로 변하는 배치의 경계는 연변 대비 효과에 의해 입체적으로 보인다.

43 ③
침실, 서재 등 개인공간은 프라이버시를 우선적으로 고려해야 한다.

44 ②
시각적 균형의 원리
- 크기가 큰 것은 작은 것보다 시각적 중량감이 크다.
- 어두운 색상은 밝은 색상보다, 한색은 난색보다 시각적 중량감이 크다.
- 거칠고 복잡한 질감은 부드럽고 단순한 것보다 시각적 중량감이 크다.
- 불규칙적인 형태는 기하학적인 형태보다 시각적 중량감이 크다.

CBT 복원문제 해설 및 정답

- 기하학적인 형태는 불규칙한 형태보다 가볍게 느껴진다.

45 ①
계획설계도의 종류
- 구상도 : 설계에 대한 최초 생각을 자유롭게 표현하는 스케치 등의 작업
- 동선도 : 사람, 차량, 화물 등의 흐름을 도식화한 도면
- 조직도 : 공간의 용도 및 내용을 관련성 있게 정리하여 조직화한 것
- 면적도표 : 소요 공간의 면적 비율을 산출하여 검토 작업을 하기 위한 자료도면

46 ②
주동의 외관형식
- 판상형 : 단위주거에 균등한 조건을 주며 건물시공이 쉽다. 그러나 건물의 그림자가 커지며 건물 중앙부의 아래층의 주거공간은 시야가 막히는 단점이 있다.
- 탑상형 : 대지조망을 해치지 않으며 그림자도 적어서 변화를 줄 수 있다. 실내환경이 불균등한 단위주거공간을 가져오는 단점이 있다.
- 복합형 : 여러 가지 형을 복합한 것으로 대지의 형태에 제약을 받을 때 사용한다.
※ 아파트의 평면형식에 의한 분류 : 세대단위 평면의 배치방법에 따라서 홀형·복도형·계단형 또는 복층형으로 분류

47 ④
3소점 투시도
화면에 평행한 선이 없이 소점이 3개가 되는 투시도로 아주 높은 위치나 낮은 위치의 시점에서 물체의 형태를 표현할 때 사용한다.

48 ②
드렌처 설비
인접 건물에서 화재 발생 시 건축물의 외벽, 창, 지붕 등에 설치된 급수구에서 물을 뿌려 수막을 형성해서 화염이 전파되는 것을 방지한다.

49 ②
에스컬레이터
- 난간, 안전장치, 전동기, 디딤판, 챌판 등으로 구성된 수송설비
- 30° 이하의 경사를 갖는 계단식 콘베이어로서 수송능력은 엘리베이터의 10배 이상이다.
- 대기시간이 없이 연속 운전되므로 전원설비에 부담이 적다.
- 수송량에 비해 점유면적이 적고 건물에 걸리는 하중이 분산된다.

50 ②
고가수조방식
- 지하저수탱크에 물을 받아서 양수펌프로 옥상의 수조에 양수하여 낙차에 의한 수압으로 각 층에 급수한다.(하향급수 배관방식)
- 안정적 수압으로 급수가 가능하며 배관부속품이 파손될 가능성이 적다.
- 저수량 확보로 단수 후에도 일정시간 급수가 가능하며 대규모 급수가 가능하다.
- 저수조가 오염될 우려가 있으며 설비 및 경상비가 높으며 하중의 증가로 구조보강에 대한 고려가 필요하다.

51 ④
엘리베이터 구동방식 비교

구분	교류	직류
승차감	나쁘다	좋다
전효율	50±10%	70±10%
기동 토크	작다	임의적
가격	낮다	높다
속도	30~60m/min	90m/min 이상
속도 조절	불가능	가능
부하에 의한 속도 변동	있다	없다

52 ③
건축제도에서의 치수 기입방법
- 치수 기입은 치수선을 중단하지 않고 선의 중앙 윗부분에 기입한다.
- 치수 기입은 치수선에 평행하게 도면의 왼쪽에서 오른쪽으로 읽을 수 있도록 기입한다.
- 치수의 단위는 밀리미터(mm)를 원칙으로 하며 단위 기호는 생략한다.
- 협소한 간격이 연속될 때에는 인출선을 사용하여 치수를 쓴다.

53 ④

393

폐쇄성

불완전한 시각요소들이 폐쇄된 형태로 묶여 지각되는 것이다. 그림과 같이 사각형으로 완성되지 않은 직선들은 완성된 사각형처럼, 원형으로 배열된 점들은 완성된 원처럼 지각된다.

54 ④

증기난방

- 수증기의 잠열로 난방, 응축수는 환수관을 통하여 보일러에 환수된다.
- 열의 운반능력 크고 예열시간이 짧으며 방열면적이 작다.
- 비용은 저렴하다.
- 뜨거운 방열기 표면에서 미세먼지의 연소가 발생하여 난방 쾌감도가 낮고, 방열량 조절이 곤란하고, 소음이 발생하며, 보일러 취급에 기술을 요한다.

55 ④

팬코일 유닛방식

전동기 직결의 소형송풍기, 냉·온수 코일 및 필터 등을 갖춘 실내형 소형 공조기를 각 실에 설치하여 중앙기계실로부터 냉수 또는 온수를 공급 받아 공기조화를 하는 방식으로, 호텔 객실, 아파트, 주택 및 사무실 등 다수의 개실로 나뉜 곳에 적합하며, 극장이나 강당과 같이 크고 넓은 단일 공간에는 부적합하다.

56 ①

배광방식에 따른 조명의 분류

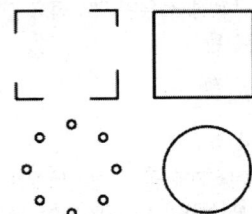

※ 전반확산조명은 광원이 모든 방향으로 개방된 형태를 뜻하며, 반간접조명은 대부분의 빛이 상향으로 비취지고 일부의 빛이 하향하는 형태이다.

57 ①

단위(mm)	A0	A1	A2	A3	A4
가로×세로	841×1189	594×841	420×594	297×420	210×297
테두리 (철하지 않을 때)	10	10	10	5	5
테두리 (철할 때)	25				

58 ③

- 굵은 실선 : 외형선, 단면선 등 대상물의 보이는 부분, 가장 강조되는 부분을 표시한다.
- 가는 실선 : 치수선, 치수보조선, 지시선 등을 표시한다.
- 파선 : 대상물의 보이지 않는 부분을 표시한다.
- 1점 쇄선 : 중심선, 절단선, 기준선 등을 표시한다.
- 2점 쇄선 : 가상선, 무게중심선 등을 표시한다.
- 해칭선 : 가는 실선으로 빗줄을 반복적으로 그은 선으로 절단면을 표시한다.

59 ③

포화공기

주어진 온도에서 최대한의 수증기를 함유한 공기, 즉 상대습도 100% 상태의 공기

60 ④

리듬

규칙적인 요소들의 반복으로 디자인에 시각적인 질서를 부여하는 통제된 운동감각을 말한다. 리듬의 효과를 위해 사용되는 원리로 반복, 점진, 대립, 변이, 방사가 있다.

2022년 제3회

01 ③
기초에 사용된 콘크리트의 두께가 두꺼울수록 압축력에 대한 저항성능이 우수하다.

02 ②
쌍대공 지붕틀
간사이가 10m 이상이거나 꺾임지붕으로 할 때 또는 보꾹방(다락방)으로 이용할 때 쓰인다.

03 ④
못이나 볼트는 골형의 볼록한 곳에 박는다.

04 ④

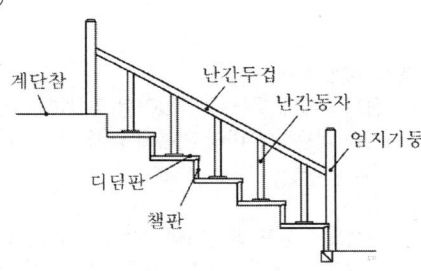

05 ③
내력벽의 두께는 당해 벽높이의 1/20 이상으로 한다.

06 ③
㉠ 현수구조
  • 구조물의 주요 부분을 매달아서 인장력으로 저항하는 구조
  • 재료의 강도를 최대한 발휘할 수 있어서 적은 구조 물량으로도 큰 힘을 발휘할 수 있는 시스템
  • 스팬이 큰 다리나 경기장, 공장 등에 광범위하게 이용한다.
㉡ 사장구조
  • 탑에서 비스듬히 친 케이블로 거더를 매단 다리 등을 건설할 때 쓰인다.
  • 경간 150~400m 정도 범위의 도로교에 흔히 쓰인다.
  • 경제적이고 미관에도 뛰어난 설계가 가능하다.

07 ④
① 동바리마루(1층 마루)
② 짠마루(2층 마루)
③ 보마루(2층 마루)

08 ①

영식 쌓기	• 길이와 마구리를 한 켜씩 번갈아 쌓는다. • 마구리켜의 끝이나 모서리에 반절 또는 이오토막을 사용한다. • 가장 튼튼한 방식이며 가장 널리 쓰인다.
네덜란드식 쌓기	• 영식과 같이 길이와 마구리를 한 켜씩 번갈아 쌓는다. • 길이켜의 끝이나 모서리에 칠오토막을 사용한다. • 시공이 용이하고, 모서리가 견고한 방식으로 우리나라에서 많이 사용한다.
불식 쌓기	• 한 켜에서 길이와 마구리가 번갈아 나온다. • 통줄눈의 가능성 높아 장식벽체로 사용한다.
미식 쌓기	• 앞면은 치장벽돌을 써서 한 켜는 마구리쌓기로, 다음 5켜 정도는 길이쌓기로 하여 뒷벽돌에 물려서 쌓는 방법이다. • 뒷면은 영식 쌓기로 한다.

09 ③
핀접합
접합재를 포개고 핀 한 개를 꽂아 접합한 것. 접합부에서 회전이 자유롭고 축방향력과 전단력은 전달되지만 휨모멘트는 전달되지 않는다. 핀접합은 아치·경사라멘 등의 주각 등에 쓰인다.

10 ③
도어클로저
도어체크라고도 한다. 문과 문틀에 장치하여 문이 열리면 저절로 닫히는 장치가 되어 있는 창호철물이다.

11 ④
세로 규준틀의 표시사항
그저 및 수직면 기준점, 창문틀 위치, 벽돌·블록의 줄눈 위치, 쌓기 단수와 줄눈 표시, 앵커볼트와 매립철물 위치, 개구부 위치 및 높이, 각층 바닥 높이 등

12 ④
① 현수구조, ② 돔구조, ③ 셸구조

13 ②
① lower chord member : 하현재. 트러스의 아랫면에 설치하는 부재로 대개 인장응력을 받는다.
② web member : 웨브재. 상현재와 하현재 사이에 설치되며 판재나 수직재, 경사재 등으로 설치된다.
③ upper chord member : 상현재. 단순지지 트러스의 경우 압축응력을 받는다.
④ supporting point : 트러스의 각 지점

14 ②
① 언더컷 : 용접선 끝에 용착금속이 채워지지 않아 생긴 작은 홈
② 블로우 홀 : 용접부에 생긴 작은 기포
③ 피트 : 용착 금속부 및 모재와의 경계부에서 용접 표면에 생기는 작은 결함의 구멍. 점모양의 구멍으로 핀홀과 유사하나, 반응 물질이 외부로 드러나지 않는다.
④ 피시 아이 : 용접에서 용착 금속의 파단면에 나타나는 은백색을 띤 어안(魚眼) 모양의 결함부를 말한다.

15 ①
① 게이지 : 게이지 라인 간의 거리
② 클리어런스 : 리벳 중심과 수직재면과의 거리 (리벳치기의 여유거리)
③ 피치 : 게이지 라인상의 리벳 중심 간격 (최소 2.5d, 표준 4.0d)
④ 그립 : 리벳으로 접합되는 재의 총 두께(리벳지름의 5배 이하)
※ 게이지 라인 : 리벳 배치의 중심선

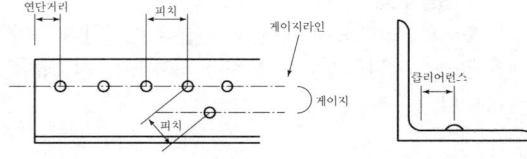

16 ①
② 합각지붕, ③ 솟을지붕, ④ 우진각지붕(모임지붕)

17 ①
② 풍소란 : 창호가 닫혔을 때 틈새로 바람이 들어오지 않도록 서로 턱솔 또는 판혀 등으로 맞물리게 하는 것

③ 코너비드 : 기둥 및 벽의 상부 모서리 미장을 쉽게 하고 모서리를 보호하기 위한 철물
④ 마중대 : 미서기, 여닫이 창호문짝의 상호 맞댐면

18 ④
철은 고열에서 강도가 현저히 저하되므로 내화피복을 반드시 해야 한다.

19 ②
안장쇠
큰보와 작은보 연결에 사용되는 철물

20 ②
보강콘크리트 블록조 단층에서 내력벽의 벽량은 최소 15cm/m² 이상으로 한다.

21 ③
셀프 레벨링제
㉠ 정의 : 자체 유동성이 있어서 평탄하게 되는 성질을 이용하여 바닥 마름질 공사 등에 사용하는 재료이다.
㉡ 종류
ⓐ 석고계 셀프 레벨링재 : 석고에 모래, 경화 지연제, 유동화제 등을 혼합한 것. 물이 닿지 않는 실내에서만 사용한다.
ⓑ 시멘트계 셀프 레벨링재 : 포틀랜드 시멘트에 모래, 분산제, 유동화제 등을 혼합한 것. 필요에 따라 팽창성 혼화재료를 사용한다.
㉢ 시공 시 주의사항
ⓐ 경화 시 표면에 물결무늬가 생기지 않도록 창문 등을 밀폐하여 통풍과 기류를 차단한다.
ⓑ 시공 중이나 시공 완료 후 기온이 5℃ 이하가 되지 않도록 한다.
ⓒ 시공 후 요철부는 연마기로 다듬고, 기포는 된비빔 석고로 보수한다.

22 ①
블리딩
콘크리트 타설 후 무거운 골재가 침하하고 가벼운 물과 미세물질들이 상승되어 콘크리트 표면에 떠오르는 현상

23 ④
① 점토의 비중은 일반적으로 2.5~2.6 정도이다.

② 양질의 점토일수록 가소성이 좋다.
③ 미립점토의 인장강도는 0.3~1MPa 정도이다.

24 ④
납
- 비중이 큰 금속(11.5)으로 주조 및 단조 등의 가공성이 풍부하다.
- 열전도율이 작으나 온도에 의한 신축은 크고, 내산성이 우수한 반면 알칼리에는 침식되는 특징이 있다.
- 방사선을 차단하며 철제품 피복제, 송수관, X선 실 등에 쓰인다.

25 ④
아스팔트 타일
- 아스팔트, 쿠마론인덴 수지, 광물분말, 안료를 배합하여 판 모양으로 만든 타일 재료이다.
- 염화비닐계 타일에 비해 내마모성·내유성은 나쁘지만 내수·내습·내산성은 좋다.
- 열에 취약하므로 열을 받는 곳에는 사용하지 않는 것이 좋고, 직사광선을 받으면 수축이 일어나서 틈이 벌어지므로 그늘이 지는 곳에 사용해야 한다.

26 ④
크리프
외력이 일정하게 유지될 때, 시간이 흐르면서 재료의 변형이 증대되는 현상. 플라스틱에서 흔히 나타나지만 금속재료, 콘크리트 등에서도 일어난다.

27 ④
조이너
텍스, 보드, 금속판, 합성수지판 등의 이음새를 감추기 위해 혹은 장식효과를 위해 줄눈에 대어 붙이는 것으로 알루미늄재, 플라스틱재 등이 있다.

28 ①
방청제
철강 등 금속재료의 부식을 막기 위해 사용하는 것. 광명단, 아연분말도료, 징크로메이트 도료 등이 쓰인다.

29 ②
- 무기질 단열재 : 유리섬유, 암면, 세라믹 파이버, 펄라이트판, 규산칼슘판 등

- 유기질 단열재 : 셀룰로오스 섬유판, 연질 섬유판, 발포 폴리스티렌, 폴리우레탄폼, 코르크판 등

30 ③
연륜
나이테라고도 한다. 춘재와 추재 한마디씩을 합쳐 1년이 되므로 나무의 수령을 알 수 있다.

31 ②
알루미나 시멘트
보크사이트와 석회석 등 알루미나 성분이 많은 재료를 원료로 한 시멘트. 재령 1일 만에 보통 포틀랜드 시멘트 4주 강도를 얻을 수 있다. 화학 작용에 대한 저항이 크고 내화성이 높다. 긴급공사, 동절기 공사에 쓰인다.

32 ③
불순물이 많이 함유된 유리일수록 광선의 흡수율이 커진다.

33 ④
강화 유리
판유리를 500~600℃에서 가열 후 균등하게 급랭시킨 유리. 강도는 보통 유리보다 3~5배 크고, 충격강도는 7배나 된다. 파손 시 가루처럼 산란하여 파편에 의한 위험이 적어서 자동차 유리 등에 사용된다. 열처리 후에는 가공 및 절단이 불가능하다.

34 ④
시멘트와 석고 계열 미장재료가 수경성이며, 거의 대부분은 기경성 미장재료가 사용된다.

35 ④
합판 제작에 사용되는 단판의 매수는 특수한 경우를 제외하고 3겹, 5겹, 7겹 등의 홀수로 한다.

36 ③
목재의 벌목은 늦가을부터 겨울이 가장 적합하다. 수액이 적어 건조가 빠르며 운반이 수월하고 인건비도 낮기 때문이다.

37 ①
배합 용수가 약알칼리의 경우 크게 지장이 없으나 산성은 약산이어도 철근을 부식시킬 수 있으므로

사용해서는 안 된다.

38 ③
염화칼슘은 경화촉진제로 사용되며 과다 사용하면 균열을 발생시킨다.

39 ②
모자이크 타일
장식 마감용의 소형 자기질 타일. 모양은 각형·원형·특수형 등이 있다. 가로, 세로 30cm의 하트론지에 부착하여 사용된다.

40 ①
절대건조상태
105±5℃의 온도에서 중량변화가 없을 때까지 골재를 건조시킨 상태. 골재의 표면 및 공극 내 수분이 완전히 증발된 상태이다.

41 ④
선굵기는 도면의 축척에 따라 굵기를 다르게 하여 적당한 비율로 그린다.

42 ③
합성수지는 절연체이므로 감전의 우려가 없으나 열에 약하고 경도가 낮기 때문에 열적 영향이나 기계적 외상을 받기 쉬운 곳은 사용이 부적합하다.

43 ②
① 균형 : 2개 이상 디자인 요소의 상호작용이 중심점에서 역학적으로 평형상태가 될 때를 말한다.
② 대비 : 성질이나 질량이 전혀 다른 둘 이상의 것이 동일한 공간에 배열될 때 서로의 특징을 한층 돋보이게 하는 현상이다.
③ 조화 : 두 개 이상의 요소 또는 부분적인 상호관계에서 이들이 서로 배척 없이 서로 어울리면서 통일되어 전체적으로 미적, 감각적인 효과를 극대화시키며 발휘하는 상태를 말한다.
④ 리듬 : 각 요소와 부분 사이에 강한 힘과 약한 힘이 규칙적으로 연속할 때 생기는 것을 말하며, 규칙적인 요소들의 반복으로 디자인에 시각적인 질서를 부여하는 통제된 운동감이다.

44 ③

신축	기존 건축물이 철거, 멸실된 후 건축물 축조
증축	기존 건축물에 건축물의 규모를 증가(면적, 층수, 높이 등)
재축	기존 건축물이 재해로 인하여 괴멸된 경우로 종전과 동일한 규모의 범위 안에서 축조
개축	기존 건축물을 철거하고 종전과 동일한 규모의 범위 안에서 건축물을 축조
이전	기존 건축물의 동일 대지 내 위치를 변경하는 것

45 ④
동선의 3요소
길이(또는 속도), 빈도, 하중

46 ④
• 수직선 : 상승과 긴장감, 엄숙함을 나타낸다.
• 수평선 : 평화, 안정감을 나타낸다.
• 사선 : 동적이고 불안정한 느낌을 주나 건축물에 강한 인상을 주기도 한다.
• 곡선 : 여성스러움, 우아함

47 ②
세면대 높이는 750mm 전후가 적합하다.

48 ④
불쾌 글레어(discomport glare)
㉠ 신경 쓰이거나 불쾌한 느낌을 주는 눈부심
㉡ 주요 원인
  • 휘도가 높은 광원
  • 시선 부근에 노출된 광원
  • 눈에 들어오는 광속의 과도함
  • 물체와 그 주위 사이의 고휘도 대비

49 ①
② 내부입면도
③ 평면도
④ 아이소메트릭(정투상도)

50 ②
외부 공간
• 인간에 의해 의도적이고 인공적으로 만들어진 외부의 환경을 말한다.
• 외부 공간은 하나의 외부 공간으로 그치는 것이

아닌 건축물이 많이 모여서 둘러싸여지는 공간을 말한다.
• 아파트 동 사이의 단지 내 정원, 놀이터 혹은 건물 내의 중정과 같은 공간이 해당된다.

51 ②
단위공간 안에서 인간의 동작이 필요한 공간을 구성하는 것이 평면설계에 있어서 반드시 필요하다.

52 ③
입면도 표시사항
주요부 높이, 지붕의 경사 및 모양, 벽 지붕 등의 마감재료 등

53 ②
MC화는 건축의 개성을 상실하게 하므로 설계의 자유도는 척도 조정의 범위 내에서 최대한 추구하여 개성 있는 건축이 되도록 노력한다.

54 ④
① S트랩 : 세면기, 대변기 등에 사용. 사이펀 작용의 우려로 봉수파괴가 일어난다.
② P트랩 : 위생기구에 많이 사용. 봉수가 S트랩보다 안전하다.
③ U트랩 : 공공 하수관에서 사용. 가로배관에 사용되며 유속저해의 우려가 있다.
④ 드럼 트랩 : 부엌용 개수기류에 사용. 봉수가 잘 빠지지 않는다.

55 ③
거실 규모의 결정 요소
가족 수, 가족 구성, 전체 주택의 규모, 접객 빈도, 주생활 양식 등에 의해 결정된다.

56 ①
건축법상 면적에 대한 정의
㉠ 대지면적 : 대지의 수평투영면적으로 한다.
㉡ 건축면적 : 건축물의 외벽(외벽이 없는 경우에는 외곽 부분의 기둥으로 한다)의 중심선으로 둘러싸인 부분의 수평투영면적으로 한다.
㉢ 바닥면적 : 건축물의 각 층 또는 그 일부로서 벽, 기둥, 그 밖에 이와 비슷한 구획의 중심선으로 둘러싸인 부분의 수평투영면적으로 한다.
㉣ 연면적 : 하나의 건축물 각 층의 바닥면적의 합계로 하되, 용적률을 산정할 때에는 다음 각 목에 해당하는 면적은 제외한다.
• 지하층의 면적
• 지상층의 주차용(해당 건축물의 부속용도인 경우만 해당한다)으로 쓰는 면적

57 ①
• 굵은 실선 : 외형선, 단면선 등 대상물의 보이는 부분, 가장 강조되는 부분을 표시한다.
• 가는 실선 : 치수선, 치수보조선, 지시선 등을 표시한다.
• 파선 : 대상물의 보이지 않는 부분을 표시한다.
• 1점 쇄선 : 중심선 및 기준선 등을 표시한다.
• 2점 쇄선 : 가상선, 무게중심선 등을 표시한다.
• 해칭선 : 가는 실선으로 빗줄을 반복적으로 그은 선으로 절단면을 표시한다.

58 ③
명시도
물체색이 얼마나 잘 보이는가를 나타내는 척도로 명도차가 클수록 높아진다.

59 ③
LP 가스는 누출 시 폭발의 위험이 있다.

60 ④
소리의 높이(Pitch)란 사람의 청각에 의해 느껴지는 소리의 주파수를 말한다. 소리(음)의 높이란 심리적 감각의 음청각 성질로서 저주파수음은 낮게, 고주파수음은 높게 감지된다.

2022년 제4회

01 ②
경량 철골조
- 주로 H형강 대신 경량의 C형 Channel을 사용하는 구조
- 전체 중량을 감소시키고 강재량을 절약할 수 있어 소규모 구조물에 널리 쓰인다.
- 볼트, 용접접합 등으로 조립하며 시공시간이 짧은 편이다.
- 비틀림에 대한 저항은 강관구조에 비해 약하다.

02 ②
공간쌓기
- 벽돌벽, 블록벽, 석조벽 등을 쌓을 때 중간에 공간을 두어 이중으로 쌓는 방법
- 벽돌쌓기에서는 방습·방열·방한·방서 등을 위하여 벽돌벽 중간에 공간을 두어 쌓는 것

03 ①
목재 거푸집은 오염이 적지만, 강재 거푸집은 녹물 등이 발생하여 콘크리트가 오염될 우려가 있다.

04 ①
그림과 같은 연속보에서는 양끝 지점의 하부와 중앙 지점의 상부에 인장력이 작용하므로 인장력에 강한 철근을 배근한다.

05 ①
형강보에는 I형강, H형강이 주로 사용된다.

06 ①
② 벽돌의 형태가 고르지 않을 때는 평줄눈으로 한다.
③ 빗줄눈은 색조변화가 클 때 사용하며, 벽면의 음영차가 커서 질감이 강조된다.
④ 내민줄눈은 벽면이 고르지 않을 때 사용하며 줄눈의 효과가 확실하다.

07 ②
프리스트레스트 콘크리트
부재의 단면이 얇아지기 때문에 진동에 불리하다.

08 ②
철근의 수평 순간격
25mm 이상, 주근 지름의 1.5배 이상, 굵은 골재 최대지름의 1.25배 이상

09 ①
① 회전식 보링 : 강재로 된 날을 회전시켜서 구멍을 뚫고 지층을 그대로 원통모양으로 채취하는 방법으로 지층의 변화를 연속적으로 비교적 정확히 알 수 있다.
② 충격식 보링 : 와이어 로프 끝에 충격날을 달고 60~70cm 정도의 낙하충격으로 토사, 암석을 파쇄 후 천공 베일러(bailer)로 퍼낸다.
③ 수세식 보링 : 연약한 토사에 수압을 이용하여 탐사하는 방법
④ 탄성파식 지하탐사 : 광대한 지하 구성층의 대략적 탐사방법인 물리적 지하탐사의 방법 중 하나

10 ③
대공(臺工)
마룻대를 받쳐주는 짧은 기둥이다. 대들보 위에 얹어 중종보·종보·도리 등을 받치는 부재로, 형태와 형식에 따라 동자대공·접시대공·화반대공·포대공·판대공·인자대공 등이 있다.

11 ④
철골구조는 건식구조이므로 시공 시 기후의 영향을 거의 받지 않는다.

12 ③
① 열초 : 기둥을 세울 자리에 주춧돌을 놓는 것
② 치목 : 재목을 다듬고 손질하는 것으로 마름질이라고도 한다.
③ 상량 : 기둥을 세우고 보를 얹은 후 마룻대를 올리는 것. RC 구조에서는 지붕공사 완료를 뜻한다.
④ 입주 : 기둥을 세우는 것

13 ③
- 세퍼레이터 : 거푸집 사이에 넣고 간격을 유지하기 위해 거푸집이 오므려지지 않게 하는 철물
- 컬럼 밴드 : 띠철근 기둥의 거푸집이 벌어지지 않게 테두리에 감아주는 철물

14 ④

달반자
반자틀을 지붕틀이나 상층 바닥판에 매달아 놓은 반자
※ 바름반자 : 바닥판 밑을 마감재료(제물)로 직접 바르는 반자

15 ③
보강블록조 내력벽의 두께는 최소 150mm 이상으로 한다.

16 ①
CFT(Concrete Filled Tube)
원통형 또는 각형 강재의 내부를 고강도 콘크리트로 채워 넣어 일체화시킨 것을 말한다. 부재단면의 감소, 내진성 향상, 내화성능 향상을 꾀한 공법이다.

17 ③
평기둥은 각 층별로 들어가는 기둥을 말한다.
※ ③은 통재기둥에 대한 설명이다.

18 ②
① 본 아치 : 아치줄눈이 일자가 되도록 사다리꼴의 벽돌을 주문하여 쌓은 아치
② 거친 아치 : 장방형 벽돌을 그대로 아치에 사용하여 아치줄눈의 모양이 쐐기형이 되는 아치

19 ②
① 고주 : 평주보다 높아서 동자주를 겸하는 기둥
② 누주 : 한옥의 다락기둥
③ 찰주 : 목탑의 중앙에 세우는 기둥
④ 활주 : 추녀뿌리를 받치는 기둥
⑤ 평주
  • 외진주 : 건물의 바깥부분을 이루는 기둥
  • 내진주 : 건물의 내부를 이루는 기둥

20 ②
주근의 이음 및 정착 위치는 인장력이 적은 곳이나 압축력이 발생하는 곳에 둔다.

21 ④
워커빌리티(시공연도)의 결정 요인
골재의 성질, 모양, 입도, 단위 수량 및 비비기 시간 등

22 ②
중용열 포틀랜드 시멘트
• 수화열을 적게 하기 위하여 규산삼석회와 알루민산삼석회의 양을 적게 하고 장기강도의 발현을 높이기 위해 규산이석회량을 많게 한 시멘트이다.
• 수화속도를 지연시켜 수화열이 작아서 건조수축은 포틀랜드 시멘트 중 가장 적으며 화학저항성도 크고 내산성과 내구성이 우수하다.

23 ②
① 코르크판 : 코르크 나무표피를 원료로 하여 분말로 된 것을 판형으로 열압한 것으로, 탄성 및 보온, 흡음성이 있어 보온재 및 흡음재로 사용한다.
② 코펜하겐 리브판 : 두께 50mm, 너비 100mm 정도의 긴 판에 표면을 곡선 리브로 가공한 것. 강당, 극장 등의 음향 조절용으로 쓰이며 일반 수장재로도 사용한다.
③ 경질 섬유판 : 목재 펄프만을 압축해서 제조. 비중은 0.8 이상이며 강도나 경도가 다른 섬유판에 비해 높다.
④ 샌드위치 패널 : 다른 종류의 재료를 샌드위치 모양으로 쌓아 올려 접착제로 접착한 특수합판

24 ①
• 구조용 목재의 적정함수율 : 15~20%
• 가구 및 수장용 목재의 적정함수율 : 10~15%

25 ①
분말도가 높을수록 수화열이 높고 응결이 빠르다.

26 ②
도장 작업 시 주의사항
• 강풍이 부는 날에는 작업하지 않는다.
• 기온 5℃ 이하나 35℃ 이상, 습도 85% 이상일 때는 작업을 중지한다.
• 칠하는 회수를 구분하기 위해 색을 매회 다르게 칠한다.

27 ④
창유리의 강도는 일반적으로 휨강도를 말한다.

28 ③
피로 파괴
빗물이 계속 떨어져서 돌에 구멍이 뚫리듯, 고체 재

료에 반복 응력을 연속해서 가하면 인장 강도보다 훨씬 낮은 응력에서 재료가 파괴되는데 이것을 피로 파괴라 한다. 기계나 구조물에 있어서 실제로 일어나는 파괴에는 재료의 피로에 의한 파괴가 많으며, 재료의 강도를 파악하는데 정하중이나 충격하중 이상으로 필요한 경우가 많다.

29 ③
프리팩트 콘크리트(Prepacked concrete)
- 미리 거푸집 속에 특정한 입도를 가지는 굵은 골재를 채워 넣고, 그 간극에 모르타르를 주입하여 만든 콘크리트
- 건조수축 및 침하량이 적고, 수중에서도 팽창이 적다.

30 ②
1MPa＝0.1kN/cm² 이므로
$$\frac{400kN}{10cm \times 10cm} = 4kN/cm^2 = 40MPa$$

31 ②
바니시(Varnish)
목재 및 기타 소재의 표면처리에 사용되는 투명한 도료로 휘발성 바니시와 유성 바니시로 나뉜다. 바니시는 엷은 색을 띠거나 무색으로 투명한 성질이 있고 안료를 섞지 않는데, 이는 대개 일정량의 안료를 넣어 반투명하거나 불투명한 성질을 갖는 우드 스테인이나 페인트와 비교되는 점이다. 바니시는 소재 가공의 마무리 공정에서 광택과 보호의 목적으로 우드 스테인 위에 얇게 칠하여 사용하기도 한다. 일부 제품은 바니시와 스테인을 합쳐서 판매되기도 한다.

32 ①
구조물을 설계 시 그 부분에 가해지는 힘에 견딜 수 있도록 설계해야 한다. 그러나 지나치게 튼튼하게 만들어 공연히 부재만 커지고 중량이 늘어 가격이 비싸지면 비경제적이다. 그래서 설계를 담당할 기술자는 부재(部材)에 가해지는 힘에 대하여 몇 배의 하중에 견딜 수 있으면 되는가를 결정하고 계산하게 되는데, 이 배율을 안전율이라 한다. 이때 허용강도는 최대강도를 안전율로 나눈 값으로 결정한다.

33 ①

합성수지 페인트
유성 페인트나 바니시에 비해 건조가 빠르고, 도막이 단단하며, 내수성 및 방화성이 뛰어나고, 내산성 및 내알칼리성이 좋다.

34 ①
돌로마이트 플라스터는 강도, 점성이 소석회보다 크다.

35 ①
응회암
- 화산에서 분출된 암괴, 화분 등이 응결된 다공질의 석재로 가공이 용이하고 내화도가 높아서 경량 골재, 내화재 등으로 쓰인다.
- 흡수율이 높고 강도는 크지 않은 편이다.

36 ①
크레오소트 오일(Creosote Oil)
석탄을 고온 건조하여 얻은 타르 제품. 방부성이 우수하고, 화기위험 및 철재 부식이 적으며 처리재의 강도저하가 없다. 악취가 나고 흑갈색을 띠므로 눈에 잘 띄지 않는 토대, 기둥 등에 이용된다.

37 ①
대리석은 열과 산에 취약하여 외장재로는 부적합하다.

38 ①
② 질석, ③ 석회석, ④ 트래버틴에 대한 설명이다.

39 ③
- 열가소성 수지 : 염화비닐 수지, 폴리스티렌 수지, 폴리에틸렌 수지, 폴리프로필렌 수지, 아크릴 수지
- 열경화성 수지 : 에폭시 수지, 페놀 수지, 실리콘 수지, 멜라민 수지, 요소 수지

40 ①
테라조는 종석을 대리석으로 하는 인조석 제품이다.

41 ①
- 일교차 : 하루 중 최고 기온과 최저 기온의 차
- 연교차 : 일년 중 최고 기온과 최저 기온의 차

CBT 복원문제 해설 및 정답

42 ③
잔향시간이 길수록 음의 명료도는 나빠진다.

43 ②
90mm+75mm+90mm=255mm

44 ①
먼셀 표색계
- 색을 색상(H)·명도(V)·채도(C)의 3속성으로 나누어 H V/C라는 형식에 따라 번호로 표시한다.
- 빨강(R)·노랑(Y)·녹색(G)·파랑(B)·보라(P)를 기본색으로 하고, 각각의 중간에 주황(YR)·연두(GY)·청록(BG)·남색(PB)·자주(RP)를 두어서 기본 10색상으로 나눈다.
- 각 색상 사이를 다시 10등분하여 번호를 붙인다. 이 분할에 따를 때 가장 빨강색다운 색상이 5R, 가장 녹색다운 색상은 5G가 된다.

45 ③
메조넷(복층)형 아파트
- 1개의 단위 주거가 2개 층에 걸쳐 있는 형태로서 편복도형에서 많이 쓰인다.
- 공공통로의 면적을 줄이고 엘리베이터의 정지층을 감소시킨다.
- 복도가 없는 층은 양면이 모두 외기에 면할 수 있다.
- 단위 주거의 평면계획에 변화를 줄 수 있으며, 거주성, 프라이버시, 일조, 통풍 등의 실내환경이 좋아진다.
- 각층 평면이 다르므로 구조 및 설비계획과 피난계획이 다소 어려워진다.

46 ④
테라스 하우스
- 각 세대마다 테라스를 가진 경사지 연립 주택
- 아랫집의 지붕이 바로 윗집의 테라스가 된다.

47 ③
복사난방은 구조체가 직접 방열을 하기에 별도로 방열기가 필요 없으며, 바닥면의 이용도가 높다.

48 ①
건축원리의 3대 요소
① 구조 : 건물을 안정적으로 건축하기 위해 고려할 요소
② 기능 : 건물이 건축의 목적에 맞게 충족되도록 기능이 제대로 구현되었는지 고려
③ 미 : 건물이 예술적 또는 시각적으로 만족감을 주는 요소

49 ④
④는 리빙 다이닝에 대한 설명이다.

50 ①
실내공기 오염의 주대상은 호흡에 의한 이산화탄소 농도의 증가로 보고 이를 척도로 정하였으며 또한 각종 오염요소의 농도가 실내공기의 이산화탄소 농도와 비례하기 때문에 이를 오염의 측정 기준으로 정하였다.

51 ④
에스컬레이터
- 계단식 컨베이어로서 30° 이하의 기울기를 갖는 트러스에 발판을 붙여 레일로 지지한 것이다.
- 이동속도는 하향방향의 안전을 고려하여 0.5m/초 또는 30m/min 이하로 한다.

52 ③
제도 글자체는 고딕체를 원칙으로 한다.

53 ③
개별식(국소식) 급탕설비
- 주택, 소규모 숙박시설, 작은 사무실 등에 적합한 방식이다.
- 배관 중의 열손실이 적은 편이며 비교적 시설비가 싸다.
- 급탕규모가 크면 가열기가 필요하므로 유지관리가 힘들다.
- 급탕개소마다 가열기 설치 장소가 필요하며 값싼 연료를 쓰기가 곤란하다.

54 ②
자유곡선자
- 여러 가지 곡선을 자유롭게 그릴 수 있는 제도용구이다.
- 납과 고무로 만들어져서 마음대로 구부릴 수 있는, 한 줄로 된 긴 자를 말한다.
- 손가락으로 구부려 임의의 형태를 자유롭게 만들 수 있어 복잡한 곡선을 그리기에 편리한 제도용구

이다.
- 운형자와 마찬가지로 컴퍼스로 그리기 어려운 원호나 곡선을 그릴 때 쓰인다.

55 ③
상향 조명은 천장이 상승하듯 높아 보이는 효과가 있으므로, 천장고가 낮은 곳에서 유용하게 쓸 수 있다.

56 ④
승강기탑, 계단탑, 옥탑, 망루, 장식탑, 옥탑, 그 밖에 이와 비슷한 건축물의 옥상 부분으로서 그 수평투영면적의 합계가 해당 건축물의 건축면적의 8분의 1 이하인 것과 지하층은 건축물의 층수에 산입하지 아니하고, 층의 구분이 명확하지 아니한 건축물은 그 건축물의 높이 4m마다 하나의 층으로 보고 그 층수를 산정하며, 건축물이 부분에 따라 그 층수가 다른 경우에는 그 중 가장 많은 층수를 그 건축물의 층수로 본다.

57 ④
- 용적율 = $\dfrac{연면적}{대지면적} \times 100\%$
- 건폐율 = $\dfrac{건축면적}{대지면적} \times 100\%$

58 ③
도면 내 사람을 그려 넣음으로써 건축물의 크기를 인식하고 공간의 깊이와 높이 및 용도 등을 나타낼 수 있다.

59 ①
거실은 현관과 근접하되 직접 면하는 것은 피해야 한다.

60 ②
압력탱크 방식은 급수압이 일정하지 않아서 배관부품이 파손될 우려가 있다.

2023년 제1회

01 ④
초음파 탐상법
초음파를 재료 내부에 방사하여 결함면과 저면에서의 반사파 차이에 의해 내부 결함을 발견하는 것으로, 재료 원형을 그대로 유지하는 비파괴 검사법이어서 널리 쓰인다.

02 ①
헌치(haunch)
철근콘크리트 보의 단부에서 휨모멘트와 전단력이 커지므로 보 단부의 단면을 더 두껍게 한 부분

03 ④
$0.4m \times 0.6m \times 8m \times 2.4t/m^3 = 4.608t$

04 ③
① 슬래브 부재도 P.C로 생산이 가능하다.
② 접합부는 현장에서 접합한다.
④ P.C를 적용하면 공사기간이 단축된다.

05 ①
목재의 이음과 맞춤은 응력이 작은 곳에서 하여야 한다.

06 ④
철근의 정착길이
철근이 콘크리트 내에 충분히 삽입되어 부착력을 발휘할 수 있는 길이를 말한다. 철근의 지름, 콘크리트 강도, 철근의 응력상태 등에 따라 달라진다.
• 콘크리트 강도가 클수록 짧아진다.
• 철근의 지름이 클수록 길어진다.
• 철근의 항복강도가 클수록 길어진다.

07 ③
현재(chord member)
트러스의 수평방향에 설치하는 부재로, 상현재와 하현재로 나뉜다.

08 ④
① 알루미늄의 열팽창계수는 철근콘크리트의 2배 정도여서 기후변화에 취약하다.
② 금속재가 염소로 인해 부식이 된다.
③ 광명단은 금속재의 부식을 방지하는 방청재료이다.

09 ③
동바리는 동바리돌 위에 수직재로 설치한다.

10 ②
셸(shell) 구조
• 곡면판을 이용하여 구조물에 작용하는 외력을 전달하는 구조이다.
• 두께가 얇은 곡면형태의 판으로 형성된 구조형식으로 시드니 오페라 하우스와 같은 큰 건물의 지붕구조 등으로 쓰이는 구조체이다.
• 얇고 가벼운 부재로 큰 힘을 받을 수 있어 넓은 공간을 덮는 지붕 부재로 널리 사용한다.
• 상부에 작용하는 압축력이나 하부에 작용하는 인장력을 서로 보완한다.

11 ④
철근의 이음 위치는 각각 어긋난 위치가 좋다.

12 ②
철근 피복 두께의 확보 목적
• 철근의 내화성·내구성 유지 및 부식 방지
• 소요 구조내력 확보
• 콘크리트의 유동성·부착력·강도 확보 등

13 ③
되물매는 경사가 45°인 것을 말한다. 따라서 밑변과 높이가 같은 직각삼각형의 기울기와 같으므로 10cm 굴매로 표시된다.

14 ④
내력벽의 벽량은 최소 $15cm/m^2$ 이상으로 한다.
※ 벽량=내력벽 길이÷내력벽으로 둘러싸인 면적

15 ②
플러시문
• 목재 울거미 안에 중간 살대를 격자 혹은 수평, 수직으로 25~30cm 이내로 배치한 후 양면에 합판을 붙인 문
• 표면이 편평하고 뒤틀림과 변형이 적다.

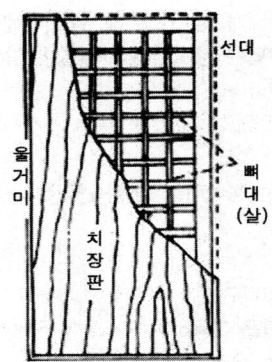

16 ②
피복 두께는 콘크리트 표면에서 가장 가까운 철근 표면까지의 거리를 말한다.

17 ④
① 방화구조 : 인접화재가 쉽게 번지지 못하도록 한 구조. 내화구조와는 달리 일단 화재 발생 후에는 주요 구조부를 다시 사용할 수 없다.
② 내화구조 : 일정 기준 이상의 철근콘크리트 구조, 벽돌구조, 석조, 콘크리트 블록구조 등과 같이 화재에 대해서 가장 안전한 건축구조. 인접화재로 인해 연소될 우려가 적고, 내부에서 화재가 발생해도 기둥, 보 등 주요 구조부는 내력상 지장이 없어 어느 정도의 수리로 그 건축물을 다시 사용할 수 있어야 한다.
③ 방공구조 : 전쟁과 같은 상황에서 미사일 등의 공격에 견딜 수 있는 구조

18 ③
인장력을 받는 가새는 철재를 사용할 수 있다.

19 ④
늑근은 중앙부보다 단부에서 더 촘촘하게 배치한다.

20 ①
플랫 슬래브(flat slab, 무량판 구조)
• 보가 없이 바닥판만으로 구성하여, 하중을 직접 기둥에 전달하는 평판 슬래브 구조이다.
• 구조가 간단하고 공사비가 저렴하다.
• 실내공간을 크게 이용할 수 있으면서 층고는 낮게 할 수 있다.
• 주두의 철근 배근이 복잡하고 바닥판이 무거워진다.
• 고정하중이 커지고 뼈대의 강성이 약해지므로 고층건물에는 적합하지 않다.

21 ④
외장 타일은 외부에 노출되므로 비바람과 같은 기상변화에 견딜 수 있도록 내장 타일보다 강도가 강하고 흡수율이 낮아야 한다.

22 ④
테라코타
속을 비게 하여 소성한 점토제품으로 석재 조각을 대용하는 재료로 쓰인다. 난간, 주두, 돌림띠, 외벽 등의 외장재료 등으로 많이 사용된다.

23 ③
① 연성 : 재료가 인장력을 받아 파괴되기 전까지 늘어나는 성질
② 전성 : 넓게 펴지는 성질로 대부분의 금속재가 가지는 성질
③ 취성 : 유리처럼 작은 변형에도 쉽게 파괴되는 성질
④ 탄성 : 어떤 물체에 외력이 가하여 변형이 생긴 후 외력을 제거하면 원형으로 돌아가는 성질

24 ④
• 침엽수 : 소나무, 삼나무, 전나무, 나왕, 미송, 낙엽송 등
• 활엽수 : 참나무, 느티나무, 밤나무, 벚나무, 오동나무 등

25 ③
수성 페인트는 내수성이 적어서 방부제로서 기능이 거의 없다.

26 ①
프리즘 유리
프리즘 원리를 이용해서 입사광선의 방향을 굴절, 확산, 집중시킬 목적으로 만든 유리제품. 지하실 채광용으로 사용한다.

27 ④
혼합 시멘트

고로 슬래그 시멘트	• 고로 슬래그와 소량의 석고를 혼합한 시멘트로 초기강도는 낮고 장기강도가 크다. • 팽창과 균열이 없고 화학저항성이 높아 해수 및 폐수에 접하는 곳에 쓰인다. • 수화열은 적으나 건조수축이 다소 큰 편이므로 시공에 유의해야 한다. ※ 고로 슬래그 : 선철 제조 시 고로 부산물을 급랭 후 잘게 부순 것
플라이애시 시멘트	• 미분탄을 연소하는 보일러 연도 가스에서 채취한 석탄재를 넣은 시멘트 • 워커빌리티가 향상되고 수밀성이 좋으며 수화열 및 건조수축도 낮다. • 화학저항성이 크며, 초기강도는 낮고 장기강도가 높다. • 일반 건축 및 토목공사에 널리 쓰이고 매스콘크리트에 유용하다.
포졸란 시멘트 (실리카 시멘트)	• 포졸란(화산재, 규산백토 등의 실리카질 혼화재)을 첨가한 시멘트 • 혼화재료 자체 수경성은 없지만 물과 수산화칼슘의 화학반응으로 경화한다. • 보통 포틀랜드 시멘트보다 초기강도는 조금 낮고 장기강도는 약간 크다. • 시멘트 성질이 개선되어 수밀성과 내구성이 좋고 화학저항성도 크다. • 구조용 재료 또는 미장 모르타르로 널리 쓰이며 화학공장, 해수 공사에도 쓰인다.

28 ②
청동=구리+주석

29 ②
아스팔트의 침입도(PI : Penetration Index)
• 아스팔트의 경도를 표시한 값. 클수록 부드러운 아스팔트이다.
• 0.1mm 관입 시 침입도 PI=1로 본다.
  (25℃, 100g, 5sec 조건으로 측정)
• 아스팔트 양부 판정 시 가장 중요하다.
※ 침입도와 연화점은 반비례 관계이다.

30 ①
석고는 시멘트의 응결을 늦추는 성질이 있어 응결시간 조절용으로 쓰인다.

31 ④
점토제품에서 SK(Seger's Keger Cone)는 소성온도를 나타내며, 내화 벽돌의 소성온도 기준은 최소 SK26(1580℃) 이상이다.

32 ④
형광 도료
• 단파장 가시광선이나 자외선보다도 단파장의 방사선·전자선이 닿으면 형광을 발하는 형광체 안료를 주체로 한 도료
• 일반 도료보다 명도·채도·선명도·명시도가 높은 편이다.
• 주로 광고·간판·교통표지 등에 많이 사용되며, 전자현미경의 형광판·X선 회절장치의 합축판 등에도 사용된다.

33 ①
대리석
• 석회암이 오랜 시간동안 깊은 지반 속에서 지열, 지압으로 인해서 변질되어 결정화된 변성암의 일종으로 주성분은 탄산칼슘이다.
• 압축강도가 크고 외관이 아름다워서 고급 장식재로 사용되지만 열, 산에 약하기 때문에 주로 실내 장식재로만 쓰인다.

34 ③
인서트
천장 달대볼트 등의 철물 부착을 위하여 콘크리트 바닥에 미리 매입한 철물

35 ②
석고 보드(gypsum board)
• 소석고에 경량성 및 탄성을 주기 위해 톱밥, 펄라이트 및 섬유 등의 혼합물을 물로 이겨 양면에 두꺼운 종이를 밀착시킨 후 판상으로 성형한 판재이다.
• 방부·방화성이 크고, 흡습성이 적은 편이어서 천장 및 벽 마감재로 널리 쓰인다.
• 부식이나 충해 피해가 거의 없으며, 신축 변형 및 균열이 적고 단열성도 비교적 좋다.
• 흡수에 의한 강도 저하가 생길 수 있다.

36 ②
물시멘트비

$$= \frac{물의\ 중량}{시멘트의\ 중량} = \frac{물의\ 부피 \times 비중}{시멘트의\ 부피 \times 비중}$$

$$= \frac{150L/m^3 \times 100L/m^3}{3.14g/cm^3 \times 100L/m^3} = 약 48\%$$

37 ④
중밀도 섬유판
(MDF : Medium Density Fiberboard)
- 섬유질, 특히 장섬유를 가진 수종의 나무를 분쇄하여 섬유질을 추출한 후 양표면용과 Core용의 섬유질을 분리하고 접착제를 투입하여 층을 쌓은 후 Press로 눌러 표면 연마(Sending) 처리한 제품을 말한다.
- 톱밥을 압축가공해서 목재가 가진 리그닌 단백질을 이용하여 목재섬유를 고착시켜 만든 것이다.
- 천연목재보다 강도가 크고 변형이 적다.
- 습기에 약하고 무게가 많이 나가는 것이 단점이나 마감이 깔끔하여 많이 쓰인다.
- 곡면가공이 용이하여 인테리어 내장용으로 많이 사용된다.

38 ③
성인에 따른 석재의 분류
- 화성암 : 화강암, 안산암, 현무암
- 수성암 : 응회암, 점판암, 사암, 석회암
- 변성암 : 대리석, 사문암, 석영

39 ②
합성수지는 전성, 연성 등이 커서 가공이 매우 용이하다.

40 ③
크리프
콘크리트에 하중이 작용하면 그것에 비례하는 순간적인 변형이 생긴다. 그 후에 하중의 증가는 없는데 하중이 지속하여 재하될 경우, 변형이 시간과 더불어 증대하는 현상을 말한다. 크리프는 단위수량이 많을수록, 온도가 높을수록, 시멘트 페이스트가 많을수록, 물시멘트비가 클수록, 작용응력이 클수록, 재하재령이 빠를수록, 부재단면이 작을수록, 외부 습도가 낮을수록 크리프는 크다.

41 ②
- 세면기 높이 : 750mm
- 주방 작업대 높이 : 850mm
- 은행 창구 높이 : 1000~1050mm

42 ②
연결살수 설비
- 화재발생 시 연기나 열기가 차기 쉬운 지하가 또는 지하층을 대상으로 하여 소방 펌프차에서 송수구를 통해 압력수를 보내고, 살수 헤드에서 살수하여 소화하는 소화활동설비
- 살수 헤드에는 폐쇄형과 개방형이 있다.

43 ③
- 내부적 조건 : 계획의 목적, 공간 사용자의 행위·성격·개성에 관한 사항, 공간의 규모나 분위기에 대한 요구사항, 의뢰인의 공사예산 등 경제적 사항
- 외부적 조건 : 입지적 조건, 설비적 조건, 건축적 조건(용도 법적인 규정)

44 ③
주행동에 따른 주거공간요소의 분류
- 개인공간 : 침실, 서재, 욕실
- 사회공간(공동공간) : 현관, 식당, 거실, 식사실, 가족실, 테라스
- 노동공간 : 주방, 가사실, 다용도실, 서비스 야드
- 보건·위생공간 : 욕실, 화장실

45 ④
① 세락식 : 오물을 직접 트랩 유수부에 낙하시켜 물의 낙차에 의하여 오물을 배출하는 방식이다.
② 로 탱크식 : 세척량이 많고 공간점유율이 크며, 소음이 적고 설치 및 유지보수가 용이하다. 연속사용은 불가하며 주택, 호텔 객실 등에서 사용한다.
③ 하이 탱크식 : 높은 위치에 탱크 설치, 공급된 일정량의 물을 저장한 후 레버의 조작으로 낙차를 이용한 수압으로 대변기를 세정하는 방식이다.
④ 플러시 밸브식 : 소음이 크고 단시간에 다량의 물이 필요하다. 가정용으로 사용 불가하고, 연속사용이 가능하다. 탱크가 필요 없고, 화장실을 넓게 사용할 수 있다.

46 ②
원형철근 지름은 ϕ, 이형철근의 지름은 D로 구분하며, 배근 간격은 @로 표시한다.

47 ②
기초 작도 순서
① 기초 크기에 알맞게 축척을 정한다.
② 테두리선을 그리고 도면 위치를 정한다.
③ 지반선과 기초의 중심을 그린다(1점 쇄선).
④ 지정과 기초판 각 부분의 두께와 나비를 그린다.
⑤ 단면선과 입면선을 구분하여 그린다.
⑥ 재료의 단면 표시를 한다.
⑦ 치수선, 치수보조선, 인출선을 가는 실선으로 긋는다.
⑧ 치수와 재료명을 기입한다.
⑨ 표제란을 작성하고 표시 사항의 누락 여부를 확인한다.

48 ②
다이닝 키친(DK)
부엌의 일부에 식사실을 두는 형태. 동선이 가장 유기적이며 주부의 노동력이 단축되어 많이 사용되는 형식이다. 그러나 부엌에서 조리할 때 발생하는 냄새나 음식찌꺼기 등에 의해 식사실의 분위기는 다른 유형에 비해 덜 쾌적한 편이다.

49 ②
① 설계자 : 자기의 책임(보조자의 도움을 받는 경우 포함)으로 설계도서를 작성하고, 그 설계도서에서 의도하는 바를 해설하며, 지도하고 자문에 응하는 자
③ 공사감리자 : 자기의 책임(보조자의 도움을 받는 경우 포함)으로 이 법으로 정하는 바에 따라 건축물, 건축설비 또는 공작물이 설계도서의 내용대로 시공되는지를 확인하고, 품질관리·공사관리·안전관리 등에 대하여 지도·감독하는 자
④ 공사시공자 : 건설공사(토목공사, 건축공사, 산업설비공사, 조경공사, 환경시설공사, 그 밖에 명칭과 관계없이 시설물을 설치·유지·보수하는 공사(시설물을 설치하기 위한 부지조성공사를 포함) 및 기계설비나 그 밖의 구조물의 설치 및 해체공사 등)를 하는 자

50 ②
연필은 다양한 질감과 명암 표현이 가능하다. 지울 수 있는 장점이 있는 반면에 번지거나 더러워지는 단점이 있다.

51 ②
전력 퓨즈
• 고압회로에 사용되는 퓨즈이다.
• 차단 시에 발생하는 아크로 끄기 위한 구조로 되어 있다.
• 종류로는 방출 퓨즈와 한류 퓨즈 등이 있다.
• 재사용은 불가능하며 과전류에 의해 끊어지는 대신 소형으로 큰 차단용량을 가졌으며 릴레이나 변성기가 없어도 된다.

52 ④
음영은 투시도에서 주로 사용된다.

53 ③
팬코일 유닛방식은 전수방식이다.
※ 전공기방식 : 단일덕트방식, 이중덕트방식, 멀티존 유닛방식
※ 공기·수방식 : 유인유닛방식, 덕트병용 팬코일 방식

54 ②
증기난방
• 수증기의 잠열로 난방, 응축수는 환수관을 통하여 보일러에 환수되는 방식이다.
• 열의 운반능력이 크고 예열시간이 짧으며 방열면적이 작다. 비용은 낮은 편이다.
• 뜨거운 방열기 표면에서 미세먼지의 연소가 발생하여 난방 쾌감도가 낮다.
• 방열량 조절이 곤란하고 소음이 발생하며 보일러 취급어 전문기술이 요구된다.

55 ③
가사노동의 동선은 짧게 처리해야 한다. 또한 주방의 위치는 가급적 동쪽 또는 남쪽에 접하는 것이 좋으며 식사실과 인접하도록 한다.

56 ④
구내 교환설비
건물 외부와 내부 및 상호 간에 연락을 위한 설비로 구내전화기, 전력설비, 보안설비, 배전반, 단자함, 국선, 내선, 보조설비, 국선전화기 등이 해당된다.

57 ②
트랩의 봉수 파괴 원인

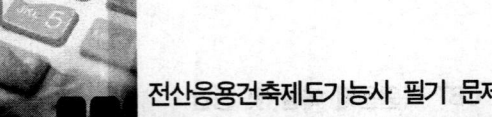

자기 사이펀 작용, 유도 사이펀 작용, 분출 작용, 모세관 현상, 증발, 운동량에 의한 관성 작용

58 ④
거실 천장은 조명 효과를 고려하여 실내 마감재의 색채 중에서 가장 명도가 높은 것을 택하는 것이 좋다.

59 ②
천장고가 높지 않을 경우 하향 조명만 사용하는 것이 공간을 더 높아 보이게 하므로 좋다.

60 ②
통일(unity)
디자인 대상의 전체 중 각 부분, 각 요소의 여러 다른 점을 정리해 동일한 이미지를 이루고 미적 질서를 부여하는 기본 원리로서 디자인의 가장 중요한 속성이다.

2023년 제2회

01 ①
문선
- 장식 등을 목적으로 창문, 출입구 등의 둘레에 부착한 목재를 말한다.
- 문선은 문틀에 댄 선, 창선은 창틀에 댄 선으로 문짝을 통하며 문꼴을 보기 좋게 만드는 동시에 주위벽의 마무림을 잘하기 위하여 문틀에 가는 홈을 파 넣고 숨은 못치기로 둘러댄다.
- 모서리 모임면을 연귀맞춤, 연귀장부맞춤, 쐐기치기 또는 턱솔을 넣고 볼트 조임으로 하고, 밑은 마루널 또는 문선굽에 통장부를 넣기도 한다.

02 ③
철골구조는 철근콘크리트 구조에 비해 자체중량이 가볍다. 그러나 주재료인 강재가 열에 취약하고 부식의 우려가 있다.

03 ①
방서 구조
- 더위를 막기 위한 구조
- 열관류율이 낮은 재료로 축조된다.

04 ①
홈통의 분류
① 장식통 : 선홈통 맨 위에 오는 것으로서 처마홈통 낙수구 또는 깔대기홈통을 받아서 선홈통에 연결하며 장식도 겸한다.
② 처마홈통 : 기와지붕 처마 끝에 수평으로 설치하는 홈통으로서 지름 10cm 내외의 반원형이 가장 많이 쓰인다. 경우에 따라서 장식이 붙은 이중사각형으로 고급스럽게 만들기도 한다. 물이 흘러 내릴 수 있도록 약 1/80 정도의 경사를 준다.
③ 상자홈통 : 처마 끝에 상자 형태의 틀을 만들고 그 속에 홈통을 넣은 것
④ 안홈통 : 처마 끝의 안쪽에 부착하여 외부에서는 보이지 않게 한 홈통 혹은 처마 위 난간벽의 안쪽에 댄 홈통. 난간벽 안에 목재 상자 홈통 바탕을 짜고 함석을 대어 만든다. 경사는 1/50 정도이다.

05 ②
데크플레이트
- 합성슬래브의 한 종류로, 경량콘크리트 바닥의 거푸집 대용으로 많이 사용된다.
- 철골공사 시 바닥슬래브를 타설하기 전에, 철골보 위에 설치하여 바닥판 등으로 사용하는 절곡된 얇은 판 부재이다.

06 ④
합성보
- 철골보와 슬래브를 전단 연결재 등으로 일체화시켜 합성거동을 할 수 있도록 만든 보를 말한다.
- 합성거동에 따른 높은 강성을 확보하고 경제성을 추구하는 구조 시스템이다.

07 ②
① 빗줄눈 : 치장줄눈의 일종. 줄눈 형태를 사선으로 마무리한 방식
② 막힌줄눈 : 벽체에 실리는 하중을 고르게 분산하기 위해 줄눈이 이어지지 않도록 쌓는 방식
③ 통줄눈 : 벽쌓기 시 줄눈이 일렬로 이어지는 것으로 장식용으로만 사용한 방식
④ 오목줄눈 : 치장줄눈의 일종. 줄눈 형태를 벽 안쪽으로 오목하게 마무리한 방식

08 ①
② ㅅ자보와 달대공―볼트
③ ㅅ자보와 왕대공―띠쇠
④ 왕대공과 평보―감잡이쇠

09 ②
선홈통(rain leader pipe)
처마홈통과 연결되는 수직방향의 홈통으로 지붕의 빗물을 지상으로 유도하기 위해 설치한다.

10 ④
판보의 구성재
웹플레이트, 플랜지, 커버 플레이트, 스티프너

11 ①
압축철근 사용 목적
장기하중에 따른 처짐 감소, 연성 증가, 파괴 시 압축파괴에서 인장파괴로 전환, 철근의 배치 용이 등
※ 전단내력 증진은 늑근의 역할이다.

12 ②
늑근(stirrup)
보의 전단강도를 크게 하기 위해 넣는 보강철근으로, 주근의 직각방향으로 배근한다.

13 ③
깔도리
기둥 맨 위 처마부분에서 기둥머리를 고정하여 지붕틀의 하중을 받아 기둥에 전달하는 부재. 절충식 지붕틀에서는 처마도리가 깔도리를 겸하고 있다.

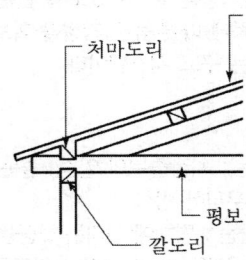

14 ③
층두리 아치
아치의 거리가 넓을 때 반 장 별로 층을 지어 2중으로 겹쳐 쌓는 아치

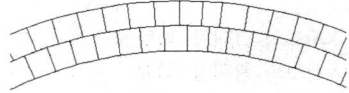

※ 본아치 : 아치벽돌을 특별히 주문 제작하여 쓴 것

15 ④
내진벽은 하부층에 많이 배치하는 것이 바람직하다.

16 ②
경첩은 여닫이창호에 쓰이는 철물이다.

17 ①
PC(Precast Concrete) 공법
- 공장 등에서 형틀에 성형 제조한 철근 콘크리트 부재를 이용하는 공법이다.
- 공장의 고정시설을 이용하여 기둥, 보 등의 소요 부재를 철재 거푸집에 의하여 제작하고 고온다습한 증기 보양실에서 단기 보양하여 기성 제품화한 것을 현장으로 이송하여 시공한다.
- 수요가 증가할 경우 비용을 절감할 수 있으며 기후의 영향을 적게 받으므로 공사기간이 단축될 뿐 아니라 기계화, 자동화에 의해 품질이 향상된다.
- 형태 설계의 개성에 제약이 있을 수 있고, 초기 시설투자비도 큰 편이다.

18 ①
왕대공 지붕틀의 직각재인 평보, 왕대공, 달대공은 인장력을 받으며, 사재인 ㅅ자보와 빗대공은 압축력을 받는다.

19 ②
우미량
전통건축에서 절충식 지붕틀의 대공을 세우기 위하여 처마도리와 지붕보의 사이에 건너지르는 수평부재를 말한다. 도리와 보에 걸쳐 동자기둥을 받는 보 또는 처마도리와 동자기둥에 걸쳐 그 일단을 중도리로 쓰이는 보의 역할을 하며 일반적으로 소꼬리 모양으로 휘어지는 형태를 띤다. 또한 안쪽 부분은 중도리를 겸하기도 한다.

20 ④
헌치
보의 단면을 두껍게 하여 휨모멘트나 전단력에 저항하도록 한 부분

21 ②
자연건조법

대기건조법	• 직사광선과 비를 피하고 통풍이 잘 되는 곳에서 건조시키는 방법이다. • 2~3개월에 한번씩 뒤집어 쌓아줌으로써 균일하게 건조가 되도록 한다. • 나무 마구리에는 페인트를 칠해서 부분적인 급속 건조를 막는다. • 목재 간의 간격을 유지하고 땅에서 30cm 이상 떨어지도록 굄목을 받친다.

침수 건조법	• 대기에 건조하기 전 목재를 물속에 담구어 목재 내 수액을 빼낸 후 건조한다(삼투압의 원리를 이용). • 부패 및 뒤틀림이 방지되며 건조시간을 단축시킬 수 있다.

22 ①
메탈라스
- 얇은 강판에 일정한 간격의 다각형 구멍을 내고 옆으로 잡아당겨 그물코 모양으로 만든 것
- 벽, 천장의 모르타르 바름 바탕재로 쓰인다.

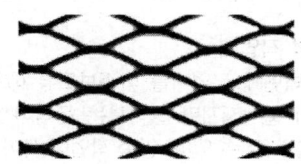

23 ④
FRP(Fiber Reinforced Plastic)
유리섬유, 탄소섬유, 케블라 등의 방향족 나일론 섬유와 불포화 폴리에스테르 등의 열경화성 수지를 결합한 물질이다.
- 철보다 강하고 알루미늄보다 가벼우며 녹슬지 않고 가공이 쉽다.
- 내구성·내충격성·내마모성 등이 우수하다.
- 열에 변형되지 않지만 고온에선 다소 취약하다.
- 건축자재, 가정용 욕조, 헬멧, 테니스 라켓, 항공기 부품 등 다양한 분야에 쓰인다.

24 ③
묽은 콘크리트일수록 슬럼프값은 크다.

25 ③
고로 시멘트
- 선철 제조 시 나오는 광재와 석고를 혼합한 시멘트로 중용열 시멘트와 유사한 성질을 띤다.
- 조기강도는 낮으나 장기강도는 우수하다.
- 수화열은 낮지만 건조수축에 의한 균열의 우려가 있다.
- 해수(海水)에 대한 저항성이 커서 해안공사, 수중 구조물 공사 등에 사용한다.

26 ③
① 현재까지도 구조용 재료로 널리 사용되고 있다.

② 기본 구조 형식 중 철근콘크리트 구조가 가장 내화성이 높다.
④ 압축강도는 크나 인장강도가 작다.

27 ④
목재의 벌목은 겨울이 가장 좋다. 인건비가 저렴하고 벌목 시 작업 환경이 가장 좋기 때문이다.

28 ①
이형철근의 표면에 마디와 리브를 만들어 콘크리트와의 부착력을 좋게 한다. 부착강도는 원형철근보다 40% 정도 커서 정착길이를 줄일 수 있다.

29 ④
방청도료
금속재 표면의 부식방지를 목적으로 도장하는 재료로써 광명단, 징크로메이트, 알루미늄 도료, 크롬산아연, 연단 도료, 산화철 도료 등이 사용된다.
※ 티탄백 : 산화티타늄을 주성분으로 하는 백색 안료

30 ④
판유리의 주성분은 SiO_2로 70% 정도를 차지한다.

31 ③
경석고 플라스터(킨즈 시멘트)
무수석고가 주재료로 응결·경화가 소석고에 비하여 극히 늦어서 경화 촉진제를 섞어준다. 경화한 것은 강도가 극히 크고 표면 경도도 커서 벽 및 바닥 바름재료로 사용된다. 표면이 산성을 띠므로 작업 시 스테인리스 흙손을 사용한다.

32 ④
풍화작용 방지를 위해 시멘트 창고에는 반출 및 반입을 위한 출입문만 설치해야 한다.

33 ④
유성 페인트는 알칼리에 취약해서 콘크리트면, 모르타르면 도장에 부적합하다.

34 ①
인서트(insert)
천장 달대볼트 등의 철물 부착을 위하여 콘크리트

바닥에 미리 매입한 철물

35 ①
슬럼프 시험
슬럼프 콘에 콘크리트를 3회로 나누어 다진 후, 콘을 들어올려서 가라앉은 콘크리트 더미의 최상단 높이와 슬럼프 콘의 높이차로 시공연도를 측정하는 테스트

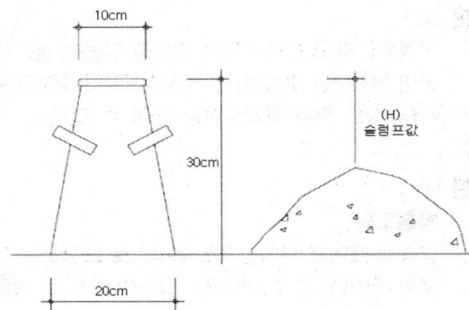

36 ④
강화유리는 파손 시 유리 전체가 파편으로 잘게 부서져서 파편에 의한 위험이 보통유리보다 적다.

37 ②
청동은 황동보다 내식성이 크고 주조성이 좋아서 장식재 제조에 널리 쓰인다.
※ 포금 : 주석을 10% 정도 함유한 청동 합금. 과거 대포의 포신재료로 사용된 것이 그 어원이 되었다. 강도가 양호하고 연성도 있으며, 내식성과 내마모성이 좋아서 각종 밸브·기어·플런저용 등 기계부품의 주물로 사용한다. 주조를 편하게 하기 위해 1~9%의 아연을 가하거나, 절삭을 용이하게 하기 위해 납을 가하여 널리 기계용으로 사용되어 포금이라 칭하고 있다.

38 ②
시유
점토제품에 유약을 입히는 작업
※ 테라코타 : 점토를 구워 장식이나 건축자재로 사용하는 방식. 구조용으로 사용할 수 있다.

39 ③
우드 실러
목재의 클리어 래커 마감 시 초벌칠 전에 사용하는 도장재로서 세라믹스에 니트로셀룰로오스 등을 가한 것이다. 목재에 있는 도관과 공극을 메워서 도료의 흡입을 방지하기 위해 충전제를 사용하는데 충전 후에 충전을 고정하기 위해 사용한다.

40 ④
다공질 벽돌
점토에 톱밥, 겨 등을 혼합하여 성형 후 소성 시 내부에 무수한 작은 구멍이 생긴 벽돌로 단열 및 방음효과가 있고 절단, 못치기 등의 가공이 쉬운 벽돌이다.

41 ③
병렬형 작업대
양쪽 벽면에 작업대를 마주보도록 배치하는 형태. 동선이 짧아지지만 돌아보는 동작이 많아서 쉽게 피로를 느낄 수 있다. 양쪽 작업대 사이 폭의 범위는 700~1200mm 사이로 한다.

42 ①
주택 침실 내의 침대 배치방법
• 침대 머리 쪽은 창이 없는 외벽에 면하게 한다.
• 출입문을 열었을 때 직접 침대가 보이지 않도록 하고, 침대에 누운 채로 출입문이 보이도록 한다.
• 침대 양쪽에 통로를 두고(싱글 베드는 예외), 한쪽을 75cm 이상되게 한다.
• 침실 내의 주요 통로 폭은 90cm 이상 되도록 한다.
• 싱글 침대인 경우 긴 측면을 내벽에 면하게 배치한다.

43 ④
주택 현관의 위치 선정은 인접 도로와의 관계에 가장 큰 영향을 받는다.

44 ④
LDK형
• 거실 내에 식사실과 주방을 설치한 형태
• 원룸이나 소규모 주거공간에서 많이 볼 수 있는 형태이다.

45 ①
반자 높이는 단면도에서 표현된다.

46 ④
남부지방은 겨울철에도 기후가 비교적 온화하여 개

방적인 공간구성으로 계획하였다.

47 ④
① 배경이 다양하면 건축물을 표현의 부각을 방해한다.
② 배경의 표현은 항상 섬세하지 않아도 된다.
③ 건물을 이해할 수 있도록 배경을 다소 작게 표현한다.

48 ①
정투상도
서로 직각으로 교차하는 세 개의 화면인 평면, 입화면, 측화면 사이에 물체를 놓고 각 화면에 수직되는 평행 광선으로 투상한 도면

49 ②
SS는 스테인리스 스틸이다.

50 ④
건축면적
- 건축물의 외벽 중심선에 둘러싸인 부분의 수평투영 면적 또는 아래에 해당하는 선으로 둘러싸인 부분
- 외벽이 없을 시 외곽의 기둥 중심선으로 산정
- 처마, 차양 등 중심선으로부터 1m 이상 돌출된 부분의 경우 그 끝부분에서 1m 후퇴한 선으로 한다 (단, 한옥은 2m, 창고는 3m).

51 ④
수납공간의 크기 결정 요소
- 수납되는 물건의 크기
- 실내 공간의 치수
- 꺼내는 동작 및 인체 치수 등

52 ②
- 유효온도(ET : Effective Temperature)의 3요소 : 온도, 습도, 기류
- 수정 유효온도(CET : Corrected Effective Temperature)의 4요소 : 온도, 습도, 기류, 복사열

53 ④
건축법상의 건축행위

행위 전		행위 후
기존 건축물이 없는 대지	신축	건축물 축조
		부속 건축물이 있는 경우의 주된 건축물 축조
기존 건축물이 있는 대지	신축	기존 건축물이 철거, 멸실된 후 건축물 축조
	증축	기존 건축물에 건축물의 규모를 증가 (면적, 층수, 높이 등)
	재축	기존 건축물이 재해로 인하여 괴멸된 경우로 종전과 동일한 규모의 범위 안에서 축조
	개축	기존 건축물을 철거하고 종전과 동일한 규모의 범위 안에서 건축물을 축조
	이전	기존 건축물의 동일 대지 내 위치를 변경하는 것

54 ③
16m의 1/200이므로 도면에서의 길이는 8mm이다.

55 ②
순색
- 무채색이 섞이지 않은 색
- 먼셀 색입체의 바깥쪽에 있으며 동일 색상 내에서 채도가 가장 높다.

56 ③
건축물의 층수 산정 시, 층의 구분이 명확하지 아니한 건축물의 경우 4m마다 하나의 층으로 본다.

57 ③
열관류 현상
- 고체(벽) 양쪽의 유체온도가 다를 때 고온 쪽에서 저온 쪽으로 열이 통과하는 현상
- 실내공기와 벽체의 열전달과 벽체 내부의 열전도, 그리고 벽체와 실외공기의 열전달까지의 과정이 열관류가 된다.

58 ①

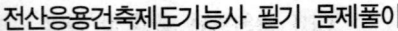

	직접가열식	간접가열식
보일러	급탕용과 난방용 보일러를 각각 설치한다.	난방용 보일러로 급탕까지 가능하다.
보일러 내 스케일	많이 발생한다.	거의 발생하지 않는다.
보일러 내의 압력	고압	저압
규모	소규모 건물에서 사용	대규모 건물에서 사용
저탕조 내의 가열코일	불필요	필요

※ 스케일 : 보일러 내에 발생하는 고형 이물질. 보일러의 열효율을 떨어뜨리고 부품의 수명을 단축시킨다.

※ 열효율면에서는 직접가열식이 경제적이지만, 보일러의 신축이 불균일하고 수질에 의한 스케일로 열효율 저하 및 수명 단축이 우려되므로 세심한 관리가 필요하다.

59 ①
①은 증기난방에 대한 설명이다.

60 ③
① 오일(oil) 포집기 : 가솔린 포집기라고도 한다. 자동차 수리공장·주유소·세차장 등 휘발유나 유류가 혼입될 우려가 있는 개소의 배수계통에 설치하여 휘발유나 기름을 수면에 뜨게 하여 회수함으로서, 배수관 내에서의 유류로 인한 폭발·인화 등의 사고를 방지한다.
② 모발(hair) 포집기 : 미용실·이발소 등의 배수계통에 설치하는 것으로 머리카락·헝겊 부스러기 등의 물질을 제거하기 위해 사용한다. 풀장이나 공중목욕탕에는 대형의 모발 포집기를 설치해야 한다.
③ 그리스(grease) 포집기 : 호텔·영업용 음식점 등의 주방에서 배수 중에 포함된 지방분을 냉각·응고시켜 제거함으로서 지방분이 배수관으로 유입하여 관이 막히게 되는 것을 방지한다. 포집기 내부는 격판을 여러 개 설치하여 유입해 오는 배수속도를 느리게 함으로서 지방분을 응고시켜 제거하며, 연속적으로 배수가 이루어지는 경우는 수냉식으로 하여 제거효율을 높인다. 또한 입구 부근에는 바스켓 등 여과망(스트레이너)을 설치하여 음식물 찌꺼기를 수집 제거한다.

④ 플라스터(plaster) 포집기 : 치과병원, 외과병원 등의 배수계통에 설치하는 것으로, 석고·귀금속 등의 불용성 물질을 포집·회수한다.

2023년 제3회

01 ②

사장교

기둥에서 비스듬히 친 케이블로 거더(girder)를 매단 다리. 경간 150~400m 정도 범위의 도로교에 흔히 쓰이며, 경제적이고 미관에도 뛰어난 설계가 가능하다. 한국에는 올림픽대교, 서해대교, 인천대교, 진도대교, 돌산대교 등이 있다.

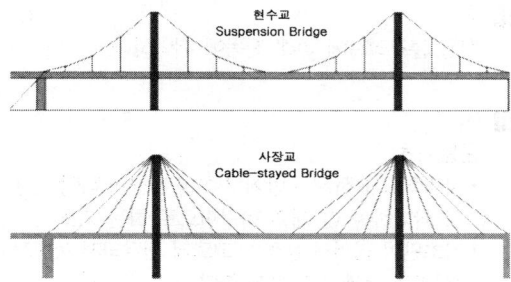

02 ②

경량 철골조
- H형강 대신 경량의 C형 Channel을 사용하는 구조
- 전체중량을 감소시키고 강재량을 절약할 수 있어 소규모 구조물에 널리 쓰인다.
- 볼트, 용접접합 등으로 조립하며 시공시간이 짧은 편이다.
- 비틀림에 대한 저항은 강관구조에 비해 약하다.

03 ①

ㅅ자보는 압축력과 휨모멘트를, 평보는 인장력과 휨모멘트를 동시에 받는다.

04 ④

커버 플레이트(cover plate)
- 플랜지에 덧댄 플레이트 부재로, 재료의 인장 및 휨을 보강한다.
- 플랜지와 커버 플레이트는 4장 이하로 겹쳐대고, 플랜지 앵글 두께보다 얇은 것을 써야 한다.
- 플랜지 전단면적의 70% 이하로 해야 한다.

05 ②

늑근은 단부로 갈수록 조밀하게 배근한다.

06 ②

브강블록조는 시멘트 블록을 통줄눈으로 쌓고 블록의 구멍을 철근과 콘크리트로 보강하는 방식의 구조다.
※ ②는 장막벽블록조에 대한 설명이다.

07 ②

일반적으로 트러스 구조의 경사재는 인장력을 받는다. 인장력과 압축력을 받는 부재는 작용하는 응력에 따라 단면의 면적이 다르다.

08 ②

① 골조막구조 : 우산 뼈대처럼 트러스 골조에 막을 인장시켜 부착한 구조. 테라스 차양과 같은 가설 구조물로 많이 사용한다.
② 현수막구조 : 케이블로 막에 장력을 주고 막의 무게를 지지하는 구조
③ 공기막구조 : 밀폐된 공간내부에 공기를 불어 넣어 지붕 등의 구조체에 인장력과 압축력을 가하여 내외부의 기압차로 지지하는 구조. 공기압으로 막에 장력을 주어 외력에 저항하며 내구성과 내화성은 다소 부족하다.
④ 하이브리드 막구조 : 휨과 압축을 받는 프레임과 인장력을 받는 케이블에 의해 지지되는 구조

09 ④

플랫 트러스에서 수직재는 압축응력이 작용한다.

10 ④

① 회전절점 : 위치는 고정되어 있고 부재의 회전만 가능하도록 연결된 지점. 수평, 수직반력이 생긴다.
② 이동지점 : 지면에 바퀴 등으로 접하는 지점. 회전 및 수평이동이 가능하며 수직반력만 생긴다.
③ 회전지점 : 부재와 부재 간의 접합이 핀으로 되어 회전이 가능한 절점. 회전단과 같이 수평, 수직 반력이 생긴다.

11 ②

2방향 슬래브
- 장변의 길이가 단변 길이의 2배 이하인 4변 지지 슬래브

- 단변 방향으로 주근을 배근하고 장변 방향으로 배력근을 배근한다.

12 ①
길이쌓기
벽면을 바라볼 때 벽돌의 긴 면이 보이도록 쌓은 조적법

13 ③
라멘 구조
기둥과 보가 강접합되어 연속적으로 이루어진 구조. 강접합된 기둥과 보에 휨응력도 발생한다.

14 ③
장방형 슬래브에 단변 방향에 배근하는 철근은 주근이라 한다.

15 ④
① 창쌤돌 : 창틀 측면
② 창대돌 : 창틀 하부
③ 문지방돌 : 출입문에서 문 밑부분의 문중방(門中枋) 위에 덧대어 수평으로 놓은 돌
④ 인방돌 : 창틀 상부

16 ③
철근의 최소 피복 두께
① 수중에서 타설하는 콘크리트 : 100mm
② 흙에 접하여 콘크리트를 타설한 후 영구히 흙에 묻혀있는 콘크리트 : 80mm
③ 흙에 접하여 옥외의 공기에 직접 노출되는 경우
  ㉠ D29 이상 철근 : 60mm
  ㉡ D25 이하 철근 : 50mm
④ 옥외의 공기나 흙에 직접 접하지 않는 콘크리트
  ㉠ 슬래브, 벽체, 장선
    ⓐ D35 초과 철근 : 40mm
    ⓑ D35 이하 철근 : 20mm
  ㉡ 보, 기둥 : 40mm (콘크리트 설계기준강도 f_{ck} = 40N/mm² 이상인 경우 규정값에서 10mm 저감시킬 수 있다.)
  ㉢ 쉘, 절판부재 : 20mm

17 ①
- 건식 구조 : 목구조, 철골구조
- 습식 구조 : 조적식 구조, 철근콘크리트 구조(구조체 시공재료 혹은 기둥, 보 등의 주체가 시멘트 모르타르, 콘크리트일 경우 습식 구조에 해당)

18 ④
배력근
- 2방향 슬래브의 장변 방향으로 배근하는 철근
- 단변 방향으로 배근되는 주근을 연결하고 콘크리트의 수축, 온도변화에 의한 열응력에 따른 균열을 방지한다.

19 ③
철은 콘크리트에 비해 진동에 취약하다.

20 ④
온통기초
- 지내력도가 적은 지반에 기초를 건물의 바닥 전체로 확대하여 한 개의 바닥판으로 하는 기초
- 기초판이 넓어서 응력이 고르게 전달되지 못하므로 판의 두께를 두껍게 한다.

21 ①
멜라민 수지 접착제
2급 내수합판 등의 목재 접착제로 주로 쓰이고, 금속·고무·유리의 접착에는 적합하지 않다.

22 ④
수용성 방부제
① 황산구리 1% 용액 : 방부력은 좋으나 철근부식의 우려가 있으며 인체에 유해하다.
② 염화 제2수은 1% 용액 : 방부효과가 우수하지만 철물 사용 시 부식현상이 일어나며 인체에 유해하다.
③ 불화소다 2% 용액 : 철재, 인체에 모두 무해하며 페인트 도장이 가능하지만 고가이며 내구성이 비교적 좋지 않다.
④ 염화아연 4% 용액 : 방부성은 좋지만 흡수성이 있어 목질부를 약화시키고 페인트칠이 곤란해진다.

23 ④
테라코타는 화강암보다 내화성이 좋고 대리석보다 풍화에 강해서 석재 대용 외장재로 쓰인다.

24 ②

수축률
$$= \frac{수축량}{수축 전 길이} \times 100(\%)$$
$$= \frac{5m - 4.5m}{5m} \times 100(\%) = 10\%$$

25 ①
벽 또는 천장 재료는 외부로의 열손실을 최대한 막아야 하므로 열전도율이 작은 재료로 해야 한다.

26 ②
모래의 염분은 철근을 부식시켜 구조체의 수명을 단축시키므로 허용량(0.04%) 이내가 되도록 충분히 모래를 세척 후 사용한다.

27 ③
- ①, ②, ④ : 공구로 수작업 가공을 하는 방법
- ③ : 벽과 같은 석재면을 불로 지져 마감하는 방법

28 ③
① 와이어로프 : 몇 개의 철사를 꼬아서 1줄의 스트랜드(새끼줄)를 만들고, 다시 6가닥의 스트랜드를 1줄의 마(摩)로프를 중심으로 꼬아서 만든 줄이다. 로프의 꼬임에는 보통 꼬임과 랭 꼬임이 있으며, 또 스트랜드의 꼬임 방향에 따라서 S꼬임 로프와 Z꼬임 로프로 나뉜다. 케이블카, 크레인, 삭도(로프웨이), 적교(吊橋 : 매어놓은 다리) 등에 많이 쓰인다.
② 코너비드 : 벽, 기둥 등의 모서리 부분에 미장 바름을 보호하기 위하여 사용하는 금속제품
④ 메탈폼 : 강철로 만든 패널 형식 거푸집. 반복사용에 견딜 수 있어 경제적이지만, 형틀을 떼어낸 후 콘크리트 면이 매끈하기 때문에 모르타르와 같은 미장재료의 부착력이 떨어질 수 있어 표면을 거칠게 할 필요가 있다. 춥거나 더운 계절에 콘크리트 표면이 빨리 경화되는 단점이 있다.

29 ②
비빔장소가 시멘트의 강도에 큰 영향을 주지는 않는다.

30 ②
타일의 박리현상
시공 시 압착이 충분하지 않거나 기후변화에 의한 재료의 수축팽창에 의해 시공된 벽이나 바닥 등에서 탈락되는 현상

31 ④
조강 포틀랜드 시멘트
규산3칼슘 함유량이 많아서 보통 시멘트에 비해 경화가 빠르고 조기강도가 커서 재령 7일이면 보통 포틀랜드 시멘트의 28일 강도를 나타낸다.

32 ①
납(Pb)
- 비중이 큰 금속(11.5)이며 주조, 단조 등의 가공성이 풍부하다.
- 열전도율이 작으나 온도에 의한 신축은 크다.
- 방사선을 차단하며 내산성도 크나 알칼리에는 침식되는 성질이 있다.
- 철제품 피복제, 송수관, X선 실 등에 쓰인다.

33 ②
콘크리트의 인장강도는 압축강도의 $\frac{1}{12} \sim \frac{1}{9}$ 정도이다.

34 ②
응력변형도 곡선

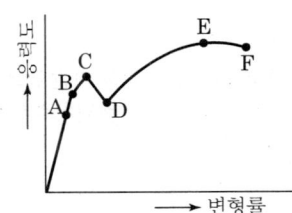

응벽변형도 곡선

A. 비례한도 : 응력이 작을 때는 응력에 비례해서 변형이 커진다. 이 비례관계가 성립되는 한도를 말한다.
B. 탄성한도 : 외력이 제거되면 변형이 0으로 돌아가는 관계가 성립되는 한도
C. D 상위, 하위항복점 : 외력이 더욱 작용되어 상위 항복점에 도달하면 응력이 조금 증가해도 변형이 급격히 증가하여 하위 항복점에 도달한다.
E. 최대 인장강도 : 재료가 도달할 수 있는 최대응력. 응력과 변형이 비례하지 않는 상태이다.
F. 파괴강도 : 응력이 증가하지 않아도 스스로 변형

이 커져서 파괴되는 상태이다.

35 ①
공극률(V)
$$V = \left(1 - \frac{\text{전건비중}}{1.54}\right) \times 100(\%)$$
$$= \left(1 - \frac{0.3}{1.54}\right) \times 100(\%) ≒ 80.5\%$$

36 ②
응회암은 경량골재, 내화재, 특수 장식재로 쓰이며, 구조재로는 부적합하다.

37 ④
포졸란(pozzolan)
- 화산회 등의 광물질 분말로 된 콘크리트 혼화제
- 자체는 수경성이 없으나 콘크리트 중의 물에 용해되어 있는 수산화칼슘과 상온에서 서서히 화합하여 불용성의 화합물을 만들 수 있는 실리커질 물질을 포함하고 있는 미분 상태의 재료이다.
- 포졸란을 사용한 콘크리트는 수밀성이 높아지고, 수화 발열량이 적어서 균열을 방지할 수 있고, 조기 강도는 낮지만 장기 강도가 커진다.
- 블리딩 및 재료분리가 감소된다.

38 ④
강화유리
한 번 열처리를 하면 충격을 가할 경우 가루 형태로 파손되므로 가공 및 절단은 열처리를 하기 전에 마무리해야 한다.

39 ④
① K-섬유   ② W - 항공
③ E - 광산   ④ F - 토목·건축

40 ③
광명단
- 일산화납(lead monoxide)을 400~450℃로 장시간 가열하여 만든 아름다운 황적색의 분말로서 금속의 방청제, 플린트 유리(flint glass) 제조, 기타 접합재 및 전기공업 등에 사용된다.
- 납이 주재료인 만큼 시공 시 중금속에 의한 토양오염이 우려되며 절단가공 작업 중에도 대기오염의 가능성이 있다.

- 비중이 크고 저장이 다소 까다롭다.

41 ①
스킵플로어형 공동주택
- 각 동의 높이가 반 층씩 올라가는 형태
- 층을 걸러 복도를 설치하고 엘리베이터는 복도가 있는 층에서만 정지하며 복도가 없는 층은 계단실을 통해 단위주거에 도달하는 형식
- 통풍, 채광 확보가 용이한 반면, 구조 및 설비계획이 다소 까다롭다.
- 계단실형과 편복도형식의 장점을 복합하였다.

42 ③
① 광창 조명, ② 코니스 조명, ④ 광천장 조명에 대한 설명이다.

43 ④
선의 굵기는 축척 및 도면의 크기에 맞게 변화를 주는 것이 효과적이다.

44 ①
건물의 그림자는 건물 표면의 그늘보다 어둡게 표현하여 배경이 건물보다 강조되지 않도록 표현한다.

45 ④
삼각스케일에 표기된 축척
1/100, 1/200, 1/300, 1/400, 1/500, 1/600

46 ③
실내 공기오염의 주 대상은 호흡에 의한 이산화탄소 농도의 증가이며, 각종 오염 요소의 농도가 실내 공기의 이산화탄소 농도와 비례하기 때문에 오염의 측정기준이 된다.

47 ③
① 사선 : 동적이고 불안정한 느낌을 주나 건축물에 강한 인상을 주기도 한다.
② 곡선 : 부드럽고 여성적인 느낌을 나타낸다.
④ 수평선 : 평화, 안정감을 나타낸다.

48 ②
해칭선
가는 실선으로 빗줄을 반복적으로 그은 선으로 절단면을 표시한다.

49 ④
긴결철물
벽돌구조 공간벽 설치 시 양쪽 벽을 서로 견고하게 연결해주는 철물을 말한다.

50 ③
색의 3속성
㉠ 색상(H, hue)
- 빨강, 노랑, 파랑 등과 같은 색의 이름
- 성질이 비슷한 색상들을 둥글게 나열한 것을 색상환 또는 색환이라고 한다.

㉡ 명도(V, value)
- 색의 밝고 어두움의 정도
- 고명도, 중명도, 저명도로 나누고, 11단계로 나누는 것이 보통이다.

㉢ 채도(C, chroma)
- 색이 강하고 약한 도(度), 즉 선명도를 말한다.
- 탁색(dull color) : 어떤 색상의 순색에 무채색의 포함량이 많아 채도가 낮아 저채도가 된 상태이다.
- 순색(pure color) : 가장 채도가 높은 색, 즉 무채색의 포함량이 가장 적은 색

51 ③
압력탱크식 급수
- 저층부나 지하에 설치한 탱크에 물을 받은 후 압력펌프로 직접 급수전에 압입하는 방식이다.
- 고가탱크가 없으므로 구조 강화가 필요 없으며 탱크 위치에 제한이 없다.
- 급수압이 일정치 않고 시설비도 많이 드는 편이다.
- 단수 시에도 소량의 급수는 가능하나 저수량이 적어서 급수 중단의 우려가 있고 취급이 간단치 않다.

52 ②
도면의 여백 기준

단위(mm)	A0	A1	A2	A3	A4
가로×세로	840×1188	594×840	420×594	297×420	210×297
테두리를 만들 때	10	10	10	5	5
테두리를 안만들 때	25				

53 ③
평면 계획에서는 각 실의 기능 만족 및 실의 배치를 우선으로 고려한다.

54 ③
주방 작업대의 높이 : 850mm 내외가 가장 적합

55 ①
LPG는 공기보다 무거워서 용기에 담아서 사용한다.

56 ④
플랜지(flange)
철골구조에 쓰이는 부재로서, 관이음의 접속부품이다.

57 ①
유효온도(Effective Tmperature : ET)
- 온도, 기류, 습도를 조합한 감각 지표로서 효과온도, 감각온도, 실효온도 또는 체감온도라고도 한다. 복사열에 대한 영향은 고려되지 않는다.
※ CET : 복사열에 대한 영향을 고려한 수정유효온도

58 ④
증기난방
- 수증기의 잠열로 난방, 응축수는 환수관을 통하여 보일러에 환수된다.
- 열의 운반능력이 크고 예열시간이 짧으며 방열면적이 작다.
- 비용이 저렴하다.
- 뜨거운 방열기 표면에서 미세먼지의 연소가 발생하여 난방 쾌감도가 낮다.
- 방열량 조절이 곤란하고 소음이 발생하며 보일러 취급에 기술을 요한다.

59 ①
식당은 식욕을 높이는 중채도의 난색 계통으로 배색하는 것이 바람직하다.

60 ①
실선과 실선 사이의 점선이 한 줄이면 천연석재, 두 줄이면 인조석을 뜻한다.

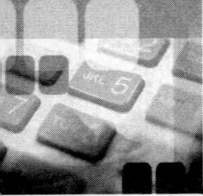

2023년 제4회

01 ④
신축 이음새(Expansion joint)
지진 시에 따로 움직이는 구조체의 접합부와 길이가 긴 건축물 등의 건축물의 접합부를 온도변화에 따른 구조체의 팽창·수축·콘크리트의 강화 수축에 따른 균열을 방지할 수 있도록 연결한 것을 말한다. 또한 기초의 부동침하, 하중에 의한 구조체 변형에도 대응하는 역할을 한다.

※ 신축 이음이 설치되는 부분
- 기존 건물과 수평 증축되는 부분의 접합부
- L, T, Y형과 같이 복잡한 평면의 교차부
- 평면이 넓어서 기초의 부동침하, 건조수축 및 온도변화에 의한 균열이 우려되는 곳
- 저층부와 고층부의 구조체가 맞닿는 곳으로 균열이 우려되는 곳
- 지하연결통로와 본 건물의 연결 부분

02 ③
도어 체크(도어 클로저)
여닫이문이 저절로 닫히게 하는 철물장치로 문틀 상부에 설치한다. 피스톤 장치에 의해 개폐 속도를 조절할 수 있으며 유압식과 스프링 방식이 있다.

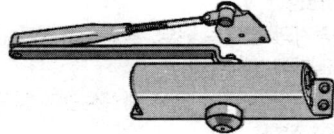

03 ①
통재기둥
중층건물의 상·하층 기둥이 길게 한 재로 된 것

04 ③
철근콘크리트 띠철근 기둥의 주근 수직 간격은 주근 지름의 16배 이하, 띠철근 지름의 48배 이하, 기둥단면의 최소폭 이하, 30cm 이하 중 가장 작은 값으로 한다.

05 ③
좌굴
기둥과 같이 단면에 비해 길고 가느다란 부재의 양단에 압축하중이 가해졌을 경우 하중이 어느 크기에 이르면 기둥이 갑자기 휘는 현상을 뜻한다.

06 ③
반자의 구성부재
반자틀, 반자틀받이, 달대, 달대받이, 반자돌림대

07 ①
① 가구식 구조 : 가늘고 긴 재료를 접합하여 구성한 구조로 뼈대를 삼각형으로 짜맞추면 안정적인 구조체가 된다. 목조와 철골조가 해당된다.
② 캔틸레버 구조 : 한쪽 끝은 기둥이나 벽에 고정되고 다른 끝은 받쳐지지 않은 상태로 되어 있는 형태를 뜻한다. 내민보 또는 외팔보라고도 하며 경쾌한 외관 구성이 되지만 같은 길이의 보통 보에 비해 4배의 휨 모멘트를 받아 변형되기 쉬우므로 설계에 주의를 요한다. 주로 건물의 처마 끝, 현관의 차양, 발코니 등에 많이 사용된다.
③ 조적식 구조 : 벽돌, 돌과 같은 재료를 쌓아올려 만든 구조
④ 습식 구조 : 구조체 시공과정에서 물이 사용되는 구조. 철근콘크리트 구조가 대표적이다.

08 ④
① 철근콘크리트 구조   ② 철골 구조
③ 서막 구조   ④ 셸 구조

09 ④
판보(plate girder)
- 웨브에 철판을 쓰고 L형강과 강판을 리벳접합이나 용접으로 I형 모양으로 조립한 보
- 소요 강도에 따라 단면과 춤의 크기를 자유로이 조정할 수 있는 이점이 있다.
- 설계 제작이 용이하고 전단력이나 충격, 진동에도 강하여 큰 하중이나 경간이 넓은 구조물에 많이 쓰인다.

10 ④
① 보강블록조는 통줄눈으로 하고 철근콘크리트로 보강한다.
② 벽면이 고르지 않을 때는 내민줄눈으로 해서 줄눈효과를 강조한다.
③ 벽돌의 형태가 고르지 않을 때는 평줄눈으로 한다.

11 ②

측압(lateral pressure)
- 어떤 물체의 측면에 작용하는 압력을 뜻한다.
- 건축에서는 옹벽, 지하 벽과 같이 흙을 접하는 부재에 측압이 작용하며 콘크리트 타설 시의 거푸집에도 측압이 작용한다.
- 전단을 받는 리벳이나 볼트가 리벳이나 볼트 구멍의 측벽에 미치는 압력도 해당된다.
- 콘크리트 타설 시 슬럼프값이 클수록 측압이 커진다.

12 ①
CFT(Concrete Filled Tube)
철제 외관(원통형, 각형)의 내부를 고강도 콘크리트로 채워 넣어 일체화시켜 부재 단면의 감소, 내진성 향상, 내화성능 향상을 꾀한 공법이다.
※ PC(프리캐스트 콘크리트) : 공장에서 제조된 콘크리트 또는 콘크리트 제품을 현장에서 조립하는 방식

13 ①
① 엇걸이 산지이음 : 중간은 빗물리게 하고 이음 부위에 산지(비녀) 등을 박아 더욱 튼튼하게 한 이음. 평보, 중도리, 기둥, 토대, 처마도리 등 중요한 가로재의 내이음에 사용한다.
② 빗이음 : 접합부가 경사진 이음. 서까래, 띠장, 장선의 이음에 사용한다.
③ 엇빗이음 : 부재의 반을 갈라서 서로 반대 경사로 빗이음한 것. 반자틀, 반자살대 등의 이음에 쓰인다.
④ 겹친이음 : 두 부재를 겹쳐서 산지, 큰못, 볼트 등으로 보강한 이음으로 간단한 구조나 비계통나무의 이음에 쓰인다.

14 ③
대린벽으로 구획된 벽에서 개구부의 너비의 합계는 벽길이의 1/2 이하로 하고, 개구부 간의 수직거리는 60cm 이상으로 한다. 개구부 상호 간 또는 벽 중심과 개구부와의 수평거리는 벽두께의 2배 이상으로 하고, 문꼴 너비가 1.8m 이상일 경우 철근콘크리트로 윗인방을 설치한다.

15 ①
- 현수구조 : 구조물의 주요부분을 케이블에 매달아서 인장력으로 저항하는 구조. 재료의 강도를 최대한 발휘할 수 있어서 적은 구조 물량으로도 큰 힘을 발휘할 수 있다. 스팬이 큰 다리나 경기장, 공장 등에 광범위하게 이용한다.
- 사장구조 : 탑에서 비스듬히 친 케이블로 교량을 매단 다리 등을 건설할 때 쓰이며 경간(徑間) 150~400m 정도 범위의 도로교에 흔히 쓰인다. 경제적이고 미관에도 뛰어난 설계가 가능하다.

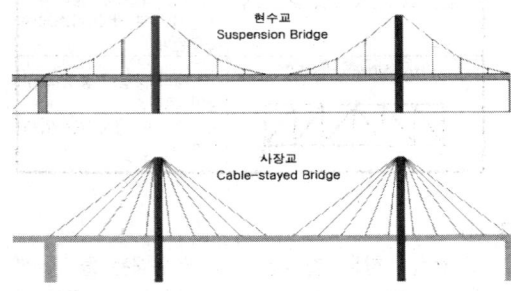

16 ④
비렌딜 트러스(Vierendeel Truss)
상현재와 하현재 사이에 수직재로 구성된 트러스로, 각 절점은 강접합으로 해서 고층건물의 최하층에 넓은 공간을 구성하거나 큰 힘을 지지할 때 사용한다. 웨브에 형성된 공간은 구조적으로도 합리적이며 에어컨 등의 배관설비를 연결할 수도 있고 개구부로도 사용 가능하다. 상부에 힘이 많이 작용할 경우에는 여러 겹으로 겹쳐서 사용할 수도 있으며 아래 그림과 같이 곡선형 구조도 가능하다. 이 명칭은 개발자인 벨기에의 토목학 교수 아서 비렌딜(Arthur Vierendeel)의 이름에서 따온 것이다.

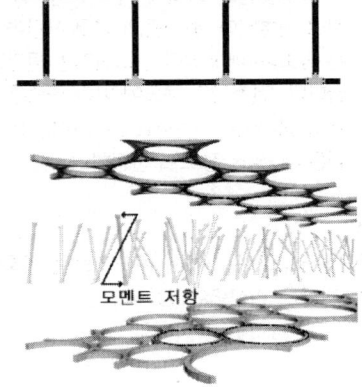

플랫(Flat) 트러스	경사재의 방향이 중앙쪽 하향인 트러스. 일반적으로 경사재는 인장재, 수직재는 압축재가 된다.
와렌(Warren) 트러스	경사재가 상·하향이 교대로 되어 있는 트러스. 다른 트러스 형식에 비해 강성이 크고 사용 강재가 적으며, 구조상 유리하기 때문에 주로 강 트러스교에 사용된다.
하우(Howe) 트러스	경사재의 방향이 중앙쪽 상향인 트러스. 일반적으로 경사재는 압축재가 된다.

17 ④
① 쌤돌 : 창문, 출입문 등의 옆에 대는 돌
② 고막이돌 : 토대 또는 아랫인방의 하부 또는 마루 밑의 터진 곳 따위를 막는 돌
③ 두겁돌 : 조적벽의 맨 위에 지붕처럼 올려놓는 돌
④ 이맛돌(keystone) : 반원 아치의 중앙 상부에 위치하는 쐐기돌

18 ①
수평하중
• 건축물이나 구조물에 수평 방향으로 작용하는 힘
• 지진하중, 풍하중, 토압하중 등이 있다.
※ 활하중(live load) : 건축물 자체의 고정하중이 아닌, 가구나 기타 비품 및 거주하는 사람의 하중을 합친 것을 말한다. 건축물에 부하되는 하중은 건축물 자체의 중량에 따른 고정하중, 바람·눈·지진 등의 외력에 의한 하중, 활하중의 3가지로 대별된다. 활하중의 경우 사람에 의한 하중은 장소나 때에 따라 변화하지만 물건과 같이 취급한다. 건축물의 용도에 따라 하중은 다르며 주택의 경우에는 일반적으로 1m²당 180kg, 사무실은 300kg 정도로 산정한다.

19 ①
철근콘크리트 구조에서 콘크리트는 압축력에 강하고, 철근은 인장력에 강하다.

20 ②
가새는 구조물에 가해지는 수평력에 대한 보강재이다.

21 ②
신축의 방향이 큰 것은 연질 섬유판에 대한 설명이다.

22 ①
시멘트 저장 시 유의사항
• 저장 창고는 방습이 되어야 하며, 시멘트 종류별로 구분하여 저장한다.
• 시멘트 포대는 지면에서 30cm 이상 띄어 보관하며, 가급적 개구부를 줄여 통풍을 억제한다.
• 13포대 이하로 쌓고 장기 보관 시에는 7포대 이하로 쌓는다.
• 3개월 이상 저장된 시멘트는 재시험을 거쳐 사용하며 조금이라도 굳으면 사용을 금한다.
• 반드시 먼저 반입된 시멘트부터 사용한다.

23 ④
① 나이트 래치 : 밖에서는 열쇠로 열고 안에서는 손잡이로 여는 장치. 주로 대문 출입구에 쓰인다.
② 도어 스톱 : 도어 클로저와 한 세트로 사용. 문짝 하부에 장착하여 열려진 문의 상태를 유지하도록 고무패킹을 내려 바닥에 밀착시킨다.
③ 모노 로크 : 손잡이대 속에 잠금쇠가 있어 닫힌 상태에서 손잡이 버튼을 누르면 잠긴다.
④ 크레센트 : 오르내리창을 걸어 잠그는 데 쓰이는 철물

24 ①
골재의 품질
• 골재의 강도는 시멘트풀이 경화된 때의 최대 강도보다 높아야 한다.
• 콘크리트보다 압축강도가 높은 화강암과 안산암 등을 쓰는 것이 좋다.
• 골재의 형태는 표면이 거칠고 구형에 가까운 것이 좋다.
• 진흙이나 불순물이 포함되지 않도록 한다.
• 굵고 작은 크기로 비율이 적합하게 혼합되어야 한다.
• 염분 및 운모(돌비늘)는 함유량이 적을수록 좋다.

25 ①
돌로마이트 플라스터, 회반죽과 같은 기경성 미장재료는 공기 중의 탄산가스와 반응하여 경화한다.

26 ①

물-시멘트비가 일정한 경우 공기량을 증가시키면 압축강도는 감소한다.

27 ③

리그닌(lignin)
목질화한 식물의 셀룰로오스에 다음 가는 주성분의 하나이다. 주로 섬유소 간의 접착제로서 존재하며 일부는 세포막 내에 존재하는 보강제로서 기능한다. 함량은 식물의 생육기간과 비례하며 알칼리에는 불안정하지만 산에는 안정하며 동물에 의해 소화되지 않는다. 침엽수에 25~30% 내외, 활엽수에 20~25% 정도가 함유되어 있다. 하등식물과 수중식물에서는 발견되지 않으므로 육상 고등식물의 진화발생과 깊은 관계가 있는 것으로 연구되고 있다. 리그닌의 함량은 목재의 채취 부위가 상부로 갈수록 적어지고 심재가 변재보다 많으며, 추재가 춘재보다 많다.

28 ②

회반죽 바름
공기 중의 탄산가스와 작용하여 경화하는 기경성 미장재료로 건조 경화 시 수축이 크므로 여물로 균열을 방지하고 해초풀은 회반죽에 점성을 주기 위해 사용한다.

29 ②

로터리 베니어
- 적정 길이로 절단한 원목의 양 마구리 중심을 축으로 하여 원목을 회전시키면서 두루마리를 펴듯이 칼로 벗겨내는 방식의 제조법
- 원목의 낭비가 적고 넓은 단판을 얻을 수 있어서 90% 정도의 베니어를 로터리 방식으로 생산한다.

30 ②

점토소성제품의 분류

	토기	도기	석기	자기
소성 온도	790 ~1000℃	1100 ~1230℃	1160 ~1350℃	1230 ~1460℃
흡수율	20%	10%	3~10%	0~1%
제품	기와, 벽돌, 토관	내장타일, 위생도기	경질기와, 도관, 바닥용 타일	자기질 타일, 모자이크 타일

※ 석기는 마루 타일, 클링커 타일로 활용된다.

31 ②

정적 강도(static strength)
- 외력을 일정한 속도로 서서히 가할 때 측정된 강도를 뜻한다.
- 재료에 하중이 가해지면 탄성변형을 일으키고 하중이 일정한 값을 넘어서면 소성 변형 또는 분리 파괴가 발생할 수 있는 강도로도 해석된다.
- 정적강도로는 압축강도, 인장강도, 전단강도, 휨강도가 해당된다.

32 ②

다공질 벽돌(porous brick)
- 점토에 톱밥이나 분탄 등을 혼합하여 소성시킨 경량벽돌이다.
- 벽돌 내부에 공극이 많아서 절단, 못 박기와 같은 가공이 용이하고 보온 및 흡음성이 좋다.

33 ②

강도는 힘÷단면적으로 계산하므로
$400kN \div 100cm^2 = 4kN/cm^2$가 된다.
$1m^2$의 면적이 $1N$의 힘을 받는 압력을 $1Pa$라 하므로 $1Pa$는 $1N/m^2$와 같다.
따라서 $4kN/cm^2$은 $40000000N/m^2$이며
$1MPa = 1000000N/m^2$이므로 $40MPa$가 된다.

34 ①

회반죽
- 소석회, 해초풀, 여물, 모래 등을 혼합하여 바르는 미장재료이다.
- 여물은 균열 방지를 위해 사용하며, 종류로는 짚여물, 삼여물, 종이여물, 털여물이 있다.
- 해초풀은 점성을 높이기 위해 사용한다.

35 ③

실리콘(Silicon) 수지
- 열경화성 수지로 다른 플라스틱 재료에 비하여 내열성 및 내한성이 극히 우수하고 사용 가능한 온도 범위(-80~260℃)가 넓다.
- 전기절연성 및 내수성·발수성·방수성이 우수한 수지로 도막방수재 및 실링재, 기포성 보온재 등으로 사용된다.

36 ②

시멘트 클링커
석회질 및 점토질 원료를 분쇄한 후 적당한 비율로 조합하여 충분히 혼합한 후 소성로에서 소성하여 급랭시킨 검은 입자의 소성물을 뜻한다.

37 ③
파티클 보드(particle board, chip board)
㉠ 목재의 작은 조각을 모아 건조시킨 후 합성수지 접착제 등을 첨가하여 열압 제판한 것이다.
㉡ 표면에 무늬목 또는 합성수지계 시트나 도료 등을 사용하여 치장판으로 쓰기도 한다.
㉢ 특징
• 온도와 습도에 의한 변형이 거의 없으나 부패방지를 위해 방습처리가 요구된다.
• 음 및 열의 차단성이 우수하여 방음 및 단열재로 쓰인다.
• 방향성이 없으며 못이나 나사 등의 지보력도 일반 목재와 같다.
• 합판에 비해 휨강도는 떨어지나 면내 강성은 우수하다.
• 수분이나 고습도에 대해 강하지 않기 때문에 별도의 방습 및 방수처리가 필요하다.

38 ④
납석(蠟石, agalmatolite, pyrophyllite)
점토 광물의 일종으로 보통은 파이로필라이트를 주성분으로 하는 것을 말하지만 카올린질, 다이아스포어질의 것도 납석이라 칭하기도 한다. 카올리나이트보다 규산분이 많고 결정수가 적으며 백색, 담녹색, 담청색 등을 띠며 치밀한 왁스상 지방과 같은 느낌이 있는 덩어리를 이룬다. 강열 감량이 적기 때문에 소성 수축이 작아서 내화벽돌 제조 시에 샤모트로 하지 않고 주원료로 직접 사용할 수 있다.

39 ④
집성목재
• 얇은 판재(두께 1.5~3cm) 또는 소형각재를 모아서 접착제로 붙여 가공한 것이다.
• 합판과 달리 각 재료의 섬유방향이 직교가 아닌 평행으로 접착한다.
• 판재가 아니라 기둥, 보, 계단과 같이 단면과 길이가 큰 재료로 사용한다.
• 목재의 강도를 인공적으로 조절할 수 있으며 응력에 따라 필요한 단면을 만들 수 있다.

• 크고 긴 재료를 만들 수 있으며 아치와 같은 굽은 형태로도 제작이 가능하다.
※ ④는 인조목재에 대한 설명이다.

40 ③
①은 코너비드, ②는 줄눈대, ④는 펀칭메탈에 대한 설명이다.

41 ②
접지
감전 등의 전기사고 예방을 위해 전기기기와 대지를 도선으로 연결하여 기기의 전위를 0으로 유지하는 것을 뜻한다. 전기를 사용하다 보면 고장과 같은 여러 원인으로 인하여 누설되는 전류가 생긴다. 이 누설전류의 전압이나 전류는 기기마다 다르지만 사람의 피부가 닿았을 때는 크고 작은 피해를 줄 수 있다. 따라서 이런 누설 전류를 무한히 큰 대전체인 땅에 흘려주는 것이다. 즉, 누설된 전류를 전위차가 0인 지구로 우회시켜주는 것이라 할 수 있다.
접지는 전자제품의 EMI 노이즈 필터가 제 역할을 다하게 하여 전원 노이즈를 필터링함으로써 안정적인 동작을 가능하게 하고 수명을 길게 할 수 있다. 경우에 따라서는 낙뢰로 전력선을 통해 타고 들어오는 이상전류 및 전압을 접지로 우회시켜서 전자제품의 피해를 최소화하는 보호를 하기도 한다. 따라서 피뢰침도 접지의 일종이다.

42 ①
숫자 표기는 아라비아 숫자(0, 1, 2, 3……)를 원칙으로 한다.
※ 로마 숫자 : Ⅰ, Ⅱ, Ⅲ, Ⅳ……

43 ②
간접 배수(indirect waste)
식료품·음료수·소독물 등을 저장하거나 취급하는 기기에서 배수관이 일반배수관에 직결되어 있으면, 배수관 내 흐름이 나빠지거나 막히게 되는 경우 오물이나 유해가스가 역류하여 이들 기기를 오염시킬 우려가 있다. 이것을 방지하기 위해서는 이들 기기의 배수관은 일반배수계통에 직결하지 않고 일단 대기 중에 적절한 공간을 띄우고 물받이용기에 배수를 받은 다음 일반배수관에 접속해야 한다. 이와 같은 방식을 간접 배수라 하며, 그 공간을 배수구 공간(drain outlet)이라 한다.

※ 트랩의 봉수 파괴 원인 : 자기사이펀 작용, 유도 사이펀 작용, 모세관 현상, 증발 현상, 분출작용

44 ②
먼셀 색체계
- R, Y, G, B, P의 5가지 주요색상에 YR, GY, BG, PB, RP의 5가지 중간색을 삽입한 10개의 색을 원형으로 배치하고 각각을 10등분하여 총 100색상이 된다.
- 각 색상의 대표색은 5의 위치이며 5R, 5YR과 같이 표기한다.

45 ①
팬코일 유닛방식
전동기 직결의 소형 송풍기, 냉·온수 코일 및 필터 등을 구비한 실내형 소형공조기를 각 실에 설치하여 중앙기계실로부터 냉온수를 공급하여 공기조화를 하는 전수 방식 설비이다.
- 각 실 조절이 좋고 덕트 공간은 적거나 없을 수도 있다.
- 유닛을 창문 밑에 설치하면 콜드 드래프트를 줄일 수 있다.
- 각 실의 유닛은 수동으로도 제어할 수 있고, 개별 제어가 쉽다.
- 외기공급설비의 별도 설비가 요구되며 다수 유닛의 분산으로 관리가 어렵다.
- 팬에 의한 소음이 있고, 전수방식이므로 수배관으로 인한 누수가 우려된다.
- 호텔 객실, 아파트 등과 같이 다수의 실로 구획된 곳에 적합하다.

46 ②
집중형 평면
- 중앙에 엘리베이터와 계단실을 배치하고 주위에 여러 세대를 집중 배치하는 형식이다.
- 대지 이용률은 높은 편이지만 채광과 통풍이 나쁘고 독립성도 낮다.
- 단위 주거의 조건에 따라 일조 등의 거주성이 나빠지므로 세심한 평면계획이 요구된다.

47 ①
건축도면 치수의 단위는 밀리미터(mm)를 원칙으로 하며, 단위 기호는 생략한다.

48 ②
복층(메조넷)형 공동주택
- 1개의 단위 주거가 2개 층 이상에 걸쳐있는 형태로서 편복도형에서 많이 쓰인다.
- 공용 통로의 면적을 줄이고 엘리베이터의 정지 층을 감소시킨다.
- 복도가 없는 층은 양면이 모두 외기에 면할 수 있다.
- 단위주거의 평면계획에 변화를 줄 수 있으며 거주성, 프라이버시, 일조, 통풍 등의 실내 환경이 좋아진다.
- 각층 평면이 다르므로 구조 및 설비계획과 피난계획이 다소 어려워진다.
※ 한 세대가 2개 층으로 구성되면 듀플렉스, 3개 층으로 구성되면 트리플렉스라 한다.

49 ②
부부침실은 사적인 공간으로서 프라이버시 확보가 되도록 공동 공간과 독립되는 것이 좋다.

50 ②
전개도
건물 내부의 각 실내 입면을 펼친 형태로 작도하는 도면이다. 벽의 형상, 치수, 마감상세 등을 나타낸다.

51 ②
ㄷ자형 주방
- 인접된 3면의 벽에 ㄷ자형으로 배치한 주방형태
- 가장 편리하고 능률적인 작업대의 배치이지만 평면 계획상 외부로 통하는 출입구 설치나 식탁과의 연결이 다소 불편하다.
- 면적이 넓은 주택 부엌에 많이 사용된다.

52 ②
일주시간(Round trip time)
- 엘리베이터가 출발 기준층에서 승객을 싣고 출발하여 각 층에 서비스한 후 출발 기준층으로 되돌아와 다음 서비스를 대기하는 데까지의 총시간을 말한다.
- 일주시간 계산식
  일주시간=Σ(주행시간+일주 중 도어 개폐시간+일주 중 승객 출입시간+일주 중 손실시간)

53 ③
투시도 용어

㉠ 기면(G.P, Ground Plane) : 사람이 서 있는 면
㉡ 기선(G.L, Ground Line) : 기면과 화면의 교차선
㉢ 화면(P.P, Picture Plane) : 물체와 시점 사이에 기면과 수직한 평면
㉣ 수평면(H.P, Horizontal Plane) : 눈높이에 수평한 면
㉤ 수평선(H.L, Horizontal Line) : 수평면과 화면의 교차선
㉥ 정점(S.P, Standing Point) : 사람이 서 있는 곳
㉦ 시점(E.P, Eye Point) : 보는 눈의 위치
㉧ 소점(V.P, Vanishing Point) : 수평선상에 존재하며 원근법을 표현하는 초점

54 ①
명시도
- 도형의 색의 배경색 또는 주위의 색과 얼마나 구별이 잘 되느냐를 뜻한다.
- 명시성은 그 색 고유의 특성에 의한 것이라기보다는 배경과의 관계에 의해 결정된다.
- 명시도를 높이는 결정적인 조건은 명도의 차를 크게 하는 것이다.
- 검정색 배경일 때는 노랑·주황의 명시도가 높고 보라·파랑 등은 낮으며 흰색 배경일 때는 이와 반대가 된다.

55 ②
고가수조방식(옥상탱크 방식)
- 양수펌프로 고가 탱크까지 양수하여 낙차에 의한 수압으로 각 층에 수급하는 방식이다.
- 안정적인 수압으로 급수할 수 있고 배관 부속품의 파손이 적다.
- 저수량이 확보되므로 단수 후에도 일정 시간 동안 급수가 가능하다.
- 대규모 급수설비에 적합하다.
- 저수조 안에서 물이 오염될 가능성이 있어 저수시간이 길어지면 수질이 나빠지기 쉽다.
- 설비비, 경상비가 높고 구조설계가 까다롭다.

56 ①
단면도 작도 순서
① 도면 배치를 정하고 지반선 위치를 결정한다.
② 지반선과 기준선을 그린다.
③ 기둥과 벽의 중심선을 그린다.
④ 지반선으로부터 각 부분을 높이에 따라 그리고 두께를 표시한다.
⑤ 기둥과 벽을 그리고 창틀과 문틀의 위치를 정한 후 그린다.
⑥ 내벽과 외벽을 그리고 지붕을 그린다.
⑦ 바닥에서 각 실의 높이를 정한다.
⑧ 필요한 치수를 기입하고 재료 명칭과 기호 및 설명을 기입한다.

57 ③
수직방향의 치수선에서 치수 기입은 왼쪽이 위가 되도록 기입한다.

58 ①
화재감지기
- 광전식 연기감지기 : 주위 공기에 일정 농도의 연기가 섞이면 광전소자에 접하는 광량의 변화로 작동하는 감지기
- 이온식 연기감지기 : 검지부에 연기가 들어가면 이온 전류가 변화하는 것을 이용하는 감지기
- 차동식 열감지기 : 주위 온도가 일정 상승률 이상이 될 때 작동하는 방식. 넓은 범위에서의 열 효과에 의하여 작동하는 분포형과 국소적 열효과에 의하여 작동하는 스포트형이 있다.
- 정온식 열감지기 : 주위 온도가 기준보다 높아지면 작동하는 방식. 외관이 전선으로 되어 있는 감지선형과 전선이 아닌 스포트형이 있다.
- 보상식 열감지기 : 차동식과 정온식 성능을 겸용한 것으로서 둘 중 한 기능이 작동되면 신호를 발한다.

59 ①
① 대비 : 특징이 다른 둘 이상의 요소가 동일한 공간에 배열되어 서로의 특징을 한층 돋보이게 하는 것이다.
② 통일 : 디자인에 미적 질서를 주는 기본 원리로 디자인 대상의 전체 중 각 부분, 각 요소의 여러 다른 점을 정리해 관계를 맺는다. 모든 디자인 원리의 구심점이 되며 다양한 요소, 소재 또는 조건을 선택하고 정리하여 하나의 완성체로 종합하는 것이다.
③ 리듬 : 규칙적인 요소들의 반복으로 디자인에 시각적인 질서를 부여하는 통제된 운동감각으로 각 요소와 부분 사이에 강한 힘과 약한 힘이 규칙적으로 연속할 때 생긴다.

④ 강조 : 강약에 단계를 주어 디자인 일부에 주어지는 초점이나 의도적인 변화를 뜻한다.

60 ①
사회학자 숑바르 드 로브(Chombard de Lauw)의 주거면적 기준
- 표준기준 : $16.5m^2$/인. 가장 적합한 거주 면적
- 한계기준 : $14m^2$/인 이하. 개인과 가족의 거주 융통성이 다소 부족하다.
- 병리기준 : $8m^2$/인 이하. 거주자의 신체 및 심리에 나쁜 영향을 끼친다.

2024년 제1회

01 ③
① 지하 외벽은 토압을 견뎌내야 한다.
② 실내 칸막이벽은 자중만 지지한 채 공간의 영역 구분의 목적으로만 사용한다.
④ 코어의 전단벽은 수평력에 대한 저항이 주된 역할이다.

02 ④
기초보의 두께는 벽체 두께와 같거나 다소 크게 하고, 기초보의 높이는 처마높이의 1/12 이상으로 한다.

03 ④
아치의 추력 지지방법
• 직접 지지 : 직접 저항할 수 있는 하부구조를 설치한다.
• 연속 아치 연결 : 아치를 서로 연결하여 교점에서 추력을 상쇄시킨다.
• 버트레스 설치 : 토압, 수압 등의 횡력을 받는 벽을 지지하기 위하여 벽체의 전면에 부축벽을 설치한다.
• 타이바(tie bar) 설치 : 아치의 양쪽으로 벌어지려는 힘을 잡아주는 타이바를 설치한다.

04 ③
영국식 쌓기
• 길이쌓기와 마구리쌓기를 한 켜씩 번갈아 쌓는다.
• 벽의 끝이나 모서리에 반절 또는 이오토막을 사용한다.
• 가장 튼튼한 쌓기법이다.

05 ③
철근콘크리트 구조에서 띠철근 기둥의 주근은 최소 4개, 나선철근 기둥의 주근은 최소 6개 이상이어야 한다.

06 ②
플랜지(flange)
철골보 상하에 날개처럼 내민 부분으로 휨모멘트에 저항한다. 커버 플레이트는 플랜지에 덧대어 재료의 인장 및 휨을 보강한다. 플랜지의 크기는 휨모멘트에 따라 결정되며 휨모멘트의 변화에 따라 매수를 조정하여 플랜지와 커버 플레이트의 겹침은 총 4장 이하로 제한한다.

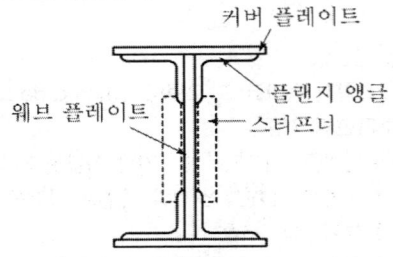

07 ④
철근의 정착길이 결정 요인
• 콘크리트의 강도
• 철근의 주장(단면 둘레)
• 철근의 항복 강도
• 갈고리의 유무
• 철근의 종류 등

08 ③
촉(dowel)
㉠ 석재 맞댐면 양쪽에 구멍을 파고 꽂는 철물로 납, 황 또는 모르타르를 채워 고정한다.
㉡ 촉의 크기는 돌의 중량과 연결 정도에 따라 정하지만, 보통 15~20mm각 또는 원형 단면 길이 40~80mm로 한다.

09 ③
계단
높이가 다른 두 바닥면을 연결하는 단형(段形)의 수직통로

10 ①
• 창쌤블록 : 창틀의 옆
• 창대블록 : 창틀의 하부
• 인방블록 : 창틀의 상부

11 ①
철골구조는 내구성, 내진성이 좋지만 열에 취약하다.

12 ③
절판구조
㉠ 병풍처럼 굴절된 평면판으로 구성된 구조로 판을 접어서 하중에 대한 저항을 증가시킨 구조형

식이다.
ⓒ 절판은 나무, 강철, 알루미늄, 철근콘크리트 등이 사용된다.
ⓒ 주로 지붕 구조 등에 적용된다.

13 ①
제혀쪽매
㉠ 널 한쪽에 홈을 파고 딴 쪽에 혀를 내어 물리고, 혀 위에서 빗 못질한 형태의 쪽매
㉡ 보행 진동에 대하여 가장 저항성이 커서 마루널의 접합에 가장 좋은 쪽매 방법

14 ④
벽돌구조의 개구부 기준
- 개구부 너비 합계(대린벽으로 구획된 벽에서) : 그 벽길이의 1/2 이하
- 개구부와 바로 위 개구부와의 수직거리 : 60cm 이상
- 개구부 상호 간 또는 벽 중심과 개구부와의 수평거리 : 그 벽두께의 2배 이상
- 문골 너비가 1.8m 이상일 때 : 철근콘크리트 웃인방을 설치하고 인방은 양쪽 벽에 20cm 이상 물린다.

15 ①
- 온장 길이의 1/4(25%) : 이오토막
- 온장 길이의 1/2 : 반토막
- 온장 길이의 3/4 : 칠오토막

16 ③
옹벽
토압력에 저항하여 흙이 무너지지 못하게 만든 벽체를 말한다. 지표지반의 안정된 경사보다 가파른 경사로 하였을 경우에 일어나는 지반 붕괴를 막기 위해 만든 구조물이다. 흙을 쌓아올릴 때, 산을 깎아낼 때, 해안을 메울 때 등에 필요한 것으로 블록쌓기, 중력식 콘크리트 옹벽, 특수 철근콘크리트 옹벽 등의 형식이 있다.

17 ①
ㅅ자보는 압축력과 휨을 받는다.

18 ③
연약지반의 부동침하 방지대책

- 건물의 강성을 높이고 경량화한다.
- 건물의 중량분배가 고르게 되도록 고려한다.
- 평면 길이를 작게 하고, 이웃 건물과의 거리를 멀게 한다.
- 굳은 층에 기초를 지지시키거나 마찰말뚝을 사용한다.
- 지하실을 설치한다.

19 ④
가새의 경사는 45°에 가까울수록 횡력저항에 유리하다.

20 ②
네덜란드식 쌓기는 모서리에 칠오토막을 사용하여 통줄눈이 생기는 것을 방지한다.

21 ④

	비중	수축률	강도 및 내구성	품질
심재	크다	작다	높다	양호
변재	작다	크다	낮다	나쁨

22 ③
강화유리는 한번 열처리를 하고 나면 절단 또는 파손이 될 경우 잘게 부서진다. 따라서 사전에 필요한 치수대로 자르거나 구멍을 뚫고 나서 열처리를 해야 한다.

23 ③
미장 바탕은 바름층보다 강도, 강성이 커야 한다.

24 ③
아스팔트 싱글
㉠ 품질 개량된 아스팔트 사이에 강인한 글라스 매트나 다공성 원지를 심재로 하고, 표면에 모래입자로 코팅한 지붕재
㉡ 다양한 색상의 소재 사용으로 미려한 외관을 창출하고 방수성과 내수성, 내변색성이 우수한 재료이다.

25 ④
회반죽은 건조수축에 의한 균열이 심하므로 여물을 사용하여 균열을 방지한다.

26 ④
분말도가 클수록 수화작용이 빠르고 초기강도가 큰 반면, 수축균열이 크고 풍화될 우려가 있다.

27 ①
요소수지 접착제
㉠ 가격이 저렴하며 목공용, 합판, 집성목재, 파티클보드 제조에 많이 쓰인다.
㉡ 내수합판 접착제로 쓰이지만 보기의 다른 접착제에 비해서는 내수성이 낮은 편이다.
㉢ 유해물질인 포름알데히드를 방출하므로 사용에 주의를 요한다.

28 ④
대리석
석회암이 오랜 시간 동안 깊은 지반 속에서 지열, 지압으로 인해서 변질되어 결정화된 변성암의 일종으로 주성분은 탄산칼슘이다. 압축강도가 크고 외관이 아름다워서 고급 장식재로 사용되지만 열과 산에 취약해서 내장재 위주로 쓰인다.

29 ③
공극률
$= \left(1 - \dfrac{공극률}{목재의\ 평균비중}\right) \times 100(\%)$
$= \left(1 - \dfrac{0.95}{1.54}\right) \times 100(\%) = 약 38.3\%$

30 ③
구리
• 열, 전기전도율이 크고 연성과 전성이 매우 좋은 금속재료이다.
• 알칼리성에 침식되고 산성에 용해된다.
• 건조공기에서 산화하지 않으나 습기가 있으면 녹청색으로 부식된다.

31 ①
층리
수성암에서 나타나는 광물의 조성 및 입자 모양과 크기에 따라 만들어지는 층 모양의 배열을 뜻한다. 마그마에 의한 층상배열은 층리라고 하지 않는다. 층리는 평행하거나 곡선을 띠기도 한다.

32 ①
① 드라이브 핀 : 못박기총을 사용하여 구조체나 강재 등에 다른 부재를 고정시키기 위해 사용하는 핀으로 콘크리트용과 강재용이 있다.
② 인서트 : 각종 철물을 부착하기 위해 미리 콘크리트 슬래브나 벽체에 매립하는 철물
③ 익스팬션 볼트 : 콘크리트 표면 등에 띠장, 문틀 등을 고정하기 위해 묻어두는 특수 볼트
④ 듀벨 : 목재 접합부에 끼워 넣어 전단력에 저항하는 철물

33 ③
탄소강의 인장강도는 250℃ 정도에서 최대로 된다.

34 ④
유성바니시
유용성 수지를 건성유에 가열 용해하여 휘발성 용제를 희석한 무색 또는 담색의 투명 도료이며 목재부 등에 사용되어 아름다운 무늬결을 드러낼 수 있게 한다.

35 ③
도어 체크는 여닫이문에서 사용한다.

36 ①
점토제품의 제법순서
원토처리 → 원료배합 → 반죽 → 성형 → 건조 → (시유) → 소성

37 ④
목재 자연건조법
• 특정 기계장치를 이용하지 않고 자연적으로 목재 건조하는 방법
• 기계를 사용하지 않으므로 시설 투자비용 및 작업비용이 적다.
• 건조에 장시간이 소요되며 목재를 잔적할 수 있는 넓은 공간이 필요하다.

38 ①
① 탄성 : 외력에 의해 변형된 재료가 외력을 제거하였을 때 원래의 형상과 크기로 되돌아가는 성질
② 소성 : 탄성의 반대개념. 형태에 가해진 외력을 제거하여도 변형된 상태를 유지하려는 성질
③ 전성 : 재료가 응력에 의해 넓게 펴지는 성질
④ 연성 : 재료가 인장력을 받아 파괴되기 전까지

늘어나는 성질

39 ③
시멘트는 수산화칼슘이 주성분이며 강한 알칼리성 분으로 되어 있어 철근의 부식을 억제하지만, 콘크리트의 중성화로 인해 미세공극으로 수증기와 이산화탄소 등이 침투하여 철근의 부식을 촉진시킨다. 녹이 슬면 체적이 2~4배로 팽창하여 콘크리트의 표면에 균열을 발생시키고 수분이 계속 침입하여 철근의 부식이 진행되면 철근콘크리트 구조물은 내구성을 잃게 된다.

40 ②
벽돌의 붉은색은 산화철 성분에 의해 나타난다.

41 ④
코브 조명
㉠ 천장 또는 벽면 상부를 비춘 반사광으로 간접 조명한다.
㉡ 부드럽고 균등하며 눈부심이 없는 빛을 제공하여 보조조명으로 중요하게 쓰인다.
※ 밸런스 조명 : 창이나 벽의 상부에 부설된 조명으로 상향일 경우 전체조명 역학을 하며, 하향일 경우 벽이나 커튼을 강조하는 역할을 한다.

42 ②
건축계획 및 설계과정
조건파악 및 분석 → 기본계획 → 기본설계 → 실시설계

43 ③
중앙식 급탕가열방식 비교

	직접가열식	간접가열식
보일러	급탕용과 난방용 개별 설치	난방 열원으로 급탕 겸용
내부 스케일	많이 발생한다.	거의 발생하지 않는다.
압력	고압 보일러	저압 보일러
규모	소규모 건축물 사용	대규모 건축물 사용
가열코일	필요 없다.	필요하다.

44 ③
프라이버시가 가장 양호하고 통풍 및 채광에 유리한 반면 대지의 이용도는 가장 낮다.

45 ①
한식주택은 융통성이 높아서 각 실의 기능이 한정되지 않고 다양한 용도로 이용된다.

46 ④
외부공간이란 자연발생된 건축물의 외부를 뜻하는 것이 아니라 인위적으로 만들어진 외부의 공간으로 건축물의 일부 혹은 전체에 둘러싸여 있는 형태의 공간 등을 말한다. ex) 중정, 회랑 등

47 ③
명도(Value)
색의 밝고 어두운 정도를 말하며, 보통 0부터 10까지 11단계로 나뉜다.

48 ①
제도선의 구분
㉠ 굵은 실선 : 외형선, 단면선 등 대상물의 보이는 부분, 가장 강조되는 부분을 표시한다.
㉡ 가는 실선 : 치수선, 치수보조선, 지시선 등을 표시한다.
㉢ 파선 : 대상물의 보이지 않는 부분을 표시한다.
㉣ 1점 쇄선 : 중심선 및 기준선 등을 표시한다.
㉤ 2점 쇄선 : 가상선, 무게중심선 등을 표시한다.
㉥ 해칭선 : 가는 실선으로 빗줄을 반복적으로 그은 선으로 절단면을 표시한다.

49 ③
초고층 건축물
㉠ 높이 200m 이상 또는 50층 이상인 건축물을 말한다.
㉡ 초고층 건축물에는 피난층 또는 지상으로 통하는 직통계단과 직접 연결되는 피난안전구역을 설치해야 한다.

50 ②
주택 각 공간의 알파벳 기호
• L : 거실(Living rom)
• D : 식당(Dining room)
• K : 주방(Kitchen)
• B : 욕실(Bath room)
• BR : 침실(Bed Room)

- U : 다용도실(Utility room)
- ENT : 현관(Entrance)

51 ③
제3각법
물체를 제3각법에 있어서 투영면에 정투영하는 제도 방식

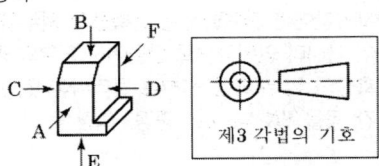

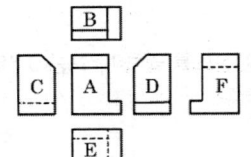

A : 정면도
B : 평면도
C : 좌측면도
D : 우측면도
E : 밑면도
F : 배면도

52 ④
옥내소화전이 화재의 초기 진압을 위한 목적에 사용된다고 하면, 옥외소화전은 인접 건물에 대한 연소확대의 방지 목적으로 사용된다. 사용상 주체는 소방대상물의 관계인이나 소방대가 도착한 이후에는 소방대의 연소방지용으로도 사용한다.

53 ③
외형선이나 단면선 등 대상물의 보이는 부분, 즉 가장 강조되는 부분을 굵은 선으로 표시한다.

54 ③
단독 주택의 종류
단독 주택, 다가구 주택, 다중 주택, 공관
※ 단독 주택의 의미는 소유권이 단독이라는 권리적 의미에 가깝다.

55 ③
① 전도 : 접촉되어 있는 물체를 통해 열이 전달되는 것
② 대류 : 열이 고온부분에서 저온부분으로 이동하는 현상
③ 복사 : 고온의 물체 표면에서 저온의 물체 표면으로 공간을 통해 전자파에 의해 열이 전달되는 현상

④ 열관류 : 양쪽에 유체가 붙어있고 사이에 고체벽이 있을 때 유체 사이의 온도가 다를 때 고온 유체에서 저온 유체로 열이 옮겨가는 현상

56 ②
모듈 적용의 특징
㉠ 대량 생산 용이
㉡ 설계작업의 표준 및 단순화
㉢ 공기 단축, 비용 절감, 창의성 결여

57 ①
트랩은 배수능력을 저하시키므로, 봉수깊이가 너무 깊지 않도록 유의한다.

58 ②
욕실 세면기의 높이는 750~800mm 정도가 적당하다.

59 ①
페리의 근린주구 이론
- 미국의 사회학자이자 도시계획가인 클래런스 페리가 제창한 이론
- 1개의 초등학교를 중심으로 근린상점, 소공원, 레크리에이션 시설 등이 집결되는 도시계획 이론이다.
- 영국 에버니저 하워드의 전원도시 이론과 함께 현재의 도시 및 단지계획에 큰 영향을 미쳤다.

60 ①
도면의 표시기호
- A : 면적
- V : 부피
- L : 길이
- W : 폭
- H : 높이
- THK : 두께

2024년 제2회

01 ②
압축 측에도 철근을 배근한 것을 복근보라 한다.

02 ④
부착강도는 압축강도에 비례한다.

03 ④
띠철근의 간격
주근지름의 16배 이하, 띠철근 지름의 48배 이하, 30cm 이하, 기둥 단면의 최소 치수 이하 중 가장 작은 값을 택한다.

04 ③
철골구조는 열에 약하고 고온에서 강도가 감소한다.

05 ②
합각지붕
또는 팔작지붕이라고도 한다. 지붕 위까지 박공이 달려 용마루 부분이 삼각형의 벽을 이루고 처마끝은 우진각지붕과 같다. 맞배지붕과 함께 한식 가옥에 가장 많이 쓰는 지붕의 형태이다.

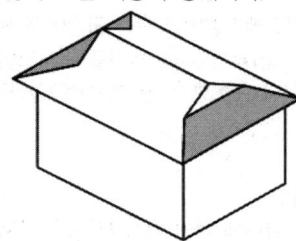

06 ②
영롱쌓기
벽면에 빈 자리를 만들며 쌓는 방식으로 장식을 위한 벽에 쓰인다.

07 ③
① 인장응력 : 부재를 당기는 외력에 저항하는 응력
② 압축응력 : 부재를 양측에서 압박하는 외력에 저항하는 응력
④ 휨모멘트 : 부재를 휘어지게 하는 힘

08 ④
베이스 플레이트는 철골 기둥과 기초를 연결하는 주각의 구성부재이다.

09 ②
거푸집은 경제성을 고려하여 재사용이 가능한 것이 좋다.

10 ④
플랫 슬래브(flat slab, 무량판 슬래브)
보가 없이 바닥판만으로 구성하여 하중을 직접 기둥에 전달하는 평판 슬래브 구조교

장점	• 구조가 간단하고 공사비가 저렴하다. • 실내공간을 크게 이용하면서 층고는 낮게 할 수 있다.
단점	• 주두의 철근배근이 복잡하고 바닥판이 무거워진다. • 고정하중이 커지고 뼈대의 강성이 약해지므로 고층건물에는 적합하지 않다.

11 ③
인방보는 개구부의 상부에 설치하여 하중을 벽으로 전달시킨다.

12 ③
목구조는 열전도율이 낮아서 순수 구조부재만을 따졌을 땐 단열효과가 좋은 편이다.

13 ④
① 맞댄쪽매, ② 틈막이대쪽매, ③ 오늬쪽매

14 ③
벽식 구조
㉠ 벽체와 바닥 슬래브 등 평면재의 조합으로 구성되는 구조
㉡ 평면재 자체의 강성에 의해 건물의 자중 및 지진·바람 등의 외력에 견딜 수 있게 벽을 배치해야 한다.
㉢ 벽식 철근콘크리트 구조·PC판 구조·보강 블럭조 등이 해당된다.

15 ①
맞댄이음

두 부재를 맞대고 덧판을 대고 큰 못이나 볼트로 조이고 덧판은 산지나 듀벨을 써서 보강한다. 평보의 이음에 쓰인다.

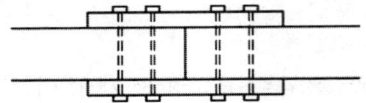

16 ①
- H형강의 치수 표기는 (길이 → 두께)순, (수직 → 수평)순을 따른다.
- H형강 표기법 : 높이×너비×웨브 두께×플랜지 두께

17 ①
절충식 지붕틀에서 동자기둥은 중도리와 서까래를 받친다.

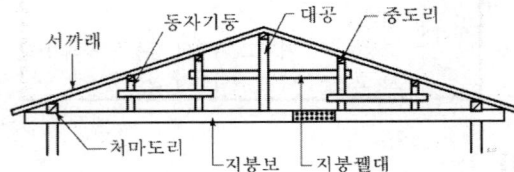

18 ④
콘크리트의 압축강도가 커질수록 철근의 좌굴이 방지된다.

19 ②
190mm+10mm+90mm=290mm

20 ①
2층 마루
- 홀마루(장선마루) : 간사이가 작을 때(2.4m 미만), 보를 쓰지 않고 층도리 등에 장선을 걸치고 마루널을 깐다.
- 보마루 : 간사이 2.4~6.4m 미만에 사용. 보를 걸어 장선을 받고 마루널을 깐 것(보 간격 약 1.8m)
- 짠마루 : 간사이 6.4m 이상. 큰보 위에 작은보를 걸고 장선과 마루널을 깐 것
※ 1층 마루 : 동바리마루, 납작마루

21 ①
최근에는 방음용 페인트도 간혹 쓰인다. 그러나 도장에 의한 방음은 효과가 미흡하며 대부분 방음재를 별도로 사용한다.

22 ③
겨울 벌목이 용이한 이유
- 수액이 적어서 건조가 빠르고 부패가 잘 안되며 목질도 견고하기 때문이다.
- 겨울에는 인건비가 적고 산의 초목들이 말라있어서 작업 및 운반이 쉽다.

23 ③
집성목재
㉠ 얇은 판재(두께 1.5~3cm) 또는 소형 각재를 모아서 접착제로 붙여 가공한 목재 제품
㉡ 합판과 달리 각 재료의 섬유방향은 직교가 아닌 평행으로 접착한다.
㉢ 목재의 강도를 인공적으로 조절할 수 있으며 응력에 따라 필요한 단면을 만들 수 있다.
㉣ 크고 긴 재료를 만들 수 있으며 아치와 같은 굽은 형태로도 제작이 가능하다.
㉤ 외관이 좋고 비틀림, 변형이 없어서 구조재와 장식재 등 다양한 용도로 쓸 수 있다.

24 ①
레디믹스트 콘크리트
콘크리트 제조설비를 갖춘 공장에서 제조한 프레시 콘크리트(fresh concrete)를 믹서트럭으로 혼합하며 지정된 장소까지 운반하여 공급하는 콘크리트

25 ③
펀칭메탈
얇은 금속판에 여러 가지 무늬의 구멍을 펀칭한 것으로 환기구나 라디에이터 커버 등에 쓰인다.

26 ③
- 테라코타는 주로 석재 대용 외장재로 사용된다.
- 자토를 재료로 하여 구워 낸 점토제품으로 구조용과 장식용이 있다.

27 ①

유치원의 교실은 바닥이 딱딱하면 아이들이 쉽게 다칠 수 있으며 또한 청결유지도 간편해야 하므로 약간의 탄력이 있고 청소가 쉬운 비닐시트 등이 적합하다.

28 ②
청동
구리와 주석의 합금으로 내식성이 크고 주조하기가 쉬워 건축장식철물, 공예재료 등에 쓰인다.

29 ③
① 소성 : 탄성의 반대개념. 형태에 가해진 외력을 제거하여도 변형된 상태를 유지하려는 성질
② 점성 : 유체 내에서 서로 접촉하는 두 층이 서로 떨어지지 않으려는 성질을 말하며 보통 끈끈함 혹은 유체의 흐름에 대한 내부저항으로 간주된다.
③ 탄성 : 어떤 물체에 외력이 가해지면 변형이 생기고 다시 외력을 제거하면 원형으로 돌아가는 성질
④ 인성 : 변형이 일어나도 파괴되지 않고 견디는 성질

30 ①
구리는 열전도율이 크고 전성과 연성이 크다. 알칼리에는 침식되며 산성에 용해된다.

31 ①
브리넬 경도
㉠ 물체의 표면에 일정한 힘을 가했을 때, 그 힘이 물체에 남기는 자국의 크기를 통해 경도를 측정하는 방법
㉡ 일반적으로 금속의 경도르 측정하는 데 사용된다.
㉢ 500~3000kg 사이의 하중과 테스트 대상 재료에 따라 지름 1~10mm의 볼을 사용하여 수행된다.

32 ③
카세인
㉠ 지방질을 빼낸 우유를 자연 산화시키거나 황산, 염산 등을 가하여 카세인을 분리한 다음, 물로 씻어 55℃ 정도의 온도로 건조한 것으로 흰색을 띠며 지방이 함유된 것은 크림색으로 나타난다.
㉡ 알코올, 물, 에테르에는 녹지 않고 알칼리에 잘

녹는다.
㉢ 제조할 때 산, 젖산을 쓰면 양질이 되고, 황산은 응결시간을 단축시킨다.
㉣ 카세인은 목재, 리놀륨을 접착, 수성페인트의 원료가 된다.

33 ①
점토제품의 색에 영향을 주는 것은 주로 산화철과 석고다.

34 ③
레진 콘크리트(resin concrete)
㉠ 시멘트 대신에 폴리머를 결합재로 사용한 콘크리트로, 플라스틱 콘크리트 또는 폴리머 콘크리트고도 한다.
㉡ 압축강도가 우수하고 방수성과 수밀성이 좋다.
㉢ 각종 산이나 알칼리 및 염류에 강하고 내마모성이 우수하여 바닥재·포장재로 적합하다.

35 ④
시멘트 저장 시 풍화작용이나 습기에 의한 응결이 일어날 수 있으므로 출입구를 제외한 개구부는 없는 것이 좋다.

36 ②
래버터리 힌지
• 접히며 열리는 일종의 스프링 힌지
• 문이 저절로 닫혀지며 15cm 정도는 열려 있게 되는 철물이다.
• 공중전화, 공중화장실, 출입문 등에 사용한다.

37 ①
강화유리
• 500~600℃에서 가열 후 특수장치를 이용, 균등하게 급랭시킨 유리
• 강도는 보통 유리보다 3~5배 크고 충격강도는 7배나 된다.
• 파손 시 가루처럼 산란하여 파편에 의한 위험이 적다.
• 열처리 후에는 가공 및 절단이 불가능하다.
※ ①은 접합유리에 대한 설명이다.

38 ④
코르크판

㉠ 코르크 나무표피를 원료로 하여 분말로 된 것을 판형으로 열압한 제품
㉡ 탄성·보온·흡음성이 있어 바닥재, 보온재, 흡음재 등으로 사용한다.
㉢ 내화성이 낮기 때문에 불연재로는 사용이 어렵다.

39 ④
석재의 내구연한
- 화강암 : 75~200년
- 대리석 : 60~100년
- 백운석 : 30~500년
- 석회암 : 20~40년
- 사암(조립) : 5~15년
- 사암(세립) : 20~50년

40 ②
실리카시멘트
㉠ 포틀랜드시멘트 클링커에 화산회, 규산백토 등의 실리카질 혼화재를 30% 이하 첨가하여 미분쇄한 혼합시멘트
㉡ 화학적 작용에 대한 저항, 수밀성, 장기강도가 뛰어나므로 일반적인 포틀랜드시멘트와는 다른 특정 용도에 사용된다.
㉢ 조기강도가 작고 건조수축이 크므로 초기 양생이 중요하다.

41 ①
복사난방은 천장고가 높은 곳이나 외기침입이 있어도 난방 효과가 지속되는 장점이 있다.

42 ④
창의 개폐법은 입면도에 표시해야 할 사항이다.

43 ②
건축모형의 장점
- 건물 완성 시 결과를 예측할 수 있다.
- 투시도보다 다각적인 관측이 가능하다.
- 음영효과, 색채대비의 확인이 용이하다.
- 설계 검토 시 평면만으로 부족할 때 유용하다.

44 ②
부엌작업대의 배치 순서
준비대 → 개수대 → 조리대 → 가열대 → 배선대

45 ①
주거공간의 주행동별 분류
㉠ 개인적 공간 : 침실, 서재, 어린이방, 노인침실, 작업실
㉡ 사회적 공간 : 식사실, 거실, 현관, 응접실
㉢ 가사노동공간 : 주방, 세탁실, 가사실, 다용도실
㉣ 보건위생공간 : 화장실, 욕실

46 ②
현관 바닥면과 실내 바닥면의 높이차는 15~20cm 정도로 한다.

47 ④
에스컬레이터의 길이는 가능한 한 짧은 것이 안전상 유리하다.

48 ④
① 열전도율은 기체가 가장 작고 고체가 가장 크다.
② 공기층의 단열효과는 그 기밀성과 밀접한 관계가 있다.
③ 단열재가 물에 젖으면 단열성능은 현저히 감소한다.

49 ③
롤러 컨베이어
- 롤러를 길게 늘어놓은 형태로서, 그 위로 물건을 굴려서 운반하는 장치이다.
- 손으로 밀거나 또는 경사를 두고 물건 자체의 무게로 운반되도록 한다.

50 ①
ㄷ자형(U자형) 주방
- 인접된 3면의 벽에 ㄷ자형으로 배치한 형태
- 가장 편리하고 능률적인 배치이다.
- 식탁의 위치가 애매하며 식탁과의 연결 또한 다소 불편할 수 있다.

51 ①
다공질형 흡음재료의 특징
- 고주파음의 흡음률이 높다.
- 재료의 두께나 공기층 두께를 증가시킴으로써 저주파수의 흡음률을 증가시킬 수 있다.
- 표면마감처리에 따라 흡음 특성이 변한다.

CBT 복원문제 해설 및 정답

52 ④
침실은 소음의 원인이 되는 도로 쪽은 피하고, 가급적 정원 등의 공지에 면하는 것이 좋다.

53 ④
계획설계도
ⓐ 구상도 : 설계에 대한 최초 생각을 자유롭게 표현하는 스케치 등의 작업
ⓑ 동선도 : 사람, 차량, 화물 등의 흐름을 도식화한 도면
ⓒ 조직도 : 공간의 용도 및 내용을 관련성 있게 정리하여 조직화한 것
ⓓ 면적도표 : 소요 공간의 면적 비율을 산출하여 검토 작업을 하기 위한 자료도면

54 ③
ㄱ자형 부엌
작업대의 여유공간에 식탁을 배치하여 공간효율이 효과적인 주방형태이다.

55 ④
① 풍속이 높을수록 환기량은 증가한다.
② 실내외의 압력차가 클수록 환기량은 증가한다.
③ 실내외의 온도차가 작을수록 환기량은 감소한다.

56 ④
① 삼각자를 대고 수직선, 사선을 긋는다.
② 선을 그을 때는 T자 머리를 제도판에 단단히 붙여야 한다.
③ T자로 수평선을 그을 때는 왼쪽에서 오른쪽으로 긋는다.

57 ③
공동주택의 종류
ⓐ 아파트 : 주택으로 쓰는 층수가 5개 층 이상인 주택
ⓑ 연립주택 : 주택 1개 동 바닥면적 합계가 $660m^2$를 초과하고, 층수가 4개 층 이하인 주택
ⓒ 다세대주택 : 주택 1개 동의 바닥면적 합계가 $660m^2$ 이하이고, 층수가 4개 층 이하인 주택
ⓓ 기숙사 : 학교 또는 공장 등의 학생 또는 종업원 등을 위하여 쓰는 것으로서 공동취사 등을 할 수 있는 구조를 갖추되, 독립된 주거의 형태를 갖추지 아니한 것(학생복지주택 포함). 층수를 산정할 때 지하층은 주택의 층수에서 제외한다.
※ 다가구주택은 법령상 단독주택에 해당한다.

58 ③
③은 입견계획단계의 설명이다.

59 ②
팬코일 유닛방식
ⓐ 송풍기와 냉·온수 코일 및 필터 등을 구비한 실내형 소형공조기를 각 실에 설치하여 중앙기계실로부터 냉온수를 공급하여 공기조화를 하는 전수(水) 방식이다.
ⓑ 각 실의 유닛은 수동으로도 제어할 수 있고, 개별제어가 쉽다.
ⓒ 각 실 조절이 좋고 전공기식에 비해 덕트 면적이 작다.
ⓓ 유닛을 창문 밑에 설치하면 콜드 드래프트를 줄일 수 있다.
ⓔ 외기공급설비의 별도 설비가 요구되며 다수 유닛의 분산으로 관리가 어렵다.
ⓕ 수배관의 누수 우려가 있고, 팬 소음이 발생한다.

60 ③
치수선의 양끝 표시는 같은 도면에서 한 가지로 통일하여 사용한다.

2024년 제3회

01 ②
석재 표면의 마무리 순서
메다듬 → 정다듬 → 도드락다듬 → 잔다듬 → 물갈기

02 ②
테두리보의 너비는 그 밑의 내력벽 두께보다 커야 한다.

03 ③
ㅅ자보와 달대공은 걸침턱 걸치기 또는 옆대고 볼트조이기로 접합한다.

04 ①
내민보(켄틸레버 보)
- 보의 한 끝이 지지점에서 내밀어 달려 있는 형태의 보
- 인장력이 상부에 작용하여 주근을 보의 상부에 배근한다.

05 ③
㉠ 부동침하 원인
- 지반이 연약한 경우
- 지하수위의 변화
- 하중의 차이, 잘못된 터파기
- 지반이 연약한 경우
- 경사지반에 놓인 경우

㉡ 부동침하 방지대책
- 구조물의 경량화
- 각 기초에 작용하는 하중을 균등하게 배분한다.
- 구조물의 수평방향 강성을 크게 한다.
- 지반개량 및 침하억제
- 적당한 부위에 신축 이음새를 설치한다.

06 ④
허니콤보
㉠ H, I형강의 웨브를 잘라서 웨브에 6각형 구멍이 생기도록 용접하여 만든 보
㉡ 보 춤이 높아져서 단면 2차 모멘트를 증가시켜 힘을 더 받을 수 있다.
㉢ 사무소 건축에서 사용할 경우 에어컨 덕트 등을 6각 구멍으로 통과시킬 수 있기 때문에 천장높이를 줄일 수 있는 장점이 있다.

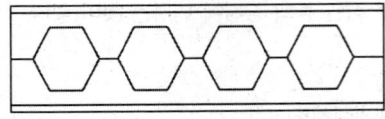

07 ③
벽돌조에서 내력벽의 두께는 당해 벽높이의 최소 1/20 이상으로 한다.

08 ④
철근콘크리트 구조는 자중이 크고 개조 및 철거가 어렵다.

09 ④
한 건물에서의 기초 형식은 여러 가지를 혼용하지 않고 단일 형식을 사용하는 것이 좋다.

10 ②
부재 단면을 작게 할 수 있지만 진동에 다소 취약하다.

11 ①
철골조 플레이트보의 구성부재
플랜지 앵글, 커버 플레이트, 웨브 플레이트, 스티프너 등

12 ①
라멘구조
- 기둥, 보, 슬래브 등을 강접합하여 하중에 일체로 저항하는 구조
- 대부분의 일체식 구조가 해당된다.
- 철근 구조와 철근콘크리트 구조에서 사용된다.

13 ②
왕대공 지붕틀에서 ㅅ자보는 중도리를 직접 받쳐주고 중도리는 서까래를 받쳐준다.

14 ④
톱날지붕은 대규모 공장의 채광을 위해 적용된다.

15 ③
주요 부재의 철근 피복두께

㉠ 수중 타설 콘크리트 : 100mm
㉡ 흙에 접하여 콘크리트를 타설한 후 영구히 흙에 묻혀있는 콘크리트 : 80mm
㉢ 흙에 접하여 옥외의 공기에 직접 노출되는 경우
　ⓐ D29 이상 철근 : 60mm
　ⓑ D25 이하 철근 : 50mm
㉣ 옥외의 공기나 흙에 직접 접하지 않는 콘크리트
　ⓐ 슬래브, 벽체, 장선
　　• D35 초과 철근 : 40mm
　　• D35 이하 철근 : 20mm
　ⓑ 보, 기둥 : 40mm
　　※ 이 경우 콘크리트의 설계기준강도 fck가 40M/mm² 이상인 경우 규정된 값에서 10mm 저감시킬 수 있다.
　ⓒ 셸, 절판부재 : 20mm

16 ①
온통기초
㉠ 지내력도가 작은 지반에 기초를 건물의 바닥 전체로 확대하여 한 개의 바닥판으로 하는 기초
㉡ 기초판이 넓어서 응력이 고르게 전달되지 못하므로 판의 두께를 두껍게 한다.

17 ④
① 적설하중 : 쌓인 눈에 의한 하중
② 고정하중 : 구조체, 비내력 부분 및 각종 설비 등 지속적으로 구조물에 작용하는 수직하중
③ 적재하중 : 건축물 사용 및 점용에 의해 발생하는 하중. 가구, 창고 저장물, 차량, 군중에 의한 하중 등
④ 지진하중 : 지진 발생 시 구조물에 미치는 하중. 대부분 수평방향에서 작용한다.

18 ④
목재의 강도 및 내구성의 한계로 고층 건축물이나 간사이가 큰 건축물을 만들기는 어렵다.

19 ③
철근콘크리트 구조의 지하실 외벽 및 기초 벽체의 두께는 200mm 이상으로 한다.

20 ①
TMCP강(Thermo-Mechanical Control Process steel)
㉠ 슬래브 가열에서 압연, 냉각에 이르는 과정이 특수한 열가공 제어를 거쳐 만들어지는 고강도, 고인성의 강재이다.
㉡ 항복강도가 높아 내진성능이 좋고 용접성이 우수하다.
㉢ 강재의 두께가 증가하더라도 항복강도의 저하가 없다.
㉣ 제어압연을 기본으로 하고, 급랭에 의한 가속냉각법을 이용하여 필요성질을 확보한다.

21 ③
와이어 메시(wire mesh)
㉠ 연강 철선을 격자형으로 짜서 접점을 전기용접한 것
㉡ 방형 또는 장방형으로 만들어 블록을 쌓을 때나 보호 콘크리트를 타설할 때 사용하여 균열을 방지하고 교차부분을 보강하기 위해 사용한다.

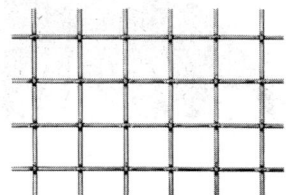

22 ③
고로시멘트의 특징
㉠ 초기강도는 적으나 장기강도가 높고, 내열성이 크고, 수밀성이 양호하다.
㉡ 건조수축이 크며, 응결시간이 느린 편으로 충분한 양생이 필요하다.
㉢ 화학저항성이 높아 해수, 하수, 폐수 등에 접하는 콘크리트에 사용하며, 수화열이 적어 매스콘크리트에 적합하다.
㉣ 하수에 대한 저항성이 커서 해안, 항만공사에도 많이 쓰인다.

23 ③
변재는 심재보다 옅은 색을 띤다.

24 ①
㉠ 기경성 미장재료
　ⓐ 공기 중에서 경화하는 것으로 공기가 없는 수중에서는 경화되지 않는 성질의 재료
　ⓑ 진흙질, 회반죽, 돌로마이트 플라스터, 마그네

시아 시멘트
ⓒ 수경성 미장재료
  ⓐ 물과 작용하여 경화하고 차차 강도가 커지는 성질의 재료
  ⓑ 석고 플라스터, 무수석고(경석고) 플라스터, 시멘트 모르타르, 인조석 바름

25 ②
데크 플레이트(deck plate)
ⓐ 파형(波形)으로 성형된 판재를 뜻한다.
ⓑ 단면을 사다리꼴 모양 또는 사각형 모양으로 성형함으로써 면의 방향의 강성과 길이 방향의 내좌굴성을 높인 것이다.
ⓒ 철골조 보에 걸어 지주 없이 쓰이는 바닥판이나, 콘크리트 슬래브의 거푸집 패널 또는 바닥판으로 많이 사용되고 있다.

26 ④
점토의 물리적 성질
ⓐ 점토의 압축강도는 인장강도의 약 5배 정도이다.
ⓑ 양질 점토일수록 가소성이 좋다.
ⓒ 순수한 점토일수록 용융점이 높고 강도도 크다.

27 ②
강자갈은 하천(강)에서 채취한 자갈을 말한다.

28 ①
실리콘(Silicon) 수지
ⓐ 열경화성 수지로 다른 플라스틱 재료에 비하여 내열성 및 내한성이 극히 우수하다(사용범위 -80~260℃).
ⓑ 전기절연성 및 내수성·발수성·방수성이 우수한 수지이다.
ⓒ 도막방수재 및 실링재, 기포성 보온재 등으로 사용된다.

29 ③
제올라이트(zeolite)
ⓐ 제올라이트의 미세한 구멍이 여름에는 습기를 빨아들이고 겨울에는 공기를 머금어 실내온도를 유지시켜주어 집을 지을 때 제올라이트 벽돌을 사용했다.
ⓑ 입자가 작고 표면이 매끄럽고, 흡착력이 좋다.
ⓒ 비교적 가벼우면서도 단단하고, 조각하기도 쉽다는 장점이 있다.
ⓓ 다른 미립물질을 흡착하는 성질이 있어 흡착제로 널리 사용하며, 크기가 다른 미립물질을 분리시키는 용도로도 쓰인다.
ⓔ 모르타르에 혼합하여 성형판 또는 미장재로도 사용된다.

30 ③
시멘트를 구성하는 주요 화학성분
석회석, 규사, 산화칼슘, 실리카, 산화알루미늄, 산화철, 산화마그네슘, 아황산 등

31 ②
물시멘트비가 커지면 재료분리가 더 잘 발생한다.

32 ②
목재의 함수율
$= \dfrac{\text{건조 전 중량} - \text{전건재 중량}}{\text{전건재 중량}} \times 100(\%)$
$= \dfrac{5\text{kg} - 4\text{kg}}{4\text{kg}} \times 100(\%) = 25\%$

33 ①
ⓐ 블리딩 : 콘크리트 타설 후 석고, 불순물 등의 미세한 물질은 상승하고, 골재나 시멘트 등은 침하하는 현상
ⓑ 크리프 : 오랜 시간이 흐름에 따라 외력의 변화가 없어도 재료의 변형이 증대되는 현상

34 ①
석고보드(gypsum board)
ⓐ 소석고에 경량성 및 탄성을 주기 위해 톱밥, 펄라이트 및 섬유 등의 혼합물을 물로 이겨 양면에 두꺼운 종이를 밀착시킨 후 판상으로 성형한 판재이다.
ⓑ 방부·방화성이 크고, 흡습성이 적은 편이어서 천장 및 벽 마감재로 널리 쓰인다.
ⓒ 부식이나 충해 피해가 거의 없으며, 신축변형 및

㉢ 균열이 적고 단열성도 비교적 좋다.
㉣ 흡수에 의한 강도 저하가 생길 수 있다.

35 ③
파티클 보드는 흡음 및 열의 차단성이 좋다.

36 ③
증점제
㉠ 용액이나 반죽 등의 점도를 증가시키는 물질로 식품 첨가물 따위에도 많이 있다.
㉡ 점증제 또는 증점안정제라고도 한다.
㉢ 콘크리트에 쓰이는 증점제로는 셀룰로오스 계열과 아크릴 계열 등이 있다.

37 ②
프리즘 타일(prism tile)
프리즘의 원리를 이용해서 입사광선의 방향을 굴절, 확산, 집중시킬 목적으로 만든 유리재료

38 ③
도막의 두께는 유성페인트 쪽이 더 두껍다.

39 ②
① 전성(malleability) : 재료가 응력에 의해 넓게 펴지는 성질
② 취성(brittleness) : 어떤 재료에 외력을 가하였을 때, 작은 변형만 나타나도 곧 파괴되는 성질
③ 탄성(elasticity) : 재료가 외력을 받아 변형을 일으킨 것이 외력을 제거했을 때 완전히 원형으로 되돌아오려는 성질
④ 연성(ductility) : 재료를 잡아당겼을 때 길게 늘어나는 성질

40 ①
경석고 플라스터(킨즈 시멘트)
㉠ 석고원석을 400℃ 이상으로 가열하여 얻는 무수 석고에 백반을 넣어 만드는 시멘트
㉡ 경화가 소석고에 비해 늦어서 경화촉진제를 섞어 만든다.
㉢ 마감표면의 강도와 경도가 크며 응결 시 다소 수축이 일어난다.
㉣ 표면이 산성을 띠어 쇠못 등을 부식시키므로 작업 시 스테인리스 스틸 흙손을 사용해야 한다.

41 ④
간접조명은 은은한 분위기를 연출할 수 있는 전반조명에 적합하다.

42 ③
① 코브 조명 : 천장 또는 벽면 상부를 비춘 반사광으로 간접 조명한다. 부드럽고 균등하며 눈부심이 없는 빛을 제공하여 보조 조명으로 중요하게 쓰인다.
② 광창 조명 : 광천장과 같은 방식으로 광원을 넓은 면적의 벽면에 매입, 시선에 안락한 배경으로 작용한다. 지하철 광고판 등에서 사용한다.
③ 코니스 조명 : 천장 또는 천장 가까이에 장착되고 반사상자 등으로 옆면을 가려서 빛은 아래를 향해서만 떨어진다. 천장이 상승하는 효과를 낼 수 있어 실내가 높아 보이며 재질감 있는 벽면의 드라마틱한 특성을 강조해 준다.
④ 광천장 조명 : 천장에 조명기구를 설치하고 그 밑에 창호지나 반투명 아크릴과 같은 확산성 재료를 이용해서 마감 처리하여 마치 넓은 천장 표면 자체가 조명인 것처럼 연출한다.

43 ②
• 용적율=(연면적/대지면적)×100%
• 건폐율=(건축면적/대지면적)×100%

44 ③
① 직선형 : 일렬로 의자를 배치하는 방법으로 대화에는 부자연스러운 배치이다. 넓은 공간에서 다른 배치의 보조로 사용하거나 또는 좁은 공간에 좋다.
② 코너형 : 가구를 두 벽면에 연결시켜 배치하는 형식. 시선을 마주치지 않게 하여 안정감을 주고 부드러운 분위기를 조성할 수 있다. 단란한 분위기에 적합한 형태로서 벽쪽에 배치하면 넓게 사용된다. 비교적 적은 면적을 차지하므로 공간 활용도가 높고 동선이 자연스러운 유형이다.
③ 대면형 : 맞은편의 사람과 165cm 정도의 거리를 유지하는 것이 좋으며, 테이블을 두고 마주앉는 형이 일반적이다. 가족중심의 거실보다 응접실용으로 적당하다.
④ 자유형 : 어느 쪽에도 해당하지 않는 것으로 노퍼니처(no furniture)로 개성 있는 가구배치를 할 수 있다.

45 ①
② 고딕건축은 수직선을 강조했다.
③ 공간에 같은 크기의 두 개의 점이 있을 때 서로 끌어당기는 힘에 의해 선으로 인지된다.
④ 곡선은 우아함, 여성적 느낌을 주고, 사선은 생동감 넘치는 에너지와 운동감, 속도감을 준다.

46 ③
고가수조방식
㉠ 지하 저수탱크에 물을 받아서 양수펌프로 옥상의 수조에 양수하여 낙차에 의한 수압으로 각 층에 급수한다.
㉡ 안정적 수압으로 급수가 가능하며 배관부속품이 파손될 가능성이 적다.
㉢ 저수량 확보로 단수 후에도 일정시간 급수가 가능하며 대규모 급수가 가능하다.
㉣ 저수조가 오염될 우려가 있고, 설비 및 경상비가 높으며, 하중의 증가로 구조보강에 대한 고려가 필요하다.

47 ①
② 구조용 목재
③ 잡석다짐
④ 철근 콘크리트

48 ④
LPG는 기화하면 공기보다 무겁고, 액화하면 물보다 가볍다.

49 ②
① 오픈 키친 : 칸막이 등의 구획 없이 완전히 개방된 부엌 형식. 인접한 공간과는 오픈 플래닝으로 처리하되 낮은 수납장, 식탁과 별도로 마련된 카운터로 영역을 구분한다. 여러 기능이 한 곳에 모아지므로 각종 설비에 유의해야 한다. 주로 원룸시스템에서 많이 적용한다.
② 독립형 부엌 : 부엌이 일실로 독립된 형태. 주방의 기능성과 청결감이 크지만 공간점유율도 커진다.
③ 다이닝 키친 : 주방 한 쪽에 식탁을 두는 형태. 가장 전형적인 유형이며 가사동선이 짧아진다.
④ 반독립형 부엌 : 부엌이 인접한 거실이나 식사공간과 겸하는 LDK, DK, LD 형식이 해당된다. 작업동선이 짧으며 좁은 공간을 넓게 활용할 수 있다. 칸막이나 해치 도어, 커튼 등으로 공간을 구분하며 환기에 유의한다.

50 ①
인체 동작 공간
㉠ 인체치수+물건치수+여유치수
㉡ 인간이 어떤 행위를 하기 위해 필요한 공간의 영역으로 인체치수와 행위에 필요한 물건을 포함한 공간을 뜻한다.

51 ④
① 치수 기입은 선의 중간부 위에 적정 간격을 띄우고 한다.
② 치수 기입은 치수선에 평행하게 도면의 왼쪽에서 오른쪽으로 읽을 수 있도록 기입한다.
③ 치수의 단위는 밀리미터를 원칙으로 하며, 단위 기호는 일반적으로 기입하지 않는다.

52 ④
증기난방의 응축수 환수방식
중력환수식, 기계환수식, 진공환수식

53 ②
연필은 폭넓은 명암 표현, 다양한 질감의 표현이 가능하며, 지울 수 있지만 번지고 더러워지는 단점이 있다.

54 ④
① 반사 : 음파가 경계면에 부딪혀 일부 파동이 진행방향을 바꿔 되돌아오는 현상. 반듯한 면에서는 정반사가 일어나고 울퉁불퉁한 면에서는 난반사가 일어나며, 굴절되는 빛이 전혀 없이 모두 반사되는 것은 전반사라고 한다.
② 간섭 : 양쪽에서 나온 음이 어떤 점에 도달하면 서로 강하게 하거나 약화시키거나 하는 현상
③ 회절 : 음의 진행 중 장애물이 있으면 파동은 직진하지 않고 그 뒤쪽으로 돌아가는 현상
④ 굴절 : 매질이 다른 곳을 통과하는 음의 속도가 달라져서 전파방향이 바뀌거나 소리가 흡수될 때 일어나며 진동수는 변하지 않는다.

55 ①
컴퍼스로 그리기 힘든 원이나 곡선을 그릴 때 운형자를 사용한다.

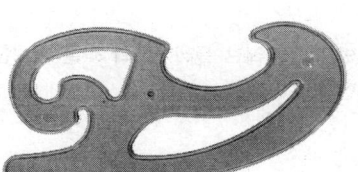

56 ①
자외선의 작용
사진화학반응, 생물의 생육작용, 살균작용 등

57 ④
데워진 공기는 상승하므로 보편적으로 상부가 유출, 하부가 유입측이 된다. 그러나 날씨나 바람과 같은 기상 상황 및 천장형 에어컨이나 창문 주변의 유닛과 같은 설비의 영향도 존재하므로, 반드시 유출측과 유입측이 고정되는 것은 아니다.

58 ④
큰 도면을 접을 경우에는 A4용지 크기로 접는 것을 원칙으로 한다.

59 ④
- 실내공기오염의 주 대상은 호흡에 의한 이산화탄소 농도의 증가로 보고 이를 척도로 정하였다.
- 이유는 각종 오염요소의 농도가 실내공기의 이산화탄소 농도와 비례하기 때문이기도 하다.

60 ④
- 평면도와 배치도는 북측을 위로 하여 작도함을 원칙으로 한다.
- 입면도는 위, 아래 방향을 도면지의 위, 아래와 일치시키는 것을 원칙으로 한다.

2024년 제4회

01 ④
표준형 벽돌 2.0B 쌓기의 두께
190mm+10mm+190mm=390mm

02 ④
여닫이 창호는 열고 닫을 때 실내유효면적을 일부 차지하는 단점이 있다.

03 ②
잠함기초공법(케이슨식 공법)
바닥이 없는 잠함 속에서 흙을 파내면서 가라앉혀 건축물의 기초로 삼는 공법이다.

04 ③
① 보일링 : 모래지반을 굴착할 때 굴착 바닥면으로 뒷면의 모래가 솟아오르는 현상
② 파이핑 : 흙막이벽 배면의 토사가 누수로 함몰하는 현상
③ 언더피닝 : 기존 건물에 기초를 보강하거나 새로운 기초 설비를 위해 기존 건물을 보호하는 보강공법
④ 히빙 : 흙막이나 흙파기를 할 때 흙막이벽 바깥쪽의 흙이 안으로 밀려 들어와 굴착 바닥면이 불룩하게 솟아오르는 현상. 지반이 연약한 점성토에서 흔히 나타나며 팽상현상(膨上現象)이라고도 한다.

05 ④
① 시드니 오페라 하우스 : 쉘구조
② 도쿄돔 : 공기막구조
③ 판테온 신전 : 돔구조

06 ③
보강블록조의 내력벽의 두께는 15cm 이상, 지점 간 거리의 1/50 이상으로 한다.

07 ②
스티프너는 웨브 플레이트의 좌굴 방지를 위해 설치한다.

08 ④
철근의 순간격
- 25mm 이상
- 주근 지름의 1.5배 이상
- 자갈 최대지름의 1.25배 이상

09 ①
석재 가공과 공구
- 메다듬 - 쇠메
- 정다듬 - 정
- 도드락다듬 - 도드락망치
- 잔다듬 - 날망치

10 ④
철골구조의 공사는 철근콘크리트구조 공사에 비해 동절기 기후에 영향을 덜 받는다.

11 ②
풍소란
미서기문의 마중대에 서로 턱솔 또는 딴혀를 내어 방풍이 되도록 물리게 하는 것

12 ④
벽돌 공간쌓기의 목적
단열, 방음, 방습

13 ③
갈고리가 필요한 부분
원형철근, 굴뚝철근, 늑근, 대근, 기둥 및 돌출부 철근 등

14 ①
철근의 정착길이
- 콘크리트 강도가 클수록 짧아진다.
- 철근의 지름이 클수록 길어진다.
- 철근의 항복강도가 클수록 길어진다.

15 ②
스팬(span)

㉠ 기둥과 기둥, 교량에서의 교각 간 거리 등 구조적 지점 간의 거리 통칭으로 경간, 간사이라고도 한다.
㉡ 보의 응력, 휨 등을 계산하는 구조역학, 재료역학에서 많이 취급된다.

16 ④
띠장
흙막이 부재 중 토압과 수압을 지탱하기 위해 널말뚝의 벽면에 수평으로 1.5m 이하 간격으로 댄다.

17 ③
플러시문
울거미 안에 중간살을 30cm 이내로 배치하여 양면에 합판을 붙인 문으로 차양, 통풍과는 거리가 멀다.

18 ①
철골구조의 특징
㉠ 내구, 내진적이며 횡력에 강해서 고층 및 장스팬 건물에 적합하다.
㉡ 철근콘크리트구조보다 경량이며, 시공이 용이하기에 공기가 단축된다.
㉢ 부재에 좌굴이 생기기 쉽고 내화성이 낮다.
㉣ 다른 구조보다 비용이 높다.

19 ④
철근콘크리트기둥의 띠철근 수직간격(다음 항목 중 최솟값 선택)
• 주근 지름의 16배 이하
• 띠철근 지름의 48배 이하
• 30cm 이하
• 기둥 최소단면치수 이하

20 ③
㉠ 본아치 : 벽돌을 주문하여 제작한 것을 사용해서 쌓은 아치
㉡ 층두리아치 : 아치너비가 넓을 때 반장별로 층을 지어 2중으로 겹쳐 쌓은 아치

21 ①
물-시멘트비가 일정할 경우 공기량 1% 증가에 압축강도는 4~6% 감소한다.

22 ①
수성 페인트는 내알칼리성이 좋기 때문에 콘크리트 면의 사용에 적합하다.

23 ②
AE제(air entraining agent)의 장·단점
㉠ 사용 시 장점
ⓐ 미세기포가 볼베어링 역할을 하여 시공연도가 좋고 블리딩이 적어진다.
ⓑ 단위수량을 감소시킬 수 있으며 시공한 면이 평활하게 된다.
ⓒ 동결, 융해, 건습 등에 의한 용적변화가 적다.
ⓓ 방수성이 뚜렷하고 화학작용에 대한 저항성도 크다.
㉡ AE제 사용 시 단점
ⓐ 압축강도와 부착강도가 모두 저하된다.
ⓑ 다감 모르타르나 타일 붙임 모르타르의 부착력도 저하된다.

24 ④
물-시멘트비는 콘크리트의 강도에 큰 영향을 준다.

25 ③
현대건축재료의 발전방향
고품질화, 합리적 생산, 기계화, 공업화
※ 프리패브 : 부재를 공장에서 만들어 현장에서 조립하는 방식

26 ②
열선반사유리
㉠ 태양광선 중 장파부분을 반사시킨다.
㉡ 태양열의 차폐가 주목적이고, 판유리의 한쪽 표면에 열선반사막을 코팅하여 태양열의 반사성능을 높인다.
㉢ 실내에서는 외부를 볼 수 있고 외부에서는 실내를 바라볼 수 없다.

27 ③
논슬립
㉠ 계단 디딤판의 미끄럼 방지 및 밟는 위치를 표시하기 위한 제품
㉡ 황동, 스테인리스스틸, 강재 등을 주재료로 한다.

28 ④
백색포틀랜드시멘트
㉠ 철분이 적은 백색점토와 석회석을 사용하여 제

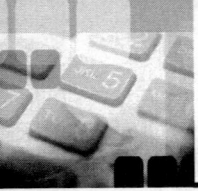
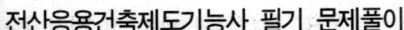

조한 시멘트
ⓒ 주로 치장용 모르타르, 건축물의 표면 마감 및 도장에 사용된다.

29 ①
유성 페인트
㉠ 보일유(건성유+건조제)에 안료를 혼합시킨 도료로서 건성유를 가열처리하여 점도, 건조성, 색채 등을 개량한 것이다.
ⓒ 저렴하고 두꺼운 도막을 형성할 수 있으나 건조가 늦고 도막의 성질이 나빠 새로운 합성수지 도료로 대체되고 있다.
ⓒ 목재, 석고판류, 철재 등에 사용되며 시멘트 및 콘크리트와 같은 알칼리성 표면에는 부적합하다.
※ ②는 수성 페인트, ③은 바니시, ④는 래커에 대한 설명이다.

30 ④
골재용 체의 종류
㉠ 잔골재용 : No. 100(0.15mm), No. 50(0.30mm), No. 30(0.60mm), No. 16(1.2mm), No. 8(2.5mm), No. 4(5mm)
ⓒ 굵은골재용 : 10mm, 15mm, 20mm, 25mm, 30mm, 40mm, 50mm, 65mm, 75mm, 100mm

31 ④
아스팔트 펠트
㉠ 목면, 마사, 양모, 폐지 등을 원료로 만든 원지에 스트레이트 아스팔트를 침투시켜 롤러 압착한 종이제품
ⓒ 아스팔트 방수 중간층과 벽 바탕·지붕의 방수, 바닥재료의 깔개 또는 포장용으로 사용된다.

32 ①
벽과 천장재료는 열전도율이 작아야 한다.

33 ①
복층유리
2~3장의 판유리를 간격을 두고 겹친 후 그 사이를 진공으로 하거나 특수한 공기를 넣어서 제조한 것으로 페어글라스라고도 한다. 차음 및 단열성이 크며 결로방지용으로 사용된다.

34 ①

회반죽은 경화수축률이 크기 때문에 여물로 균열을 분산, 미세화한다.

35 ③
㉠ 천연 아스팔트 : 로크 아스팔트, 레이크 아스팔트, 아스팔타이트, 샌드 아스팔트 등
ⓒ 석유 아스팔트 : 스트레이트 아스팔트, 유제 아스팔트, 블론 아스팔트, 고무 아스팔트, 컷백 아스팔트 등

36 ①
경화촉진제로 사용되는 염화칼슘($CaCl_2$)은 과다 사용 시 철근의 부식을 유발한다.

37 ③
슬럼프콘을 제거한 후 가라앉은 정도가 슬럼프값이다.

38 ②
강의 열처리방법

구분	열처리방법	특성
풀림(소둔)	800~1000℃에서 가열 성형 후 노 속에서 서냉	• 강의 결정이 연화된다. • 인장강도는 저하되지만, 결정이 미세해진다.
불림(소준)	800~1000℃에서 가열 성형 후 공기 중에서 냉각	• 결정입자가 미세해진다. • 변형이 제거되고 조직이 균일화된다.
담금질(소입)	가열한 강을 물 또는 기름 등에 담구어 급속 냉각	• 강도와 경도, 내마모성이 증가한다. • 탄소함유량이 클수록 담금질 효과가 커진다.
뜨임(소려)	담금질한 강을 다시 가열(200~600℃) 후 노 속이나 공기 중 서냉	• 강의 변형이 제거된다. • 담금질한 강에 인성이 부여된다.

39 ①
강재 기호 SS490의 의미
• 첫 번째 S : 재질(steel)
• 두 번째 S : 제품의 형상 또는 용도(structure)
• 490 : 최저 인장강도 등

40 ②
황동

㉠ 구리에 아연 10~45% 정도를 가하여 만든 합금으로 구리보다 단단하고 가공하기 쉽다.
㉡ 내구성이 크고 외관이 아름다우며 색깔은 주로 아연의 양에 의해 정해진다.
㉢ 창호철물 제조에 주로 사용된다.

41 ④
① 광창 조명
㉠ 광천장과 같은 방식으로 광원을 넓은 면적의 벽면에 매입, 시선에 안락한 배경으로 작용한다.
㉡ 지하철 광고판 등에서 사용한다.
② 코브 조명
㉠ 천장, 벽, 보의 표면에 광원을 감추고, 일단 천장 등에서 반사한 간접광으로 조명하는 것
㉡ 실 전체에 부드러운 빛을 줄 수 있으나, 효율이 나쁘고 조도가 낮다.
③ 광천장 조명 : 천장에 조명기구를 설치하고 그 밑에 창호지나 반투명 아크릴과 같은 확산성 재료를 이용해서 마감처리하여 마치 넓은 천장 표면 자체가 조명인 것처럼 연출한다.

42 ④
도면의 표시기호
- A : 면적
- H : 높이
- L : 길이
- W : 폭(너비)
- V : 부피(용적)
- THK : 두께

43 ③
가까이 있는 벽체는 거리감이 가까워 보일 수 있게, 빛에 드러난 벽체는 멀리 있는 벽체보다 더 밝게 표현한다. 그림자 속에 있는 벽체는 더 어둡게 한다.

44 ①
세부 결정 및 도면 작성은 설계 단계에 해당한다.
※ 계획 단계 : 건축물의 기능, 공간구성, 동선 등을 고려해 설계를 진행
※ 설계 단계 : 도면을 바탕으로 세부적인 설계의 진행, 건축물의 재료와 구조, 설비 등을 결정

45 ②
조선시대 주택의 공간구분
행랑채, 사랑채, 안채, 바깥채, 별당채, 곳간채

46 ③
명도
㉠ 색의 밝고 어두운 정도를 말한다.
㉡ 흰색부터 흑색까지의 무채색의 명암 정도를 0부터 10까지 11단계로 등분하여 나타낸다.
㉢ 검은색이 명도가 가장 낮은 색이며, 빛의 반사율이 높은 색일수록 명도가 높다.

47 ④
공간에서의 생활행위를 먼저 분석한 후 공간의 규모와 치수를 결정해야 한다.

48 ①
배치도에 표시하여야 할 사항
㉠ 축척 및 방위
㉡ 대지에 접한 도로의 길이 및 너비
㉢ 대지의 종·횡단면도
㉣ 건축선 및 대지경계선으로부터 건축물까지의 거리
㉤ 주차동선 및 옥외주차계획
㉥ 공개공지 및 조경계획

49 ②
축척은 기초의 크기에 맞게 정한다.

50 ②
대비
㉠ 성질이나 질량이 전혀 다른 둘 이상의 것이 동일한 공간에 배열될 때 서로의 특징을 한층 돋보이게 하는 현상
㉡ 모든 시각적 요소에 대하여 상반된 성격의 결합에서 이루어지므로 극적인 분위기를 연출하는데 효과적이다.

51 ②
인동간격의 결정 요소
일조 및 통풍, 소음방지, 시각적 개방감, 채광, 조망 등에 따라 결정된다.
※ 인동간격 : 공동주택 단지 내 건물들 사이의 거리

52 ③
계단-실(홀)형 아파트
계단을 기준으로 한 층에 2세대 이상이 인접하여 이루어진 평면 형태

㉠ 주호 내의 주거성 및 독립성이 좋다.
㉡ 동선이 짧으므로 출입이 용이하다.
㉢ 통행부의 면적이 작으므로 건물의 이용도가 높다.
㉣ 독립성이 크며 통로면적이 절약되지만 엘리베이터 이용률이 낮다.

53 ④
① 예열시간이 증기난방에 비해 길다.
② 증기난방보다 열용량이 적기 때문에 방열면과 배관이 커진다.
③ 한랭 시 난방을 정지할 경우 동결의 우려가 있다.

54 ②
①, ③, ④ 문항은 메조넷(복층)형에 대한 설명이다.
※ 플랫형(flat type) : 주거단위가 동일층에 한하여 구성되며, 각층에 통로 또는 엘리베이터를 설치하는 아파트의 단면형식

55 ②
잔향시간은 실의 형태와 관계가 없다.

56 ②
테라스 하우스
㉠ 각 세대가 테라스를 가진 형태의 주택으로 경사지를 이용하는 방식
㉡ 아랫집의 지붕을 윗집의 테라스로 쓰는 형태이다.

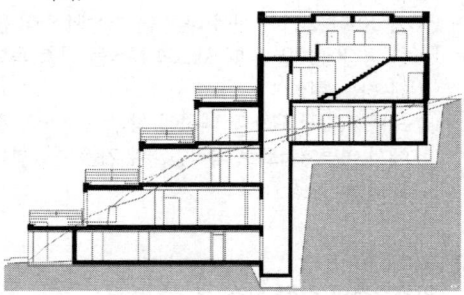

57 ③
거실은 가급적 현관에서 가까운 곳에 위치하되, 현관이 거실과 직접 면하는 것은 피한다.

58 ④
LDK형
㉠ 거실 내에 식사실과 주방을 설치한 형태로, 소규모 주거공간에서 많이 볼 수 있는 형태이다.
㉡ 주부의 동선이 짧은 관계로 가사노동이 절감된다.

59 ①
에스키스
㉠ 회화에서 작품구상을 정리하기 위한 시작(試作) · 초고(草稿) · 밑그림을 말하는 것이 원래 의미
㉡ 예술, 건축, 디자인 등의 분야에서 구체적인 작업을 시작하기 전에 개략적인 구상이나 형태를 그린 것
㉢ 건축에서 에스키스는 건축가가 초기 설계 아이디어를 빠르게 그린 그림이나 도면을 의미한다.

60 ④
드렌처 설비
㉠ 인접 건물에서 화재가 발생했을 때 건축물의 외벽, 창, 지붕 등에 설치된 급수구에서 물을 뿌려 수막을 형성해서 화염이 전파되는 것을 방지한다.
㉡ 외부화재에 대한 소화목적보다는 방사열 차단(연소확대 방지)이나 냉각의 목적으로 사용되는 설비이다.

전산응용건축제도기능사 필기 문제풀이

1판	1쇄 발행	2010. 08. 15.		8판	1쇄 발행	2019. 01. 05.
1판	2쇄 발행	2011. 01. 05.		9판	1쇄 발행	2020. 01. 05.
1판	3쇄 발행	2012. 01. 05.		10판	1쇄 발행	2021. 01. 05.
2판	1쇄 발행	2013. 01. 05.		11판	1쇄 발행	2022. 01. 05.
3판	1쇄 발행	2014. 01. 05.		12판	1쇄 발행	2023. 01. 05.
4판	1쇄 발행	2015. 01. 05.		13판	1쇄 발행	2024. 01. 05.
5판	1쇄 발행	2016. 01. 05.		14판	1쇄 발행	2025. 01. 05.
5판	2쇄 발행	2016. 05. 15.				
6판	1쇄 발행	2017. 01. 05.				
7판	1쇄 발행	2018. 01. 05.				

집 필 이 상 화
펴낸이 김 주 성
펴낸곳 도서출판 엔플북스
주 소 경기도 구리시 체육관로 113번길 45. 114-204(교문동, 두산)
전 화 (031)554-9334
FAX (031)554-9335

등 록 2009. 6. 16 제398-2009-000006호

정가 **23,000원**
ISBN 978-89-6813-421-0 13540

※ 파손된 책은 교환하여 드립니다.
　본 도서의 내용 문의 및 궁금한 점은 저희 카페에 오셔서 글을 남겨주시면 성의껏 답변해 드리겠습니다.
　http://cafe.daum.net/enplebooks